Dirk Preuß, Uwe Hoßfeld,
Olaf Breidbach (Hg.)

Anthropologie nach Haeckel

WISSENSCHAFTSKULTUR
UM 1900

herausgegeben von
Olaf Breidbach

Band 3

Dirk Preuß, Uwe Hoßfeld,
Olaf Breidbach (Hg.)

Anthropologie nach Haeckel

Franz Steiner Verlag Stuttgart 2006

Umschlagabbildung: Der Riesengorilla im Phyletischen Museum zu Jena. Postkarte im Archiv des Ernst-Haeckel-Hauses, Jena

Bibliografische Information der Deutschen Bibliothek
Die Deutsche Bibliothek verzeichnet diese Publikation in der Deutschen Nationalbibliografie; detaillierte bibliografische Daten sind im Internet über <http://dnb.ddb.de> abrufbar.

ISBN-10: 3-515-08902-0
ISBN-13: 978-3-515-08902-9

ISO 9706

 Gedruckt auf säurefreiem, alterungsbeständigem Papier.
Druck: Printservice Decker & Bokor, München.
Printed in Germany

INHALT

Vorwort 7

Olaf Breidbach

Neuro-Anthropologie? 12

Natalie Janine Chaoui

Adolph Hans Schultz (1891-1976) im Spannungsfeld zwischen Paläoanthropologie und Primatologie 28

Winfried Henke & Hartmut Rothe

Zur Entwicklung der Paläoanthropologie im 20. Jahrhundert
Von der Narration zur hypothetiko-deduktiven Forschungsdisziplin 46

Uwe Hoßfeld

„Phyletische Anthropologie"
Ernst Haeckels letzter anthropologischer Beitrag (1922) 72

Dirk Preuß

„Zeitenwende ist Wissenschaftswende"?
Egon Freiherr von Eickstedt und die Neuanfänge der „Breslauer Tradition" in Leipzig und Mainz 1945-1950 102

Katja Regenspurger

Ein Opfer im Dienst der Volksgesundheit
Zwangssterilisationen nach dem Gesetz zur Verhütung erbkranken Nachwuchses an der Universitäts-Frauenklinik Jena 1934-45 125

Hartmut Rothe & Winfried Henke

Stammbäume sind wie Blumensträuße – hübsch anzusehen, doch schnell verwelkt 149

Hans-Konrad Schmutz

Vermessene Nation
Eine Skizze der imagologischen Anthropologie nach 1860 184

Michal Šimůnek

„Biotypologie“
Der tschechische Beitrag zur Konstitutionswissenschaft der 30er und 40er Jahre des 20. Jahrhunderts 195

Stefan Wogawa, Uwe Hoßfeld & Olaf Breidbach

„Sie ist eine Rassenfrage“. Ernst Haeckel und der Antisemitismus 220

Susanne Zimmermann

Rassenhygiene in Forschung und Lehre an der Medizinischen Fakultät Jena vor 1933 242

Personenregister 249

Autoren 255

VORWORT

Schon im endenden 18. Jahrhundert war die Frage der Ordnung der verschiedenen Ausprägungen menschlicher Gestalt ein Thema. Naturforscher und Mediziner wie beispielsweise Petrus Camper (1722-1789) suchten Formreihen aufzustellen, aus denen ein Niederes und ein Höheres zu identifizieren waren. Derartige Anthropologien standen dabei nicht allein, sondern gaben die Argumente, in denen eine koloniale Ausbeutung auch im Zeitalter der Aufklärung erfolgen konnte. Die Möglichkeit der Primitiven, in der kolonialen Ausbeutung die Dimension des Europäischen und damit der ‚höheren' Seinsform zumindest von Ferne in Blick nehmen zu können, rechtfertigte dann nicht nur bei Missionaren auf den Inseln des Pazifik, sondern auch bei einem Romancier wie Johann Gottfried Schnabel (1692-vor 1760) so einiges an europäisch initiierten Übeltaten. Die Frage, ob und inwieweit sich damit eine Systematik der Lebensformen, wie sie Carl von Linné (1707-1778) in der Mitte des 18. Jahrhunderts vortrug, auch im Sinne einer hierarchisch strukturierten Naturordnung deuten lies, blieb dabei ein wesentliches Motiv zumindest in der Rezeption einer naturwissenschaftlichen Menschenlehre. Hier und nicht in der Zuordnung des Menschen zu den Tierformen, die ja auch bei Linné, der sie 1735 einführte, nicht genealogisch verstanden war, lag die Brisanz einer naturwissenschaftlichen Menschenkunde um 1800 (Regenspurger & Zantwijk 2005). So kann auch der konservative George Louis Leclerc Comte de Buffon (1707-1788) den Menschen im dritten Band seiner *Histoire naturelle de l'Homme* direkt mit in die Beschreibung der Lebewelt aufnehmen. Dabei zeigen sich in diesen Naturkunden die Affen in ihren Darstellungen auch menschenähnlich. Es ist das Kontinuum der Formübergänge, die in sich geeinte Natur, die in diesen Darstellungen beschrieben ist, und die nunmehr auch in den Rassen des Menschen fest nebeneinander stehende und so im Sinne einer hierarchischen Ordnung bewertete Organisationsformen des Lebendigen bemisst.

Nach dem Erscheinen von Charles Darwins (1809-1882) *Origin of Species* (1859) stand diese Abgrenzung in Frage. Es waren jetzt nicht mehr nur die Hierarchien innerhalb der Lebensformen des Menschen, sondern die Hierarchisierungen der Tiere – mit Einschluss des Menschen – insgesamt, die problematisch wurden. Daraus ergaben sich dann Fragen nach der stammesgeschichtlichen Herkunft und Entstehung des Menschen. Hierbei sollte die Jenaer Universität sowie das Umfeld von Ernst Haeckel (1834-1919) – so etwa Friedrich Rolle (1827-1887), Ludwig Büchner (1824-1899), Carl Vogt (1817-1895), Karl Snell (1806-1886), Matthias J. Schleiden (1804-1881) und August Schleicher (1821-1868) – bedeutend werden, reihten sich doch diese Hauptprotagonisten mit ihren Publikationen und Aussagen in die Schar jener Gelehrten ein, die vor 140 Jahren fast zeitgleich und europaweit ähnlichen Fragestellungen nachgegangen waren: so in England Thomas H. Huxley (1825-1895), Charles Lyell (1797-1875) und Charles Darwin bzw. in Italien Filippo de Filippi (1814-1897). Die Universität

Jena wurde damit nicht nur zum „Mekka für Zoologen"; vielmehr wurden hier auch die Ergebnisse des Darwinismus durch Haeckel und sein Umfeld so umfassend rezipiert bzw. kritisch hinterfragt wie an keiner anderen deutschen Universität. Die vorwiegend um 1863 vorgelegten darwinistischen humanphylogenetischen Abhandlungen sowie die in diesem Zeitraum entdeckten fossilen Funde ließen nun in erster Näherung den realhistorischen Ablauf der Homininenevolution erkennen (Breidbach et al. 2005; Hoßfeld 2005a, 2006).

Der deutsche Sprachraum hatte an den frühen Fossilfunden (Neanderthaler 1856, Funde von Taubach und Ehringsdorf 1871-1892, Unterkiefer von Mauer 1907, Jungpaläolithiker in Obercassel 1914), einen beachtlichen Anteil. Seit den 1920er Jahren verlagerten sich die (geographischen) Hauptfundgebiete wichtiger Fossilien jedoch nach China, Südafrika, Kenia etc. und eröffneten so dem Raum-Zeit-Verständnis für die Fossilgeschichte neue Dimensionen. Die Homininen-Funde bis 1940 (*Pithecanthropus*, *Sinanthropus*, *Australopithecus*) ließen präzisere Folgerungen über den Ablauf der menschlichen Stammesgeschichte ableiten, als dies zuvor aufgrund vergleichend anatomischer Untersuchungen möglich gewesen war. In Deutschland endete hingegen die seit 1856 (Neanderthaler) begonnene Reihe und Tradition bedeutender Funde zunächst im Juli 1933 mit dem Präsapiens-Fund von Steinheim. Deutschen Anthropologen war es nun nur noch möglich, sich an den allgemeineren Diskussionen über die Fossil- und Abstammungsgeschichte zu beteiligen, jedoch nicht mehr, Erstbeschreibungen vorzunehmen. Dennoch fanden die Evolution des Menschen und insbesondere die Fossilgeschichte bei einem breiten Publikum in Deutschland großes Interesse. Ein Blick in die Fachliteratur sowie das populäre Schrifttum jener Jahre zeigt, dass zahlreiche, zu diesem Themenkomplex vorgelegte Bücher, Zeitschriftenaufsätze usw. das öffentliche Meinungsbild über die Inhalte des Faches entscheidend mitgestalteten und Jenenser Wissenschaftler sowie der in Jena ansässige Gustav Fischer Verlag hierbei zu den führenden Akteuren zählten (Hoßfeld & Junker 2003; Hoßfeld 2005b).

Dieser ambivalente Wissensraum wurde dann bald durch die nationalsozialistische Diktatur entscheidend beeinflusst und geprägt, wobei die Salana – nach 1863 – Anfang der 1930er Jahre wieder in den Mittelpunkt der wissenschaftlichen und politisch-ideologischen Diskussionen rückte. So vertraten hier sukzessive vier Professoren der medizinischen und der mathematisch-naturwissenschaftlichen Fakultät in Lehre und Forschung das gemeinsame Themenfeld der Rassenkunde und -hygiene im engeren Sinne. Diese Jenaer „Rassen-Quadriga" des Philologen und Publizisten Hans F. K. Günther (1891-1968) (bis 1935 in Jena), des Zoomorphologen Victor Franz (1883-1950), des Zoologen und Anthropologen Gerhard Heberer (1901-1973) und des Rassenhygienikers Karl Astel (1898-1945) (beide bis 1945 in Jena) passte bestens zur nationalsozialistischen Wissenschaftsideologie. Alle vier gehörten zu den Hauptprotagonisten einer „Deutschen Wissenschaft" bzw. „Deutschen Biologie". Diese durch weitere Berufungen zu einer fakultätsübergreifenden „rassischen Querfront" ausgebaute Häufung rassenkundlicher Lehrstühle und -aufträge führte nach 1945 in Ost und West zu dem bis in die Gegenwart anhaltenden Eindruck und Verdikt, die Salana sei eine „Zitadelle des nationalsozialistischen Rassenschwachsinns" (Heiber 1992: 468),[1] ja der Prototyp einer „politische[n]" (Steinmetz et al. 1958: 626f.; Schmidt et al. 1983: 287) oder sogar „braune[n] Universität" (Klee 2001: 230) gewesen.[2] Bereits zu jener Zeit hatte die biologische Anthropologie i. S. Haeckels den Weg der objektiven wissenschaftlichen Forschung verlassen. Nun standen eben v. a. rassenkundliche und rassenhygienische Fragestellungen im Blickpunkt des Interesses und wurden mehr und mehr Grundlage politischer Ideologien, die eine Höher- bzw. Minderwertigkeit von Menschengruppen zum Inhalt hatten.

Nach 1945 wurden in Deutschland dann weitgehend nur strukturelle, hingegen keinerlei personelle Diskussionen über die Rolle der Anthropologie im Nationalsozialismus geführt. Anstatt die jüngere Vergangenheit mit besonders intensiver und gründlicher Forschung so schnell wie möglich aufzuarbeiten, tabuisierte und verdrängte man die Verfehlungen von Wissenschaft und Wissenschaftlern. Besonders die Berufungspolitik in der Bundesrepublik erregte große Teile der *scientific community* und wirkte sich daher auch nachteilig für das Fach aus. Dennoch gelang es einer Reihe von (teilweise auch politisch belasteten) Anthropologen, an ihre Forschungsleistungen von vor 1945 wieder anzuknüpfen und mit zahlreichen Publikationen (gerade im Umfeld des Darwin-Jahres 1959) auf die Bedeutung und den entpolitisierten Anspruch der biologischen Anthropologie im Kontext der zweiten darwinschen Revolution aufmerksam zu machen. Anthropologie definierte man nun nicht mehr ausschließlich über Rassentermini und rassiale Fragestellungen, sondern legte vielmehr Wert auf die Querverbindungen zu den Nachbarfächern wie der Evolutionsbiologie oder der Prähistorie. Dennoch gab es auch Tendenzen, die teilweise in alte Denkschemata zurückfielen.

Die kurze Retrospektive durch die Anthropologiegeschichte zeigt, dass die Jenaer Universität und an ihr lehrende Naturwissenschaftler innerhalb der Genese der biologischen Anthropologie über einen Zeitraum von fast 80 Jahren (1863-1945) eine bedeutende Rolle spielten. Das Wirken des Evolutionsbiologen und Johannes Müller-Schülers Ernst Haeckel war dabei zentral und erlangte nicht nur regionale Bedeutung. Seine vorgetragenen humanphylogenetischen, weltanschaulichen und rassenhygienischen Auffassungen sollten zudem über seinen Tod hinaus für die Zeit des Nationalsozialismus und in der DDR wirksam bleiben (Hoßfeld & Breidbach 2005).

Im Januar 2004 konnte in Jena mit der internationalen Tagung „Anthropologie nach Haeckel" die Breite der Themenstellungen aufgezeigt werden; eine Breite, die sich seit Haeckels Wirken hier so vielseitig und in so verschiedene Richtungen, von der Paläoanthropologie über die Konstitutionsbiologie und Rassenkunde bis hin zur Bevölkerungsbiologie, Rassenhygiene und Humangenetik, ausgebildet hat(te). Es war hierbei möglich, sowohl Entwicklungen an der Jenaer Universität als auch – im Vergleich – an anderen deutschen Universitäten sowie

1 Vgl. auch Heibers ironische, aber fehlerhafte Ausführungen über die Jenaer Universität im Band II/2 (Heiber 1994: 125–134).

2 Zur frühen Verwendung des Begriffs vgl. Seeliger, R. et al. (1964/68). In seiner Polemik gegen die akademische „Vertuschungsfront" unterliefen Seeliger auch Fehlinterpretationen.

Einrichtungen im benachbarten Ausland (Schweiz, Tschechien) in den Blick zu nehmen und die historische Entwicklung an gegenwärtige Forschungsansätze – etwa in der Paläoanthropologie – rückzubinden. Wir freuen uns, Facetten der diskutierten Entwicklungen innerhalb der Anthropologie beginnend mit und nach Ernst Haeckel in dem vorliegenden Kongressband nun vorstellen und präsentieren zu können.

Die Genese des Faches im Rahmen einer internationalen Tagung exemplarisch aufzuzeigen und dort zur Diskussion gestellte Ergebnisse zu publizieren war uns nur aufgrund der großzügigen Unterstützung und Förderung durch die Senatskommission zur Aufarbeitung der Jenaer Universitätsgeschichte im 20. Jahrhundert, der Jenaer Universitätsleitung, des Fördervereins Ernst-Haeckel-Haus e. V. und letztlich durch die Gesellschaft der Freunde und Förderer der FSU Jena e.V. möglich. Ihnen sowie den Referentinnen und Referenten der Tagung gilt daher unser nochmaliger Dank. Herrn Dr. Thomas Schaber – Verlagsleiter im Franz Steiner Verlag in Stuttgart – danken wir für die Unterstützung bei der Drucklegung und sein Interesse an dieser Arbeit.

Die Herausgeber Jena, im Mai 2006

LITERATUR

Breidbach, O., Hoßfeld, U., Jahn, I. & Schmidt, A. (2004): Matthias Jacob Schleiden (1804-1881) – Anthropologische Schriften und Manuskripte. (Reihe zur Wissenschaftskultur um 1900, Bd. 1). Franz Steiner, Stuttgart.

Heiber, H. (1992): Universität unterm Hakenkreuz, Teil II: Die Kapitulation der Hohen Schulen. Das Jahr 1933 und seine Themen, Bd. 1. K. G. Saur, München, London, New York, Paris.

Heiber, H. (1994): Universität unterm Hakenkreuz, Teil II: Die Kapitulation der Hohen Schulen. Das Jahr 1933 und seine Themen, Band 2. K. G. Saur, München, New Providence, London, Paris.

Hoßfeld, U. & Junker, T. (2003): Anthropologie und Synthetischer Darwinismus im Dritten Reich: *Die Evolution der Organismen* (1943). Anthropologischer Anzeiger 61/1: 85-114.

Hoßfeld, U. (2005a): Geschichte der biologischen Anthropologie in Deutschland. Von den Anfängen bis in die Nachkriegszeit. (Reihe zur Wissenschaftskultur um 1900, Bd. 2). Franz Steiner, Stuttgart.

Hoßfeld, U. (2005b): Reflexionen zur Paläoanthropologie in der deutschsprachigen evolutionsbiologischen Literatur der 1940er bis 1970er Jahre. In: Kleeberg, B., Walter, T. & Crivellari, F. (Hrsg.): Urmensch und Wissenschaften. Eine Bestandsaufnahme. Wissenschaftliche Buchgesellschaft, Darmstadt, S. 59-88.

Hoßfeld, U. (2006): „Rasse"-Bilder in Thüringen 1863-1945. Blätter zur Landeskunde Thüringen, Heft 63. Erfurt.

Hoßfeld, U. & Breidbach, O. (2005): Ernst Haeckels Politisierung der Biologie. Blätter zur Landeskunde Thüringen, Heft 54. Erfurt.

Klee, E. (2001): Deutsche Medizin im Dritten Reich. Karrieren vor und nach 1945. Fischer, Frankfurt/M.

Regenspurger, K. & Zantwijk, T. van (Hrsg., 2005): Wissenschaftliche Anthropologie um 1800? Franz Steiner, Stuttgart.

Schmidt, S. u. a. (Hrsg., 1983): Alma mater Jenensis. Geschichte der Universität Jena. Hermann Böhlaus Nachfolger, Weimar.

Seeliger, R. u. a. (Hrsg., 1964/68): Braune Universität. Deutsche Hochschullehrer gestern und heute, 6 Hefte. Seeliger, München.

Steinmetz, M. u. a. (Hrsg., 1958): Geschichte der Universität Jena 1548/58–1958, Bd. I: Festgabe zum vierhundertjährigen Universitätsjubiläum. Gustav Fischer, Jena.

Olaf Breidbach

NEURO-ANTHROPOLOGIE?

I. VORSTELLUNGSMUSTER

In den 1990er Jahren konnte eine Neurowissenschaft aus der Geschichte von der Suche nach dem Gehirn Lenins, die mit der Vielschichtigkeit im Wechselverhältnis von Hirn und Geist spielte, noch publizistisches Kapital schlagen (Spengler 1994). Nach dem Jahrzehnt des Hirns hat sich diese Situation anscheinend gewandelt. Eine sich ihrer Kultur sichere Neurowissenschaft weiß nun – zumindest in den in den Medien breiter rezipierten Stellungnahmen von Protagonisten wie Gerhard Roth oder Steven Pinker – um nichts anderes mehr als um sich selbst (Roth 2003; Pinker 1999). Diese, die mit den Begriffen von Kognition, Gedächtnis und Bewusstsein alles andere als einfache, aus simplen Experimentalplots ableitbare Aussagen bedienen, können behaupten, dass für die an diese Themen rührende Wissenschaft nicht mehr der seinen Kopf in neue Welten vorreckende Experimentator,[1] sondern der Vogel Strauß den adäquaten Wappenvogel darstellt. Dieser steckt bei Gefahr – wie bekannt – seinen Kopf in den Sand. So kann er sich – wenn er es überhaupt schafft seine Augen zu öffnen – eines doch beruhigend uniform erscheinenden sensorischen Umfeldes sicher sein.

Die Neurowissenschaft kann nun aber nicht einfach ihren ‚Kopf' derart in den Sand stecken. Sie muss um ihre Geschichte schon allein darum wissen, weil in dieser Geschichte die Geschichten stehen, die sie letztlich interessieren. Eine Wissenschaft, die erkannt hat, dass ihre Ideen der Organisation des Wissens eben nicht vom Himmel oder einfach aus der Büchse der Evolution gefallen sind, sondern ihre Vorgaben in den Sammlungs- und Ordnungsmustern der Enzyklopädien und den Ordnungsstrukturen der Bibliotheken haben, muss sich in ihrer Geschichte umsehen (Breidbach 2004).

Schließlich bedient sich auch die heutige Neurowissenschaft im Zugang auf die von ihr zu lösenden Probleme Vorstellungsmuster, die sie aus ihrem kulturellen Umfeld entlehnt. Der hierbei grundlegenden Idee zufolge ist Denken eine Art im Kopf ablaufendes Theater. Denken beschreibt die Neurowissenschaft derart als Inszenierungen der Realität auf einer neurobiologisch zu beschreibenden Bühne (Yates 1966). Diese Inszenierungen generieren im Hirn Ordnung, Struktur und selbst Ästhetik. Mit diesem Vorstellungsbild bedient sich die Neurowissenschaft einer vergleichsweise alten Tradition. Das von ihr benutzte Vorstellungsbild entstammt den Schriften eines Autors des 17. Jahrhunderts: Robert Fludd (1574-1637) (Fludd 1619; vgl. Schmidt-Biggemann 1993). Ihm zufolge generiert sich im

1 Vgl. Die Atmosphäre. Holzschnitt. Abgebildet in: Flammarion 1888: 163.

Kopf ein Welttheater, auf dem die Erinnerungsprotokolle unseres Gedächtnisses inszeniert wurden. Dabei ist diese Bühne eine Widerspiegelung der Weltordnung, die sich so in den Strukturen des Hirnes einfach wieder findet. Diese Vorstellungsmuster sind über Autoren wie Lorenz Oken (1779-1851) oder – was die neurowissenschaftliche Dimension anbelangt – über Karl Friedrich Burdach (1776-1847) direkt in die Biologie und Anthropologie des 19. Jahrhundert transferiert worden (vgl. Breidbach & Ghiselin 2002; Breidbach 2005a). Der Mechanismus dieser Widerspiegelung, der für einen Esoteriker wie Fludd noch im einheitlichen Schöpfungsakt Gottes begründet lag, erstellt sich nach 1859 durch die Evolution, die in ihren Produkten nichts als Anpassungen dieser Entitäten an das diese umgebende Milieu darstellen lässt. Demnach kann das von Fludd überkommene Analogisierungsmuster von Außen- und Innenwelt auch in der evolutionsbiologischen Diktion beibehalten werden. Eine moderne, den Lokalisationskonzepten folgende Neurowissenschaft illustriert damit an diesem alten Bild eines *Theatrum mundum* ihre Auffassung der Genese einer Ideenwelt. Diese sieht sie – ganz im Schema des vormaligen Mikro- und Makrokosmos-Denkens – nur als Reflex eines vorgegebenen Außenraumes, den sie qua Evolutionsmechanik in den ihr zugänglichen Köpfen abgebildet sieht.

Abb. 1: Fludd's Geisttheater.

Die Neurowissenschaft nutzt damit ein Bild, das weit vor der Einsicht in die funktionelle Organisation des Hirnes gewonnen wurde. Mit diesem Bild verweist sie auf Vorstellungsmuster, die nicht Teil ihrer Experimentalgeschichte sind, und dabei passiert ihr das Schlimmste, was einer sich naiv natürlich wähnenden Wissenschaft überhaupt passieren kann: Sie findet sich in den Bildmustern eines Kabbalisten wieder (Breidbach 2001). An sich ist dies nicht allzu tragisch, zumindest solange nicht, wie man zu bedenken bereit ist, welche Bilder man hier bemüht, um Ordnung in seinen Kopf zu bringen. Das Hirnbild ist Abbild einer Kultur des Wissens. Das Konzept der Neurowissenschaften sucht in dem ihnen im Experiment zugänglichen Material somit nur mehr die alten Vorstellungen wieder zu finden. Die Neuro-Anthropologie ist insoweit eine Kulturanthropologie. Nur wird diese so nie begriffen. Vor der Einsicht in diese Geschichte ihrer eigenen Ideen steht ein verkürzter Blick auf sich selbst. Dieser fängt sich – ohne die Perspektive der Historie – nur in dem dieser Wissenschaft jetzt Verfügbaren. Jetzt hat sie zwar das Hirn auch nur nach dem Modell, das ihr die Geschichte an die Hand gab. Nur ist ihr diese Geschichte als solche nicht bewusst. Das Modell ist ihr real, und das, was sie in der Hand hat, scheint ihr nicht als Resultat einer Theorie, sondern als bloße Faktizität, als etwas, das einfach da ist, gegeben.

Der Mensch – so das Ergebnis dieser neueren, sich selbst um die kulturelle Perspektive betrügenden Debatte um den Stellenwert der Hirnforschung – ist eben nichts als sein Hirn (vgl. Kröber 2004). Anthropologie wäre demnach nur noch im einfachen, unreflektierten, und das heißt mechanistischen Sinne als Neuro-Anthropologie zu schreiben.[2] Zu skizzieren ist damit kein neues Fachgebiet, sondern die Eingrenzung einer Perspektive, die die biologische Anthropologie nur mehr auf die Funktion eines Organs einschränkt, das als spezifisch human begriffen wird.

II. NEURONALISIERUNGEN

Die 1980er Jahre wurden seinerzeit vom amerikanischen Präsidenten zur *Decade of the brain* erklärt.[3] Es galt nun, so der Tenor, mit der Analyse des Hirns die letzte Bastion des Human-Kognitiven naturwissenschaftlich einzuholen, und so in der Darstellung der Nervenphysik auch die Seelenfunktionen aufzuweisen. Diese Terminologie ist alt, es sind die Begriffe und die Denkmuster, in denen Johannes Müller (1801-1858) und seine Schüler nach 1830 operierten. Reicht es zu, deren Programm einer Physiologisierung des Humanen nun wenig mehr als 100 Jahre später definitiv einzuholen? Politisch schien diese Aufgabe 1980 klar umrissen: Der Mond war erobert, der *gestirnte Himmel über mir* war greifbar geworden. Die Instanz des Selbst, das, was den Menschen ausmachte, das *moralische Gesetz in mir* zu entdecken, wäre dann zumindest für denjenigen, der von dem Ansatz der Philosophie Kants gehört hat, der sinnvolle nächste Schritt einer Wissenschaft, die

2 Der Begriff findet sich verstreut und programmatisch genutzt in: Mergenthaler (2001), sowie bei dem französischen Zellbiologen Max de Ceccatty (1997).

3 Am 17. Juli 1990 unterzeichnete George Bush die Presidential Proclamation 6158, die die Dekade des Gehirns, beginnend mit dem ersten Januar 1990, deklarierte; vgl. Dowling (2004).

auf das Ganze der ihr möglichen Erkenntnis zielt. Das Organ, in dem sich dieses Innenleben des Menschen fängt, ist diesem Ansatz zufolge das Hirn. Entsprechend ist denn auch eine Mechanik aufzuweisen, in der die Funktionen des Wesens Mensch als biologische Größen zu beschreiben sind.

Eine Anthropologie wäre entsprechend wissenschaftlich schlechterdings nicht anders als als Neuro-Anthropologie darstellbar. Der Mensch wäre dann eben – wie schon formuliert – nichts als sein Hirn. Wie Francis Crick (1916-2004) in den 1980er Jahren forderte, galt es nunmehr alleine zu erforschen, wie dieses Hirn das Hirn begreifen kann (Crick 1988).

Die Konsequenz dieses Ansatzes war eine umfassende Neuronalisierung des Humanen. Der Mensch war demnach nichts als das, was in den Gesetzen der Physiologie zu beschreiben war. Das, was den Menschen ausmachte, war demnach in seinem Cortex festgeschrieben.

Die Diskussion um die Qualifizierung des menschlichen Lebens in der Geriatrie und in der Feststellung der Lebenswertigkeit des Fötus bezog sich dann auch konsequent auf die Analyse des jeweiligen Differenzierungsgrades humaner Nervenanlagen. Das, was den Menschen ausmachte, war das, was er in seiner Hirnschale trägt. War davon noch nicht genug oder wieder zu wenig vorhanden, war den jeweiligen Existenzen die Qualität des Humanen abzusprechen. Ethiker wie der Australier Peter Singer propagierten danach auch, nicht die unschuldigen Tiere, sondern demente Greise und Föten in den Laboratorien der Pharmaindustrie einzusetzen (Singer 1975; Singer 1979). Die Vorstellung, dass ein Individuum, unabhängig von seinem momentanen Status als komatöser, dementer oder noch in der Entwicklung stehender Mensch, als ein aus der ganzen ihm möglichen Lebensspanne zu bemessendes Sein zu begreifen war, wurde danach aufgegeben. Gültig waren in diesem Ansatz nur die jeweiligen – ad hoc messbaren – Funktionen des real vorliegenden Leibes. Kernaussage dieser sich angewandt nennenden Ethik war: Mensch bist Du nur, solange Du funktionierst.

Detlef Linkes in den 1990er Jahren Furore machende Darstellung über die erste Unsterblichkeit auf Erden zog hieraus die Konsequenz. *Mensch werde wesentlich* hieß für Linke: Verpflanze dein Hirn und lebe so – wenn auch in einer schlechten, so zumindest doch potenziellen Unendlichkeit (Linke 1993). Ganze Firmen leben aus dieser eher an einen schlechten *science fiction* Film mahnenden Utopie. Sie bieten ihren Kunden an, deren Köpfe solange tief zu frieren bis ein geeigneter Spender gefunden oder, besser noch, ein geeigneter Robot konstruiert sei, der die Unwägbarkeiten des Nicht-Neuronalen definitiv zu korrigieren erlaube.

RoboCop ist die simple Science Fiktion Version dieser Vorstellung.[4] Der Körper ist in diesem Film nur noch ein vom Nervensystem gesteuertes Gefüge möglicher vom Hirn initiierter Handlungen. Und genau so begreifen auch die Neurowissenschaften den Menschen. Der Mensch ist insoweit nicht mehr – wie es Campanella dachte – in diesem Hirnorgan gefangen (Campanella 1996: 104f). Er

4 RoboCop (1987), Director: Paul Verhoeven, Skript von: Edward Neumeier und Michael Miner.

ist dieses Hirnorgan, und er entschlüsselt sich – als Mensch – in dessen Funktionen. Diese allein und die an diesem Organ auszumessenden Werte – hier versuchen sich derzeit denn auch Neurogenetiker – geben das Maß einer neuen Neuro-Anthropologie.

III. ENTGRENZUNGEN

Diese Vorstellungsmuster sind aber keineswegs neu. Sie schreiben ein Programm des 19. Jahrhunderts fort und haben damit aber – ganz im Stile des endenden 19. und beginnenden 20. Jahrhunderts – eine Anthropologie schlicht auf die Biologie eingegrenzt (Hoßfeld 2005). Eine philosophische Anthropologie hatte in diesem Denken keinen Platz, und diese Geschichte dokumentiert denn auch nichts anderes als die Konsequenz eines Verzichtes der philosophischen Anthropologie, der vielleicht am augenfälligsten in den Aktionen von Arnold Gehlen (1904-1976), des philosophischen Antagonisten zu Max Scheler (1874-1928), dingfest zu machen ist (Arlt 2001; Klages & Quaritsch 1994; Brede 1971).

Gehlen formulierte Ende der 1930er Jahre keine erweiterte philosophische Theorie. Er förderte im Kontext der Diskussion der Biologisierung des Humanen die neu entstehende Ethologie. Das, was Konrad Lorenz (1903-1989), der mit Förderung Gehlens auf den Kant-Lehrstuhl in Königsberg berufen wurde, formulierte, macht dieses Programm greifbar. Lorenz zufolge war Kant nun in den Sprachmustern der seinerzeit modernen Biologie zu reformulieren. Das *„moralische Gesetz in mir"* war denn auch ethologisch zu decodieren. Die Seelenlehre wurde zur Humanethologie, zur bloßen Beschreibung des menschlichen Verhaltens. Diese wurde dann Mitte der 80er Jahre von einer auch den Menschen mit in den Blick nehmenden Neuroethologie, der Analyse der neuronalen Grundfunktionen des Verhaltens, ersetzt und so in die Traditionen einer kognitiven Neurowissenschaft überführt.

Es waren nun nicht mehr die Vorstellungen einer inneren Architektur des Geistes, nach denen die Organe einer Seelenlehre bestimmt waren; mit den Ergebnissen der psychologischen Würzburger Schule schien im übrigen auch schon um 1900 eine solche Phänomenologie des Ichs erledigt (Ziche 1999). Es galt nunmehr die Organfunktionen zu studieren. – Dass dabei die alten, schon vor 1800 formulierten Vorstellungen einer Organisation des Kognitiven und damit die überkommenen Vorstellungen von einer Organisation des Wissens von der Neurowissenschaft des 20. Jahrhunderts weitgehend unreflektiert übernommen wurden und so dann für die Ideen einer kognitiven Neurowissenschaft bestimmend blieben, wäre ein eigenes Thema (vgl. Regenspurger & Zantwijk 2005).

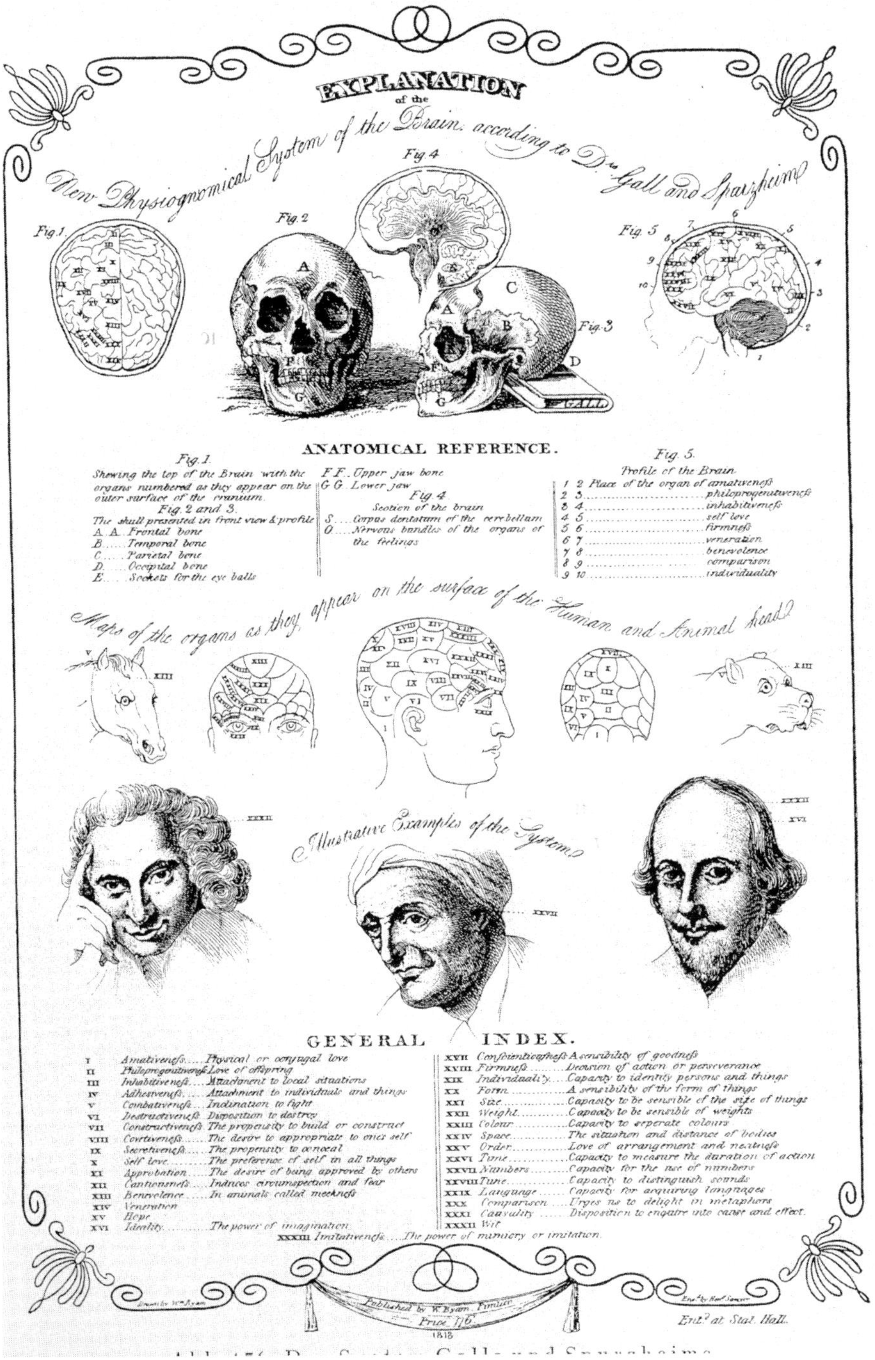

Abb. 2: Phrenologie – Galls Schädel.

IV. SCHÄDELLEHRE[5]

Der Phrenologe Franz Joseph Gall (1757-1828) konnte Anfang des 19. Jahrhunderts, mit dem ersten in sich schlüssigen Konzept einer Neuro-Materialisierung des Personalen, die schon seinerzeit alten, wenig reflektierten Vorstellungsgefüge von einer räumlichen Schichtung funktioneller Architekturen des Geistigen zementieren (vgl. Breidbach 1997: 65-83). Er entschlüsselte eine Architektur des Geistigen. Für ihn war Geist ein Nebeneinander decodierbarer Einzelfunktionen. Ihm zufolge formten sich im Hirn Funktionsareale aus, die in ihrer Architektur das kognitive Vermögen des Einzelnen bestimmten. Dieses Hirn drückte sich – seiner Auffassung nach – im Schädel ab, so dass in dessen Wölbungen die Intelligenz und der Charakter des Einzelnen regelrecht abzugreifen war. Galls *bump-detection*, in der er dann die Personalität eines Einzelnen am Schädel abzutasten vermochte, band die Persönlichkeit gänzlich in dieses Hirnorgan ein. Das bekannte *Os malorum*, das die Phrenologen in den Kriminalpathologien markierten, war das Siegel einer Entwicklung, die für den Einzelnen nicht mehr umkehrbar war.[6] Entsprechend war jede Therapie eines Verbrechers von vornherein aussichtslos. Und auch in der Erziehung galt es zunächst nur, dass zu erkennen war, was von der Hirnanlage her möglich war. Erziehung ermöglichte die Ausprägung der Vorgaben, aber nicht die Ausbildung von etwas Neuem.

Dies muss auch aus einer modernen Perspektive interessieren, fand so doch schon vor 1900 diese Art der Neuroanthropologie ihre Anwendungsfelder: Queen Victoria bat den Phrenologen George Combe (1788-1858) um eine Diagnose der Fähigkeiten ihres Neffen (Breidbach 1997: 88). Der Phrenologe zertifizierte dessen Regierungsfähigkeit. Damit war die Art der Charakterdiagnose in England von höchster Stelle her bestätigt. Die Schädel offenbarten Fähigkeiten, mit denen Staat zu machen sei. Es galt, so war solch ein Tun dann für eine allgemeine Pädagogik umzudeuten, Talente zu entdecken und entsprechend zu fördern. Erziehung war aber nichts als das Erlauben der Ausprägung der vorgegebenen Anlagen.

Mit dieser Schädelkunde verband sich eine Lokalisationslehre. Gall zufolge gab es im Hirn Orte, an denen das oder jenes ‚passierte'; noch Emanuel Rádl (1873-1942) mokiert sich Ende des 19. Jahrhunderts über diese Zerstückelung der kognitiven Fähigkeiten, die seinerzeit der französische Physiologe Pierre Flourens (1774-1867) angriff (Rádl 1909). Dabei war, dieser Konzeption zufolge, das Hirn nicht einfach als Masse zu bewerten. Es war schwer, Intelligenz zu bemessen, gab es doch nur Aussagen zur Ausprägung einzelner Vermögen. Allerdings war mit dieser Lehre zugleich auch klar, dass kognitive Fähigkeiten Ausprägungen des Hirnorgans sind. Dort, wo mehr Hirnmasse ist, bilden sich die Auswölbungen des Schädels. Mehr Hirn bedeutet denn auch schlicht mehr Vermögen. Der Phrenologe Combe hatte denn auch schon 1833 Tabellen mit Angaben zur Massebestimmung dieses kognitiven Organs publiziert (Combe 1833). Dabei gab er aber nicht

5 So tituliert Hegel in seiner Phänomenologie des Geistes.

6 Das Anatomische Institut der Universität Bonn besitzt einen entsprechend von Phrenologen markierten Schädel.

einfach nur absolute Zahlen an. Vielmehr bezog er das Hirngewicht auf das Körpergesamtgewicht und gewann so eine relative Maßbestimmung. Der Anthropologe Rudolph Wagner (1805-1864) und der Jenenser Anatom Emil Huschke (1797-1858) folgten ihm hierin (Huschke 1854; Wagner 1864). Demnach fanden sich Ordnungsmuster, in denen die verschiedenen Menschrassen – ganz entsprechend der Typologie, die noch Haeckel in seiner Anthropogenie aufnahm – in eine Stufenfolge gebracht waren.

Die Stufung der Hirnvolumina von Menschenaffe, Buschmann, Hottentotte, Mongole und Indoeuropäer schien damit nahe zu legen, wie sich die Kultur der verschiedenen Völker bewerten ließ. Wobei in allen Gruppen, auch dies zeigte Huschke auf, die Hirnvolumina der Frauen jeweils deutlich unter denen der Männer rangierten.

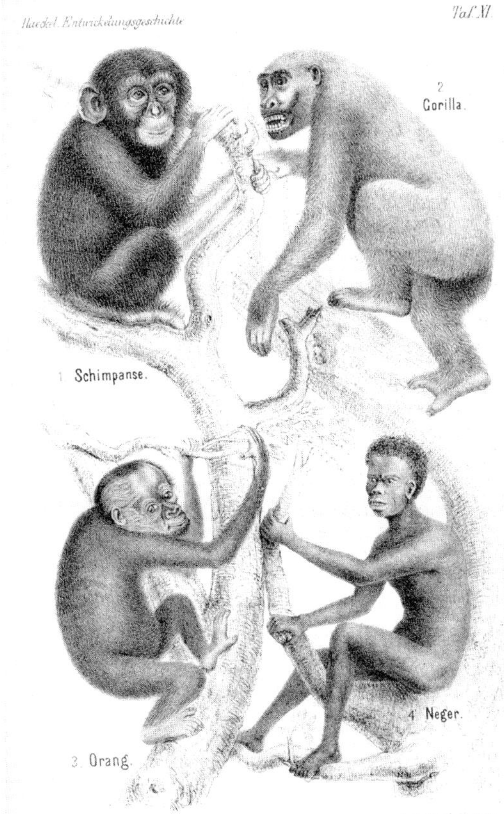

Abb. 3: Ernst Haeckel – Stufenfolge der Hominiden – Frontispiz seiner Anthropogenie.

V. HIRNMASSEN

Anne Harrington hat in ihrer Studie *Medicine, Mind and the Double Brain* die verschiedenen Versuche besprochen, derartige Hirnserien zu erstellen (Harrington 1987). Sie zeigt dabei, wie diese Serien durch immer neue Relativmaße die Relationen zwischen Hirn- und Körpergewicht um Aussagen zu den Gewichtsverteilungen verschiedener Hirnteile erweitern, um so die schon vorgegebene Architektur der Serie auch in natura demonstrieren zu können. Noch 1880 schrieb Theodor L. W. v. Bischoff (1807-1882) in der Diskussion seines in einer dieser Traditionen erstellten Hirn-Tabellenwerkes:

> „Wenn der Parallelismus zwischen Masse und Kraft in der ganzen Natur und speziell auch bei den übrigen Organen des thierischen und menschlichen Körpers besteht, und wenn die geistigen Tätigkeiten eine Function des Gehirns sind, so kann principiell gar kein Zweifel darüber bestehen, dass zwischen Masse des Gehirns und der Grösse der geistigen Befähigung und Leistung dieser Parallelismus sich findet" (Bischoff 1880).

Ganz entsprechend der Ideologie eines body building, in der Kraft nach dem Bizepsumfang bemessen wird, ist den dort fixierten Überlegungen zufolge die Hirnmasse für die Intelligenz entscheidend. Die von den vergleichenden Anatomen immer wieder gefundenen „Ausrutscher" gegenüber einer solch eindeutig skalierten Beschreibung der Zuordnung von Masse und Intelligenz führten so denn auch keineswegs zu einer Korrektur dieser augenscheinlich konstruierten Aussage.

So war ausgerechnet das Hirn von Gauss kleiner als das eines intellektuell nur wenig entwickelten Maurers. Die Lösung dieses Problems war einfach, bot sie sich doch in Blick auf den Beruf dieses Maurers geradezu an. So schloss denn auch Bischoff, dass das Maurerhirn eben – berufsspezifisch – mehr Füllmasse, mehr Glia besitze, womit es dann zwar gegenüber einem an Nervenzellmasse bedeutenderen, im Effekt aber kleineren Hirn insoweit zwar größer aber eben auch unflexibler geworden sei.

Solch ein Augenschein führte denn auch nicht zur Korrektur der Vorstellung einer rasse- und geschlechtsspezifischen Abstufung der relativen Hirnmassen, sondern nur zur Korrektur der Methodik, die diese aufzuzeigen hatte.

Schon Combe diskutierte, dass der Kopfumfang nur ein sehr unzureichendes Maß der Intelligenz sei, die Hutgröße also nicht zur Bestimmung der Intelligenz eines Gegenüber ausreiche. Als ein Argument gegen solche Vorstellungen führt er die bei den Rassen unterschiedliche Dicke der Schädelknochen an (Combe 1833).

Um mit den publizierten Tabellen weiter arbeiten zu können, galt es also nur, die passenden Relativmaße zu finden und so ggf. abweichend erscheinende Datenreihen unter das Eingangspostulat einer Korrelation von Hirnmasse zu Intelligenz zu zwingen. Wichtig ist es somit, die für eine entsprechende Typisierung effektive Hirnmasse zu bestimmen. Das Problem bestand dabei zunächst in der sauberen Abgrenzung kognitiver Zentren, zumal dann, wenn auch hier eine eingehendere, den Windungsreichtum der Hirnoberfläche mit berücksichtigende Analyse zu keinem eindeutigen Ergebnis führte. Den Ausweg bot in den letzten Jahrzehnten des 19. Jahrhunderts eine nähere Charakterisierung der Feinbaucharakteristika des Hirngewebes. Im mikroskopischen Blick waren die Grundelemente der Hirnarchitektur, die Nervenzellen oder Neuronen, zu zählen und auszumessen. Nicht einfach die Hirnmasse, sondern Anzahl und Ausprägung der Hirnneurone waren demnach für die Funktion des Hirnes und damit für das Maß der Intelligenz entscheidend. Die für die kognitiven Leistungen nicht direkt bestimmenden Gewebeteile des Hirnes, wie die als einfache Kittsubstanz angesehene Masse der sogenannten Glia-Zellen, gaben dann die Möglichkeit, auch die komplizierten Relativmaße einer Hirngewichtsbestimmung zu korrigieren. So musste – wie schon angedeutet – die Glia als Korrekturfaktor der von Bischoff publizierten Datenreihen herreichen. Ungeeignete große Hirnmassen waren damit durch einen ultimativen Korrekturfaktor wieder nach unten zu korrigieren. Interessanterweise kam es dabei nie zu einer Diskussion darüber, ob bei solchen Menschen angelegte Fähigkeiten schlicht nicht zur Ausprägung kamen.

Intelligenz war eben das, was sich auch äußerte. Der hier formulierte Hirndeterminismus zeichnete so ein Sozialsystem nach, in dem sich der Einzelne immer an seinem ihm gemäßen Ort fand. Die Hirnmessung gab kein Korrektiv etwaiger sozialer Realitäten, sie gab nur den nachgereichten Maßstab, diese sozialen Realitäten festzuschreiben: Da – so folgerte Bischoff nach Präsentation seiner umfangreichen Tabellen – „die Hirnmasse und der Besitz an Hirnwindungen für die Intelligenz entscheidend sei, folgt daraus, dass die Befähigung zu geistigen Leistungen [...] immer angeboren sei" (Bischoff 1880: 165). Quod erat demonstrandum.

Bischoff wiederholt damit nur die Aussagen Wagners, der 1864 versuchte, die einfache Gleichung Hirnmasse = Intelligenz dadurch zu spezifizieren, dass er Hirngewicht und Ausdehnung der Hirnoberfläche in eine Relation zueinander setzte (ebd.). Seiner Aussage zufolge war die Ausdehnung der Hirnoberfläche proportional zur Ausbildung der Intelligenz. Damit war – kombiniert mit einer Lokalisationslehre, d. h. einer Lehre, die für verschiedene Funktionen verschiedene Orte im Hirn identifizierte – eine Topographie der Intelligenz, eine Bemessung von kognitiven Funktionen und – in der Zielstellung – auch so etwas wie eine Landkarte des Geistes möglich (vgl. Breidbach 1997: 202-241). Der im amerikanischen Bereich einflussreiche Psychologe Edward Bradford Titchener (1867-1927) hat solch eine Feingliederung der Topographie des Geistigen um 1900 dann auch in seiner Psychologie festgeschrieben (Titchener 1899).

Die Massenbestimmungen führten in der Bemessung der Intelligenz also kaum weiter. In ihrer Fortentwicklung parzellierte sich aber die Landschaft des Kognitiven zusehends. Der Vergleich der als hoch zu den als niedrig eingestuften Hirnen erlaubte es, Areale auszuweisen, die diese Differenz erhärteten. Damit waren in der Konsequenz dieses Denkens die für eine Kartierung des Kognitiven entscheidenden Bereiche der Hirnarchitektur auszuloben. Es war nun nur noch ein kleiner Schritt weiter zu gehen, um aus dieser Denktradition heraus den Ansatz zu einer letztgültigen Kartierung solcher Bereiche zu finden. Es galt nunmehr nur noch, Hirne von Menschen, die als intellektuelle Eliten eingestuft wurden, mit dem Normalhirn zu vergleichen. Gelang dies, wären am Hirn der Eliten nun die

Bereiche aufzuweisen, die dieses vom ‚Normalhirn' unterscheiden.[7] So wären die neuronalen Zentren für spezifische Intelligenzvermögen aufzuweisen.

VI. EXKURS: HAECKELS HIRN

Aus diesem Denkmuster heraus setzte dann um 1900 eine Erforschung der Elitehirne an. Es galt die Besonderheiten dieser Intelligenzen zu kartieren um daraus den Schlüssel dafür zu finden, die Ausprägungen des Kognitiven im Hirn zu verorten. Als der Anatom Friedrich Maurer (1859-1936) seinen Freund Ernst Haeckel (1834-1919) 1924 auch noch post mortem bemisst, so sucht er dem Leser einen eingehenderen Blick auf die visuellen Areale im Occipitalbereich des Haeckelschen Hirns nahe zu legen. Schließlich – so Maurer – war Haeckels Genialität gerade in seinen Natur-Anschauungen und deren zeichnerischen Fixierung augenscheinlich geworden (Maurer 1924: 52). Eine der morphologischen Studie Maurers über das Gehirn seines Freundes beigefügte histologische Untersuchung widmet sich denn auch – mit diesem Argument – dem Hirnbereich Haeckels, der mit dem visuellen Vermögen in Zusammenhang gebracht wurde. Diese Methode der Analyse, aus dem Vergleich mit dem Normalen das Besondere zu erschließen und damit den Schlüssel für dieses Besondere und über diesen sodann das Substrat des Genialen identifizieren zu können, war einfach. Die Analyse von Haeckels Hirn war selbst allerdings weniger von Erfolg gekrönt. Der Verweis auf die mangelnde Fixierung des Hirnes und auf die somit nur spärlich zu erhaltenden Ergebnisse brach aber keineswegs die Kraft der sich in dieser Analyse des Genialen ja so sicher wähnenden Anatomie: „Ein großer Geist in einem gesunden Körper, das war Ernst Haeckel", so ließ Maurer in seiner Zusammenfassung verlauten (ebd.). Die Abbildungen seines Hirnes, die diese so präzise Schlussfolgerung untermalen, suggerieren damit etwas Exzeptionelles, das die Analyse, der Aussage der Untersucher zufolge, gar nicht aufzufinden vermochte. Das Abbild der Person im Hirn blieb dennoch auch im Falle Haeckels mehr als wertvoll. Von Haeckels Hirn finden sich denn auch nicht einfach nur Gipsabgüsse, wie sie etwa von dem entsprechenden Organ des Physikers Herrmann von Helmholtz (1821-1894) gemacht und verschiedenen Forschern für Vermessungen zur Verfügung gestellt wurden (vgl. Breidbach 2005b). Die Sammlung des Anatomischen Instituts der Universität Jena besitzt vielmehr einen Abguss von Haeckels Hirn in Silber.

Die Wertschätzung des Genius kann wohl kaum deutlicher materialisiert werden. Das Hirn in Silber fixiert jene Genialität, die die Person Haeckels für die Universität Jena Anfang des 20. Jahrhunderts so wertvoll machte. Dieser Abguss zeigt zugleich, was diese neue Form des Portraits – das Hirnbild – letztlich zu leisten suchte. Es galt das festzuschreiben und in einer Form zu bannen, was im

7 Vgl. hierzu die jüngst erschienene Studie von Michael Hagner (2004).

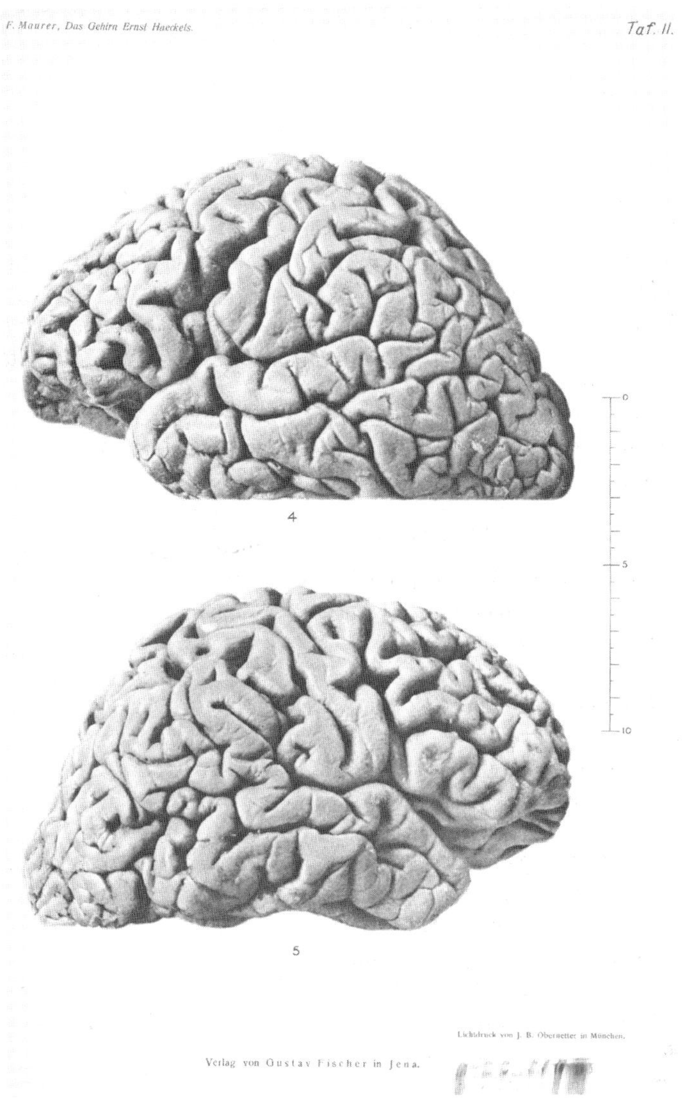

Abb. 4: Haeckels Hirn.

Diskurs der Wissenschaften immer wieder in Frage stand, das Exzeptionelle der Person, deren Bedeutung.

Personenbilder waren damit in Hirnbilder geronnen. Die Anthropologie als Lehre des Gesamtbildes des Menschen wäre derart auf das Organ gebracht. Dass und inwieweit hiermit eine Perspektive eingenommen wurde, die die Person auf eine eng umschriebene Funktion, und dabei nur auf deren skalierbaren Teil festschrieb, muss noch einmal gesondert interessieren, schließlich stehen Hirnmaß und Intelligenzmaß in einem sehr engen auch historisch nachzuzeichnenden Bezug. Genau dies, dem anderen die Bedeutung des als bedeutend Eingestuften zu vermitteln, war denn auch das Motiv, auf Grund dessen der deutsche Hirnforscher Oskar Vogt (1870-1950) nach Moskau gebeten wurde, um das Hirn Lenins anatomisch zu vermessen (Satzinger 1998; vgl. auch Richter 2000). Seine Aufgabe war es, der Welt mit den objektiven Methoden des Anatomen vor Augen zu führen, wie bedeutend Lenin war. Es galt schlicht den neuroanatomischen Beweis zu führen, dass Lenin in seinen Äußerungen recht hatte. Die Hirnanatomie wurde zum Richter über die Qualität der Aussagen desjenigen, dessen Hirn sie untersuchte. Die neurowissenschaftliche Analyse wurde zum krönenden Beschluss eines Arguments über die Geltung des leninschen Gesellschaftsentwurfs.

VII. NEURO-PHILOSOPHIEN

Es sollte zu denken geben, wenn wir heute im Kontext einer Neuro-Anthropologie (im skizzierten Sinne) analoge Argumentationen finden. Patricia Churchland ist in ihrer für die kognitiven Neurowissenschaften grundlegenden Neurophilosophie für diese Sicht der Dinge einschlägig (Churchland 1988). Sie beruft sich dabei auch explizit auf eine von Gall her begründete Tradition.

Das Humane ist für sie das Neuronale. Das Humane erweist sich als Resultat einer bestimmten Form cortikaler Differenzierungen. Die alte, im 17. Jahrhundert formulierte Idee von Robert Fludd, in der Innenwelt des Geistes die Bühne einer Welt zu finden, erfährt in diesem Programm nur eine Modifizierung. Was wir demnach heute erleben, ist nur eine Neuinszenierung eines alten Stückes.

Aufzuweisen bleibt dabei ein Defizit, das Ausklinken dieser Darstellung des Humanen aus seiner philosophischen Tradition. Die Neuroanthropologie erweist sich gegenüber dieser philosophischen Anthropologie keineswegs als argumentativ überlegen. Eine eingehende Darstellung der einschlägigen Geschichte des 19. und 20. Jahrhunderts zeigt, dass eine Diskussion zwischen philosophischer Anthropologie und wissenschaftlicher, d. h. später dann biologischer Anthropologie nie stattgefunden hat. Die philosophische Anthropologie wurde strukturell ausgehebelt. Eine Auseinandersetzung mit den Problemstellungen der Philosophie fand in der biologischen Anthropologie nie statt. Wohl aber wurden in ihr die überkommenen philosophischen Motive erhalten, die somit aber nicht in ein neues Argument eingewoben, sondern einfach nur anders ummantelt wurden. Hier gilt es zu korrigieren, nicht nur um diesem Fach seine Geschichte wieder richtig erzählen zu können, sondern auch, um gerade eine Neurowissenschaft zu einem in sich bestimmten und damit auch neue Horizonte eröffnenden Ansatz zu führen.

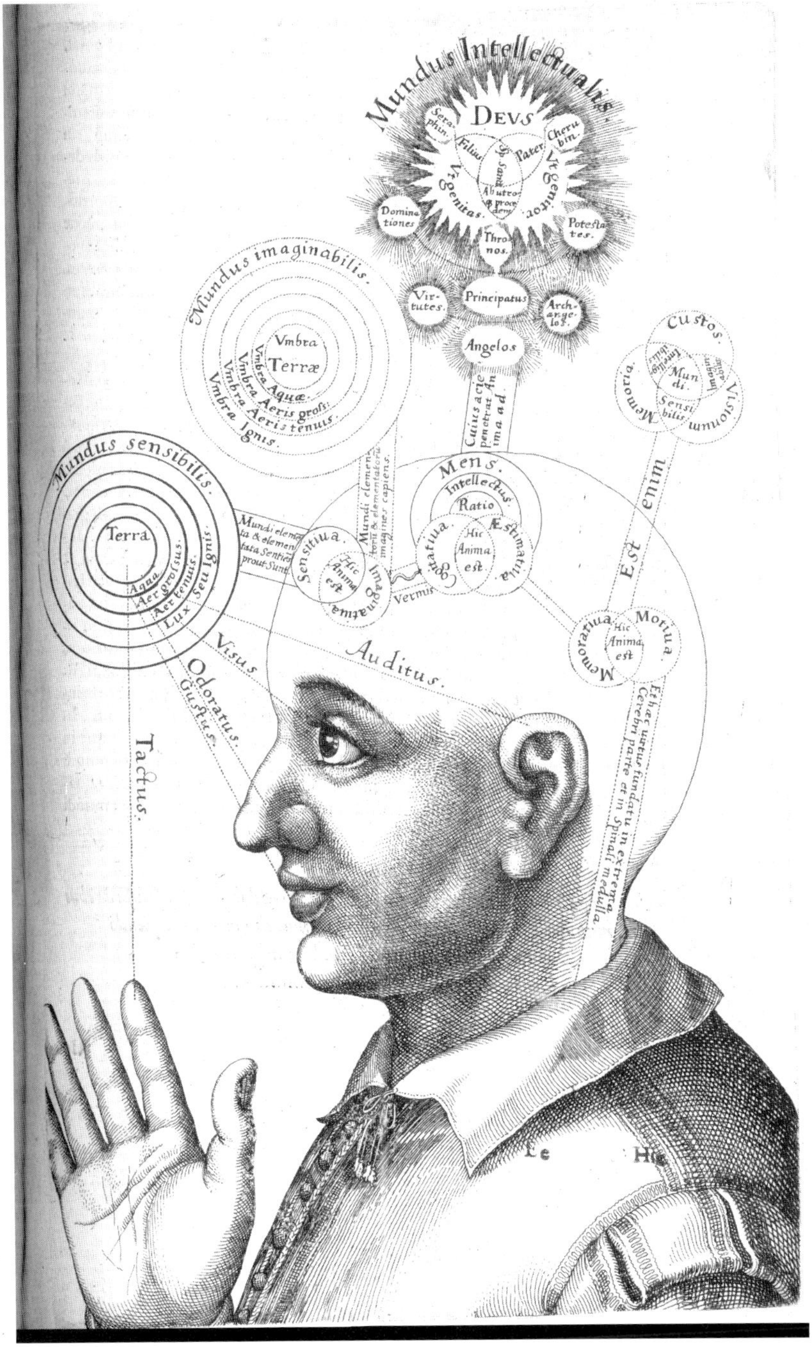

Abb. 5: Fludd – Architektur des Geistes.

LITERATUR

Arlt, G. (2001): Philosophische Anthropologie. Metzler, Stuttgart.
Bischoff, T. L. W. v. (1880): Das Hirngewicht des Menschen. Neusser, Stuttgart.
Brede, W. (1971): Anthropologische Antinomien. Herrschaft und Anthropologie im Werk von Arnold Gehlen. Phil. Diss., Gießen.
Breidbach, O. (1997): Die Materialisierung des Ichs. Zur Geschichte der Hirnforschung im 19. und 20. Jahrhundert. Suhrkamp, Frankfurt/M.
Breidbach, O. (2001): Hirn und Bewußtsein – Überlegungen zu einer Geschichte der Neurowissenschaften. In: Pauen, M. & Roth, G. (Hrsg.): Neurowissenschaften und Philosophie. Wilhelm Fink Verlag, München, S. 11-58.
Breidbach, O. & Ghiselin, M. T. (2002): Lorenz Oken's Naturphilosophie in Jena, Paris and London. In: History and Philosophy of the Life Sciences 24: 219-247.
Breidbach, O. (2004): Die letzten Kabbalisten, die neue Wissenschaft und ihre Ordnung. Bemerkungen zu den Traditionslinien bio- und neurowissenschaftlicher Forschung. In: Seising, R., Folkerts, M. & Hashagen, U. (Hrsg.): Form, Zahl, Ordnung. Studien zur Wissenschafts- und Technikgeschichte. Franz Steiner Verlag, Stuttgart, S. 63-76.
Breidbach, O. (2005a): „Karl Friedrich Burdach". In: Bach, T. & Breidbach, O. (Hrsg): Naturphilosophie nach Schelling. Frommann-Holzboog, Stuttgart-Bad Cannstatt, S. 73-106.
Breidbach, O. (2005b): Elitehirne. In: Theile, G. (Hrsg.): Anthropometrie. W. Fink, München, S. 195- 218.
Campanella, T. (1996): Philosophische Gedichte. Ausgewählt und herausgegeben von Thomas Flasch. Klostermann, Frankfurt.
Ceccatty, M. de (1997): L'aube des savoirs et des dieux. Essai de neuro-anthropologie. L'Harmattan, Paris.
Churchland, P. (1988): Neurophilosophy. MIT Press, Cambridge (Mass.), London.
Combe, G. (1833): System der Phrenologie. Vieweg, Braunschweig.
Crick, F. H. C. (1988): What Mad Pursuit: A Personal View of Scientific Discovery. Basic Books, New York.
Dowling, J. E. (2004): The Great Brain Debate. Joseph Henry Press, Washington.
Flammarion, C. (1888): L'atmosphère météorologie populaire. Hachette, Paris.
Fludd, R. (1619): Microcosmi historia. Tomus secundus de supernaturali, praeternaturali, naturali et contranaturali microcosmi historia in tractatus tres distributa. de Brÿ, Oppenheim.
Hagner, M. (2004): Geniale Gehirne. Wallstein, Göttingen.
Harrington, A. (1987): Medicine, Mind and the Double Brain. Princeton Univ. Press., Princeton.
Hoßfeld, U. (2005): Geschichte der biologischen Anthropologie in Deutschland. Von den Anfängen bis in die Nachkriegszeit. Steiner, Stuttgart.
Huschke, E. (1854): Schaedel, Hirn und Seele des Menschen und der Thiere nach Alter Geschlecht und Rasçe. Mauke, Jena.
Klages, H. & Quaritsch, H. (Hrsg., 1994): Zur geisteswissenschaftlichen Bedeutung Arnold Gehlens. Duncker & Humblot, Berlin .
Kröber, H.-L. (2004): Biologische Hirnforschung und strafrechtliche Verantwortlichkeit: Der freie Wille eine Illusion? In: NeuroTransmitter 15: 72-74.
Linke, D. B. (1993): Hirnverpflanzung. Die erste Unsterblichkeit auf Erden. Rowohlt, Reinbek.
Maurer, F. (1924): Das Gehirn Ernst Haeckels. Fischer, Jena.
Mergenthaler, D. (2001): Oliver Sacks – Elemente einer Neuroanthropologie. Lit, Münster.
Pinker, S. (1999): How The Mind Works. Penguin, London.
Rádl, E. (1909): Geschichte der biologischen Theorien. Bd. II. Leipzig.
Regenspurger, K. & Zantwijk, T. van (Hrsg., 2005): Wissenschaftliche Anthropologie um 1800? Steiner, Stuttgart.
Richter, J. (2000): Rasse, Elite, Pathos. Eine Chronik zur medizinischen Biographie Lenins und zur Geschichte der Elitegehirnforschung in Dokumenten. Centaurus Verlag, Herbolzheim.

Roth, G. (2003): Aus Sicht des Gehirns. Suhrkamp, Frankfurt.

Satzinger, H. (1998): Die Geschichte der genetisch orientierten Hirnforschung von Cécile und Oskar Vogt (1875-1962, 1870-1959) in der Zeit von 1895 bis ca. 1927. Deutscher Apotheker Verlag, Stuttgart.

Schmidt-Biggemann, W. (1993): Robert Fludds Theatrum memoriae. In: Berns, J. J. & Neuber, W. (Hrsg.): Ars memorativa. Zur kulturgeschichtlichen Bedeutung der Gedächtniskunst 1400-1750. Vandenhoeck und Ruprecht, Tübingen, S. 154-170.

Singer, P. (1975): Animal Liberation: A New Ethics for our Treatment of Animals, New York Review / Random House, New York.

Singer, P. (1979): Practical Ethics. Cambridge University Press, Cambridge.

Spengler, T. (1994): Lenins Hirn. Rowohlt, Reinbek.

Titchener, E. B. (1899): Structural and Functional Psychology. Philosophical Review 8.

Wagner, H. C. H. (1864): Maassbestimmungen der Oberfläche des grossen Gehirns. Ein Appendix zu R. Wagners Vorstudien zu einer wissenschaftlichen Morphologie und Physiologie des menschlichen Gehirns als Seelenorgan. Cassel.

Yates, F. A. (1966): The Art of Memory. Routledge & Kegan Paul, London.

Ziche, P. (Hrsg., 1999): Introspektion. Texte zur Selbstwahrnehmung des Ichs. Springer, Wien, New York.

Natalie Janine Chaoui

ADOLPH HANS SCHULTZ (1891-1976) IM SPANNUNGSFELD ZWISCHEN PALÄOANTHROPOLOGIE UND PRIMATOLOGIE

In einem ersten Teil soll die Zürcher Forschungsschule für Anthropologie, der Schultz angehörte, kurz beschrieben werden. Der zweite Teil erläutert die wissenschaftliche Debatte um die Primatenphylogenie und der dritte Teil beleuchtet die Entwicklung der physischen Anthropologie der 1950er Jahre, nachdem sich die Synthetische Evolutionstheorie in den Biowissenschaften durchgesetzt hatte.

I. DIE ZÜRCHER FORSCHUNGSSCHULE FÜR ANTHROPOLOGIE

Für die Zürcher Forschungsschule für Anthropologie waren die drei Zürcher Anthropologen Rudolf Martin (1864-1925), Otto Schlaginhaufen (1879-1973) und Adolph Hans Schultz (1891-1976) besonders wichtige Persönlichkeiten.

Sie zeigen auf den ersten Blick wenig Gemeinsamkeiten: Martin gründete seine Schule auf der Morphometrie der Ecole d'Anthropologie de Paris und der statischen „Rassentypologie" (Schmutz 1983: 171). Sein Schüler Schlaginhaufen, verknüpfte den dynamischeren, anthropobiologistischen Rassebegriff eng mit der Rassenhygiene, und sein Nachfolger Schultz hatte sich schon als Student ganz der Primatologie verschrieben. Trotz aller Unterschiede gehören sie zu derselben Forschungsschule. Aus dem Vergleich ihrer unterschiedlichen Forschungsfelder kristallisiert sich die quantitative Morphometrie als gemeinsamer Nenner heraus (Chaoui & Schmutz 2002). Martin hatte als Volontärassistent an der von Paul Broca (1824-1880) gegründeten „Ecole d'Anthropologie de Paris" jene morphometrische Methode erlernt, welche er 1890 mit nach Zürich brachte. Hier gründete er 1899 das Anthropologische Institut, das im damaligen Anatomiegebäude untergebracht war.

Die Schule wirkte an der Universität Zürich zwischen 1897 und 1962 mit großem Einfluss auf die internationale Forschung: Schultz war bedeutend für die Primatologie in den USA, und Schlaginhaufen war bekannt für seine „anthropological big science" und seine theoretische Rassenhygiene (Chaoui 2004).

In Schultz' Leben und Arbeit erkennt man folgende gut unterscheidbare Aktivitätsbereiche, die sich teils chronologisch überlappen:

Adolph Hans Schultz studierte in Zürich und Bern, war vorübergehend Assistent am zootechnischen Institut in Bern und betrieb ab 1913 hauptsächlich anthropologische Studien. An der Universität Zürich beeinflussten ihn einerseits sein Studium in Zoologie und vergleichender Anatomie bei Georg Ruge (1852-1919), anderseits die Anthropologie nach Rudolf Martin, in der er bei Otto Schlaginhaufen 1916 promovierte.

Das Interesse an Primaten war am Anatomischen Institut unter der Direktion von Georg Ruge gut verankert. Gleich nach seiner Dissertation über „Untersuchungen an der Schädelbasis" zog Schultz 1916 nach Baltimore, um als Assistent am embryologischen Forschungslaboratorium des Carnegie-Institutes von Washington tätig zu sein. 1918 wurde er zum „Research Associate" befördert und 1925 als Professor an der Medical School der Johns Hopkins University in Baltimore berufen. Erst 1951 kehrte er als Nachfolger von Otto Schlaginhaufen nach Zürich zurück und baute das Institut zu einem Forschungszentrum für Primatologie aus. Heute gilt er als Wegbereiter der Primatologie (Schultz 1971).

In den zwanziger und dreißiger Jahren war Schultz als „Jäger und Sammler" tätig, führte zahlreiche Primatenexpeditionen nach Nicaragua (1923, 24, 26), Panama (1929, 32) und schließlich auch 1937 nach Asien durch und erweiterte so stets seine Sammlung. Gleichzeitig wurde in den USA (1925-1950) seine starke Medienpräsenz als Primatologe und „Affendealer" augenfällig.

Für das embryologische Forschungslaboratorium der Johns Hopkins University gewann er während seiner Expeditionen neue Embryonen und Föten. Lebendbeobachtungen waren Schultz nur im Zusammenhang mit den morphometrischen Nachuntersuchungen wichtig. Sozialstruktur und Verhalten der Primaten interessierten ihn kaum und wenn überhaupt, so nur im Zusammenhang mit der Funktionsmorphologie. Schultz förderte zeitlebens die Primatologie, blieb gleichzeitig ein strenger Typologe.

Das stete Erweitern seiner Primatensammlung verlieh ihm einen enormen Machteinfluss auf Fachkollegen.

II. DIE STELLUNG DES MENSCHEN INNERHALB DER HÖHEREN PRIMATEN

Schultz vertrat die Ansicht, dass der Mensch weniger spezialisiert und sowohl phylogenetisch wie auch ontogenetisch ursprünglicher und „primitiver" geblieben sei als manch anderer Primate (Schultz 1925). Damit stellte er sich in klare Opposition zu anderen Wissenschaftlern:

Die in den dreißiger Jahren geführte Debatte um die Primatenphylogenie wird nachfolgend erläutert. Die zum Teil sehr ähnlichen Evolutionsmodelle der verschiedenen Autoren werden vorgestellt und mit Schultz' Ansicht in Zusammenhang gebracht, um schließlich noch sein eigenes Evolutionsmodell von 1930 zu erörtern. Abbildung 1 bietet eine Übersicht verschiedener Ansichten zur Phylogenie der Menschenaffen (Hominoidea), die zu jenem Zeitpunkt diskutiert wurden.

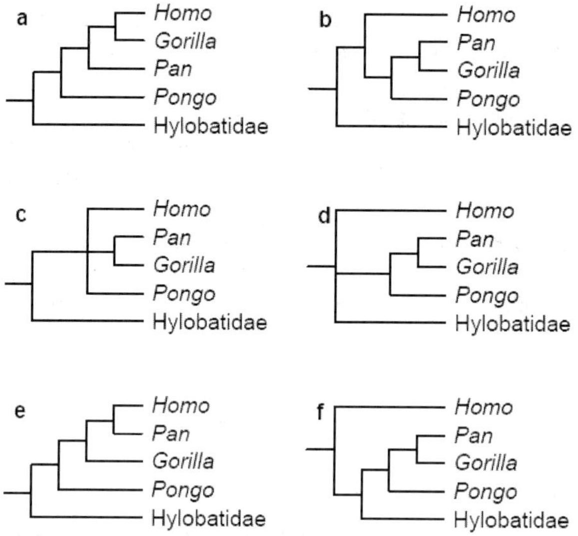

Abb. 1: Verschiedene Phylogenien der Hominoidea. Quellen: a. Ellioth Smith (1924); b. Sonntag (1924), Schutlz (1930), Keith (1931); c. Gregory (1927); d. Osborn (1927, 1930), Le Gros Clark (1934); e. Weinert (1932); f. Coolidge (1934).

Elliot Smiths Modell (1924)

Sir Grafton Elliot Smith (1871-1937) bestand 1924 darauf, dass sich *Homo* eher spät, also im späten Miozän vom Gorilla getrennt habe, nachdem der Schimpanse schon abgezweigt war. Er stand damit im Gegensatz zu allen anderen hier diskutierten Autoren. *Homo* sei am nächsten mit dem Gorilla und den anderen Pongiden verwandt. Die heutigen Menschenaffen (Hominoidea) hielt er für sehr spezialisiert. Bei Elliot Smith zweigte der Gibbon als erster ab, dann folgte der Orang-Utan, dann der Schimpanse (Abb. 1a). Der Gorilla zweigte erst in der zweiten Hälfte des Miozäns vom Menschen ab (Smith 1924: 23ff).

Für Elliot Smith war der Habitatwechsel der stimulierende Faktor bei der Primatenevolution, also der Wechsel vom silvestrischen zum offenen Habitat. Er ging davon aus, dass die treibende Kraft in der Primatenevolution eine konstante Tendenz zur Vergrößerung des Gehirns sei und interessierte sich hauptsächlich dafür, ob und wie dies die Menschwerdung beeinflusste. Er akzeptierte eine Parallelevolution der zahlreichen Primatenäste (Bowler 1989: 191).

Elliot Smith begründet sein Evolutionsmodell mit Beweisen aus der vergleichenden Anatomie und der Archäologie. Schultz lehnte es ab, da er sich entschieden gegen eine Parallelevolution der höheren Primaten aussprach und *Gorilla* nicht als Schwestergruppe von *Homo* akzeptierte (Schultz 1936).

Sonntags Modell (1924)

Charles Frederick Maxwell Sonntag (1889?-1939?) machte sich für eine eher späte Abzweigung der Gattung *Homo* von den afrikanischen Menschenaffen (*Pan* und *Gorilla*) im mittleren Miozän stark (Sonntag 1924: 318ff). Die Gibbons zweigten als erste im Oligozän ab, danach der Orang-Utan im unteren Miozän (Abb. 1b). Erst zu Beginn des Pliozäns trennten sich Gorilla und Schimpanse. Den Menschen betrachtete er als Schwestergruppe der afrikanischen Menschenaffen (Schultz 1936: 261).

Sonntag stützte sich auf Beweise aus der vergleichenden Anatomie und Morphologie (Sonntag 1924: 47ff). Schultz äußerte sich 1936 nicht speziell zu Sonntags Evolutionsmodell, das weitgehend mit seinem eigenen Modell übereinstimmt.

Osborns Modell (1927, 1930)

Henry Fairfield Osborn (1857-1935) postulierte um 1930 eine frühe Abzweigung des Homo-Zweiges vom Primatenstamm im Oligozän, die noch vor der Radiation der Menschenaffen stattfand, etwa zur Zeit von Propliopithecus (Abb. 1d). Gleichzeitig mit dem Homo-Ast (oder kurz danach, je nach Interpretation von Osborns Zeichnung) spalteten sich von den übrigen Menschenaffen auch die Gibbons ab. Im späten Miozän folgte die Gattung *Pongo*, während die Aufspaltung von *Pan* und *Gorilla* erst im mittleren Pliozän angesetzt wurde. Der Vorfahre des Menschen musste gemäß Osborn ein generalisiertes Tier sein. Mit großen Menschenaffen weise der Mensch eine nur sehr entfernte Verwandtschaft auf (Osborn 1927; Osborn 1930).

Osborn war ein führender Exponent der Orthogenese[1] und vertrat eine frühe adaptive Radiation der Primaten, wobei er eine lineare Tendenz der Spezialisation in jedem Ast sah. Dabei nahm er parallele Evolutionslinien an (Bowler 1989: 187f). Er verknüpfte die Idee des menschlichen Ursprungs mit seiner allgemeinen Theorie der Säugetier-Evolution, eine Theorie, die auf dem überholten Neolamarckismus beruht (ebd.: 195). Seine Beweisführung stützte sich ausschließlich auf Fossilbelege.

Gegner von Osborns Modell waren Schultz und William Louis Straus jr. (1900-1981). Schultz' Hauptargument ist, dass Osborn Menschen und Menschenaffen auf dem gleichen Niveau der Gibbons divergieren lässt, wohingegen Schultz die Gibbons zuerst abzweigen lassen wollte und dann erst den Menschen und die Pongiden (Schultz 1936: 260).

1 Das Auftreten neuer Organe und Baupläne, also neuer Familien, Ordnungen, Klassen usw. kann man nur durch Evolutionssprünge (Saltationen) oder durch besondere zielstrebig wirkende „orthogenetische Trends" erklären. Die meisten dieser Trends führen zum Aussterben.

Gregorys Modell (1927)

William King Gregory (1876-1970) war ein guter Freund und Schüler von Osborn. Im Gegensatz zu seinem Lehrer und ähnlich wie Sonntag (1924) plädierte er eher für eine späte Abzweigung von *Homo* im frühen Miozän (Abb. 1c). Zwischen Homo und den großen Menschenaffen postulierte er eine nahe Verwandtschaft. Sein Stammbaum von 1927 zeigt eine Trichotomie der drei Äste *Homo*, *Pongo* und den afrikanischen Menschenaffen (*Pan* und *Gorilla*). Etwas früher zweigten die kleinen Menschenaffen (Gibbons und Siamangs) ab. Im Widerspruch zu seinem Stammbaum erklärte er in derselben Publikation, dass die Menschenaffen folgende Reihenfolge struktureller Beziehung zum Menschen aufwiesen: (1) moderner Mensch; (2) Urmensch („primitive man"); (3) *Gorilla*; (4) *Pan*; (5) *Pongo*; (6) Gibbons (Gregory 1927).

Die Brachiation betrachtete Gregory als eine Hauptvoraussetzung sowohl für die Evolution der Menschenaffen (Hominoidea) als auch des Menschen. Die heutigen Menschenaffen seien spezialisiert (vgl. Modell von Weinert).

Gregorys Evolutionsmodell gründete auf Fakten aus der vergleichenden Anatomie. Schultz und Straus waren Kritiker von Gregorys Modell.

Gregory stellte 1935 fest, dass das Becken des Menschen dem der afrikanischen Menschenaffen ähnlicher sei als dem anderer Säugetiere (Gregory 1935). Zwar bestätigte Schultz 1936 diese Beobachtung, argumentierte aber, dass diese Ähnlichkeit viel geringer sei, als jene zwischen den Becken der Menschenaffen untereinander (Schultz 1936: 432). Das Becken der Vorfahren musste nach Schultz und Straus viel konservativer sein: Schultz glaubte, dass es nicht schon so extrem spezialisiert war wie bei den rezenten Menschenaffen, sondern eine intermediäre Form zwischen Makake und Schimpanse aufweisen musste (Schultz 1930); für Straus kamen mehrere „primitive" prähominoide Primaten als Vorfahre in Frage (Straus 1929).

Keiths Modell (1931)

Wie Osborn und Le Gros Clark war Sir Arthur Keith (1866-1955) der Ansicht, dass es eine frühe Abzweigung der großen Menschenaffen und des Menschen im Oligozän gegeben habe (Schultz 1936: 261). Die Gibbons zweigten noch etwas früher ab. Die Topographie seines Hominoiden-Stammbaumes entsprach derjenigen von Sonntag (1924) und Schultz (1930) (Abb. 1b). Die großen Menschenaffen mussten nahe Verwandte des Menschen sein, die heutigen Hominoidea seien spezialisiert (Keith 1934).

Keith unterstützte die Hormon- und Fetalisationstheorie des Humananatomen Lodewijk Bolk (1866-1930). Die meist diskutierte Bemühung, die menschliche Evolution mit Wachstumsvariation zu verknüpfen, kam von Bolk. Er vertrat 1926 als allgemeine Theorie der menschlichen Evolution die Fetalisationshypothese, welche besagt, dass der Mensch ein Primatenfötus sei, der geschlechtsreif wurde. Dabei stützte er sich auf Julius Kollmann (1834-1918), der behauptete, die Merkmale der jungen Menschenaffen seien menschlicher als beim Erwachsenen. Dieser behauptete auch, dass die frühen Menschen Pygmäen waren. Bolk trennte seine Theorie der inneren Kontrolle durch Hormone von den Aspekten der Orthogenese, indem er die Kontrolle vom Keimplasma auf den Wachstumsprozess selbst – durch Wachstumshormone – verschob. Die endgültige Ursache der Menschenevolution sei eine systematische Modifikation der physiologischen Prozesse gewesen (Bowler 1989: 205f).

Keith kam ohne den Begriff der natürlichen Selektion aus. Die genetische Fixierung erworbener Eigenschaften lehnte er ab. Dem Darwinismus soll er in Hassliebe verbunden gewesen sein. Die adaptive Evolution erfolgte für ihn durch Hormone. Er nahm jedoch Bezug zu Osborns Theorie der kollateralen Evolution, die nicht nur für nichtmenschliche Säugetiere sondern auch für den Menschen gelten sollte und schloss sich in jenem Punkt auch Le Gros Clark an (ebd.: 206ff).

Keiths Evolutionsmodell basierte auf Resultaten der Funktionsmorphologie und der Blutgruppenanalyse. Schultz äußerte sich nicht speziell zu Keiths Modell, das sich nicht wesentlich von seinem unterschied (Schultz 1936: 261). Schultz lehnte die Hormon- und Fetalisationstheorie als Evolutionsmechanismus klar ab.

Weinerts Modell (1932)

Hans Weinert (1887-1967), dessen Evolutionsmodell auf Fossilbelegen gründete, war 1932 der Meinung, dass sich *Homo* und *Pan* erst im späten Pliozän als letzte vom gemeinsamen Stamm der Hominoidea getrennt hatten. Deshalb waren sie sich auch am ähnlichsten. All die anderen Pongiden waren schon früher abgezweigt und zeigten geringere Ähnlichkeiten mit dem Menschen (Abb. 1e). Er war wie Gregory ein Verfechter der „Brachiatoren-Theorie", wonach die modernen Hominoidea einen Brachiatoren als gemeinsamen Vorfahren hatten (Weinert 1932).

Weinert, der unter Gustav Schwalbes (1844-1916) Einfluss stand, unterstützte die Ansicht, dass der moderne Mensch aus schimpansenähnlichen Vorfahren entstanden sein müsse, und Phasen durchgemacht habe, die der Entwicklung von *Pithecanthropus* zum Neanderthaler entsprächen (Bowler 1989: 107).

Schultz und Straus lehnten Weinerts Modell klar ab. Schultz' Hauptvorwurf war, dass Weinert eine große Distanz zwischen der Gruppe Gorilla-Schimpanse und den restlichen Menschenaffen (*Pongo*, Gibbons) postulierte. Außerdem wähle Weinert nur bestimmte Merkmale aus, während er viele andere Bedingungen grob vernachlässigte, wann immer Merkmale des Menschen nicht mit denen des Schimpansen und des Gorillas übereinstimmten.

Schultz fand, dass zum Beispiel der Penisknochen und die Ischialkallosität nur beim Menschen fehlen, was spezifisch sei und gegen eine extreme Nähe zum Schimpansen spreche. In vielen Merkmalen gleiche der Mensch den Pongiden weniger als sich die Pongiden untereinander ähnlich seien (Schultz 1936: 276).

Straus stellte sich ebenfalls gegen diese von Weinert postulierte extreme Nähe des Schimpansen zum Menschen, da Straus weder beim Schimpansen noch bei einem anderen Menschenaffen eine menschenähnliche Nierenform gefunden hatte (Straus 1934). Auch bei der Untersuchung der Brust- und Abdominaleingeweide der Primaten fand Straus nichts, das darauf hingewiesen hätte, dass der Mensch irgendeine spezielle Affinität zum Schimpansen oder gar zum Schimpansen-Gorilla-Zweig zeigte. Für ihn war es wahrscheinlicher, dass der Mensch am nächsten mit den Gibbons verwandt war (Straus 1936).

Weinert hielt es für unmöglich, dass sich eine rudimentäre Struktur wie die Steißbeinregion, die bereits in ihrer Gesamtheit reduziert worden war, beim Menschen plötzlich wieder hatte vergrößern können. Bei den afrikanischen Menschenaffen zählte er fünf, beim Menschen vier und bei beiden asiatischen Menschenaffen nur drei Steißbeinwirbel, also konnte der Mensch nicht von Gibbon oder Orang-Utan, wohl aber von Schimpanse oder Gorilla abstammen (Schultz 1936: 274).

Schultz meinte, dass nur für jene, die wie Weinert an die absolute Unumkehrbarkeit der Evolution glaubten, diese Aussage überzeugend sei. Die wichtigste Schwachstelle in Weinerts Modell sah er in der Herkunft seiner dürftigen Daten, die er von Eugen Fischer (1874-1967) übernommen hatte (Fischer 1933), der sich seinerseits auf Daten von Rosenberg stützte. Unbescheiden forderte Schultz, Weinert hätte sich besser auf seine exakten Daten bezogen (Schultz 1936: 274).

Auch die relative Schädelkapazität zeigte, dass das Größenverhältnis von Gehirn und Körper die großen Menschenaffen nicht so stark trennte, wie Weinert behauptet hatte, denn die enorme Variationsbreite der Individuen aller drei Typen konnte überlappen, speziell, wenn beide Geschlechter betrachtet würden (ebd.: 275).

Schultz widersprach Weinert auch in der Interpretation der Dauer des Menstruationszyklus bei den Hominoidea. Weinert wollte bei *Pan* und *Homo* übereinstimmend 28 Tage nachgewiesen haben. Schultz, der seine Daten aus der Johns Hopkins Schimpansenkolonie bezog, fand jedoch eine deutlich längere Zyklusdauer bei *Pan* und *Pongo* als beim Menschen (Schultz & Snyder 1935).

Le Gros Clarks Modell (1934)

Wie Osborn befürwortete auch Sir Wilfrid Edward Le Gros Clark (1895-1971) eine frühe Abzweigung des *Homo*-Astes vom Primatenstamm im Oligozän. Gleichzeitig aber zweigten die großen Menschenaffen ab (Abb. 1d). Es gab kein gemeinsames Erbe, und die Ähnlichkeit des Menschen mit den afrikanischen Menschenaffen müsste auf Parallelevolution beruhen (Le Gros Clark 1936).

Le Gros Clark, Angehöriger der St. Thomas' Hospital Medical School in England, vertrat den Parallelismus und stützte sich dabei auf Osborn (Bowler 1989: 203). Er akzeptierte den allgemeinen Trend zur Gehirnvergrößerung, meinte aber, die Menschenaffen hätten auch an diesem Trend teilgenommen, so dass viele Gemeinsamkeiten zwischen Mensch- und Gorillagehirn unabhängig voneinander durch Parallelevolution entstanden seien. Für Le Gros Clark war die Evolution durch Orthogenese und genetische Faktoren prädeterminiert. Nach dem Zweiten

Weltkrieg ließ Le Gros Clark dann ab von der Orthogenese und bekannte sich zur Synthetischen Evolutionstheorie (ebd.: 203f).

Le Gros Clarks Evolutionsmodell von 1934 basiert auf Beweisen aus der vergleichenden Anatomie, der Paläoprimatologie und Paläoanthropologie. Schultz war kein grundsätzlicher Gegner von Le Gros Clarks Modell, aber ein beharrlicher Kritiker in folgenden Punkten:

Le Gros Clark behauptete, die Ischialkallositäten kämen innerhalb der Hominoidea nur bei den Hylobatidae vor. Ihr vollständiges Fehlen bei den großen Menschenaffen und dem Menschen solle einen „primitiven" Zustand darstellen. 1934 meinte Le Gros Clark, es gäbe keinen Beweis dafür, dass die Pongiden jeweils ein Stadium passiert hätten, in dem Ischialkallositäten entwickelt worden seien (Le Gros Clark 1934: 213).

Schultz konnte aber zeigen, dass Ischialkallositäten sporadisch bei den Pongiden (Schultz 1927) existierten und sich bei den Gibbons und Siamangs (Schultz 1933a) viel später in der Ontogenese entwickelt hätten als bei den Cercopithecoidea. Das Fehlen der Ischialkallositäten war für Schultz aber kein „primitives" Merkmal, sondern eher ein neu erworbenes, das innerhalb aller Schmalnasen vor allem beim Menschen fortgeschritten war (Schultz 1936: 266).

Auch der Unterschied in der Länge der großen Zehe innerhalb der „höheren" Primaten war ein häufiger Diskussionspunkt. Da beim Menschen zumindest postnatal die große Zehe genau so lang wenn nicht noch länger wie die anderen Zehen war, schloss Le Gros Clark, dass die große Zehe des Menschen in rezenten Zeiten verlängert worden sei (Le Gros Clark 1935). Schultz (Schultz 1930: 388) und andere Autoren (Schwalbe 1916; Weidenreich 1921) betonten im Gegensatz dazu, dass es nicht die Großzehe des Menschen sei, die länger wurde, sondern die lateralen Zehen II bis V, die kürzer würden.

Schultz' Modell (1930)

Schultz war der Ansicht, der Mensch habe sich zu Beginn des Miozäns von den restlichen Hominoidea getrennt. Nahe Verwandte des Menschen seien die großen Menschenaffen, und *Pongo* habe sich nach der Abtrennung des Menschen von der Linie der großen Menschenaffen abgespalten. Die durchschnittlichen Unterschiede zwischen den großen Menschenaffen seien kleiner und weniger bedeutend als diejenigen zwischen den letzteren und dem Menschen (Abb. 1b).

Der einzige Stammbaum, der bereits alle damals bekannten Tatsachen berücksichtige, sei nach Schultz jener, in dem sich sowohl *Homo* wie auch die Gibbons als unabhängige Zweige in entgegengesetzte Richtungen entwickelten, noch bevor die Orang-Utans sich vom gemeinsamen Stamm der großen Menschenaffen trennten. Es erschien ihm aufgrund der verfügbaren Beweise sinnlos, den phylogenetischen Zweig des Menschen von dem der Menschenaffen zu trennen, bevor nicht die Gibbons sich von den großen Menschenaffen getrennt hatten (Schultz 1936: 452). Im Abstammungsbaum von Osborn (1930) zweigte dagegen *Homo* als erste Gruppe vom gemeinsamen Menschenaffenstamm ab, danach die Gibbons, und erst später kam es zur Radiation der großen Menschenaffen (Osborn 1930: 3). Einen Stammbaum, in dem *Homo* eindeutig vor den Gibbons von der Hominoidea-Linie abzweigte (Abb. 1f), stellte 1934 nur Harold Coolidge jr. (1904-1985) auf (Coolidge 1934).

Zur Veranschaulichung von Schultz' Argumentationsweise dient seine Handskizze (Abb. 2), die den Stammbaumvergleich ausgewählter Autoren zeigt.

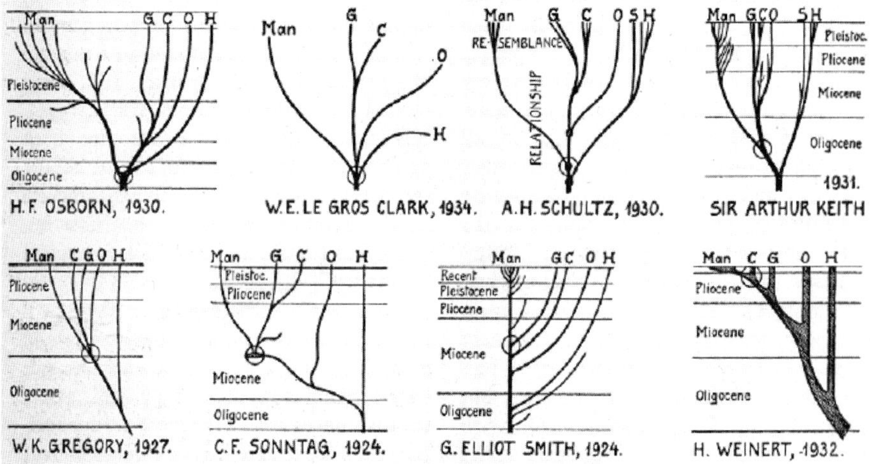

Fig. 1. The Family Tree of the Higher Primates According to Different Authors

The circles have been added to indicate the place of the last common ancestor of man and any other primate. To facilitate comparisons some of the pedigrees were reversed so that Man appears in all figures on the left side. *G* = Gorilla; *C* = Chimpanzee; *O* = Orang-utan; *S* = Siamang; *H* = Gibbon (or *Hylobatidae* in general).

Abb. 2: Von Schultz skizzierter Stammbaumvergleich (1936).

Schultz betrachtete als wichtigste gemeinsame Eigenschaft der Hominoidea ihre große Plastizität, also ihr Potential für Modifikationen, welches dazu führte, dass sich die rezenten Genera stark voneinander unterscheiden, verglichen mit jenen der Cercopithecoidea.

Interessanterweise befand Schultz, dass die Verwandtschaft von Taxa nicht nur in einem phylogenetischen Baum dargestellt werden, sondern offenbar auch in eine lineare Anordnung gebracht werden könne. So ließen sich seiner Ansicht nach die Hominoidea nach ihrer Ähnlichkeit („general resemblance") folgendermaßen anordnen: *Homo*, *Gorilla*, *Pan*, *Pongo*, Gibbons.

Schultz stellte, in einem neodarwinistischen oder zumindest selektionistischen Ansatz stets nach Variationen suchend, Vergleiche von diversen Merkmalen an und fand auf diesem Weg, dass der Mensch den afrikanischen Menschenaffen (*Pan* und *Gorilla*) generell ähnlicher sei als allen anderen Primaten (Schultz 1936: 263) und dass der Mensch in manchen Merkmalen sogar etwas konservativer sei als die Menschenaffen (Schultz 1930: 309ff).

Mit Beweisen aus der Embryologie, der vergleichenden Anatomie und der physischen Anthropologie untermauerte er sein Evolutionsmodell. Direkte fossile Beweise schienen Schultz viel zu fragmentarisch zu sein, um die Phylogenie der Primaten zu entschlüsseln, ebenso hielt er Blutgruppenanalysen zur Aufklärung phylogenetischer Beziehungen für wertlos.

Schultz befand beim Vergleich der zahlreichen Stammbäume (Abb. 2), dass sich die Verzweigungsstellen im evolutiven Verlauf der Hominoidea vergleichsweise wenig in der Reihenfolge ihres Erscheinens, sondern vor allem in Bezug auf die geologischen Zeiträume unterschieden. Das wichtigste Problem war die Frage, ob eine isolierte phylogenetische Abzweigung des Menschen vor, zur gleichen Zeit oder nach der Abzweigung der rezenten großen Menschenaffen begann. Diese Frage könne seiner Meinung nach nur anhand der Untersuchung der Merkmalsähnlichkeiten aller Hominoidea beantwortet werden.

Verglich Schultz Merkmalsähnlichkeiten verschiedener rezenter Gattungen der Hominoidea, war es ihm oft nicht möglich, zu entscheiden, ob irgendein Merkmal eines bestimmten Primaten ursprünglich oder hoch spezialisiert sei. Dies führte er auf eine ungewöhnlich rasche evolutive Veränderung zurück.

Da sich *Homo* und *Gorilla* oder *Homo* und *Pan* weniger ähnlich seien als die afrikanischen und die asiatischen Menschenaffen, müsse man laut Schultz zwangsläufig daraus schließen, dass der Mensch von den Hominoidea abzweige, bevor die Differenzierung der großen Menschenaffen stattgefunden hatte. Er meinte, dass die abgeleiteten Merkmale des modernen Menschen vom gemeinsamen Vorfahren der Hominoidea im allgemeinen kleiner seien als bei den Menschenaffen. Zum Beispiel sei das Becken des Menschen viel konservativer als das sehr spezialisierte der großen Menschenaffen, die darin viel stärker vom Hominoidea-Vorfahren abwichen als der Mensch (ebd.: 346ff).

Sporadische Variationen, die für die Rekonstruktion der genetischen Ausstattung des gesuchten Vorfahrens von entscheidender Bedeutung waren, konnte Schultz nur dank der Untersuchung großer Serien von Individuen finden, weshalb er andere Wissenschaftler dazu anhielt, es ihm gleichzutun (Schultz 1936: 443ff). Solche Serien hatte er sich für die Neuweltaffen bereits auf den Expeditionen nach Nicaragua und Panama (vgl. Teil 1) selbst beschafft und plante, sich auch bald die asiatischen Primaten auf der Expedition von 1937 zu besorgen.

Durch die quantitative, morphometrische Methode der physischen Anthropologie, speziell durch die Untersuchungen der Körperproportionen, war es Schultz möglich zu zeigen, dass die verschiedenen Hominoidea dieselben evolutiven Tendenzen, wie beispielsweise die Verlängerung der Arme und des Nackens und die Verbreiterung der Schulter, Hüften und der Brust, zeigten (Schultz 1933b).

Nach Schultz stehen zur Zeit der Geburt alle Hominoidea in Bezug auf ihre Körperproportionen den Languren und den Makaken viel näher als im ausgewachsenen Stadium. Daraus schloss er, dass sich die Hominoidea aus einem gemeinsamen Vorfahren entwickelt haben mussten, der den konservativen Formen innerhalb der rezenten Cercopithecoidea sehr ähnlich sah und von dem beide Gruppen denselben Wachstumsplan erbten. Dieser gemeinsame Wachstumsplan werde durch phylogenetische Spezialisation entstandene ontogenetische Modifikationen hie und da verändert (Schultz 1936: 443).

Der Mensch stehe einigen Menschenaffen in der oberen Extremität sehr nahe, während er in der unteren Extremität sich weit von allen anderen Gattungen der Hominoidea entfernt habe. Für den Daumen der Gibbons und Siamangs fand Schultz in einigen wichtigen Aspekten eine höhere Spezialisierung als beim Menschen und den großen Menschenaffen.

Er folgerte aus den Merkmalen des Fußes, dass der Mensch und der Orang-Utan die entgegengesetzten Extreme in der Phalangenlänge darstellten, d. h. der Mensch habe bei weitem die kürzesten und der Orang-Utan die längsten Phalangen und dies nicht nur im Verhältnis zur Gesamtfußlänge sondern auch im Verhältnis zur Körpergröße (ebd.: 439).

Die markante Reduktion der Großzehe beim Orang-Utan fand Schultz bereits im fötalen Stadium, weshalb sie nicht, wie Robert Mearns Yerkes (1876-1956) und Ada W. Yerkes vorgeschlagen hatten, auf eine Selbstverstümmelung zurückzuführen sei (Yerkes & Yerkes 1929: 107).

Schultz zählte mehr ähnliche Merkmale zwischen *Homo* und *Gorilla* als zwischen *Homo* und *Pan*, und es gab seiner Ansicht nach wenige Merkmale, in denen der Mensch speziell mit dem Schimpansen übereinstimme, wie zum Beispiel in der vergleichsweise frühen Verschmelzung verschiedener Teile des Brustbeins (Schultz 1930: 329).

Er schloss aufgrund der Tatsache, dass man die Gattungen der Hominoidea je nach Merkmal unterschiedlich zueinander ordne, dass alle Hauptvertreter dieser natürlichen Gruppe sich in früher und rascher Abfolge voneinander getrennt haben mussten, nachdem sie dieselben evolutiven Tendenzen ihres gemeinsamen Vorfahren geerbt hatten.

Vergleich der Modelle im Überblick

Die meisten Wissenschaftler waren sich darin einig, dass die nächsten Verwandten des Menschen die großen Menschenaffen und dass letztere stark spezialisiert waren (Gregory, Keith, Schultz und Elliot Smith).
Zu diesem Zeitpunkt vertraten nur noch wenige Forscher, wie zum Beispiel Guy Ellock Pilgrim (1875-1943), eine abweichende Vorstellung, wonach sich die Gibbons und die menschliche Abstammungslinie speziell nahe standen (Pilgrim 1915).

Schultz' Verständnis der Phylogenie weicht zum Teil stark von heutigen Vorstellungen ab. Neben der Verwendung von Stammbäumen propagierte er unter anderem gleichzeitig auch lineare Anordnungen der Taxa. Solche Ideen gehen vermutlich auf das Konzept der *Scala naturae* zurück, das zu Schultz' Zeit längst veraltet war.

Aus heutiger Sicht ebenfalls schwer nachvollziehbar ist Schultz' Forderung, dass in der Stammbaumdarstellung der Ast der afrikanischen Menschenaffen so rotiert werden müsse, dass *Gorilla*, und nicht *Pan*, auf der dem *Homo*-Ast zugewandten Seite zu liegen käme. Auf keinen Fall durfte der Zweig der afrikanischen Menschenaffen so rotiert werden, dass *Gorilla* und *Pongo* einander gegenüber zu liegen kämen.

In den 1930er Jahren wurde vor allem über die Art und Weise der Verzweigungsstellen gestritten (Schultz 1936: 260ff). Nach Schultz sollen sich zwei Lager gegenüber gestanden haben: Einerseits sahen Osborn, Le Gros Clark, Keith, Sonntag, Elliot Smith und Schultz eine größere Ähnlichkeit zwischen *Homo* und *Gorilla* als zwischen *Homo* und *Pan* (unabhängig von der Topologie des Stammbaumes). Anderseits postulierten Gregory und Weinert eine größere Ähnlichkeit zwischen *Homo* und *Pan* als zwischen *Homo* und *Gorilla*.

Durch folgendes Beispiel kann Schultz' Vorstellung, dass es bei Stammbäumen – wie bereits erwähnt – eine Rolle spiele, wie die Äste rotiert wurden, veranschaulicht werden: Der Ast von Gorilla liegt im Kronenbereich von Schultz' Stammbaum rein optisch näher beim Menschen als bei Gregorys Baum. Dies erreichte Schultz durch eine, wie er fand, relevante Drehung des Astes der afrikanischen Menschenaffen um 180 Grad um dessen Längsachse. In der heutigen wissenschaftlichen Sichtweise von Stammbäumen ändert eine solche Drehung nichts am Verwandtschaftsgrad, weil dieser nicht über die Distanz in der Kronenregion gemessen wird, sondern über die Verzweigungsstellen. Schultz sah aber fälschlicherweise darin einen Unterschied und kritisierte die Stammbäume seiner Kollegen, wenn sie in diesem Punkt von seinem Baum abwichen.

Basierend auf Abbildung 1 können wir anders als Schultz drei Lager unterscheiden: Das eine Extrem stellt Elliot Smith (1924) dar, bei dem *Gorilla* die Schwestergruppe von *Homo* ist. Er postulierte eine nähere Verwandtschaft zwischen *Homo* und *Gorilla* als zwischen *Gorilla* und *Pan* (Chaoui 2004: 162ff).

Das andere Extrem stellt Weinert (1932) dar, bei dem *Pan* die Schwestergruppe von *Homo* ist. Er ging sogar so weit, den Menschen zusammen mit den drei großen Menschenaffen in eine gemeinsame Familie mit den Gattungen *Homo*, *Pan*, *Gorilla* und *Pongo* zu stellen. Er schlug vor, die afrikanischen Menschenaffen (*Pan* und *Gorilla*) zu einer einzigen Gattung zusammenzufassen, und er bezeichnete die afrikanischen Menschenaffen und den Menschen als „Euanthropoiden" oder „Summoprimaten" (Schultz 1936: 448).

Nach Ansicht des dritten Lagers, dem die meisten Autoren zuzuordnen sind, ist weder *Pan* noch *Gorilla* die Schwestergruppe von *Homo*, sondern die Gruppe der afrikanischen Menschenaffen (d. h. *Pan* und *Gorilla* zusammen).

Die Stammbäume von Sonntag (1924), Schultz (1930) und Keith (1931) lassen die Gibbons als erste von den Hominoidea abzweigen. Darauf spaltete *Homo* ab und zuletzt erfolgte die Radiation der großen Menschenaffen. Bei letzterer spaltete *Pongo* ab, während die afrikanischen Gattungen *Pan* und *Gorilla* eine Schwestergruppe darstellen.

Nahezu identisch zum vorgenannten war Gregorys Stammbaum (1927), doch wies dieser eine Trichotomie für die Gruppen *Homo*, afrikanische Menschenaffen und *Pongo* auf. Offensichtlich waren für ihn die Daten nicht aussagekräftig genug, um zu entscheiden, ob nun *Homo* oder *Pongo* die Schwestergruppe der afrikanischen Menschenaffen darstellte.

Auch der Stammbaum von Osborn (1930) und Le Gros Clark (1934) ähnelte demjenigen von Schultz, wies aber eine basale Trichotomie für die Gruppen Hylobatidae, große Menschenaffen und *Homo* auf. Offenbar fanden die Autoren auch hier nicht genügend Hinweise, um die Schwestergruppe der großen Menschenaffen zu identifizieren.

Schultz widersprach aufgrund seiner eigenen Daten dezidiert Weinerts Klassifikation. Schultz lehnte es ab, dass sich Mensch und Schimpanse näher stünden, als der Schimpanse dem Orang-Utan. Thomas Henry Huxley (1825-1895) stimmte er dafür zu, der sich bereits 1864 mit dem Problem der phylogenetischen Verwandtschaft der Hominoidea auseinandergesetzt hatte und zum klassischen Schluss kam, dass die strukturellen Unterschiede, die den Menschen von *Pan* und *Gorilla* trennten, nicht so groß seien, wie jene, die *Gorilla* von den nichthominoiden Primaten („lower apes“) trennten (Huxley 1864: 103).

Viele der Debatten gehen auf Phylogenien zurück, die auf Ähnlichkeit basieren. Ähnlichkeit korreliert zwar oft mit Verwandtschaft, kann aber auch zu völlig falschen phylogenetischen Rekonstruktionen führen (Geissmann 2003: 11ff).

Die Gregory-Osborn-Debatte

In den ersten zehn Jahren des Bestehens der American Association of Physical Anthropologists (AAPA), zwischen 1928 und 1938, stand die Debatte um Gregory und Osborn im Mittelpunkt. In dieser Debatte ging es unter anderem darum, ob der Mensch in die nähere Verwandtschaft der großen Menschenaffen gehöre (Gregory) oder nicht (Osborn).

Es muss trotz der Publizität dieser Kontroverse berücksichtigt werden, dass in der ersten Hälfte der 1930er Jahre Schultz' und Mortons Ansicht der Primatenphylogenie weitgehend akzeptiert waren, und nicht etwa jene der beiden Kontrahenten.

Nur wenige, etwa Hans Weinert, nutzten in den frühen 1940er Jahren Gregorys Modell der vererbten Brachiation, um die nahe Verwandtschaft zwischen Mensch und Menschenaffe plausibler zu machen.

Nicht Osborn, sondern Schultz und Straus lieferten Beweise gegen Elliot Smiths und Gregorys Phylogenie, d. h. Einwände kamen nicht aus der Paläontologie sondern der vergleichenden Anatomie. Schultz und Straus waren zudem beide dezidiert gegen Osborns Stammbaum, jedoch aus unterschiedlichen Gründen. Während Schultz den Menschen als Schwestergruppe der großen Menschenaffen darstellte (Abb. 1b; Schultz 1936: 261), war für Straus der Mensch „primitiver“ als irgendein Menschenaffe, so dass seine Linie von einem „Prä-Menschenaffen-Stadium“ abzweigte (Straus 1949). Osborns Stammbaum der Hominoidea hingegen wies wie bereits erwähnt eine basale Trichotomie zwischen Gibbons, großen Menschenaffen und dem Menschen auf (Abb. 1d).

Le Gros Clark und Frederic Wood Jones (1879-1954) waren der Ansicht, dass die Ähnlichkeit des Menschen mit den großen Menschenaffen das Resultat parallel verlaufener Evolutionsprozesse war und nicht etwa auf einem gemeinsamen Erbe beruhe, worin sie Gregory widersprachen (Fleagle & Jungers 1982).

Zusammenfassend zeigt die wissenschaftliche Debatte (1930) um die Stellung des Menschen innerhalb der höheren Primaten auf, dass Schultz Beweise aus der Paläoanthropologie ablehnte und insbesondere ein Gegner von Weinert war.

III. DIE ENTWICKLUNG DER PHYSISCHEN ANTHROPOLOGIE DER FÜNFZIGER JAHRE

Das Cold Spring Harbor Symposium und die Codifizierung einer „neuen" physischen Anthropologie

Zwischen der Genetik und den morphologischen Disziplinen Anatomie und Paläontologie bestand vor dem Zweiten Weltkrieg ein tiefer Graben (Bowler 1989: 209; Harwood 1993: 101ff). Von 1936 bis 1947 gelang es, die Widersprüche der genetischen und evolutionsbiologisch-darwinistischen Vorstellungen zu überwinden. Ernst Mayr (1904-2005), Theodosius Dobzhansky (1900-1975), George Gaylord Simpson (1902-1984) u. a. hatten die Synthetische Evolutionstheorie in den Biowissenschaften eingeführt.

Die „moderne" Synthetische Theorie der Evolution fußt auf der Variations-Selektionstheorie Darwins, den Erkenntnissen der Genetik (Faktorengenetik, Cytogenetik, Mutationsforschung) und solchen, die aus der mathematischen Behandlung populationsdynamischer Fragen hervorgingen. Der Saltationismus wurde mit dieser Synthese des Darwinismus und der Genetik zurückgedrängt und dem Lamarckismus der Boden endgültig entzogen (Junker & Hoßfeld 2001: 172-217). Auf dem Cold Spring Harbor Symposium für Quantitative Biologie von 1950 befassten sich vor diesem Hintergrund hervorragende Genetiker, Anthropologen, Paläontologen und Taxonomen mit dem Thema „Origin and Evolution of Man" (Chaoui 2004: 113ff). Dieses Zusammentreffen war ein Meilenstein für die Rezeption der Synthetischen Theorie.

Anthropologen schienen anfangs nur wenig von der in den 1930er und 1940er Jahren aufkommenden Synthetischen Evolutionstheorie betroffen zu sein. Paläoanthropologen fuhren fort, jedes neu entdeckte Hominidenfossil als neuen Typus zu beschreiben. Die menschlichen Fossilien wurden bis in die 1950er Jahre mit 29 Gattungs- und mehr als 100 Artnamen versehen, eine Typus-Diversität, die vollends verwirrte (Mayr 1982). Laut Ernst Mayr waren klassische Anthropologen in erster Linie morphometrische Typologen, zu denen Schultz auch zählte.[2]

Die Synthetische Evolutionstheorie war bei den Biologen weitgehend akzeptiert und konnte sich rasch bis in die Anthropologie ausbreiten (Trinkaus 1982). Diese Änderung in der Denkweise der physischen Anthropologen machte sich auf dem Cold Spring Harbor Symposium von 1950 am auffälligsten bemerkbar.

2 Briefwechsel Mayr – Chaoui, 21. März 2002.

Das Studium der menschlichen Fossilien wurde bei dieser Gelegenheit zusammen mit den genetischen Theorien in die Synthetische Evolutionstheorie integriert und diese wiederum ins Studium der Primatenphylogenie aufgenommen (Howells 1950). Dabei hatte sich das Bild der Primatenphylogenie nur wenig verändert. Straus und Schultz vertraten sogar denselben Stammbaum, den sie zwanzig Jahre zuvor aufgestellt hatten, und Sherwood L. Washburn (1911-2000) übernahm in etwa Gregorys „Brachiatoren-Theorie“ (vgl. Gregorys Primatenphylogenie von 1927; Fleagle & Jungers 1982: 202).

Mayr erinnerte sich an eine Sitzung, die von Earnest Albert Hooton (1887-1954) geleitet wurde, bei der Washburn von Evolutionsprozessen sprach und dabei das Wort „Population“ in beinahe jedem zweiten oder dritten Satz verwendete. Nachdem Washburn seinen Diskurs beendet hatte, stand Hooton, Washburns Doktorvater, von seinem Platz auf und sagte, dass er das Wort „Population“ hasse. Um 1950 hatte sich das Populationsdenken im anthropologischen Gedankengut längst ausgebreitet, weshalb sich Hooton vergebens aufregte (Mayr 1982: 231).

Washburn codifizierte kurz nach Cold Spring Harbor eine „neue“ physische Anthropologie (Boaz 1982). In der ersten Hälfte des zwanzigsten Jahrhunderts schien die amerikanische physische Anthropologie in zwei Lager gespalten: eines mit „anatomischen“ Interessen, das primär in der Zeitschrift American Journal of Physical Anthropology publizierte, das andere mit „biologischen“ Interessen, dessen Beiträge hauptsächlich in der Zeitschrift Human Biology veröffentlicht wurden.

Diese Spaltung charakterisierte die physische Anthropologie, obschon es einige Verschiebungen gab, beispielsweise, dass der Primatologie ein fester Platz innerhalb der Disziplin eingeräumt wurde. Die Einverleibung der Methoden und Theorien der Evolutionsbiologie stellte die „neue“ physische Anthropologie dar (Szathmary 1997).

Das Zusammentreffen der Genetik, Paläontologie und evolutionären Zoologie ließ eine neue Systematik entstehen, gerade so wie die Synthetische Evolutionstheorie zur Entstehung einer neuen physischen Anthropologie führte. Die Unterschiede zwischen der alten und der neuen physischen Anthropologie wurden klar, als man den Kontrast zwischen der alten und der neuen Systematik unter folgenden Gesichtspunkten betrachtete: dem Zweck (z. B. Klassifikation), der Bedeutung von Theorie, der Technik oder Methode (z. B. Anthropometrie) und der Interpretation (z. B. Beweis von Hypothesen oder reine Spekulation). Gemäß Washburn habe sich die neue physische Anthropologie aus der alten herausentwickelt, weshalb Kontinuität bestehe. Er war der Meinung, dass die physische Anthropologie von 1950 jener von 1900 wohl näher stünde, als jener von 1960 (Washburn 1964).

Washburns Urteil zufolge zielte die neue physische Anthropologie darauf ab, die Untersuchung der frühen Stadien der Menschwerdung mit funktionsmorphologischen Untersuchungen rezenter Modelle zu erweitern, um Zusammenhänge zwischen Knochenfunden und ihrer möglichen Funktion bei lebenden Formen zu verstehen. Die alte physische Anthropologie hatte hingegen versucht, deskriptiv statische, quantitativ-morphometrische Untersuchungen durchzuführen.

Der Wechsel von der alten zur neuen betreffe die verschiedensten Bereiche der physischen Anthropologie in unterschiedlichster Weise, so Washburn. Bei Wachstumsstudien und der angewandten Anthropologie, wo das Wissen um genaue Maße von direktem Nutzen sei, bewirke eine Änderung in der Theorie nur wenig, wohingegen bei der Evolutionsforschung theoretische Änderungen von größter Bedeutung seien. Indem man das Typuskonzept verwarf, verschwanden die traditionellen Forschungsfelder der „Rassen"- und Konstitutionsforschung. Eine der hauptsächlichen Folgen dieser neuen Sichtweise sei eine viel eingehendere Beziehung zwischen den verschiedenen Teilbereichen der Anthropologie als dies unter der alten Strategie möglich gewesen sei (ebd.: 726).

Zusammen mit Washburn und dem Paläontologen George Gaylord Simpson bestritt Schultz am Cold Spring Harbor Symposium die Sitzung „Origin of the Human Stock". Schultz, dessen Evolutionsverständnis der 1950er Jahre sich kaum bis gar nicht von jenem der 1930er Jahre unterschied, sprach über die Spezialisationen (Schultz 1950) des Menschen und dessen Platz innerhalb der Schmalnasenprimaten. Schultz war der Überzeugung, dass der Mensch als typische Schmalnase (Catarrhini) seinen Ursprung in der Alten Welt hätte. Damit wiederholte er seine Thesen, die er bereits 1936 veröffentlicht hatte. Lediglich im Zusammenhang mit fossilen Beweisen brachte er einen neuen Gedanken ein, indem er die damals gerade entdeckte Gruppe der australopithecinen Primaten als hervorragende Hilfe zur Determinierung der Primatenphylogenie und für das Evolutionsverständnis akzeptierte (ebd.: 38).

Im Gegensatz zu Charles Darwin (1809-1882) und T. H. Huxley lehnte es Schultz ab, den Menschen aufgrund seiner Variabilität als einzigartig zu bezeichnen (Schultz 1947). Innerhalb der höheren Primaten hielt er den Menschen für konservativer und „primitiver".

Ernst Mayr riet in seinem Symposiumsbeitrag den Anthropologen, niemals zu vergessen, dass taxonomische Kategorien auf Populationen beruhten und nicht auf Individuen. Es sei ein gradueller Prozess, der von *Homo erectus* zu *Homo sapiens* geführt habe, eine isolierte Form könne nicht als missing link bezeichnet werden (Mayr 1950: 115).

2002 schloss Mayr rückblickend, dass Schultz seinem Artikel von 1950 wohl kaum zugestimmt habe, dass ihre Differenzen allerdings weniger mit der Synthetischen Theorie als mit der neuen Systematik zu tun hatten.

Während Mayr selbst an variablen Populationen und geographisch variablen, polytypischen Arten festhielt, bezeichnet er Schultz, so wie die meisten Anthropologen jener Zeit, als Typologen:

> „[...] I did not believe in giving a new binomial to every hominid fossil discovered. I wanted to start with the simplest possible arrangement, and add new species as necessitated by the material […]".[3]

So formulierte Washburn, aber nicht Schultz, die intellektuelle Transformation der alten zur „neuen" physischen Anthropologie in den fünfziger und sechziger Jahren.

3 Briefwechsel Mayr – Chaoui, 21. März 2002.

Mit ihrer konservativen „Rassentypologie" ist die Zürcher Schule mitverantwortlich für die zurückhaltende Rezeption der Synthetischen Theorie in der Primatologie und Paläoanthropologie der frühen fünfziger Jahre. Das starre, schultypische Festhalten am Martinschen Typusbegriff ist wohl der Grund dafür, dass zur damaligen Zeit die Synthetische Theorie klein geredet wurde.

LITERATUR

Boaz, N. T. (1982): Research on australopithecines and early Homo. In: Spencer, F. (Hrsg.): A History of American Physical Anthropology 1930-1980. Acad. Press, New York, London, S. 245.

Bowler, P. J. (1989): Theories of Human Evolution: A Century of Debate, 1844-1944. Johns Hopkins University Press, Baltimore, Maryland.

Chaoui, N. J. (2004): Mit Messzirkel und Schrotflinte – Das primatologische Werk von Adolph Hans Schultz (1891-1976). (Acta Biohistorica, Bd. 9). Basilisken-Presse, Marburg an der Lahn, 2004.

Chaoui, N. J. & Schmutz, H.-K. (2002): Tradition und Innovation in der Zürcher Anthropologie zwischen 1915 und 1925. Gesnerus 59: 87-98.

Coolidge jr., H. J. (1934): Our mammalian family tree. Harvard Alumni Bull. 36: 578-580.

Fischer, E. (1933): Genetik und Stammesgeschichte der menschlichen Wirbelsäule. Biol. Zentralbl. 53: 203-220.

Fleagle, J. G. & Jungers, W. L. (1982): Fifty years of higher primate Phylogeny. In: Spencer, F. (Hrsg.): A History of American Physical Anthropology 1930-1980. Acad. Press, New York, London, S. 187-230.

Geissmann, T. (2003): Vergleichende Primatologie. Springer, Heidelberg, New York.

Gregory, W. K. (1927): How near is the relationship of man to the chimpanzee-gorilla stock? Quart. Rev. Biol. 2: 549-560.

Gregory, W. K. (1935): The pelvis from fish to man: a study in paleomorphology. Amer. Nat. 69: 193-210.

Harwood, J. (1993): Styles of Scientific Thought – The German Genetics Community 1900-1933. University of Chicago Press, Chicago.

Howells, W. W. (1950): Origin of the human stock. Concluding remarks of the Chairman. Cold Spring Harbor Symp. Quant. Biol. 15: 79-86.

Huxley, T. H. (1864): Evidence as to Man's Place in Nature. Williams & Norgate, London.

Junker, T. & Hoßfeld, U. (2001): Die Entdeckung der Evolution – Eine revolutionäre Theorie und ihre Geschichte. Wiss. Buchgesellschaft, Darmstadt.

Keith, A. (1934): The Construction of Man's Family Tree. Forum Series, No. 18. Watts & Co., London.

Le Gros Clark, W. E. (1934): Early Forerunners of Man. A Morphological Study of the Evolutionary Origin of the Primates. Baillière, Tindall & Cox, London 1934.

Le Gros Clark, W. E. (1935): Man's place among the primates. Man 35: 1-6.

Le Gros Clark, W. E. (1936): Evolutionary parallelism and human phylogeny. Man 36: 4-8.

Mayr, E. (1950): Taxonomic categories in fossil hominids. Reflections on Human Paleontology. Cold Spring Harbor Symp. Quant. Biol. 15: 109-118.

Mayr, E. (1982): Reflections on Human Paleontology. In: Spencer, F. (Hrsg.): A History of American Physical Anthropology 1930-1980. Acad. Press, New York, London, S. 231-237.

Osborn, H. F. (1927): Recent discoveries relating to the origin and antiquity of man. Science 65: 481-488.

Osborn, H. F. (1930): The discovery of Tertiary man. Science 71: 1-7.

Pilgrim, G. E. (1915): New Siwalik primates and their bearing on the question of the evolution of man and the Anthropoidea. Rec. Geol. Surv. India 45: 1-74.
Schmutz, H.-K. (1983): Die Gründung des Zürcher Lehrstuhles für Anthropologie. Gesnerus 40: 167-173.
Schultz, A. H. (1925): Embryological evidence of the evolution of man. J. Wash. Acad. Sci. 15: 247-263.
Schultz, A. H. (1927): Studies on the growth of gorilla and of other higher primates with special reference to a fetus of gorilla, preserved in the Carnegie Museum. Mem. Carnegie Mus. 11: 1-88.
Schultz, A. H. (1930): The skeleton of the trunk and limbs of higher primates. Human Biology 2: 303-438.
Schultz, A. H. (1933a): Observations on the growth, classification and evolutionary specialization of gibbons and siamangs. Hum. Biol. 5: 212-255, 385-428.
Schultz, A. H. (1933b): Die Körperproportionen der erwachsenen catharrhinen Primaten, mit spezieller Berücksichtigung der Menschenaffen. Anthropol. Anz. 10: 154-185.
Schultz, A. H. (1936): Characters common to higher primates and characters specific for man. Quart. Rev. Biol. 11: 259-283, 425-455.
Schultz, A. H. (1947): Variability in man and other primates. Amer. J. Phys. Anthropol. n.s. 5: 1-14.
Schultz, A. H. (1950): The specialization of man and his place among the catarrhine primates. Cold Spring Harbor Symp. Quant. Biol. 15: 37-53.
Schultz, A. H. (1971): The rise of primatology in the Twentieth Century. In: Biegert, J. & Leutenegger, W. (Hrsg.): Proceedings of the 3rd international Congress of Primatology Zurich 1970, Bd. 1. Karger, Basel, S. 2–15.
Schultz, A. H. & Snyder, F. F. (1935): Observations on reproduction in the chimpanzee. Bull. Johns Hopkins Hosp. 57: 193-205.
Schwalbe, G. (1916): Ueber das Intermetatarseum. Z. Morphol. Anthropol. 20: 1-50.
Smith, G. E. (1924): The Evolution of Man. Essays. Milford, Oxford.
Sonntag, C. F. (1924): The Morphology and Evolution of the Apes and Man. Bale & Danielsson, London.
Straus jr., W. L. (1929): Studies in primate ilia. Amer. J. Anat. 43: 403-460.
Straus jr., W. L. (1934): The structure of the primate kidney. J. Anat. 69: 93-108.
Straus jr., W. L. (1936): The thoracic and abdominal viscera of primates, with special reference to the Orang-Utan. Proc. Amer. Philos. Soc. 76: 1-85.
Straus jr., W. L. (1949): The riddle of man's ancestry. Quart. Rev. Biol. 24: 200-223.
Szathmary, E. J. E. (1997): Wenner-Gren Foundation for Anthropological Research. In: Spencer, F. (Hrsg.): History of Physical Anthropology. An Encyclopedia. Garland, New York, London, S. 1113-1114.
Trinkaus, E. (1982): A History of Homo erectus and H. sapiens Paleontology in America. In: Spencer, F. (Hrsg.): A History of American Physical Anthropology 1930-1980. Acad. Press, New York, London, S. 267.
Washburn, S. L. (1964): The strategy of physical anthropology. Yb. Phys. Anthropol. 9: 714-727.
Weidenreich, F. (1921): Der Menschenfuss. Z. Morphol. Anthropol. 22: 51-282.
Weinert, H. (1932): Ursprung der Menschheit. Ueber den engeren Anschluss des Menschengeschlechts an die Menschenaffen. Enke, Stuttgart.
Yerkes, R. M. & Yerkes, A. W. (1929): The Great Apes. A Study of Anthropoid Life. New Haven.

Winfried Henke & Hartmut Rothe

ZUR ENTWICKLUNG DER PALÄOANTHROPOLOGIE IM 20. JAHRHUNDERT

VON DER NARRATION ZUR HYPOTHETIKO-DEDUKTIVEN FORSCHUNGSDISZIPLIN

EINLEITUNG

Die Seinsfragen: „Woher kommt der Mensch? Was ist der Mensch? Wohin geht der Mensch?", gibt es natürlich schon seit Menschheitsgedenken und nicht erst seitdem Christian Friedrich Nasse diese in seiner *Zeitschrift für physische Ärzte* 1823 als essentielle Fragen des Menschseins formulierte, aber erst im späten neunzehnten Jahrhundert erfolgte eine Auflösung der metaphysischen Anthropologie und die sukzessive Konstituierung der Anthropologie als Wissenschaft (Altner 1981; Schulz 1982).

Nach allgemeinem Verständnis ist Paläoanthropologie als Teildisziplin der Anthropologie „[…] die Wissenschaft von den fossilen Hominiden" (Heberer et al. 1970) oder – etwas präziser formuliert – jene biologische Disziplin, die versucht, den Prozess der Hominisation als adaptive Entwicklung in der Primatenevolution zu verstehen. Ihre Hauptaufgabe besteht darin, die Anthropogenese in ihrem raum-zeitlichen und faktoriellen Gefüge zu erfassen.

Die *Encylopedia of Human Evolution and Prehistory* definiert Paläoanthropologie als „[…] branch of anthropology including studies of primate and human evolution, prehistory, and the biological and geological backgrounds essential to the study of these topics" (Delson et al. 2000: 505).

In ihrem wissenschaftlichen Ziel, der Rekonstruktion paläoökologischer Szenarien, d. h. der Umwelt, Sozialstruktur und Lebensumstände fossiler Arten und Populationen, sind die Paläoanthropologie und die Urgeschichte (respektive Vorgeschichte) kongruent, jedoch besteht bislang eher eine multi- denn interdisziplinäre, geschweige transdisziplinäre Zusammenarbeit (Haidle 1998; Henke, im Druck); das hat forschungsgeschichtliche Ursachen: Beide Disziplinen bauen auf unterschiedlichen Quellen auf, die Paläoanthropologie auf dem sog. biologischen Substrat früher Menschenformen und ihrer nächsten Verwandten, die Urgeschichte dagegen vorwiegend auf den kulturellen Sachüberresten. Damit ist die Paläoanthropologie traditionell in den Naturwissenschaften verankert, während die Urgeschichte in den Geistes- respektive Kulturwissenschaften positioniert ist. In der angelsächsischen Literatur wird diesbezüglich bisweilen strikt zwischen Human Palaeontology und Palaeolithic Archaeology differenziert (vgl. Delson et al. 2000: 505). Nachfolgend soll die Entwicklung der Paläoanthropologie von einer zunächst hochgradig narrativen Disziplin zu einer theoriegeleiteten Wissenschaft im Rahmen der Systemtheorie der Evolution verfolgt werden.

PARADIGMATISCHER WANDEL DES WELTBILDES IN DER ZWEITEN HÄLFTE DES 19. JAHRHUNDERTS

Folgt man Christian Vogels Bewertung (in Darwin 1982: XLI), wonach „[...] eine Naturwissenschaft [...] nur so viel echte Biologie [enthält], als sie sich an den Axiomen und Postulaten der darwinistischen synthetischen Theorie der Evolution orientiert", dann ist der frühest mögliche Zeitpunkt für die Entwicklung der Paläoanthropologie mit dem Erscheinen von Darwins epochalem Hauptwerk im Jahre 1859 anzusetzen. Dennoch werden die Wurzeln der Paläoanthropologie gemeinhin mit der Entdeckung des klassischen Neandertalers aus der Kleinen Feldhofer Grotte im Jahre 1856 und der intensiven Erforschung dieses Fossils verknüpft. Vor dem Hintergrund der Darwinschen Deszendenz- und Selektionstheorie spielte die paläoanthropologische Frage dann bereits die zentrale Rolle, der Ursprung des Menschen war das „heiße Eisen" respektive „die Frage aller Fragen", die sich zwangsläufig aufdrängte und in England von Thomas H. Huxley, in Deutschland von Ernst Haeckel mit Verve aufgegriffen und engagiert popularisiert wurde.

Erst 1871 entstand das zweite Hauptwerk Darwins mit dem Titel *The Descent of Man and Selection in Relation to Sex*, in dessen erstem Hauptkapitel *The Descent and Origin of Man* Darwin selbst zur Ursprungsfrage Stellung nahm. Nach Mühlmann (1968: 85) ist die Phase zwischen den Jahren 1860 – 1900 geprägt durch die Entfaltung des Positivismus und damit eine „[…] Absage an das Philosophieren und eine Beschränkung auf exakte Beobachtung und Darstellung". In dieser Epoche wachsender Erfolge auf dem Gebiete der exakten Naturwissenschaften kommt es zu einer Aufspaltung der Anthropologie in zahlreiche Einzelfächer. Die Spezialisierung respektive Diversifizierung war notwendig zur Bearbeitung des ständig wachsenden Materials, und der Fortschritt der einzelnen Disziplinen hat in dieser Beschränkung auf exakte Beobachtung und Darstellung seine Wurzeln.

Eigentlich sollte man annehmen, dass der Universalgelehrte Rudolf Virchow (vgl. Goschler 2002) bereits im 19. Jahrhundert den Boden für die Paläoanthropologie bereitet hätte, obwohl sein Skeptizismus dem naturwissenschaftlichen Enthusiasmus vieler seiner Zeitgenossen zuwiderlief. Es ist jedoch zu konstatieren, dass Virchow *nicht* zur Fundierung und Etablierung einer eigenständigen Paläoanthropologie beitrug. Trümper (2004: 98) betont, dass der Anatom Wilhelm v. Waldeyer-Hartz in seiner Gedächtnisrede vor der Preußischen Akademie der Wissenschaftler Virchow „[…] nicht nur als Reformator, sondern geradezu wissenschaftlichen Begründer [der Anthropologie, ergänzt durch Verf.] sieht" (vgl. Degen 1968: 414), aber hierbei ist die Paläoanthropologie noch subsumiert und nicht als eigene Disziplin der Anthropologie definiert; aber auch seine Bedeutung für die ältere Urgeschichtsforschung bleibt trotz aller von Andree (1976) so hoch gelobten Verdienste für diese Disziplin (u. a. systematisches Sammeln und Kartieren, Einführung der vergleichenden Methode, Ablehnung jeglicher politischer nationaler Wertung, Förderung internationaler Zusammenarbeit, Integration der Nachbarfächer) sehr begrenzt. Virchows eigentliches Verdienst um die Anthropologie sieht Trümper (2004: 99) darin, dass „[…] er sich gegen die Spekulation der naturhistorischen sowie naturphilosophischen Schule, gegen Autoritätsgläubigkeit und teleologische Sichtweisen wandte". Trümpers Resümee kann zugestimmt werden, wenn er schreibt, es könne

> „[…] nicht davon gesprochen werden, daß Virchow sich in Bezug auf die Paläoanthropologie direkt konstituierend betätigt [hätte]. Sein Einfluß erstreckte sich vielmehr auf die Naturwissenschaften im allgemeinen. Dem Fach Anthropologie hat er sicherlich geholfen, sich organisatorisch und auch partiell inhaltlich zu begründen, die speziellere Paläoanthropologie jedoch vermochte er nur sekundär zu beeinflussen" (Trümper 2004: 101).

Im Gegensatz zu Virchow ist die wissenschaftsgeschichtliche Rolle von Ernst Haeckel geprägt durch dessen glühende Bewunderung für Darwin. Haeckel gab dem Bilde der menschlichen Phylogenie eine erste spezifische Ausgestaltung, die er doktrinär im Sinne einer materialistischen Weltanschauung popularisierte (vgl. u. a. Haeckel 1902, 1905; s. a. Heberer 1968, 1981). Er sah im natürlichen System der Organismen den Ausdruck ihrer stammesgeschichtlichen Entwicklung und entwarf bereits in seiner Schrift *Generelle Morphologie* von 1866 neben einer Hypothese über die Entstehung des Lebens auf der Erde auch eine ausführliche Darstellung seiner Auffassung von der Abstammung des Menschen. Für Haeckels Einfluss auf die Entwicklung der Paläoanthropologie ist dabei entscheidend, dass aus naturwissenschaftlicher Sicht schon allein die ontogenetischen und vergleichend-zoologischen Befunde die Anthropogenese begründen. Heberer schreibt diesbezüglich: „Soweit Haeckel ältere und neue Fossilfunde zur menschlichen Stammesgeschichte überhaupt berücksichtigt, bedeuten sie für ihn nur eine Bestätigung der in den Grundzügen bereits anderweitig erschlossenen Phylogenese" (1965: 12).

Haeckels Vorstellungen zur Anthropogenie, zum Transformismus und schließlich zu seinem monistischen Gedankengebäude machen deutlich, dass er nur vordergründig betrachtet Darwinist war; eigentlich war und blieb er Orthogenist, was paläoanthropologisch u. a. auch die von ihm postulierten fossilen Zwischenformen wie *Pithecanthropus alalus* und *Homo stupidus* in einem Stufensystem belegen, an dessen Ende als Krone der Schöpfung der rezente Mensch steht.

Weder für Virchow noch für Haeckel war die Paläoanthropologie damit – wenn auch aus unterschiedlichen Motiven – ein herausgehobenes Fach. Die Interdisziplinarität der phyletischen Anthropologie bzw. Anthropogenie und der Urgeschichte war kein essentielles Anliegen ihrer Forschung, was weitreichende Folgen für die separate Konstituierung beider Disziplinen hatte, obwohl die Fächer auf gesellschaftlicher Ebene durch Gründung der Societé d'Anthropologie de Paris (1857) und der Gesellschaft für Anthropologie, Ethnologie und Urgeschichte in Berlin eine enge Kooperation der Disziplinen suggerieren.

Deutlich günstiger für die Integration paläoanthropologischer und urgeschichtlicher Forschungen entwickelten sich die Verhältnisse in Frankreich, wo

Pierre Marcelin Boule (1861 – 1942), ausgebildet als Geologe, Paläontologe und Prähistoriker, alle Voraussetzungen mitbrachte, um eine wegweisende Paläoanthropologie zu begründen. Seine klassische Bearbeitung des Neandertaler-Skelettes von La-Chapelle-aux-Saints (Boule 1911-1913) bedeutet einen Meilenstein in der Geschichte der Humanpaläontologie (vgl. Heberer 1955 a) Zeitlich parallel tritt Gustav Schwalbe (1844 – 1916), Professor der Anatomie, mit Arbeiten über das Schädelfragment von Eguisheim sowie *Pithecanthropus erectus* und einer Reihe weiterer Bearbeitungen fossiler Dokumente hervor und begründet in Deutschland die Paläoanthropologie als einen eigenständigen Forschungszweig.

Heberer (1955 b: 298) schreibt: „An die Stelle ungenügend fundierten Theoretisierens tritt jetzt in der menschlichen Fossilforschung die exakte Empirie", da Schwalbe ein völlig neues Methodeninventar zur Erfassung der Morphologie schaffte. Die metrisch-morphologische Analyse der Fossilien wird zur bevorzugten Methode, über die Eugen Fischer (1917: 1 f.) im Nachruf auf Schwalbe urteilt: „Er gab uns den Schlüssel, alle derartigen Funde anatomisch, unabhängig von Geologie und Prähistorie, zu diagnostizieren". Diese Bewertung kennzeichnet die Fortsetzung der zu dieser Zeit keineswegs als defizitär empfundenen mangelnden Interdisziplinarität von Paläoanthropologie und Urgeschichte, überschätzt aber gleichzeitig die wissenschaftliche Bedeutung quantifizierender morphometrischer Verfahren (vgl. Henke 1997).

In die frühe zweite Hälfte des vorletzten Jahrhunderts fallen auch die Gründungen des ersten Anthropologie-Lehrstuhls in Paris (1855), auf den Jean Louis Armand de Quatrefages De Breau (1810 – 1892) berufen wurde. In Deutschland geschah letzteres entschieden später, denn erst 1886 wurde eine Professur für Johannes Ranke (1836-1916) an der Münchener Universität geschaffen. Ein Grund für die sehr späte Fachetablierung in Deutschland liegt, wie Grimm (1961) bemerkte, in der mangelnden Fachspezifität der Anthropologie, da „[…] der Anthropologe viel weniger als der Zoologe oder der Prähistoriker oder der Anatom in der Lage schien, die Grenzen des Faches zu bestimmen" (Grimm 1961: 1f.; vgl. auch Jahn et al. 1982: 549). Eine Konsolidierung der Fragestellungen zeichnete sich auch in der ersten Hälfte des 20. Jahrhundert nicht ab, denn Anthropologie wurde offenbar von Medizinern, Prähistorikern, Ethnographen und Biologen aus sehr unterschiedlichen Blickwinkeln und mit sehr unterschiedlichen Intentionen betrieben. Das wird deutlich, wenn man einerseits die zoologisch ausgerichteten Forschungen näher betrachtet und andererseits die der Prähistoriker. Die sukzessive Trennung von „*erklärenden*" Naturwissenschaften und „*verstehenden*" Geisteswissenschaften [*sensu* Dilthey 1883] ist Anfang des 20. Jahrhunderts vollzogen, verbunden mit dem offensichtlichen Überlegenheitsbewusstsein der Naturwissenschaften (vgl. Mühlmann 1962: 85; siehe auch Marquard 1986).

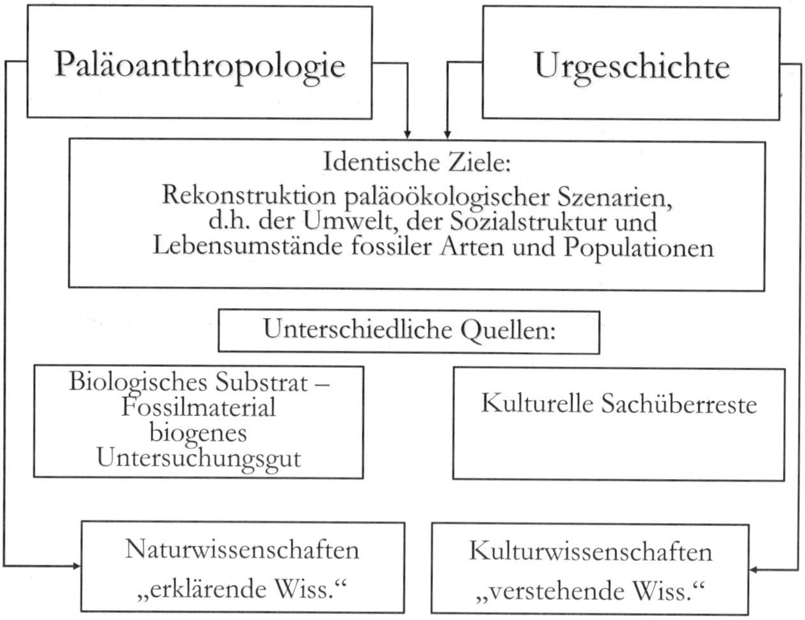

Abb. 1: Polare Zuordnungen der Paläoanthropologie als Naturwissenschaft und der Urgeschichte als Kulturwissenschaft, ein dualistischer Gegensatz, der erst im Laufe des vorigen Jahrhunderts mehr und mehr aufgelöst wurde.

SUKZESSIVE ETABLIERUNG DER PALÄOANTHROPOLOGIE ALS FACHDISZIPLIN

Irrwege, Verwicklungen und Stagnation

Nachfolgend soll – in aller gebotenen Kürze – versucht werden, eine kursorische Darstellung der methodologischen Entwicklung des Faches Paläoanthropologie zu geben.

Thomas H. Huxleys *Evidences as to Man's Place in Nature* von 1863 und die klassischen Schriften von Ernst Haeckel (vgl. Heberer 1968) zeigen bereits deutlich, dass die Phylogenese an Fossilien, also an versteinerten Überresten früherer Lebewesen *nicht* direkt ablesbar ist und Fossilien zwar wichtige Belege für die Stammesgeschichte darstellen, jedoch liefern sie keine unmittelbare faktische Information über den Ablauf der Evolution, weshalb der Vergleich mit dem weiten rezenten Primatenkreis prioritär ist. Anthropologie ist bereits nach Huxleys Verständnis die vergleichende Biologie des Menschen, was auch schon in den zeitgleich erscheinenden Schriften des Bonner Zoologen Carl Vogt (1863) erkennbar wird. Haeckels Verdienst war es bekanntlich, neben der phylogenetischen auch die exakte Erforschung der ontogenetischen Prozesse in die vergleichende Betrachtung mit eingebracht zu haben, und Darwins *Abstammungsgeschichte des Menschen* von 1871 machte darüber hinaus deutlich, dass die evolutionsbiologische Entwicklung des Menschen nicht nur die physische, sondern auch die psychische Entwicklung betraf. Hier lag die besondere Herausforderung der Evolutionsbiologie, das dualistische Leib-Seele- respektive Körper-Geist-Problem (vgl. Hastedt 1988) zu überwinden. Bezüglich der Phylogenie der Menschenseele (Anthropogenie und Psychologie) entwickelte Haeckel seine monistische Auffassung, die von philosophischer Seite hart angegriffen wurde.

Haeckel beklagt deshalb auch in den *Anmerkungen zur Phyletischen Anthropologie* seines auf dem Internationalen Zoologen-Kongress in Cambridge 1898 gehaltenen Vortrags, dass es in den 42 Jahren seit dem Erscheinen seiner Anthropogenie keinen weiteren Versuch gegeben habe, unter Berücksichtigung aller drei phylogenetischen Urkunden (Paläontologie, vergleichende Anatomie der Wirbeltiere, vergleichende Ontogenie) die Abstammungsfrage ihrer Lösung näher zu bringen. Wörtlich:

> „Die sogenannten ‚Anthropologen vom Fach‘, denen die Aufgabe zunächst obläge, haben sich fast allgemein davon ferngehalten, die vierte, umgearbeitete Auflage der Anthropogenie, die zahlreiche neue Gedanken enthält, ist von den meisten ignoriert worden“ (Haeckel 1922: 60).

„Auch wissenschaftliche Erkenntnisse brauchen den Marktplatz, um sich durchzusetzen“, schreibt Sander (1976: 39) in seiner Geschichte der Biologie, d. h. eine Theorie muß mit dem gesamten denkerischen Umfeld konform gehen, um sich durchzusetzen (vgl. Wuketits 1978).

Dass das z. B. auf Hugo Obermaiers Werk *Der Mensch der Vorzeit* von 1911/12 zutrifft, in dem der Haeckelsche Monismus aufs Schärfste angeprangert wird, erstaunt nicht, da dieses umfangreiche Werk vorwiegend Vor- und Frühgeschichte behandelt und stark typologisch, jedoch in keiner Weise evolutionsbiologisch geprägt ist. Obermaiers orthogenetischer und eurozentristischer Vorstellung zufolge war der Mensch, in Sonderheit der Europäer, die Krone der Schöpfung, – eine Sichtweise, die Anfang des 20. Jahrhunderts noch generell sowohl in den Geistes- als auch den Naturwissenschaften, überwog. Im Vorwort betont der Verfasser, dass er dort, wo sich naturwissenschaftliche Fragen mit solchen philosophischer Natur berührten, es nicht unterlassen habe, eine streng sachliche Separierung der Domänen vorzunehmen; somit zeigt sich auch hier eine gewollte Trennung von natur- und geisteswissenschaftlichen Inhalten statt eines integrativen Miteinanders.

Die frühen Dezennien des letzten Jahrhunderts waren offenbar bezogen auf die fundamentale Frageweise der Biologie – Was?, Wie?, Wozu?, Woher? – noch nicht bereit für Antworten aus dem gesamten Kanon, da sich mit der Wiederentdeckung der Mendelschen Gesetze und der sukzessiven Entwicklung der Erblehre respektive Genetik und der Populationsgenetik im dritten Jahrzehnt die synthetische Evolutionstheorie erst entwickelte (vgl. Wuketits 1978) und die Anthropologie, wie Christian Vogel (1983) in seinem Beitrag zum Theorie-Defizit der Anthropologie in Deutschland ausführte, noch teleologisch geprägten Konzepten verhaftet blieb und diese ideologisch verhängnisvoll verbrämte.

Bezogen auf die Paläoanthropologie wird vorwiegend ein deskriptiv-strukturaler Ansatz der Biologie verfolgt. Kollmann (1902) versuchte noch die Abstammung des rezenten Menschen aus Pygmäen und deren Herkunft aus kleinen Anthropoiden herzuleiten, was keineswegs eine Ausnahme war, denn derartige evolutionsbiologisch unhaltbare Anschauungen waren noch ubiquitär verbreitet.

Gustav Schwalbe (1906) widerlegte in seinen *Studien zur Vorgeschichte des Menschen* Kollmanns Hypothese und versuchte die Begründung einer direkten Ahnenreihe von dem seit 1891 beschriebenen „*Pithecanthropus*" über den *Homo primigenius*, allgemein auch als *Homo neanderthalensis* King, 1864 bekannt. Er hielt Klaatschs (1899) Auffassung einer Ableitung der zum Menschen führenden Linie von „primitiven eocänen Säugetieren" für nicht mehr diskussionswürdig, worin ihn die Befunde führender britischer Zoologen bestärkten (vgl. auch Bergner 1965).

Die Beschreibung einer Vielzahl neuer Fossilfunde, u. a. aus Krapina (Gorjanovič-Kramberger 1906), Mauer (Schoetensack 1908), La Ferrassie (Capitan & Peyrony 1909) und La Chapelle-aux-Saints (Boule 1911-1913), aber auch die schwelende Kontroverse um den Piltdown-Fund, den *Eoanthropus dawsoni* A. Smith Woodward, 1913, begründeten ein verstärktes Interesse an der vergleichenden Analyse dieser Fossilfunde, was auch in kompilierenden Studien, u. a. durch E. Werth (1921), mit dem Untertitel *Grundzüge der Paläanthropologie* resultierte. Handelt es sich hier auch nur um eine einseitige deskriptive Paläoanthropologie und einen vor- und frühgeschichtlichen Abriss, so mag das Vorwort interessieren, in dem Werth (1921: 5) postuliert: „Schaffen wir darum auch bei uns der Urgeschichte, der Wissenschaft vom fossilen Menschen, ein eigenes Heim und Lehrstühle an den Universitäten".

Spezielle Lehrstühle für die Paläoanthropologie wurden zwar in Deutschland – im Gegensatz zu Frankreich (u. a. Institut de Paléontologie Humaine) – nicht geschaffen, aber die Erforschung der fossilen Menschenformen und die Stellung des Menschen im Rahmen der Wirbeltiere gewannen immer mehr Bedeutung. Insbesondere der Fossilfund von Taung geriet in den Fokus wissenschaftlichen und öffentlichen Interesses. Die vehemente Diskussion über das afrikanische Fossil, dessen Interpretation vor dem Hintergrund der Fetalisationshypothese von Bolk und seine Implikation für die derzeit gängigen Phylogenien rückten paläoanthropologische Fragen in ein gänzlich neues Licht bezüglich der räumlichen und zeitlichen Variabilität fossiler Menschenformen. Die seit Dubois' *Pithecanthropus*-Fund geführte *missing link*-Diskussion wurde erneut belebt und eurozentristisch geprägte Abstammungsmodelle wurden weiter unterminiert.

War Marcelin Boules Klassiker *Les Hommes Fossiles* von 1921 noch vorgeschichtlich und nicht evolutionsanthropologisch sondern stark kasuistisch geprägt, was auch für die zweite Auflage (1923) sowie weitere, gemeinsam mit Henri Vallois (1946, 1952) verfasste Neuauflagen in groben Zügen gilt, so finden sich mit Werken von Othenio Abel (1931), einem Paläontologen und Paläobiologen der Universität Wien, sowie *Up from the Ape* von Earnest Albert Hooton (1931) und dem von Le Gros Clark (1934) verfassten Band *Early Forerunners of Man* erstmals Lehrbücher, die die Herkunftsfrage unter fast schon modern anmutenden paläontologischen und primatologischen Gesichtspunkten behandeln.

Bezüglich des zuvor angesprochenen Fragenkanons gehen sie weit über das „Was", also die reine Deskription, hinaus. Sie fragen nach dem „Wie", d. h. sie rekurrieren auf die Funktion, auf das Wodurch und Wie ein lebendes System funktioniert, und in dem Interrogativ „Wozu?", kommt bei Hooton und Le Gros Clark die Analyse des „biologischen Zwecks" bestimmter Phänomene und Vorgänge zur Geltung. [1]

Das Nebeneinander der natur- und geisteswissenschaftlichen Disziplinen kommt wohl kaum besser zum Ausdruck als in dem Vorwort zu Fritz Wiegers *Diluviale Vorgeschichte des Menschen. Allgemeine Diluvialprähistorie* von 1928, in dem es heißt:

> „Dem Sinne nach besteht heute keine Uneinigkeit mehr darüber, daß die Geologie eine der drei grundlegenden Wissenschaften vom Menschen, besonders demjenigen der Eiszeit, ist und neben der Kulturgeschichte und der Anthropologie als gleichberechtigt dasteht" (Wiegers 1928: III).

Da das von Hans Weinert bearbeitete Kapitel Anthropologie als reine Fossilkunde ausgegliedert ist, steht es symptomatisch für den fehlenden Dialog zwischen den Disziplinen. Zwar betont Weinert, dass sich die wissenschaftlichen Disziplinen bei der Erforschung der eiszeitlichen Menschheit drängen wie in kaum einem anderen Fache,

> „[...] daß sowohl wissenschaftliche Untersuchungen wie Darstellungen am besten in enger Arbeitsgemeinschaft der daran beteiligten Richtungen vorgenommen werden. Nur so können wir der mannigfachen Probleme, vor die uns die während der Eiszeit dahingegangene Menschheit stellt, allmählich Herr werden; dabei ist jeder Streit, welcher Disziplin bei der Erforschung der Vorrang gebührt, verschwendete Zeit" (Weinert in Wiegers, 1928: 199).

Dass die Kooperationsnotwendigkeit *ab initio* nur als Lippenbekenntnis verstanden wurde, zeigt sich allein schon an der Entwicklung der anthropologischen Gesellschaften (siehe Zängl-Kumpf 1992a), denn die 1870 gegründete Deutsche Gesellschaft für Anthropologie, Ethnologie und Urgeschichte (DAG) fächerte sich nach dem Ersten Weltkrieg in Teildisziplinen auf. Im Jahre 1925 gründeten die Anthropologen eine eigene *Gesellschaft für Physische Anthropologie* und auch die anderen Fächer fanden eine adäquate Vertretung. Im Jahre 1936 beschloss eine außerordentliche Versammlung die Auflösung der DAG. Der Kommentar im Auflösungsprotokoll lautet:

> „Während der nun mehr 6 Jahrzehnte ihres Bestehens ist der [...] Forschungsbereich jeder der drei Teildisziplinen derart angewachsen, daß es immer schwieriger wurde, sie gleichmäßig zu überschauen und auf den Tagungen der DAG zusammenzuhalten. Selbständige Gesellschaf-

1 Die Kapitel zur Rassenkunde, betitelt „Heridity and Race", sollen hinsichtlich ihrer wissenschaftlichen Qualität nicht kommentiert werden, insbesondere die Tatsache, dass die illustrierte und revidierte Fassung von 1946 noch eine „Rassentypologie" enthält, die als politisch höchst inkorrekt zu werten ist.

ten entstanden, um Sonderziele dieser Gebiete verfolgen zu können. Die DAG hatte damit ihre Aufgabe erfüllt" (Anthropologischer Anzeiger 13, 1936: 162).

Während die gesellschaftliche Einheit der drei Fächer in der Zeit nach dem I. Weltkrieg mehr und mehr zerbricht, formieren sich die physische Anthropologie und als ein gesonderter Zweig die sog. menschliche Erblehre und Rassenhygiene. Die Anthropologie wendet sich unter dem fatalen Einfluss sozialdarwinistischer und rassistischer Konzepte vermehrt – wenn auch nicht ausschließlich – biologischen und medizinischen Fragen am Lebenden zu. Die Paläoanthropologie verliert in Deutschland an Bedeutung, während die Anthropologie im nationalsozialistischen Staat die wesentliche Aufgabe darin sieht „[...] der deutschen Volksgemeinschaft zu dienen" (Reche 1937; vgl. auch Zängl-Kumpf 1992 b; Seidler &. Rett 1988).

Drei für die Paläoanthropologie symptomatische Ereignisse im „Dritten Reich"

Die nachfolgend dargelegten drei Ereignisse – (1.) Gründung und Schließung des Neandertal-Museums, (2.) Erzwungene Emigration von Franz Weidenreich, (3.) Inhalte der Sammelschrift „Evolution der Organismen" sollen *pars pro toto* für die Lage der Paläoanthropologie im „Dritten Reich" stehen.

Dass urgeschichtliche und paläoanthropologische Themen von dem Einfluss der Nationalsozialisten nicht verschont blieben, belegt z. B. die Tatsache, dass das am 1.5.1937 gegründete Neandertal-Museum, das die „[…] Deutsche Urgeschichte, soweit sie mit dem Neandertal in engster Beziehung steht" dokumentieren sollte, der Prüfung durch eine NS-Kommission nicht standhielt, da die „[…] rassische Herkunft des germanischen Menschen nicht eindeutig und überzeugend herausgestellt sei". Die Ausstellung wurde umgehend geschlossen und mit Hilfe des Reichsleiters für Vorgeschichte, Reinertz, grundlegend umgestaltet und am 3.3.1938 neu eröffnet (vgl. Beckmann 1987).

Weitaus nachteiliger für die Entwicklung der Paläoanthropologie im sog. Dritten Reich war, dass dem Frankfurter Ordinarius Franz Weidenreich, dem wohl bedeutendsten deutschen Paläoanthropologen, im Jahre 1938 als Jude die *venia legendi* entzogen wurde. Durch seine danach erfolgte Emigration verlor die Anthropologie in Deutschland einen insbesondere durch seine späteren *Sinanthropus*-Studien international höchst reputierten Vertreter. Aber weder er noch andere paläoanthropologisch ausgerichtete Anthropologen wie u. a. Wilhelm Gieseler (Tübingen), Hans Weinert (Kiel), Gerhard Heberer (Jena, später Göttingen), die trotz ihrer nationalsozialistischen Vergangenheit (vgl. Hoßfeld & Junker 2003) auch nach dem II. Weltkrieg lehrten, hatten enge Forschungsbeziehungen zur Urgeschichte. Für ihre vorwiegend vergleichend-morphologisch und humanpaläontologisch ausgerichtete Forschung hatten sie vorwiegend Kooperationspartner in der Anatomie, Zoologie und Paläontologie.

In der Zeit des II. Weltkriegs erscheint die Erstauflage des von Gerhard Heberer herausgegebenen Sammelwerks *Die Evolution der Organismen* mit anthropogenetischen Beiträgen von Christian v. Krogh (vergleichende Anatomie), Wilhelm Gieseler (Paläontologie) und Hans Weinert (Verhaltensforschung und Archäologie). Nach der Beurteilung von Hoßfeld und Junker (2003: 107) macht abgesehen von Otto Reche keiner der Autoren den Versuch, das neue Modell des synthetischen Darwinismus zu übernehmen. Aufgrund ihrer Einschätzung, die voll zu teilen ist, „[…] handelt es sich über weite Strecken um vergleichende Untersuchungen zur Stammesgeschichte der Menschheit, wie sie bereits im 19. Jahrhundert angestellt wurden, ergänzt durch neuere Daten aus Serologie und Paläontologie".

Diversifizierung der Anthropologie nach dem II. Weltkrieg und Etablierung der Paläoanthropologie

In der frühen Nachkriegszeit kommt es trotz der Verstrickungen zahlreicher Vertreter der Anthropologie in die rassenpolitischen Aktivitäten des Naziregimes (vgl. u. a. Hoßfeld & Junker 2003; Müller-Hill 1988; Saller 1961; Seidler & Rett 1988; Weingart et al. 1988) zu einer baldigen Konsolidierung des Faches, jedoch erst im Zuge der Internationalisierung der Wissenschaft und in Verbindung mit bahnbrechenden methodischen und inhaltlichen Fortschritten auf allen Gebieten der Biologie erfolgt „[…] nach halbherzigen Lösungen bis in die 70iger Jahre" (vgl. Herrmann 1986, 1994) eine grundlegende Neuorientierung der Anthropologie inklusive der Paläoanthropologie.

Wichtige Anstöße zur Innovation liefert ein forschungsstrategischer Artikel des Amerikaners Sherwood L. Washburn (1953), in welchem er die alte und nach seiner Auffassung zu überwindende Sichtweise der physischen Anthropologie einem neuen Ansatz bezüglich Zweck, Theorie, Technik und Interpretation gegenüberstellt. Nach Washburn wird durch sein Modell die wissenschaftliche Spekulation durch eine konzise Hypothesenprüfung abgelöst. Man könnte aus heutiger Sicht diesem Standpunkt entgegenhalten, dass es neben kontextualer Forschung im naturwissenschaftlichen Forschungssystem stets auch Freiräume für eine spekulative Komponente bei der Modellbildung geben müsse, denn auch das entspräche einer Falsifizierung von Hypothesen ganz im Sinne Darwins (Darwin 1871; dt. Übersetzung von H. Schmidt 1982, 4. Auflage: 262):

> „Falsche Tatsachen sind äußerst schädlich für den Fortschritt der Wissenschaft, denn sie erhalten sich oft lange; falsche Theorien dagegen, die einigermaßen durch Beweise gestützt werden, tun keinen Schaden; denn jedermann bestrebt sich mit löblichem Eifer ihre Unrichtigkeit zu beweisen. Und wenn diese Arbeit getan ist, so ist der Weg zum Irrtum gesperrt, und der Weg zur Wahrheit ist oft in demselben Moment eröffnet."

In den frühen Nachkriegsjahren ist, wie der Band „*Hundert Jahre Neanderthaler*", herausgegeben von G. H. R. v. Koenigswald (1956), zeigt, inhaltlich noch sehr viel Kontinuität mit der (Paläo-)Anthropologie der Vorkriegsjahre gegeben, was auch durch die Beteiligung von Abbé Henry Breuil, Sergio Sergi und auch des betagten Eugen Fischer (der bekanntlich sozialstaatlich-regulative Anwendungen

„erbbiologischer“ Forschungsergebnisse bis hin zu körperlichen Zwangseingriffen bei bestimmten medizinischen oder psychiatrischen Diagnosen vertrat) gegeben, jedoch „zeigen“ sich u. a. mit F. Clark Howell, Jan Huizinga, Kenneth P. Oakley, Emanuel Vlček sowie Herbert Ullrich schon Vertreter einer „Post-Synthesis-Ära“ der Biologie, die letztlich in eine Systemtheorie der Biologie *sensu* Ernst Mayr und William B. Provine (1998) überleitete (vgl. auch Jahn 2000).

Dass die Anthropologie in der zweiten Hälfte des letzten Jahrhunderts deutlich facettenreicher wurde, betrifft nicht nur den quantitativen Aspekt, indem immer mehr aufsehenerregende Hominidenfunde aus Afrika und anderen Regionen der Alten Welt aufgrund absoluter Datierungen präzisere chronologische Vorstellungen von der Hominisation erlaubten (Bishop & Miller 1972), sondern auch den qualitativen Aspekt, indem durch innovative Methodenzugänge die „*Paläopoesie*“ – wie es Brigitte Senut fasste – zunehmend durch theorie-geleitete Forschungsansätze verdrängt wurde (vgl. Übersicht in Henke 2003, 2004; Henke & Rothe 1994, 1998, 2003).

In der Nachkriegsphase ist es bis in die siebziger Jahre der in Göttingen lehrende und forschende Zoologe Gerhard Heberer, der mit der 2. und 3. Neuauflage seines Herausgeberwerkes *Die Evolution der Organismen* von 1959 bzw. 1974 alle an der Erforschung der Hominidenevolution beteiligten deutschen Kollegen zu einer voluminösen Abhandlung zur *Phylogenie der Hominiden* zusammenbringt – Urgeschichtler sind nicht darunter.

Weitere Bände wie u. a. *Menschliche Abstammungslehre* und *Der gerechtfertigte Haeckel* (Heberer 1965, 1968) sowie zahlreiche populärwissenschaftliche Abhandlungen zur Paläoanthropologie geben ein neues Bild von den Möglichkeiten und Grenzen dieser Disziplin. Auch die Herausgeberbände von Gottfried Kurth (*Evolution und Hominisation*, 1968), Günter Altner und Helmut Hofer (*Die Sonderstellung des Menschen*, 1972) sowie Gottfried Kurth und Irenäus Eibl-Eibesfeldt (*Hominisation und Verhalten*, 1975) belegen, dass der Dialog zwischen Paläoanthropologen und Urgeschichtlern nach wie vor noch sehr begrenzt war.

Auf den Tagungen der Gesellschaft für Anthropologie und Humangenetik (GfAuH), die 1964 aus der Deutschen Gesellschaft für Anthropologie (seit 1950) und der Gesellschaft für Konstitutionsforschung als Vereinigung hervorgegangen war, werden paläoanthropologische Themen zwar regelmäßig behandelt, jedoch zugunsten prähistorisch-anthropologischer zunehmend marginalisiert. Ein Grund dafür ist die in der prähistorischen Anthropologie entschieden bessere Verfügbarkeit von Untersuchungsmaterial, denn, so die systemanalytischen Befunde von Ina Spiegel-Rösing und Ilse Schwidetzky (1982), Material macht unabhängig und „[…] bietet Schutz vor wissenschaftlicher Antizipation von Ansätzen oder Ergebnissen durch andere Kollegen“ (Spiegel-Rösing 1982: 289).

Da die Ressource ‚Hominidenfossil‘ in Deutschland sehr begrenzt verfügbar ist und auf internationaler Ebene eine enorme Konkurrenz um Fossilien existiert, was nur durch aufwendige nationale Forschungsförderung zu kompensieren gewesen wäre, wenden sich morphologisch interessierte Anthropologen wie z. B. Rainer Knußmann, Holger Preuschoft und Christian Vogel in den sechziger und siebziger Jahren zunehmend anderen, vornehmlich primatologischen Fragestellungen zu. Paläoanthropologische Feldforschung deutscher Anthropologen findet nicht statt. Dabei hätte in dieser frühen Phase durchaus die Möglichkeit bestanden, anknüpfend an die frühen ostafrikanischen Prospektionen von Wilhelm Kattwinkel, dem Entdecker der Olduvai-Schlucht (vgl. Glowatzki 1979), oder die Aktivitäten des Berliner Geologen Hans Reck und des Tübinger Ethnologen Ludwig Kohl-Larsen in Tanzania auch Explorationen und Grabungen zu planen. Chancen für Auslandsaktivitäten, die auch in Südostasien über den Abteilungsleiter der Paläoanthropologie des Senckenberg-Museums, den Niederländer Gustav Ralph v. Koenigswald, möglich gewesen wären, bleiben weitestgehend ungenutzt, – eine verpasste Chance für die deutsche Anthropologie, denn gleichzeitig formierte sich eine neuartige und sehr öffentlichkeitswirksame Paläoanthropologie im europäischen und angloamerikanischen Ausland und vornehmlich in Afrika selbst. Ihr Protagonist war Louis Seymour Bazett Leakey, der mit seiner Frau Mary zwar schon in den dreißiger Jahren des letzten Jahrhunderts im Ostafrikanischen Grabenbruch auf Fossiliensuche ging, aber erst mit der Entdeckung des *Zinjanthropus boisei* (heute *Paranthropus boisei*) aus Olduvai (Kenia) sowie dem bis heute umstrittenen *Homo habilis* gelingt ihnen der entscheidende wissenschaftliche Durchbruch (vgl. Isaac & McCown 1976). Afrika wurde nun endgültig als *Wiege der Menschheit* anerkannt und zum *gelobten Land* der Paläoanthropologen. Neben Louis und Mary Leakey dominieren deren Sohn Richard und Schwiegertochter Meave die Feldforschung, jedoch erwächst in Donald Johanson, dem führenden Mitglied der Afar Research Expedition, durch die Entdeckung von *Australopithecus afarensis*, insbesondere des relativ kompletten Fossilskeletts Lucy, ein lange Zeit als älteste Vorfahrin der Menschheit geltendes Individuum, eine starke angloamerikanische Konkurrenz. Paläoanthropologie wird auch aufgrund breiter medialer Vermarktung zu einem lukrativen Geschäft, die Ökonomie der Aufmerksamkeit *sensu* Georg Franck (1997) prägt die paläoanthropologische Feldforschung nachhaltig. Das Streben „[…] unsterblich zu werden, zumindest in der Wissenschaftsgeschichte der Paläoanthropologie" (Schrenk & Bromage 2002: 26) sind wesentlicher Antrieb für Feldforschungen, jedoch die meisten *Claims* sind besetzt. Die deutschen Kollegen gehen lange Zeit leer aus.

Erst durch Friedemann Schrenk und die Aktivitäten seiner paläontologischen Arbeitsgruppe am Darmstädter Landesmuseum kommt es im Rahmen des *Hominid Corridor Research Project* Ende der achtziger Jahre in Malawi zu Grabungen deutscher Paläoanthropologen (vgl. Magori et al. 1996), die nach dem Wechsel Schrenks auf den Lehrstuhl für Paläobiologie an der Johann Wolfgang Goethe-Universität in Frankfurt/Main intensiv fortgesetzt werden.

Im gleichen Atemzug sind die erfolgreichen Grabungen des Archäologen Gerhard Bosinski und seiner Kollegin Antje Justus (Römisch-Germanisches Zentralmuseum Mainz) in Georgien zu nennen, die in Kooperation mit der georgischen Akademie der Wissenschaften die bislang ältesten Homininen Eurasiens zutage gefördert haben und deren Erstbearbeitung deutschen Paläoanthropologen übertragen wurde (vgl. Bräuer et al. 1995; Henke et al. 1995; Gabunia et al. 1999).

The Strategy of Physical Anthropology

OLD		NEW
	Purpose	
• Primarily Classification • Problems solved by classification and correlation • Description of difference enough		• Understanding process • Classification a minor part, and the *cause* of differences critical
	Theory	
• Relative little and unimportant; facts speak for themselves		• Theory is critical, and the development of consistent, experimentally verified hypotheses a major objective
	Technique	
• Anthropometry 80 percent, aided by morphological comparison		• Measurement perhaps 20 per cent, supplemented by the wide variety of techniques adapted to the solution of particular problems
	Interpretation	
• Speculation		• The primary objective of the research is to prove which hypotheses are correct; • the major task begins where the old left off

Abb. 2: Forschungsstrategiemodell nach S. L. Washburn (1953) modifiziert.

Darüber hinaus gewinnt man den Eindruck, dass Grabungen in Deutschland, wie z. B. Bilzingsleben oder Schöningen (Mania 1998; Thieme 1996), trotz erheblicher Anstrengungen und Erfolge der Ausgräber, im Vergleich mit den Befunden in Ost- und Südafrika entschieden weniger Beachtung finden. Offenbar besteht das Stereotyp in der Öffentlichkeit, dass die *Jagd nach dem Urmenschen* mit Abenteuer und Risiko verbunden sein müsse; Grabungen in der Nachbarschaft muten zu Unrecht eher provinziell an.

Kehren wir jedoch nochmals an den Beginn der sechziger Jahre zurück, so ist dieser gekennzeichnet durch die verstärkte Hinwendung zur vergleichenden Primatologie. Diese Disziplin ist durch die „[…] allseitige Erforschbarkeit der rezenten Primaten" (Vogel 1966: 415) auf morphologisch-anatomischem, physiologischem, zytogenetischem, serologischem, molekularbiologischem, biochemischem und verhaltensbiologischem Gebiet und innovative Methoden der phylogenetischen Verwandtschaftsforschung gekennzeichnet. Als besonders zukunftsträchtig erweist sich die primatologische Verhaltensforschung, die durch das soziobiologische Paradigma beachtliche Impulse erhält (vgl. Vogel 1982, 1984, 2000). Zwar weniger öffentlichkeitswirksam, aber ebenfalls äußerst bedeutungsvoll für die Paläoanthropologie wandelt sich die ehemals vorwiegend deskriptive vergleichende Morphologie durch die Entwicklung theoriengeleiteter Konzepte und Methoden in die Funktions-, Konstruktions- und Evolutionsmorphologie moderner Prägung (Preuschoft 1989; Übersicht in Aiello & Dean 1990). Ebenso sind Fortschritte zu einem Wandel von einer narrativen zu einer begründeten Stammesgeschichte auf taxonomischem Feld zu verzeichnen (Hennig 1982; Übersicht in Henke & Rothe 1994, 1998, 2003; Wiesemüller et al. 2003).

Der Schwerpunkt osteologischer Forschung liegt an den wenigen anthropologischen Instituten in Deutschland, abgesehen von beachtenswerten paläoanthropologischen Studien[2] Günter Bräuers zur Herkunft des modernen Menschen (z. B. Bräuer 1984; Bräuer & Smith 1992) und zum *Homo erectus*-Problem (z. B. Bräuer & Mbua 1992) sowie Alfred Czarnetzkis Neandertalerbeiträgen (z. B. Czarnetzki 1977, 1991) und den Jungpaläolithikerarbeiten des Verfassers (Henke 1990, 1992) sowie kompilierenden Arbeiten und Sammelschriften (Bräuer & Smith 1992; Grupe & Peters 2003; Henke & Rothe 1994, 1998, 2003; Ullrich 1997), heute vorwiegend auf dem prähistorisch-anthropologischen Arbeitsfeld, bedingt durch die fachliche Ausrichtung der meisten Mitglieder und den spürbaren Innovationsschub auf diesem Gebiet, den vor allem Bernd Herrmann mit seiner Göttinger Arbeitsgruppe in den 80ern eingeleitet hat (vgl. Herrmann 1986). Auch die Aktivitäten der 1983 gegründeten Arbeitsgruppe für Paläoanthropologie und Prähistorische Anthropologie (APPA) in der Gesellschaft für Anthropologie (GfA) spiegelt diese Themenpräferenz wider (Schultz et al. 2000, 2001).

Eine weitgehende thematische Überlappung besteht mit der seit 1994 bestehenden Gesellschaft für Archäozoologie und Prähistorische Anthropologie (Bernhard 1997; Kokabi 1994). Das erklärt sich aus den Forschungsschwerpunkten der meisten Mitglieder, die sich überwiegend mit prähistorisch-anthropologischen oder archäozoologischen Fragestellungen befassen. Paläoanthropologische Themen sind durchaus vertreten, jedoch findet auch hier ein interdisziplinärer Dialog mit der Urgeschichte kaum statt, mit der Frühgeschichte ist dieser hingegen erfreulich intensiv (Kokabi & Wahl 1994; Kokabi 1997; Kokabi & May 1999).

Die in den siebziger Jahren sich verstärkt abzeichnende schwierige Lage der Anthropologie an deutschen Universitäten (vgl. Spiegel-Rösing & Schwidetzky 1982), die Christian Vogel schon 1982 mit dem sog. Theorie-Defizit der biologischen Anthropologie in Deutschland begründete, führte zunächst auch zur Schrumpfung der Fraktion paläoanthropologisch arbeitender Kollegen. Dieser Trend wirkte sich zwangsläufig auch auf eine Reduzierung der Kontakte zu den Nachbarwissenschaften aus.

2 Die Auflistung paläoanthropologischer Beiträge ist selbstverständlich nicht repräsentativ und sollte daher nicht als Geringschätzung wissenschaftlicher Beiträge hier nicht aufgeführter Kolleginnen und Kollegen gewertet werden, sondern sie gibt nur einen kleinen Ausschnitt als relevant erachteter Arbeiten wieder. Zur breiteren Orientierung wird z. B. auf die Berichte der Gesellschaft für Anthropologie sowie einschlägige Periodika und die Websites der anthropologischen Institute verwiesen.

Gegenläufig zu dem immer kleiner werdenden Kollektiv paläoanthropologisch ausgerichteter Anthropologen – zu denen natürlich auch Kollegen aus paläontologischen, archäologischen und anatomischen Instituten sowie Forschungsmuseen zählen (z. B. RGZM Abteilung Altsteinzeit Monrepos, LM Darmstadt, LM Halle, Naturmuseum Senckenberg Frankfurt/M., Reiss-Engelhorn Museum Mannheim, Neanderthal-Museum Mettmann) – wachsen die wissenschaftlichen Beziehungen der Paläoanthropologie mit den Nachbardisziplinen und damit die Kooperationsmöglichkeiten und -notwendigkeiten. Die rapiden Fortschritte der Serologie, Zytogenetik sowie der Biochemie und Molekularbiologie führen in den letzten Dezennien zu einer ungeahnten Diversifikation der Methoden in der Phylogenetik. Daraus resultiert natürlich auch eine fachinterne Konkurrenz innerhalb der anthropologischen Disziplinen, wobei die Morphologen trotz innovativer Verfahren in der vergleichenden Morphometrie (u. a. DA, FA, PCA, TPS), computer-gestützter Bildanalysen (u. a. CT, REM), der Taxonomie (z. B. numerische Taxonomie, Kladistik) sowie komplexer paläopathologischer Verfahren als *old fashioned* ins Hintertreffen geraten (vgl. Martin 1990; Henke 1997, 2003; Henke & Rothe 1994, 1998). Das gilt auch aus internationaler Sicht, wenn man z. B. die von Jens Franzen im Senckenberg-Museum organisierten paläoanthropologischen Symposien retrospektiv bewertet (Andrews & Franzen 1984; Franzen 1994).

Einer molekularbiologisch ausgerichteten Anthropologie wird dagegen zugetraut, dass sie mit ihren innovativen Methoden die ungelösten Probleme der Paläoanthropologie bewältigen könne. Dies wird derzeit kaum deutlicher als durch den – nach breiter Ansicht – aufgrund der aDNA-Befunde an Neandertaler-Fossilien beendeten Streit um den Artstatus dieser fossilen Menschenform (Krings et al. 1997; Henke & Rothe 1998, 1999; Relethford 2002; Jobling et al. 2004). Molekularbiologische Methoden sind, wie an den wenigen verbleibenden Planstellen der Anthropologie ablesbar, die von universitären Evaluatoren gewünschten Verfahren der Wahl. Vorbild für eine Neuorientierung der biologischen Anthropologie sind die finanzstarken Institute der Max-Planck-Gesellschaft, insbesondere das Leipziger MPI für Evolutionäre Anthropologie, das über ein primatologisches, linguistisches, evolutionsgenetisches und vergleichend entwicklungspsychologisches Department und unter dem Direktorat des französischen Anthropologen Jean-Jacques Hublin seit kurzem auch über eine Abteilung Human Evolution mit paläoanthropologischem Schwerpunkt verfügt. Diese Fächerkombination macht deutlich, dass die „klassische" Paläoanthropologie und die Urgeschichte, deren Befunde sich als durchaus öffentlichkeitswirksam und medientauglich erweisen (vgl. Neanderthal-Museum, Titelgeschichten von Spiegel, Bild der Wissenschaft, Spektrum der Wissenschaft, Biologie in unserer Zeit, Archäologie heute, GEO, National Geographic), an deutschen Universitäten nur bedingt Lehrstuhl-erhaltend sind. Dass die personelle Verschlankung an deutschen Hochschulen zum sukzessiven Stellenabbau in der Anthropologie führt, steht also in deutlichem Widerspruch zu den Innovationen in der MPG, was gleichzeitig doch wohl bedeutet, dass mangelnde Relevanz aktueller Forschungsanliegen der evolutionären Anthropologie nicht die Ursache sein kann. Erfreuliche Ausnahmen, wie die Schaffung des Lehrstuhls für Paläoökologie an der Universität Frankfurt, den

Friedemann Schrenk seit kurzem innehat, bestätigen dies ebenso wie die Einrichtung des interdisziplinären Studiengangs „Paläoanthropologie“ an der Universität Tübingen (vgl. auch Conard 2004).

Eine Parallele zur Aufwertung der Anthropologie in den Akademien und den Schwierigkeiten des Erhalts des Faches zeigt sich offenbar auch in der Urgeschichte. Die enormen Fortschritte im Zusammenhang mit der Entwicklung und Anwendung naturwissenschaftlicher Untersuchungsverfahren für archäologische Fragestellungen (vgl. http://goanna.mpi-hd.mpg.de) haben z. B. zur Gründung der Forschungsstelle Archäometrie an der Heidelberger Akademie der Wissenschaften geführt, ein Innovationsschub, der schließlich auch zur Gründung der *Gesellschaft für Archäometrie* beigetragen hat. Damit ist ein Forum für Interdisziplinarität – auch zwischen Paläoanthropologie und Urgeschichte – geschaffen (vgl. z. B. Beinhauer et al. 1996, Wagner & Beinhauer 1997). Ob es angenommen werden wird, wird sich erweisen. Es bestehen, wie die Tagung *Frühe Menschen in Mitteleuropa - Chronologie, Kultur, Umwelt* im Jahre 2000 zeigte, beachtliche Ansätze in die gewünschte Richtung, jedoch ist es bei kritischer Bewertung noch ein weiter Weg in die Interdisziplinarität.

Dass dieser Dialog – sofern er auf internationaler Ebene und mit der diesbezüglich verfügbaren *Manpower* erfolgt – sehr befruchtend sein kann, zeigen zum Beispiel die von Herbert Ullrich veranstalteten Symposien zur Menschwerdung (*Man and Environment in the Palaeolithic* sowie *Lifestyle and Survival Strategies in Pliocene and Pleistocene Hominids*). Es dürfte nicht zufällig sein, dass gerade Ullrich als ehemaliges Akademiemitglied in Fortsetzung der Arbeit der 1977 gegründeten AG *Probleme der Menschwerdung* im *Zentralinstitut für Alte Geschichte und Archäologie der ehemaligen DDR* die Integration der hier diskutierten Disziplinen so erfolgreich betrieben hat (vgl. Ullrich 1995, 1999; s. a. Herrmann & Ullrich 1991). Könnte es sein, dass man dort, wo die Wertschätzung für die Leistungen des Nachbarfaches weniger vorurteilsbeladen gesehen werden, den interdisziplinären Dialog eher anstrebt? Die langfristige Individualisierung beider Disziplinen in unterschiedlichen Fakultäten brachte konsequenterweise fundamentale Unterschiede in der Fachsprache, Herangehensweise und den Methoden mit sich, so dass der Kommunikationsprozess auch heute noch erheblich beeinträchtigt ist. Dort, wo man sich nicht mehr versteht, wird das Gefühl akademischer Über- oder Unterlegenheit wachsen, werden Mauern entstehen (vgl. Drilling 1992).

INTERDISZIPLINARITÄT ALS LERNPROZESS

Ein Plädoyer für Disziplinlosigkeit

Seit der Fundierung der Paläoanthropologie Anfang des letzten Jahrhunderts wurde die damals noch fast ausschließlich als Fossilkunde verstandene anthropologische Teildisziplin durch Methoden der Anatomie, der Geowissenschaften

(Geologie, Paläontologie) sowie der Zoologie geprägt, während sich die Urgeschichte/Archäologie als geisteswissenschaftliche Disziplin davon getrennt über lange Zeit separat entwickelte: Interdisziplinarität von Natur- und Geisteswissenschaften war und blieb lange die Ausnahme. Die meisten Kooperationen sind eher additiv, denn integrativ. Interdisziplinarität setzt auf das Wissen und die Fähigkeiten unterschiedlicher Disziplinen mit der Zielsetzung, aus der wechselseitigen Bezugnahme eine Steigerung der wissenschaftlichen Aussagen zu erlangen, Synergieeffekte zu erzielen. Interdisziplinarität wird nur dort funktionieren, wo jeweils hinreichende Fachkompetenz eingebracht werden kann, gepaart mit der Kritikfähigkeit bezüglich der Möglichkeiten und Grenzen des eigenen Faches und der Wertschätzung der Leistungen und Fähigkeiten des potentiellen Partners.

Da sich Wissenschaft selbst in Vernachlässigung aller wissenschaftstheoretischen Definitionen durch Wissenschaftsüblichkeiten als das definiert, „was anerkannte Wissenschaftler als Wissenschaft anerkennen" (vgl. Marquard 1986), bleibt es Paläoanthropologen wie Urgeschichtlern durchaus selbst überlassen, den interdisziplinären Dialog zur Erreichung gemeinsamer Forschungsziele anzustrengen. Die wichtigste Frage ist dann zunächst: Wollen die Fachvertreter ihn überhaupt?

Aus der Soziobiologie wissen wir: „Der wahre Egoist kooperiert!" – Also sollten wir im Interesse einer zukunftsweisenden Beziehung prüfen, ob möglicherweise dort, wo hehre Motive unterstellt werden, auch niedere existieren könnten. Da in der Regel die Archäologen graben, nicht die Paläoanthropologen, ergibt sich schon als erste Schieflage für eine Beziehung, dass die Urgeschichte das Material besitzt, das die Paläoanthropologen begehren. Die archäologische Erfahrung, dass ein Hominínenfossil einen Fundplatz „adelt", gibt den Urgeschichtlern den entscheidenden Vorteil, sie können mit den ‚Zufalls[p]funden wuchern', die Anthropologen werden zum Juniorpartner. Da das Hominidenmaterial eine sehr knappe Ressource ist, erweist sich die bisweilen sehr selektiv erfolgende Vergabe der Zugangsberechtigung als eine weitere, konfliktbeladene Hürde (vgl. auch Orschiedt 1998).

Da sich Paläoanthropologie nicht nur auf die Analyse und Interpretation des morphologischen Formenwandels beschränkt, sondern versucht, die psychophysische Konstitution des Menschen evolutionsbiologisch zu erklären und die besonderen evolutionsökologischen Rahmenbedingungen der Menschwerdung zu erfassen, geht sie aber weit über eine reine Fossilkunde hinaus. Deshalb pflegen Anthropologen zwecks Rekonstruktion des Hominisationsprozesses vielfältigste Kontakte. Wie Abb. 3 zeigt, weist die Paläoanthropologie gegenwärtig einen breiten Fächerkanon an kooperierenden Nachbardisziplinen auf, unter denen die Urgeschichte/Archäologie keine präferierte Position einnimmt.

Nachdem sowohl die Anthropologie als auch die Urgeschichte/Archäologie einer vorwiegend ideographischen, deskriptiven, typologisierenden Arbeitsweise entwachsen sein dürften und sich hypothetiko-deduktiven Wissenschaftskonzepten verschrieben haben (Binford 1984; Eggert 1978, 1995; Galley 1978; Herrmann et al. 1984; Henke & Rothe 1994), sollten beiderseitige Vorurteile bezüglich mangelnder Innovativität der Fächer ausgeräumt sein. Exkurse von Haidle

(1998), Porr (1998) und Orschiedt (1998) zur Interdisziplinarität in der Archäologie lassen keinen Zweifel, dass die Archäologie, wie Martin Porr es ausdrückte, von der „Disziplinlosigkeit“ nur profitieren kann.

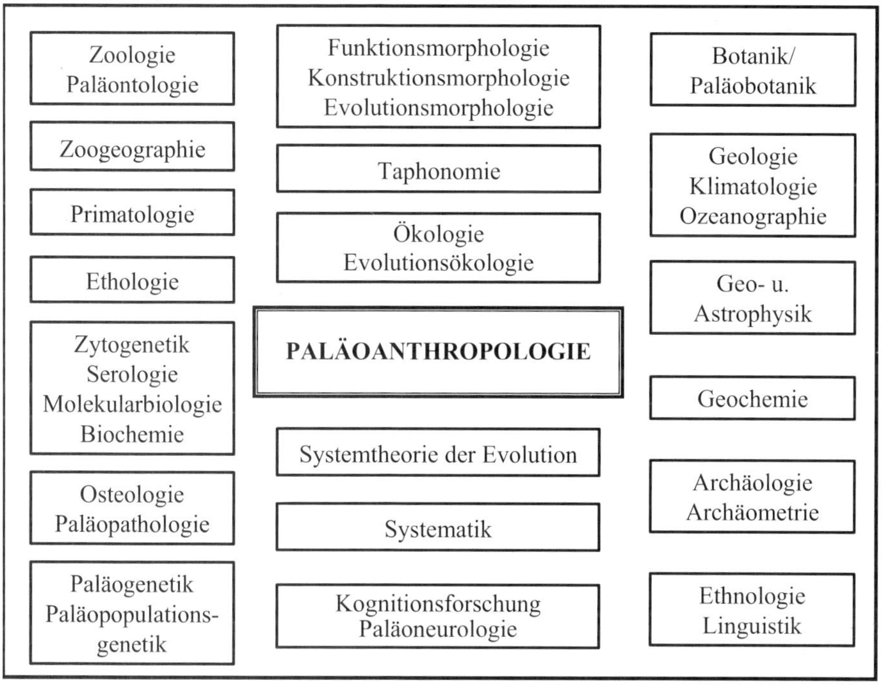

Abb. 3: An der Rekonstruktion des Hominisationsprozesses beteiligte Forschungsdisziplinen (aus Henke & Rothe 1994).

Gleiches gilt für die Paläoanthropologie. Es ist hier nicht meine Aufgabe, ein Kooperationskonzept zu entwerfen. Ich gehe auch davon aus, dass zur Veränderung von eingefahrenen Positionen sehr viel Überzeugungsarbeit vonnöten ist. Eines ist aber sicher, dass sich, wie Winnacker (2000: 23) betont, wissenschaftliche Fortschritte an den Fächergrenzen entwickeln. Wir müssen uns darauf gefasst machen, dass aufgrund dieser Erkenntnis traditionelle Lehrstühle zukünftig in größere Zentren eingebunden werden. Es gilt diesen Trend zu antizipieren und rechtzeitig die Weichen zu stellen. Allen Erfahrungen zufolge muss die Beschäftigung mit den Themen interdisziplinären Zusammenarbeitens bereits im Studium beginnen. Da Magisterstudiengänge mit einer Fächerkombination von Anthropologie und Urgeschichte bislang nur in den Universitäten Mainz und Hamburg angeboten werden, während Freiburg biologische Anthropologie nur als Nebenfach zu Kulturwissenschaften anbietet, liegt hierin eine Herausforderung, den Erwerb fächerübergreifender Kompetenzen nicht der freiwilligen Initiative zu überlassen, was in Zeiten von Studienkonten und verkürzter Studiendauer erschwert ist, sondern als Regelstudiengänge anzubieten. Multidisziplinär ausgebildete Studierende werden den Weg in die Interdisziplinarität, wie Beispiele aus dem amerikanischen Ausbildungssystem zeigen, vermutlich entschieden leichter finden, denn *Interdisziplinarität ist ein Lernprozeß* (Drilling 1992). Dieser sollte nicht nur auf eine ‚Vernaturwissenschaftlichung' der Urgeschichte abzielen, wie es die Archäometrie anstrebt, sondern ebenso auf eine ‚Vergeisteswissenschaftlichung' der Naturwissenschaften, wie es Odo Marquard (1986) in seinem Plädoyer „über die Unvermeidlichkeit der Geisteswissenschaften" formulierte; und Mittelstraß (1989: 100) betont mit Recht: „Wissenschaftliche Disziplinen sind nichts Naturgegebenes, sondern etwas durch die Wissenschaftsgeschichte Entstandenes".

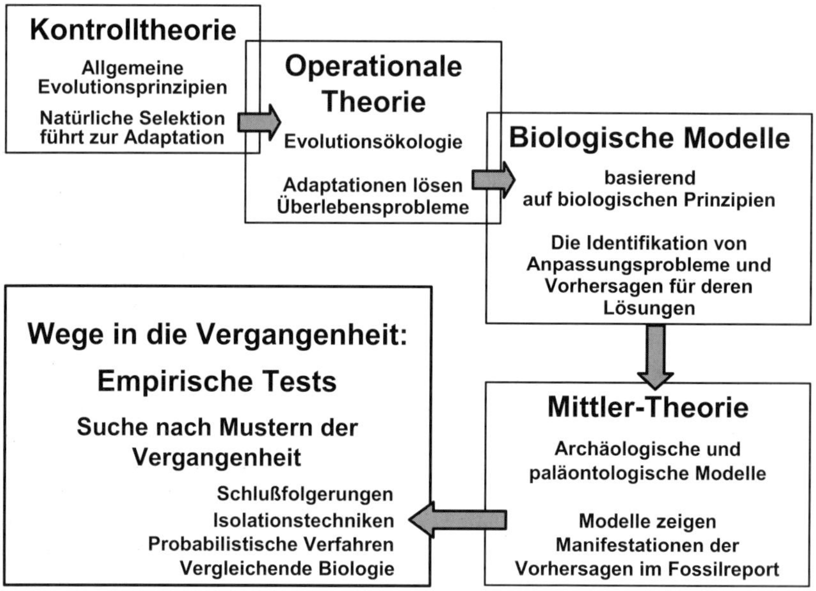

Abb. 4: Theoriegeleiteter empirischer Ansatz der Paläoanthropologie in Anlehnung an Foley (1987) und Henke & Rothe (1994).

SCHLUSSBETRACHTUNG

Es sollte voranstehend deutlich geworden sein, dass die deskriptiv-kasuistische Fossilkunde, die noch bis in die Mitte des vorigen Jahrhunderts die Arbeitsweise der Stammesgeschichtsforschung dominierte, sukzessiv durch übergreifende Theorien auf der Grundlage evolutionsmorphologischer Konzepte, Hypothesen und Prognosen abgelöst wurde, d. h. durch empirisch überprüfbare Ansätze ersetzt wurde. *Story telling* ist in der Wissenschaft verpönt, denn nicht die bloße Ansammlung von Material und Faktenwissen, sondern nur ein theoriegeleiteter, empirischer Ansatz (vgl. Abb. 4) bringt Erkenntniszuwachs. Dass der Weg von einer narrativen zu einer theoriegeleiteten Wissenschaft eine ständige Herausforderung ist, die nicht durchgehend erfüllt wird, hängt auch mit der erhöhten Aufmerksamkeit für (paläo-)anthropologische Themen in einer modernen Informationsgesellschaft zusammen (Franck 1997).

Bei aller Wertschätzung für die populärwissenschaftliche Umsetzung paläoanthropologischer Inhalte zeichnen sich gegenwärtig Tendenzen ab, die diese Disziplin auch zu einem lukrativen Geschäft machen. Engagierte Warnungen wie „Do not let your ambition distort your ethics“ (White 2000: 291) sollten daher ernst genommen werden, denn Fossilien sind eine begrenzte Ressource, die mit aller wissenschaftlichen Sorgfalt geborgen, analysiert und interpretiert werden sollte.

LITERATUR

Abel, O. (1931): Die Stellung des Menschen im Rahmen der Wirbeltiere. Gustav Fischer Verlag, Jena.

Aiello, L. & Dean, C. (1990): An Introduction to Human Evolutionary Anatomy. Academic Press, London, San Diego, New York.

Altner, G. (Hrsg., 1981): Der Darwinismus. Die Geschichte einer Theorie. Wiss. Buchgesellschaft, Darmstadt.

Altner, G. & Hofer, H. (1972): Die Sonderstellung des Menschen. Naturwissenschaftliche und geisteswissenschaftliche Aspekte. Gustav Fischer Verlag, Stuttgart.

Andree, C. (1976): Rudolf Virchow als Prähistoriker. Band I-III, Böhlau-Verlag Köln, Wien.

Andrews, P. & Franzen, J. L. (Hrsg., 1984): The Early Evolution of Man - with special emphasis on Southeast Asia and Africa. Courier. Forsch.-Inst. Senckenberg 69, Frankfurt a. M.

Beckmann, K. (1987): 1937-1987. 50 Jahre Neandertal-Museum. Ein Beitrag zur bewegten Geschichte des alten Neandertal-Museums. In: N.N. (Hrsg.): Neandertal-Fest vom 28.-31. Mai 1987, Festschrift, Heimatvereinigungen "Aule Mettmänner" und "Ercroder Jonges", S. 99 - 115.

Beinhauer, K. W., Kraatz , R. & Wagner G. A. (Hrsg., 1996): *Homo erectus heidelbergensis* von Mauer. Kolloquium I. Mannheimer Geschichtsblätter. NF Beiheft I, Jan Thorbecke Verlag, Sigmaringen.

Bergner, G. (1965): Geschichte der menschlichen Phylogenetik seit dem 1900 Jahrhundert. In: Heberer, G. (Hrsg.): Menschliche Abstammungslehre. Fortschritte der Anthropogenie 1863-1964. Gustav Fischer Verlag, Stuttgart, S. 20-55.

Bernhard, W. (1997): Archäozoologie, Prähistorische Anthropologie und Archäologie - Historische Entwicklung einer interdisziplinären Zusammenarbeit. In: Kokabi, M. (Hrsg.): Beiträge zur Archäozoologie und Prähistorischen Anthropologie. Band I, Ges. für Archäozoologie und Prähistorische Anthropologie e.V., Konstanz, S. 18-22.

Binford, L. R.(1984): Die Vorzeit war ganz anders. Methoden und Ergebnisse der Neuen Archäologie. Harnack, München.

Bishop, W. W. & Miller, I. A. (Hrsg, 1972): Calibration of Hominoid Evolution. Recent advances in isotopic and other dating methods applicable to the origin of man. Scottish Academic Press, University of Toronto Press, Edinburgh.

Boule, M. (1911-13): L'homme fossile de la Chapelle-aux-Saints. Extrait Ann. Paléont. VI : 111-172 (1911); VII: 21-192 (1912), 65-208; VIII: 1-70, 209-278 (1913).

Boule, M. (1921): Les Hommes Fossiles. Éléments de Paléontologie humaine. Première Edition, Masson et Cie, Paris.

Boule, M. (1923): Les Hommes Fossiles. Éléments de Paléontologie humaine. Deuxième Edition, Masson et Cie, Paris.

Boule, M. & Vallois, H. (1946): Les Hommes Fossiles. Éléments de Paléontologie humaine. Troisième Edition, Masson et Cie, Paris.

Boule, M. & Vallois, H. (1952): Les Hommes Fossiles. Éléments de Paléontologie humaine. Quatrième Edition, Masson et Cie, Paris.

Bräuer G. (1984): A craniological approach to the origin of anatomically modern *Homo sapiens* in Africa and implications for the appearance of modern Europeans. In: Smith, F. H. & Spencer, F. (Hrsg.) The Origin of Modern Humans: A World Wide Survey of the Fossil Evidence. Alan R. Liss, New York, S. 327-410.

Bräuer, G. & Mbua, E. (1992): *Homo erectus* features used in cladistics and their variability in Asian and African hominids. Journal Human Evolution 22: 69-76.

Bräuer, G., Henke, W. & Schultz, M. (1995, ersch. 1997): Der hominide Unterkiefer von Dmanisi: Morphologie, Pathologie und Analysen zur Klassifikation. Jahrbuch des Römisch-Germanischen Zentralmuseums Mainz 42: 183-203.

Bräuer, G. & Smith, F. H. (Hrsg., 1992): Continuity or Replacement. Controversies in *Homo sapiens* Evolution. A. A. Balkema, Rotterdam, S. 111-119.

Capitan, L. & Peyrony, D. (1909): Deux squelettes au milieu des foyers de l'époque moustérienne. C. R. Acad. Inscr. Lett. Paris: 797-806.

Conard, N. (Hrsg., 2004): Woher kommt der Mensch? Attempo Verlag, Tübingen.

Czarnetzki, A. (1977): Artifizielle Veränderungen an den Skelettresten aus dem Neandertal? In: Schröter, P. (Hrsg.): 75 Jahre Anthropologische Staatssammlung München, Selbstverlag ASS, München, S. 215-219.

Czarnetzki, A. (1991): Nouvelle découverte d'un fragment de crâne d'un hominidé archaïque dans le sud-ouest de l'Allemagne (rapport préliminaire). L'Anthropologie 95: 103-112.

Darwin, C. (1863): Die Entstehung der Arten durch natürliche Zuchtwahl. (Übersetzt von Carl W. Neumann). Phillip Reclam Jun., Stuttgart (Erstveröffentlichung: „Origin of Species by Means of Natural Selection", 1859).

Darwin, C. (1871): The Descent of Man and Selection in Relation to Sex. John Murrray and Sons, London. Deutsche Übersetzung Neumann 1967.

Darwin, C. (1982): Die Abstammung des Menschen. (Übersetzt von Heinrich Schmidt, Jena. Mit einer Einführung von Christian Vogel). 4. Auflage. A. Kröner Verlag, Stuttgart.

Degen, H. (1968): Rudolf Virchow und die Entstehung der Deutschen Gesellschaft für Anthropologie. Naturw. Rdsch. 21 (10): 407-414.

Delson, E., Tattersall, I., Van Couvering, J. A. & Brooks, A. S. (Hrsg., 2000): Encylopedia of Human Evolution and Prehistory. Garland Publishing. A member of the Taylor & Francis Group, New York & London.

Dilthey, W. (1883): Einleitung in die Geisteswissenschaften. o.A.

Drilling, M. (1992): Interdisziplinarität als Lernprozess. Von der Schwierigkeit eine gemeinsame Sprache zu finden. Unipress 91, Berichte über Forschung und Wissenschaft an der Universität Bern, herausgegeben von der Pressestelle. Bern, S. 48-50.

Eggert, M. K. H. (1978): Prähistorische Archäologie und Ethnologie: Studien zur amerikanischen New Archaeology. Prähistorische Zeitschrift 53: 6-164.

Eggert, M. K. H. (1995): Anthropologie, Ethnologie und Urgeschichte: Zur Relativierung eines forschungsgeschichtlichen Mythologems. Mitteilungen der Berliner Gesellschaft für Anthropologie, Ethnologie und Urgeschichte 16: 33-37.

Fischer. E. (1917): Gustav Schwalbe. Zeitschr. f. Morphologie und Anthropologie 20: I - VIII.

Foley, R. A. (1987): Another Unique Species. Patterns in Human Evolutionary Ecology. Longman, Harlow.

Franck, G. (1997): Die Ökonomie der Aufmerksamkeit. Ein anderer Blick auf die Wissenschaften. In: Fischer, E. P. (Hrsg.): Mannheimer Forum 96/97. Ein Panorama der Naturwissenschaften. Boehringer Mannheim Gmbh, Mannheim, S. 171-210.

Franzen, J. (Hrsg. 1994): 100 Years of *Pithecanthropus*. The *Homo erectus* Problem. Cour. Forsch.-Inst. Senckenberg, 171. Frankfurt a. M.

Gabunia, L. K., Jöris, O., Justus, A. Lordkipanidze, D., Muschelišvili, Swisher C. C. & Vekua, A. K. (1999): Neue Hominidenfunde des altpaläolithischen Fundplatzes Dmanisi (Georgien, Kaukasus) im Kontext aktueller Grabungsergebnisse. Archäologisches Korrespondenzblatt, 22 (4): 451-488.

Galley A. (1978): Stèles néolithiques et problématique archéologique. Arch. Suisse Anthrop. Gén. (Génève) 42: 75-103.

Glowatzki, G. (1979): Wilhelm Kattwinkel, der Entdecker der Olduway-Schlucht. Homo 30: 124-125.

Gorjanovič-Kramberger, D. (1906): Der diluviale Mensch von Krapina in Kroatia. Ein Beitrag zur Paläoanthropologie. C. W. Kreidels Verlag, Wiesbaden.

Goschler, C. (2002): Rudolf Virchow. Mediziner – Anthropologe – Politiker. Böhlau Verlag, Köln, Weimar, Wien.

Grimm, H. (1961): Einführung in die Anthropologie. VEB Gustav Fischer Verlag, Jena.

Grupe, G. & Peters, J. (Hrsg., 2003): Decyphering ancient bones. The research potential of bioarchaeological collections. Documenta Archaeobiologiae. Jahrbuch der Staatsammlung für Anthropologie und Paläoanatomie München. Bd. 1. Verlag Marie Leidorf GmbH, Rahden/Westf.

Haeckel, E. (1866): Generelle Morphologie der Organismen. 2 Bände. G. Reimer Verlag, Berlin.

Haeckel, E. (1902): Gemeinverständliche Vorträge und Abhandlungen aus dem Gebiete der Entwicklungslehre. Bd. 1 und 2, Bonn.

Haeckel, E. (1905): Der Kampf um den Entwicklungs-Gedanken. Druck und Verlag Georg Reimer, Berlin.

Haeckel, E. (1922): Über den Ursprung des Menschen. Vortrag, gehalten auf dem 4. Internationalen Zoologen-Kongress in Cambridge am 26. August 1898. Mit einem Nachwort über Phyletische Anthropologie. Dreizehnte Auflage. A. Kröner Verlag, Leipzig.

Haidle M. N. (1998): Interdisziplinarität in der Archäologie: eine Notwendigkeit? Archäologische Informationen 21/1: S. 9-20.

Hastedt, H. (1988): Das Leib-Seele-Problem. Zwischen Naturwissenschaft des Geistes und kultureller Eindimensionalität. Suhrkamp Verlag, Frankfurt am Main.

Heberer, G. (1955 a): Pierre Marcelin Boule. Der Erforscher des fossilen Menschen. In: Schwerte, H. & Spengler, W. (Hrsg.): Forscher und Wissenschaftler im heutigen Europa. Erforscher des Lebens. Mediziner, Biologen, Anthropologen. Gerhard Stalling Verlag, Oldenburg (Oldb.), Hamburg, S. 288-307.

Heberer, G. (1955 b): Schwalbe-Klaatsch-Mollison. Die Abstammung des Menschen. In: Schwerte, H. & Spengler, W. (Hrsg.): Forscher und Wissenschaftler im heutigen Europa. Erforscher des Lebens. Mediziner, Biologen, Anthropologen. Gerhard Stalling Verlag, Oldenburg (Oldb.), Hamburg, S. 269-307.

Heberer, G. (Hrsg., 1959): Die Evolution der Organismen. Ergebnisse und Probleme der Abstammungslehre. 2. Auflage, Gustav Fischer Verlag, Stuttgart.

Heberer, G. (1965): Zur Geschichte der Evolutionstheorie besonders in ihrer Anwendung auf den Menschen. In: Heberer, G. (Hrsg.): Menschliche Abstammungslehre. Fortschritte der „Anthropogenie“ 1863-1964. Gustav Fischer Verlag, Stuttgart, S. 1-19.

Heberer, G. (Hrsg. 1967, 1971, 1974): Die Evolution der Organismen. Ergebnisse und Probleme der Abstammungslehre. 3. Auflage in 3 Bänden, Gustav Fischer Verlag, Stuttgart.

Heberer, G. (Hrsg., 1968): Der gerechtfertigte Haeckel. Einblicke in seine Schriften aus Anlaß des Erscheinens des Hauptwerkes "Generelle Morphologie der Organismen" vor 100 Jahren, G. Fischer, Stuttgart.

Heberer, G. (1981): Darwins Urteil über die abstammungsgeschichtliche Herkunft des Menschen und die heutige paläoanthropologische Forschung. In: Altner, G. (Hrsg., 1981): Der Darwinismus. Die Geschichte einer Theorie. Wiss. Buchgesellschaft, Darmstadt. S. 374 – 412.

Heberer, G., Schwidetzky, I. & Walter H. (Hrsg., 1970): Anthropologie. Das Fischer Lexikon. Fischer Taschenbuch Verlag, Frankfurt/Main.

Henke, W. (1990): Jungpaläolithiker und Mesolithiker. Beiträge zur Anthropologie. Habilitationsschrift FB Biologie, Univ. Mainz, 1702 S.

Henke, W. (1992): A comparative approach to the relationships of European and non-European Late Pleistocene and Early Holocene populations. In: Toussaint, M (Hrsg.): Cinq Millions d'Années, l'Aventure Humaine. Etud. Rech. Archéol. Univ. Liège, S. 229-268.

Henke, W. (1997): Quantitativ-morphologische Verfahren der osteologischen Analyse - kritische Evaluierung konventioneller Verfahren und innovative Ansätze: „Ist Morphometrie noch zeitgemäß?". Bull. Soc. Suisse d' Anthrop. 3 (1): 1-18.

Henke, W. (im Druck): Wissenschaftshistorische Betrachtung der Beziehung zwischen Paläoanthropologie und Älterer Urgeschichte. Proceedings der Tagung der Hugo-Obermaier-Gesellschaft in Tübingen, 25.-27.04.2000, hrsg. von Conard, N., Attempo-Verlag, Tübingen.

Henke, W. in Zusammenarbeit mit Roth, H. & Simon, C. (1995): Qualitative and quantitative analysis of the Dmanisi mandible. In: Radlanski, R. J. & Renz, H. (Hrsg.): Proceedings of the 10th International Symposium on Dental Morphology, Berlin 6-10, 1995. C. u. M. Brünne GbR, Berlin, S. 250-256.

Henke, W. & Rothe, H. (1994): Paläoanthropologie. Springer Verlag, Berlin, Heidelberg, New York.

Henke, W. & Rothe, H. (1998): Einführung in die Stammesgeschichte des Menschen. Springer Verlag, Berlin, Heidelberg, New York.

Henke, W. & Rothe, H. (1999): Die phylogenetische Stellung des Neandertalers. Biologie in unserer Zeit 29: 320 - 329.

Henke, W. & Rothe, H. (2003): Menschwerdung. Fischer Kompakt, S. Fischer Taschenbuch Verlag, Frankfurt am Main.

Hennig, H. (1982): Phylogenetische Systematik. Paul Parey, Berlin.

Herrmann, B. (Hrsg., 1986): Innovative Trends in der prähistorischen Anthropologie. Mitt. Berliner Ges. Anthrop. Ethnol. Urgesch., Band 7, Berlin.

Herrmann, B. (Hrsg., 1994): Archäometrie. Naturwissenschaftliche Analyse von Sachüberresten. Springer-Verlag, Berlin, Heidelberg, New York.

Herrmann, B. (1986): Einleitung. In: B. Herrmann (Hrsg., 1986): Innovative Trends in der prähistorischen Anthropologie. Mitt. Berliner Ges. Anthrop. Ethnol. Urgesch., Band 7, Berlin, S. 9-10.

Herrmann, B., Grupe, G., Hummel, S., Piepenbrink, H. & Schutkowski, H. (1984): Prähistorische Anthropologie. Leitfaden der Feld- und Labormethoden. Springer-Verlag, Berlin, Heidelberg, New York.

Herrmann, J. & Ullrich, H. als Leiter des Autorenkollektivs (1991): Menschwerdung. Millionen Jahre Menschheitsentwicklung – natur- und geisteswissenschaftliche Ergebnisse. Akademie Verlag, Berlin.

Hofer, H. & Altner, G. (1972): Die Sonderstellung des Menschen. Naturwissenschaftliche und geisteswissenschaftliche Aspekte. Gustav Fischer Verlag, Stuttgart.

Hooton, E. A. (1931): Up from the Ape. The Macmillan Company, New York.

Hoßfeld, U. & Junker, T. (2003): Anthropologie und synthetischer Darwinismus im Dritten Reich: Die Evolution der Organismen (1943). Anthrop. Anz. 61: 85-114.

Huxley, T. H. (1863): Evidences as to Man's Place in Nature. Williams and Norgate, London.

Jahn, I. (Hrsg., 2000): Geschichte der Biologie. Theorien, Methoden, Institutionen, Kurzbiographien. Spektrum Akademischer Verlag, Heidelberg, Berlin.
Jahn, I, Löther, R. & Senglaub, K. (Hrsg., 1982): Geschichte der Biologie. 1. Aufl., Gustav Fischer Verlag, Jena.
Jobling, M. A., Hurles, M. E. & Tyler-Smith, C. (2004): Human Evolutionary Genetics. Origins, Peoples & Disease. Garland Publishing Company, Taylor & Francis Group, New York.
Isaac, G. L. & McCown, E. R. (Hrsg., 1976) Human Origins. Louis Leakey and the East African Evidence. A Staples Press Book, W. A. Benjamin, Inc., Menlo Park, California.
Klaatsch , H. (1899): Die fossilen Knochenreste des Menschen und ihre Bedeutung für das Abstammungsproblem. Erg. Anat. Entw. Geschichte 9: 487-498.
Koenigswald, G. H. R. v. (Hrsg., 1958): Hundert Jahre Neanderthaler. *Neanderthal Centenary* 1856 – 1956. Beihefte der Bonner Jahrbücher Bd. 7, Böhlau Verlag, Köln, Graz.
Kokabi, M. & Wahl, J. (Hrsg., 1994):Beiträge zur Archäozoologie und Prähistorischen Anthropologie. Landesdenkmalamt Baden-Württenberg. Forschungen und Berichte zur Vor- und Frühgeschichte in Baden-Württenberg. Bd. 53. Kommissionsverlag, Konrad Theiss Verlag, Stuttgart.
Kokabi, M. (1997): Beiträge zur Archäozoologie und Prähistorischen Anthropologie, Band I, Ges. für Archäozoologie und Prähistorische Anthropologie e.V., Konstanz.
Kokabi, M. & May, E. (Hrsg., 1999): Beiträge zur Archäozoologie und Prähistorischen Anthropologie, Band II, Ges. für Archäozoologie und Prähistorische Anthropologie e.V., Konstanz.
Kollmann, J. (1902): Die Pygmäen und ihre systematische Stellung innerhalb des Menschengeschlechts. Verhandlungen der naturforsch. Gesellsch. in Basel. XVI: 85-117.
Krings, M., Stone, A., Schmitz, R. W., Krainitzki, H., Stoneking, M. & Pääbo, S. (1997): Neandertal DNA sequences and the origin of modern humans. Cell 90: 19 - 30.
Kurth, G. (1968): Evolution und Hominisation. Beiträge zur Evolutionstheorie wie Datierung, Klassifizierung und Leistungsfähigkeit der humanen Hominiden. Gustav Fischer Verlag, Stuttgart.
Kurth, G. (1962): Evolution und Hominisation. Festschrift zum 60. Geburtstag von Gerhard Heberer. Gustav Fischer Verlag, Stuttgart.
Kurth, G. & Eibl-Eibesfeldt, I. (1975): Hominisation und Verhalten. Gustav Fischer Verlag, Stuttgart.
Le Gros Clark, W. E. (1934): Early Forerunners of Man. Baillière, Tindall and Cox, London.
Magori, C. C., Saanane, C. B. & Schrenk, F. (Hrsg., 1996): Four Million Years of Hominid Evolution in Africa: Papers in Honour of Dr. Mary Douglas Leakey`s Outstanding Contribution in Palaeoanthropology. KAUPIA, Darmstädter Beiträge zur Naturgeschichte, H. 6. Darmstadt.
Mania, D. (1998): Die ersten Menschen in Europa. Konrad Theiss Verlag, Stuttgart.
Marquard, O. (1986): Apologie des Zufälligen. Reclam, Stuttgart.
Martin, R. D. (1990): Primate Origins and Evolution. A Phylogenetic Reconstruction. Chapman and Hall, London.
Mayr, E. & Provine, W. B. (Hrsg., 1998): The evolutionary synthesis. Perspectives on the unification of biology. Harvard University Press, Cambridge (Mass.).
Mittelstraß, J. (1989): Wohin geht die Wissenschaft? Über Disziplinarität, Transdisziplinarität und das Wissen in einer Leibniz-Welt. Konstanzer Blätter für Hochschulfragen 26/1-2: 97-115.
Mühlmann, W. E. (1962): Homo creator. Abhandlungen zur Soziologie, Anthropologie und Ethnologie. Otto Harrassowitz, Wiesbaden.
Mühlmann, W. E. (1968): Geschichte der Anthropologie. 2. Auflage, Athenäum Verlag, Frankfurt a. M., Bonn.
Müller-Hill, B. (1988): Tödliche Wissenschaft. Die Aussonderung von Juden, Zigeunern und Geisteskranken 1933 - 1945. Rororo, Reinbeck.
Obermaier, H. (1911-12): Der Mensch aller Zeiten. 2. Bd., Allgemeine Verlagsgesellschaft m.b.H., Berlin, München, Wien.

Orschiedt, J. (1998): Anthropologie und Archäologie. Interdisziplinarität – Utopie oder Wirklichkeit ? Archäologische Informationen 21/1: 33-39.
Porr, M. (1998): Ethnoarchäologie. Ein Plädoyer für Interdisziplinarität und Disziplinlosigkeit in der Archäologie. Archäologische Informationen 21/1: 41-49.
Preuschoft, H. (1989): Biomechanical approach to the evolution of the facial skeleton of hominoid primates. In: Splechtna H. & Hilgers H. (Hrsg.) Trends in Vertebrate Morphology. Gustav Fischer Verlag, Stuttgart, S. 421-431.
Reche, O. (1937): Begrüßung. Verhandlungen der Deutschen Gesellschaft für Physische Anthropologie 8: 1-3.
Relethford, J. H. (2001): Genetics and the Search for Modern Human Origins. A. John Wiley & Sons., Inc., Publication, New York, Weinheim.
Saller, K. (1961): Die Rassenlehre des Nationalsozialismus in Wissenschaft und Propaganda. Progress-Verlag. Darmstadt.
Sander, K. (1976): Zur Geschichte der Biologie. In: Todt, D. (Hrsg.): Biologie 1 (Systeme des Lebendigen). Funk-Kolleg Biologie. Fischer, Frankfurt/Main, S. 23-44.
Schoetensack, O. (1908): Der Unterkiefer des Homo Heidelbergensis aus den Sanden von Mauer bei Heidelberg. Ein Beitrag zur Paläontologie des Menschen. Engelmann, Leipzig.
Schott, L. (1979): Der Skelettfund aus dem Neandertal im Urteil Rudolf Virchows. Biol. Rdsch. 19: 304-309.
Schrenk, F. & Bromage, T. G. (2002): Adams Eltern. Expeditionen in die Welt der Frühmenschen. Aufgezeichnet von Stephanie Müller. Verlag. C. H. Beck, München.
Schulz, W. (1982); Der Mensch. Eine Geschichte der Anthropologie. In: Wendt, H. & Loacker, N. (Hrsg.): Kindlers Enzyklopädie „Der Mensch“. Kindler, Zürich., S. 29-69.
Schultz, M., Christiansen, K., Greil, H., Henke, W. & Kemkes-Grottenthaler, A. (Hrsg., 2000): Schnittstelle Mensch – Umwelt in Vergangenheit, Gegenwart und Zukunft. Proceedings, 3. Kongreß der Gesellschaft für Anthropologie (GfA). Göttingen, 1. bis 3.10.1998, Cuvillier Verlag, Göttingen.
Schultz, M., Atzwanger, K., Bräuer, G., Christiansen, K., Forster, J., Greil, H. & Henke, W. (Hrsg., 2000): Homo – unsere Herkunft und Zukunft. Proceedings, 4. Kongreß der Gesellschaft für Anthropologie (GfA). Potsdam, 25. bis 28. 9. 2000, Cuvillier Verlag, Göttingen.
Schwalbe, G. (1906): Studien zur Vorgeschichte des Menschen. E. Schweizerbart'sche Verlagsbuchhandlung (E. Nägele), Stuttgart.
Seidler, H. & Rett, A. (1988): Rassenhygiene - ein Weg in den Nationalsozialismus. J u. V, Wien, München.
Spiegel-Rösing, I. (1982): Wissenschaftliche Werte und Legitimation. Kapitel X. In: Spiegel-Rösing, I. & Schwidetzky, I. (Hrsg.): Maus und Schlange. Untersuchungen zur Lage der deutschen Anthropologie. R. Oldenbourg Verlag , München, Wien, S. 281-318.
Spiegel-Rösing, I. & Schwidetzky, I. (1982): Maus und Schlange. Untersuchungen zur Lage der deutschen Anthropologie. R. Oldenbourg Verlag , München, Wien.
Thieme, H. (1996): Altpaläolithische Wurfspeere aus Schöningen, Niedersachsen. In: Archäologisches Korrespondenzblatt 26: 377-393.
Trümper, J. (2004): Der wissenschaftskonstituierende Einfluss Rudolf Virchows auf die Paläoanthropologie. Hausarbeit zur Erlangung des Akademischen Grades eines Magister Artium. FB Sozialwissenschaften, Universität; Mainz.
Ullrich, H. (1999): Introduction to „Hominid Evolution - Lifestyles and survival strategies”. In: Ullrich H. (Hrsg.): Hominid Evolution - Lifestyles and survival strategies. Edition Archaea, Gelsenkirchen.
Ullrich, H. (Hrsg., 1995): Man and Environment in the Palaeolithic, 1-8. (Eraul 62), Liège.
Vallois, H. (1952): Les Hommes Fossiles. Éléments de Paléontologie humaine. Quatrième Edition, Masson et Cie Masson, Paris.
Vogel, C. (1966): Die Bedeutung der Primatenkunde für die Anthropologie. Naturw. Rdsch. 19: 415-421.

Vogel, C. (1971): Bedeutung morphologischer, serologischer und biochemischer Merkmale für die Evolution und Bevölkerungsbiologie. A. Makroevolution. Zeitschrift für Morphologie und Anthropologie. E. Schweizerbart'sche Verlagsbuchhandlung (Nägele und Obermiller), Stuttgart, 141-167.

Vogel, C. (1982): Charles Darwins Werk über die Abstammung des Menschen. In: Darwin, Ch.: Die Abstammung des Menschen. Alfred Kröner Verlag, Stuttgart.

Vogel, C. (1983): Biologische Perspektiven der Anthropologie: Gedanken zum Theorie-Defizit der biologischen Anthropologie in Deutschland. Z. Morph. Anthrop. 73: 225-236.

Vogel, C. (2000):Anthropologische Spuren. Zur Natur des Menschen. Essays herausgegeben von Volker Sommer. Hirzel, Stuttgart.

Vogt, C. (1863): Vorlesungen über den Menschen, seine Stellung in der Schöpfung und in der Geschichte der Erde. Erster Band. J. Ricker'sche Buchhandlung, Gießen.

Wagner, G. A. & Beinhauer, K. W. (Hrsg., 1997): *Homo heidelbergensis* von Mauer. Das Auftreten des Menschen in Europa. HVA, Heidelberg.

Washburn, S. L. (1953): The strategy of physical anthropology. In: Kroeber, A. L. (Hrsg.): Anthropology Today. University Press of Chicago, Chicago, S. 714-727

Weinert, H.(1928): Anthropologie. In: Wiegers, F. (Hrsg., 1928): Diluviale Vorgeschichte des Menschen. Verlag von Ferdinand Enke, Stuttgart.

Weingart, P., Kroll, J. & Bayertz, K. (1988): Rasse, Blut und Gene. Geschichte der Eugenik und Rassenhygiene in Deutschland. Suhrkamp, Frankfurt a. M.

Werth, E. (1921): Der fossile Mensch. Grundzüge einer Paläoanthropologie. Verlag von Gebrüder Borntraeger, Berlin.

White, T. D. (2000): A View on the Science: Physical Anthropology at the Millennium. Amer. J. Phys. Anthrop. 113: 287-292.

Wiegers, F. (Hrsg., 1928): Diluviale Vorgeschichte des Menschen. Verlag von Ferdinand Enke, Stuttgart.

Wiesemüller, B., Rothe, H. & Henke, R. (2003): Phylogenetische Systematik. Eine Einführung. Springer Verlag, Berlin, Heidelberg, New York.

Winnacker, E.-L. (2000): Wertmaßstäbe und Wettbewerbsfähigkeit. Die Forschung in Deutschland benötigt bessere Rahmenbedingungen. Die politische Meinung Nr. 63, Februar 2000, S. 21-26.

Zängl-Kumpf, U. (1992b): Die Geschichte der ersten deutschen anthropologischen Gesellschaft. In: Preuschoft, H. & Kattmann, U. (Hrsg.): Anthropologie im Spannungsfeld zwischen Wissenschaft und Politik. Bibliotheks- und Informationssystem der Universität Oldenburg (BIS) Verlag, Oldenburg.

Uwe Hoßfeld

„PHYLETISCHE ANTHROPOLOGIE"

ERNST HAECKELS LETZTER ANTHROPOLOGISCHER BEITRAG (1922)

Drei Jahre vor seinem Tode nutzte der Jenaer Zoologe Ernst Haeckel die Gelegenheit, der 12. Auflage (1916) seines am 26. August 1898 in Cambridge gehaltenen Vortrages „Über den Ursprung des Menschen", ein umfangreiches Nachwort beizugeben; ein Nachwort, das 1922 in der dreizehnten Auflage einen Wiederabdruck fand und damit wohl als letzte anthropologische Äußerung Haeckels angesehen werden kann. Sie verdeutlicht, wo und wie sich die Anthropologie als Wissenschaft im ersten Drittel des 20. Jahrhunderts verortete, wo ihre Erfolge und Grenzen lagen und wie sich Haeckel innerhalb dieser Entwicklungen selbst eingeordnet sehen wollte. Zu seiner Motivation liest man:

> „Seitdem der vorliegende Vortrag <im August 1898> auf dem vierten internationalen Zoologen=Kongress in Cambridge gehalten wurde, sind achtzehn Jahre verflossen, seit Erscheinen der elften Auflage acht Jahre. Während dieses Zeitraumes haben die wissenschaftlichen Forschungen über den ‚Ursprung des Menschen' in vieler Beziehung bedeutende Fortschritte gemacht. Die großen Ziele der Anthropologie, in Verbindung mit der vergleichenden Anatomie, der Embryologie und Paläontologie, sind vielfach klarer erkannt, die Methoden zu ihrer Erreichung vervollkommnet worden. Das Verständnis für den hohen Wert der dadurch gewonnenen Erkenntnisse und damit zugleich das Interesse an deren Verbreitung in weiteren Bildungskreisen ist erfreulich gewachsen. Insbesondere ist ihre gewaltige Bedeutung für die höchsten Gebiete des Denkens, für Philosophie und Religion, immer klarer hervorgetreten" (Haeckel 1922: 1).

Nachfolgend soll nicht auf die Inhalte und Genese dieses Nachwortes eingegangen werden. Hier spricht die Darstellung für sich. Vielmehr geht es darum kurz aufzuzeigen, welche Rolle und Bedeutung Haeckel für die biologische Anthropologie besessen hat, denn in Deutschland war es besonders sein Verdienst – Thomas Henry Huxley in England vergleichbar – die Forschungen über die Abstammung des Menschen im darwinschen Sinne vorangetrieben zu haben.[1] Seine Beiträge zur Begründung und Etablierung der biologischen Anthropologie waren für den Kausalnexus von Evolutionsbiologie und Anthropologieentwicklung im 19. Jahrhundert teilweise prägend und übten auf die Entwicklung einzelner Fächer (Zoologie, vergleichende Anatomie, Embryologie usw.) einen zentralen Einfluss

1 Eine umfassende Einordnung Haeckels innerhalb der Geschichte der (biologischen) Anthropologie findet sich bei Hoßfeld (2005).

aus.[2] Das kommt auch besonders deutlich in den Erörterungen im Nachwort (Cambridge-Vortrag) zum Ausdruck!

Die Beschäftigung Haeckels mit humanphylogenetischen Fragestellungen (auf die Originalarbeiten bezogen) reicht über einen Zeitraum von 45 Jahren. Sie beginnt mit dem Jahr 1863 (Stettiner Vortrag) und endet 1908, als die Schrift über *Unsere Ahnenreihe (Progonotaxis Hominis)* erschien. Danach hat er keinerlei Originalarbeiten mehr zum Thema publiziert, vielmehr nutzte Haeckel die Gelegenheit, die seinerzeitigen Forschungsergebnisse als Querverweise in den Folgeauflagen seiner Werke zu platzieren (so bspw. in den 12 Auflagen der *Natürlichen Schöpfungsgeschichte* sowie der 1926 dazu erschienenen Volksausgabe oder in den sechs Auflagen der *Anthropogenie*).

VON STETTIN (1863) BIS CAMBRIDGE (1898)

Bereits in seinem bekannten Vortrag „Ueber die Entwickelungstheorie Darwin's“ auf der 38. Versammlung der deutschen Naturforscher und Ärzte in Stettin am 19. September 1863 hatte Haeckel versucht, zwischen der Deszendenztheorie und der sich entwickelnden biologischen Anthropologie einen Bezug herzustellen:

> „Was uns Menschen selbst betrifft, so hätten wir also consequenter Weise, als die höchst organisirten Wirbelthiere, unsere uralten gemeinsamen Vorfahren in affenähnlichen Säugethieren, weiterhin in känguruhartigen Beutelthieren, noch weiter hinauf in der sogenannten Secundärperiode in eidechsenartigen Reptilien, und endlich in noch früherer Zeit, in der Primärperiode, in niedrig organisirten Fischen zu suchen“ (Haeckel 1863: 17).

Gleichzeitig war er sich aber auch schon der Konsequenzen bewusst, die sein Eintreten für Darwins Ideen in sich bargen und dass dies nicht ohne Kontroversen und wissenschaftlich geführte Kämpfe vor sich gehen konnte. In diesem Zusammenhang liest man:

> „Wenn ich trotzdem, dieser und vieler anderer Bedenken ungeachtet, Sie in den Kampf, der durch die Darwin'sche Entwickelungs-Theorie entbrannt ist, hineinzuführen versuche, so geschieht es hauptsächlich wegen der grossartigen Dimensionen, die dieser Kampf bereits angenommen hat. Bereits ist das ganze grosse Heerlager der Zoologen und Botaniker, der Palaeontologen und Geologen, der Physiologen und Philosophen in zwei schroff gegenüberstehende Parteien gespalten: auf der Fahne der progressiven Darwinisten stehen die Worte: ‚Entwickelung und Fortschritt!‘ Aus dem Lager der conservativen Gegner Darwin's tönt der Ruf: ‚Schöpfung und Species!‘ Täglich wächst die Kluft, die beide Parteien trennt, täglich werden neue Waffen für und wider von allen Seiten herbeigeschleppt; täglich werden weitere Kreise von der gewaltigen Bewegung ergriffen; auch Fernstehende werden in ihren Strudel hineingezogen […]“ (ebd.: 18).

Nach der relativ präzisen Darlegung der darwinschen Gedanken und einem historischen Abriss zur Geschichte des Entwicklungsgedankens kommt Haeckel zu

2 Die Erkenntnis von der grundlegenden Bedeutung der Abstammungslehre für die Anthropologie findet bereits schon 1866 in der *Generellen Morphologie* zum ersten Mal wörtlich Ausdruck. Hier notierte er, dass die Anthropologie überhaupt erst durch die Deszendenzlehre zu begründen sei.

dem Schluss, dass auch der Mensch nicht „als eine gewappnete Minerva aus dem Haupte des Jupiter“ bzw. „als ein erwachsener sündenfreier Adam aus der Hand des Schöpfers“ hervorgegangen sein muss (ebd.: 26). Dafür sprächen neuere Entdeckungen aus der Geologie und Altertumsforschung ebenso wie aus der vergleichenden Sprachforschung. Fossile Funde gab es noch nicht und konnten nicht angeführt werden. Verwandtschaftsbeziehungen der Menschen und der Sprachen (vgl. hier den Einfluss von August Schleicher) gingen somit auf das Prinzip der gemeinsamen Abstammung zurück und ließen sich mit fortschreitender Entwicklung erklären: „Nur dem Fortschritte gehört die Zukunft“ (ebd.: 28). Als stärksten Beweis „der Wahrheit der Entwickelungstheorie“ führte er die „dreifache Parallele zwischen der embryologischen, der systematischen und der palaeontologischen Entwickelung der Organismen“ an (ebd.) – eine Konstruktion, die später für die interdisziplinäre Genese bestimmter biowissenschaftlicher Disziplinen ausschlaggebend werden sollte.

Es ist das konkrete Verdienst von Haeckel, mit diesen Aussagen die vergleichende Anatomie und Entwicklungsgeschichte zu Beweismitteln der Descendenztheorie gemacht zu haben. Haeckel betonte dann am Schluss seines Stettiner Vortrages, dass er von der „Wahrheit der Abstammungstheorie so fest, als Darwin selbst überzeugt“ sei und gab der Hoffnung Ausdruck, dass er auch die für „diese Theorie noch vorhandenen grossen Schwierigkeiten endlich zu überwinden“ mithelfen werde (ebd.: 30). Die Analyse zeigt ferner, dass sich im Vortrag von 1863 – im Gegensatz zu Darwin (1859) – schon weiterführende Bemerkungen zur Abstammung des Menschen finden (Haeckel 1909).

Erste konkretere Aussagen von Haeckel zum Thema „Herkunft der Menschen“ finden sich dann in seinen beiden Vorträgen *Ueber die Entstehung und den Stammbaum des Menschengeschlechts* (gedruckt 1868)[3], die er auf Anregung von August Schleicher im Herbst 1865 vor einem kleinen Privatkreis in Jena hielt. Haeckel postulierte darin einen monophyletischen Ursprung des Menschen, der als gemeinsame Stammform aller übrigen Schmalnasen „mit Inbegriff des Menschen“ die älteste aus den Halbaffen entwickelte Schmalnasenform ansah (Haeckel 1868b: 62). Die Urheimat der verschiedenen Menschen-Arten deutete seiner Meinung nach auf einen versunkenen Kontinent im Indischen Ozean (Lemurien genannt) hin (Wogawa 2002). An anderer Stelle hatte er ebenso betont, dass keine der lebenden Menschenaffenarten Stammvater des Menschengeschlechts sein könne: Die affenartigen Stammeltern des Menschengeschlechts seien schon lange ausgestorben, und vielleicht werde man ihre versteinerten Gebeine dereinst im Tertiärgestein des südlichen Asiens finden (Haeckel 1968a: 498; Krauße 2000). Die geographische Verbreitung der divergierenden Menschen-Arten erklärte

3 Im Jahre 1881 war bereits die 4. verbesserte Auflage erschienen. Diese beinhaltete neben Abbildungen nun auch präzisierte, erweiterte Übersichten und Textteile: die Ahnenreihe des Menschen umfasste nun 22 Stufen (und nicht mehr 12); an der Spitze der Übersicht über die Menschenarten stand der „Homo mediteraneus (Mittelländer)“ und nicht mehr der Kaukasier usw.

Haeckel später durch Migration.[4] Seine Ahnen-Reihe des Menschen hatte 1865 bereits 12 Stufen umfasst: 1. Stufe – Röhrenherzen und Leptocardier … 12. Stufe – Affenmenschen oder Urmenschen (Haeckel 1868b: 63-64). Ferner nahm er zu jener Zeit noch als Wurzel aller Tiere durch Urzeugung entstandene Moneren (lebendige Eiweißklümpchen ohne bestimmte Form) an (ebd.: 10).

Ein Jahr nach seinen zwei privatissime gehaltenen Vorträgen erschien 1866 die zweibändige *Generelle Morphologie*, in der er seine bereits an anderer Stelle dargelegten Ansichten über die Menschwerdung weiter ergänzte. An den Grundaussagen veränderte er aber nur wenig. So folgerte er – ähnlich wie 1865 – im „Anhang zur systematischen Einleitung in die Entwickelungsgeschichte. Der Stammbaum des Menschen" aus der deutlichen Stellung des Menschen im System der Säugetiere,

> „dass der Stammbaum des Menschen mit viel grösserer Sicherheit und Leichtigkeit, als die Genealogie sehr vieler anderer Thiere sich in seinen allgemeinen Grundzügen feststellen läßt" (Haeckel 1866b: CLI).

Er erwähnt zudem erstmalig den 1856 entdeckten fossilen Fund von *Dryopithecus fontani*, den er als „eine sehr wichtige Zwischenform zwischen dem Gorilla und dem Menschen" bezeichnete (ebd.: CLV):

> „Was nun die Blutsverwandtschaft des Menschen zu diesen Anthropoiden betrifft, so darf jedenfalls keines der drei noch lebenden Genera (wie überhaupt keine der lebenden Affen-Formen) als ein unmittelbarer Vorfahr des Menschen angesehen werden; dagegen ist es wohl möglich, dass der fossile *Dryopithecus* zu diesen Vorfahren zählt" (ebd.: CLVI, Hervorhebung im Orig.).

Das von ihm aufgestellte System der „V. Ordo Simiae (Pitheci) Affen" umfasste drei Unterordnungen (Subordo): Arctopitheci – Krallenaffen, Platyrrhinae – Plattnasige Affen und Catarrhinae – Schmalnasige Affen. Die Catarrhinae wurden dann noch in die Zweige Menocerca (Geschwänzte) – 1. Familia: Anasca, 2. Familia: Ascoparea sowie Lipocerca (Schwanzlose) mit folgender Einordnung des Menschen gegliedert: 1. Familia: Tylogluta, H. (Hylobates), 2. Familia: Lipotyla, H. (Satyrus, Engeco, Gorilla, Dryopithecus) und 3. Familia: Erecta s. Humana (Pithecanthropus, Homo) (ebd.: CLX).[5]

Den Zeitraum, in dem die langsame Umbildung anthropoider Affen in „wirkliche Menschen" stattfand, datierte Haeckel ins Miozän oder Pliozän:

> „Der miocene *Dryopithecus Fontani*, welcher dem Menschen schon näher steht, als alle jetzt noch lebenden Anthropoiden, lässt dies vermuthen" (ebd.: 431, Hervorhebung im Orig.).

Der Umbildungsprozess sei, so Haeckel weiter, aber sehr langsam und allmählich verlaufen, so dass man von einem ersten Menschen nicht sprechen könne. Im sich

4 „Von allen einzelnen Fragen, welche durch die Abstammungslehre beantwortet werden, von allen besonderen Folgerungen, die wir aus derselben ziehen müssen, ist keine einzige von solcher Bedeutung, als die Anwendung dieser Lehre auf den Menschen selbst" (Haeckel 1868a: 487). Daraus folgerte er, „daß der Mensch sich aus niederen Wirbelthieren, und zunächst aus affenartigen Säugethieren allmählich und schrittweise entwickelt hat" (ebd.).

5 Vgl. auch den „Stammbaum der Säugethiere mit Inbegriff des Menschen" aus der *Generellen Morphologie*, Bd. 2, Tafel VII.

anschließenden Kapitel wendete er sich dann der „Anthropologie als Theil der Zoologie“ zu:

> „Die vollständige Umwälzung, welche die Descendenz-Theorie und ihre specielle Anwendung auf den Menschen in allen menschlichen Wissenschaften hervorrufen wird, verspricht nirgends fruchtbarer und segensreicher zu wirken, als auf dem Gebiet der Anthropologie. Erst seitdem die Abstammung des Menschen vom Affen, seine allmähliche Entwickelung aus niederen Wirbelthieren, durch die Descendenz-Theorie festgestellt […] erscheint der Bauplatz abgesteckt, auf welchem das Lehrgebäude der wissenschaftlichen Anthropologie errichtet werden kann“ (ebd.: 432).

Anthropologie ist/war für Haeckel damit nichts anderes als ein spezieller Zweig der Zoologie, der sich als Gesamtwissenschaft vom Menschen in die Hauptzweige der menschlichen Morphologie und Physiologie unterteilen lässt. Als hypothetisches Verbindungsglied zwischen den Menschenaffen (Anthropoiden) und den echten (sprechenden) Menschen stellte er im zweiten Band zudem die Gattung *Pithecanthropus* auf und führte diese Form als einundzwanzigste Stufe der tierischen Ahnenreihe zwei Jahre später in seiner *Natürlichen Schöpfungsgeschichte* ein.

Seine im Anschluss an die *Generelle Morphologie* verfasste populäre *Natürliche Schöpfungsgeschichte* (1868)[6] erbrachte im Hinblick auf die früheren Arbeiten dann wesentlich nichts Neues, wobei speziell der biologischen Anthropologie der 19. Vortrag über „Ursprung und Stammbaum des Menschen“ gewidmet ist. Haeckels „Ahnenreihe des Menschen“ umfasst bereits 22 Stufen mit dem „Echten Menschen oder sprechenden Menschen (Homines)“[7] an der Spitze:

> „Entstanden aus den vorigen durch die Ausbildung der artikulirten menschlichen Sprache und die damit verbundene höhere Differenzirung des Kehlkopfes, sowie durch die daraus folgende höhere Entwickelung des großen Gehirns. Lebten wahrscheinlich erst in der Quartärperiode (diluviale oder pleistocene, und alluviale oder recente Zeit bis zur Gegenwart)“ (Haeckel 1868a: 507).

Wie im Vortrag von 1865 (gedruckt 1868) unterschied er „zehn verschiedene Species der Gattung Homo“, unterteilt in die Abteilungen: wollhaarige Menschen (Homines ulotriches) sowie schlichthaarige Menschen (Homines lissotriches). An der Spitze des Schemas findet sich: „X. Kaukasischer Mensch, 20. Indogermanischer (nördlicher) Zweig, 40. Germanen und als Territorium Nordwesteuropa“.

Hinweise auf den *Dryopithecus* (wie noch in der *Generellen Morphologie*) fehlen, von der zweiten Auflage (1870) an werden dann auch nicht mehr 10, sondern 12 Menschen-Arten (mit 36 Rassen) unterschieden und besonders im 23. Vortrag „Wanderung und Verbreitung des Menschengeschlechts, Menschenarten und Menschenrassen“ diskutiert. Man findet zudem im Gegensatz zu den vorhergehenden Publikationen nun auch seinerseits erste rassenkundliche Bemerkungen und Abbildungen, die eine Wertung als „niedere“ und „höhere“ Menschen-Arten

6 Zur Kritik vgl. z. B. Bastian, A. (1874): Offener Brief an Herrn Professor Dr. E. Häckel. Verlag von Wiegandt, Hempel u. Parey, Berlin.

7 In der elften Auflage (1911) umfasste die Ahnenreihe dann schon 25 Stufen (Haeckel 1911: 728).

erkennen lassen. An dieser Stelle sind stellvertretend die Abbildung „Die Familiengruppe der Katarrhinen" auf der inneren Umschlagseite der ersten Auflage (Haeckel 1868a; nur hier!) sowie die detaillierten Äußerungen im XIX. Vortrag „Ursprung und Stammbaum des Menschen" (Haeckel 1868a: 486-520) bzw. im 23. Vortrag usw. der Folgeauflagen zu erwähnen:

> „Die niedersten Menschen [Australneger, Afroneger, Tasmanier] stehen offenbar den höchsten Affen [Gorilla, Schimpanse, Orang] viel näher, als dem höchsten Menschen" (ebd.: 555).

„Nieder" und „höher" möchte er dabei wie folgt (typologisch und nicht darwinistisch) interpretiert wissen:

> „Das Titelbild [Die Familiengruppe der Katarrhinen] dient zur anschaulichen Erläuterung der höchst wichtigen Thatsache, dass in Bezug auf die Schädelbildung und Physiognomie des Gesichtes [...] die Unterschiede zwischen den niedersten Menschen und den höchsten Affen geringer sind, als die Unterschiede zwischen den niedersten und den höchsten Affen derselben Familie" (ebd.: 555).

Als bedeutendstes anthropologisches Werk Haeckels gilt die *Anthropogenie oder Entwickelungsgeschichte des Menschen* von 1874. Hier ging er in aller Ausführlichkeit auf Fragen der menschlichen Abstammungslehre[8], der allgemeinen Zoologie unter Berücksichtigung der Ontogenese und Organogenese usw. ein, vertrat aber hinsichtlich der Humanphylogenie gegenüber den in den 1860er Jahren gemachten Äußerungen keine wesentlich neuen Standpunkte (Haeckel 1874: 481-496). Die *Anthropogenie* stellt Haeckels Versuch dar, überhaupt erstmals „Ontogenie und Phylogenie des Menschen in ihrem gesammten ursächlichen Zusammenhange darzustellen" (ebd.: XVI). Sein Stammbaumentwurf (der keinerlei Fossilfunde berücksichtigt; Tafel XII) blieb bis zur sechsten und letzten Ausgabe (1910, 2 Bde.) unverändert, obwohl er später wesentlich konkretere Entwürfe vorlegte.

Fast 20 Jahre später, im Werk *Systematische Phylogenie* (1895), diskutierte Haeckel dann schließlich im achten Kapitel des dritten Teiles „Systematische Phylogenie der Wirbelthiere (Vertebrata)" nochmals ausführlich die „Systematische Phylogenie des Menschen", teilweise unter stärkerer Berücksichtigung der Paläontologie und Morphologie. Verschiedene Text-Paragraphen sind wiederum der biologischen Anthropologie gewidmet (ebd.: 613-646). Von den nun gefundenen (Schädel)Fragmenten sprach er einigen einen gewissen „hohen Werthe" zu, so dem *Pithecanthropus erectus* von Java (1894),

> „welches in der That dem so eifrig gesuchten ‚fehlenden Gliede' in der Kette der Uebergangsformen zu entsprechen scheint. Auch die ähnlichen diluvialen Schädel von Neanderthal und Spy, mit sehr niedriger Stirn und stark vorspringendem Orbital-Bogen, gehören wahrscheinlich in jene Kette hinein" (ebd.: 617).

8 In seinem Primaten-Stammbaum hatte Haeckel auch eine *Prothylobates*-Hypothese aufgestellt, in der er die Hominoidea (Menschaffe und Mensch) von einem vorgibbonartigen Wesen ableitete. Einer solchen Form steht der in El Fayum (Ägypten) von Schlosser benannte *Propliothecus haeckeli* nahe. Auf *Prothylobates* ließ er eine weitere hypothetische Vorfahrensstufe des Menschen, *Pithecanthropus alalus,* folgen.

Diese „positiven Daten" der prähistorischen Anthropologie deutete er als indirekte Beweise für den „pithecoiden Zustand des diluvialen Urmenschen" (ebd.). Trotz dieser positiven Aussagen maß er der Paläontologie nunmehr keine zentrale Rolle wie noch 1863 im dreifachen Parallelismus mehr zu. In seinem System der Progonotaxis[9] unterteilte er 24 Stammgruppen der Ahnenreihe des Menschen (wiederum von den Moneren zu den Homines),

> „aus deren allmählicher Transformation unser menschlicher Organismus [Homines – Sprachmenschen] als vollkommenstes Natur-Product hervorgegangen" sei (Haeckel 1895: 650).

Ferner stellte er pithecometrische Lehrsätze für lebende und fossile Anthropomorphen auf (§ 452) und entwarf einen „Stammbaum der Primaten" (ebd.: 601). Schließlich machte er noch den Fach-Anthropologen den Vorwurf, sich nicht mit der „phylogenetischen Classification der zahlreichen Rassen und Subrassen der Menschen" beschäftigt zu haben (ebd.: 637). Gleichzeitig sprach er sich nochmals gegen ein rein typologisches Vorgehen in der Anthropologie aus, indem er bemerkte:

> „Das allgemeine Ergebnis dieser ‚exacten Craniometrie' war rein negativ; es hat sich daraus nicht allein kein einziges allgemeines Gesetz über die menschliche Schädelbildung ergeben, sondern auch gezeigt, dass die Haupt-Unterschiede derselben nicht einmal in der früher angenommenen Ausdehnung zur Characteristik der grösseren Rassen verwendet werden können" (ebd.: 638-639).

Im Frühjahr 1898 erhielt Haeckel schließlich die Einladung, auf dem vierten internationalen Zoologenkongress, welcher vom 22. bis 27. August in Cambridge tagte, einen Vortrag zu halten. Von vielen Seiten war der Wunsch an ihn herangetragen worden, dort eine der großen allgemeinen Fragen, wenn nicht gar die „Frage aller Fragen" (T. H. Huxley), zu thematisieren:

> „Durchdrungen von dieser Ueberzeugung und von der Ansicht, dass nur die wissenschaftliche Zoologie – im weitesten Sinne des Begriffes – zur definitiven Lösung dieser Hauptfrage berufen ist, glaubte ich, mich jener Einladung nicht entziehen zu dürfen, und beschloss nach einigen Bedenken, diese Gelegenheit zu einer kritischen Beleuchtung des gegenwärtigen Zustandes unserer Kenntnis vom Ursprung des Menschen zu benutzen."[10]

Die erste Veröffentlichung seiner in Cambridge (in englischer Sprache) gehaltenen Rede *Über unsere gegenwärtige Kenntnis vom Ursprung des Menschen* vom 26. August 1898 erfolgte im November-Heft der „Deutschen Rundschau". Später wurde diese Rede mehrfach in erweiterter Form gedruckt, so erschienen bis 1922 insgesamt 13 Auflagen (vgl. Anhang).

Der Inhalt dieser Rede stellt eine Kompilation der Haeckelschen Ansichten zur biologischen Anthropologie, Entwicklungsgeschichte und Zoologie in Bezug auf die Herkunftsgeschichte der Menschen dar, stützte sich im wesentlichen auf

9 Als phyletische Urkunden der *Progonotaxis hominis* führte er an: paläontologische Urkunden, ontogenetische und morphologische Urkunden (Haeckel 1895, 1908b: 5).

10 So Haeckel im Vorwort zur dritten Auflage seines Cambridge-Vortrages, in: Haeckel, E. (1899): Über unsere gegenwärtige Kenntnis vom Ursprung des Menschen. E. Strauss, Bonn, S. 3.

die ihm bekannten historischen Tatsachen und zeigte sowohl den Stand der damaligen Forschung als auch die noch vorhandenen Probleme auf (wie etwa *missing link*, ebd.: 185ff). So diskutierte er bspw. eingehend den *Pithecanthropus*-Fund, sah wie Eugen Dubois die gemeinsame Stammform der Platyrrhinen und Katarrhinen im Urgibbon (*Prothylobates*), den ostindischen *Palaepithecus sivalensis* wertete Haeckel als Zwischenform der fossilen Menschenaffen, polemisierte gegen die Fehldeutung des *Pithecanthropus* durch Virchow usw. (vgl. besonders die nach 1898 erschienenen Auflagen und deren umfangreichen Endnotenteil). Bereits an dieser Stelle wird aber nun ein Bemühen seitens Haeckels sichtbar, seine 1892 in Altenburg vorgetragenen Gedanken über den Monismus als „Band zwischen Religion und Wissenschaft" (Querverweise finden sich bereits in der *Generellen Morphologie*) auch auf die biologische Anthropologie zu übertragen:

> „Der unberechenbare Einfluß der selbstbegründeten Descendenz-Theorie und der natürlichen Anthropogenie auf alle anderen Zweige der Wissenschaft und der Cultur überhaupt wird die segensreichsten Früchte tragen. Das große Werk, das in unserem Jahrhundert Lamarck begonnen und *Darwin* vollendet hat, wird für alle Zeit eine der größten Eroberungen des Menschengeistes bleiben; und die *monistische Philosophie*, welche wir auf ihre Entwicklungslehre gründen, wird nicht nur die Erkenntniß der natürlichen Wahrheiten mächtig fördern, sondern auch ihre praktische Verwerthung im Dienste des Schönen und des Guten! Die feste empirische Grundlage dieses *Monismus* liefert aber die moderne *phylogenetische Zoologie*" (ebd.: 194, Hervorhebungen im Orig.).

In späteren Schriften wie *Der Kampf um den Entwickelungsgedanken* (Berliner Vorträge von 1905b)[11], *Das Menschen-Problem und die Herrentiere von Linné* (1907)[12] sowie *Unsere Ahnenreihe. (Progonotaxis Hominis)* (1908b) schloss Haeckel an seine Ausführungen aus den Jahren 1866 bis 1895 unmittelbar an; man findet kaum noch humanphylogenetische Präzisierungen oder Ergänzungen.[13]

11 Vgl. dazu ausführlich Wasmann, E. (1907): Der Kampf um das Entwicklungs-Problem in Berlin. Herdersche Verlagsbuchhandlung, Freiburg i. Br.

12 Seit seinen Berliner Vorträgen hatte Haeckel wieder zunehmend im (kritischen) Interesse von Teilen der Öffentlichkeit gestanden und es kam nachfolgend zu vehement geführten Angriffen gegen seine Person und seine Auffassungen. Wie die Bemerkungen von Arnold Braß zeigen, kam es dabei zu einer kritischen Vernetzung – am Beispiel der dieser Schrift beigegebenen drei Bildtafeln – von biologischer Anthropologie und Embryologie (hinsichtlich der Fälschungsanklagen gegen die Haeckelschen Embryonennbilder): „Tafel I, welche er **frei entstellt** und willkürlich falsch verarbeitet, nach Huxley zusammentrug, zeigt die Kopfschrift: Skelette von fünf Menschenaffen (Anthropomorpha). Haeckel stellt also, was kein Zoologe bisher tat, den Menschen direkt zu den Affen […] Knickebeinig, gebeugt von der Degradation, schreitet der arme Homo dem Gespensterzuge voran; stramm aufgerichtet, mit durchgedrücktem Knie folgt ihm der Gorilla im Parademarsch, und Schimpanse, Orang und Gibbon geben sich alle Mühe aufrecht, recht graziös nachzutun. Alle diese ‚Parade-Affen' setzen die Fußflächen hübsch platt dem Boden auf, die große Zehe nach vorn gerichtet, denn sonst wären sie ja keine Affenmenschen, die sie doch absolut sein sollen" (Braß 1908: 8, Hervorhebung im Orig.).

13 Vgl. ebenso Haeckel, E. (1916): Fünfzig Jahre Stammesgeschichte. Historisch-kritische Studien über die Resultate der Phylogenie. Gustav Fischer, Jena.

MONISMUS UND ANTHROPOLOGIE

Mit diesen in Cambridge vorgetragenen Äußerungen war nun auch das Haeckelsche Wissenschaftsprogramm für die nächsten zwei Jahrzehnte umrissen. Er versuchte in jener Zeit verstärkt, seine Philosophie und Ersatzreligion (Monismus) auf die Deszendenzlehre zu übertragen. So finden sich zunehmend in Schriften wie *Die Welträthsel* (1899), *Die Lebenswunder* (1904), *Sandalion* (1910) bzw. „Kriegsschriften" wie *Ewigkeit* (1915) vereinzelt Aussagen zur Herkunftsgeschichte der Menschen, gepaart mit einem Bezug auf die Politik und Gesellschaft. So liest man bspw. innerhalb des „anthropologischen Theils: Der Mensch" in den *Welträthseln*, noch ohne direkten rassenhygienischen Bezug:

> „Jedenfalls ergiebt sich daraus *die engste Verwandtschaft des Menschen mit den Menschenaffen*. Die vergleichende Anatomie ergiebt somit für den unbefangenen und kritischen Forscher die bedeutungsvolle Thatsache, daß der Körperbau des Menschen und der Menschenaffen nicht nur im höchsten Grade ähnlich, sondern in allen wesentlichen Beziehungen derselbe ist. Dieselben 200 Knochen, in der gleichen Anordnung und Zusammensetzung, bilden unser inneres Knochengerüst; dieselben 300 Muskeln bewirken unsere Bewegungen; dieselben Haare bedecken unsere Haut, dieselben Gruppen von Ganglienzellen setzen den kunstvollen Wunderbau unseres Gehirns zusammen, dasselbe vierkammerige Herz ist das centrale Pumpwerk unseres Blutkreislaufs; dieselben 32 Zähne setzen in der gleichen Anordnung unser Gebiß zusammen; dieselben Speicheldrüsen, Leber- und Darmdrüsen vermitteln unsere Verdauung; dieselben Organe der Fortpflanzung ermöglichen die Erhaltung unseres Geschlechts" (Haeckel 1899: 43 Hervorhebung im Orig.).

In dem Folgewerk über *Die Lebenswunder* (1904) geht er dann aber schon konkreter in seiner Argumentation vor:

> „**Erlösung vom Uebel.** […] da erhebt sich die wichtige Frage, ob wir als mitfühlende Menschen berechtigt sind, ihren [der armen Elenden] Wunsch zu erfüllen und ihre Leiden durch einen schmerzlosen Tod abzukürzen. Diese Frage ist von eminenter Bedeutung sowohl für die praktische Philosophie als für die juristische und medicinische Lebens-Praxis […] **Lebenserhaltung.** Als ein traditionelles Dogma müssen wir auch die weitverbreitete Meinung beurtheilen, daß der Mensch unter allen Umständen verpflichtet sei, das Leben zu erhalten und zu verlängern, auch wenn dasselbe gänzlich werthlos, ja für den schwer Leidenden und hoffnungslos Kranken nur eine Quelle der Pein und der Schmerzen, für seine Angehörigen ein Anlaß beständiger Sorgen und Mitleiden ist. Hunderttausende von unheilbaren Kranken, namentlich Geisteskranke, Aussätzige, Krebskranke u.s.w. werden in unseren modernen Culturstaaten künstlich am Leben erhalten […] ohne irgend einen Nutzen für sie selbst oder für die Gesammtheit […]" (Haeckel 1904: 130-131, 134; Hervorhebungen im Orig.).

In der Schrift *Ewigkeit. Weltkriegsgedanken über Leben und Tod/Religion und Entwicklungslehre* (1915), sieht Haeckel nach wie vor in der Anthropologie einen „Teil der Zoologie", benutzt aber wie schon in den *Lebenswundern*[14] nun aus-

14 „*Monistische Anthropologie*. Der Begriff der Anthropologie wird noch heute, wie seit zwei Jahrtausenden, nach Inhalt und Umfang äußerst verschiedenartig begrenzt. Im weitesten Sinne umfaßt derselbe das unermeßliche Gebiet der ganzen *Menschenkunde*, ebenso wie der Begriff der Zoologie (nach meiner persönlichen Auffassung!) alle Theile der Thierkunde in sich einschließt. Da ich nun (seit 1866, l. c.) die ganze ‚Anthropologie als Theil der Zoologie' betrachte, gilt selbstverständlich der Anspruch des reinen Monismus ebenso wohl für die ers-

schließlich den Terminus „monistische Anthropologie“, welche die „richtige Wertschätzung des Menschenwesens“ zum Ziel hat (Haeckel 1915: 65). Hier ist ein inhaltlicher und methodologischer Wandel in Haeckels Argumentation festzustellen, da die biologische Anthropologie nunmehr in einer mehr philosophisch orientierten Anthropologie aufgehen sollte und teilweise politische Konnotationen trägt. So wirft er an anderer Stelle dem „Todfeind England“ vor, „alle verschiedenen Menschenrassen zur Vernichtung des deutschen Brudervolkes [nächstverwandten Germanen] mobil gemacht“ zu haben:

> „[…] ruft es [England] als Verbündete die niederen farbigen Menschenrassen aus allen Erdteilen zusammen: vorab die gelben, schlitzäugigen Japaner, die perfiden Seeräuber des Ostens!, dann die Mongolen aus Hinterindien und die braunen Malayen aus dem benachbarten Malakka und Singapore; die schwarzbraunen Australneger und Papuas aus Ozeanien, die Kaffern aus Südafrika und die Senegalneger aus den nordafrikanischen Kolonien – und damit kein Farbton der tief verachteten ‚Niederen Menschenrassen‘ fehlt, und das buntscheckige Heer des stolzen Albion auch in ethnographischer Zusammensetzung die ‚*ewige Weltherrschaft*‘ des anglosächsischen Inselvolks demonstriert, werden auch noch die Reste der Rothäute aus Amerika auf die blutdampfenden Schlachtfelder von Europa herübergeschleppt!“ (Haeckel 1915: 86, Hervorhebungen im Orig.).

Aus seiner Sicht stellte sich der gesamte Erste Weltkrieg als ein „niederträchtiger Verrat an der weißen Rasse“ dar und musste „als ein Meuchelmord der höheren menschlichen Kultur gebrandmarkt“ werden (ebd.: 86). Es sei sichtbar, dass der kulturelle und psychologische Abstand zwischen den „höchstentwickelten europäischen Völkern und den niedrigst stehenden Wilden größer ist, als derjenige zwischen diesen letzteren und den Menschenaffen“; d. h. Haeckel deutete und übertrug hier sein Schema „Die Familiengruppe der Katarrhinen“ von 1868 (*Natürliche Schöpfungsgeschichte*) auf die zivilisatorischen Entwicklungen (Pithecometra-Satz). Er missachtete ferner den „brutalen National-Egoismus“ Englands, der nur der Aufrechterhaltung der „pambritischen Weltherrschaft (‚für alle Ewigkeit!‘)“ diene (ebd.: 86).

Solche und ähnliche Äußerungen, die Haeckel dann mit zunehmendem Alter von sich gab, müssen auch als seine Art von Volksaufklärung (Beitrag zur Volksbildung) gedeutet werden, die später mehr und mehr den Charakter einer Propa-

tere, wie für die letztere. Indessen ist diese generelle monistische Auffassung der Menschenkunde bisher nur in sehr engen Kreisen zur Geltung gelangt. Gewöhnlich wird der Begriff der Anthropologie auf die eigentliche ‚Naturgeschichte des Menschen‘ beschränkt und dabei die Anatomie und Physiologie des menschlichen Organismus in’s Auge gefaßt, daneben auch seine Keimesgeschichte (Embryologie), seine Vorgeschichte (Prähistorie) und ein kleiner Theil seiner Psychologie. Daneben werden von der ‚officiellen Anthropologie‘, wie sie die meisten modernen ‚Gesellschaften der Anthropologie‘ (– namentlich die deutschen –) vertreten, gewöhnlich ausgeschlossen: die Stammesgeschichte (Phylogenie) und der größte Theil der Psychologie, sowie alle ‚Geisteswissenschaften‘, die als metaphysische im engeren Sinne betrachtet werden. Ich habe in meiner *Anthropogenie* schon vor dreißig Jahren zu zeigen versucht, daß der Mensch (– als placentales Säugethier der Primaten-Ordnung –) ebenso ein einheitlicher Organismus (mit Leib und Seele) ist wie alle anderen Wirbelthiere, und daß demnach auch *alle* Seiten seines Wesens monistisch zu beurtheilen sind“ (Haeckel 1904: 539-540, Hervorhebungen im Orig.).

ganda annahm (vgl. auch Rudolf Euckens Tätigkeit; Mann 1980: 282).[15] Diese Aussagen lieferten schließlich mit allen heute bekannten Konsequenzen das argumentative Grundgerüst für die Vereinnahmung von Teilen des Haeckelschen Werkes seitens der Sozialdarwinisten, Rassenhygieniker und Nationalsozialisten (Gasman 1971, 1998; Hoßfeld 1999, 2000, 2005; Hoßfeld & Junker 2003).

So war aus dem einstigen Mitbegründer der biologischen Anthropologie in Deutschland 50 Jahre später ein weltanschaulich-politischer Querdenker auf dem Gebiet der Anthropologie geworden. Deshalb ist es auch nicht verwunderlich, dass er nach 1900 dann neue Wege beschritt, indem er u. a. die biologische Anthropologie zu einer monistischen Anthropologie werden ließ. Diese monistische Anthropologie erfuhr dann nochmals eine Ergänzung in Haeckels letztem Buch über die *Kristallseelen. Studien über das anorganische Leben* (1917), in dem er die monistische Anthropologie ausschließlich mit der „anthropologischen Psychomatik = den Menschenseelen" verband:

> „Nun ist seit 43 Jahren eine entscheidende Wendung zwischen den beiden Hauptrichtungen der Psychologie, der monistischen und der dualistischen, zugunsten der ersteren dadurch erreicht worden, daß die Anthropogenie (1874) die Abstammung des Menschen von den Wirbeltieren paläontologisch begründet und die wichtigsten Stufen seiner tierischen Ahnenreihe nachgewiesen hat" (Haeckel 1917: 128).

Ferner lehre uns die

> „unbefangene Vergleichung des Seelenlebens bei den höheren und niederen Menschenrassen […] daß der höhere Geist nur ein Produkt vieltausendjähriger Kultur ist, da er den niederen Naturvölkern noch ebenso fehlt wie den Affen und den übrigen Säugetieren" (ebd.).

Mit diesen Aussagen hatte Haeckel zwei Jahre vor seinem Tod den Boden der biologischen Anthropologie verlassen. Ähnlich wie schon zuvor sein englischer Kollege Alfred Russel Wallace hing er nun zunehmend anorganischen Spekulationen, radikal-rassistischen Interpretationen sowie spiritistischen Deutungen (mittels Kristallotik) an.[16] Dieses späte politische Engagement Haeckels wurzelte zunächst im Sozialdarwinismus, fand dann eine Steigerung in den Offerten für den Ersten Weltkrieg und gipfelte letztlich darin, dass seitens der Nationalsozialisten sein humanphylogenetisches Werk für ihre Weltanschauung vereinnahmt wurde (Gasman 1971, 2001; Junker & Hoßfeld 2001).

15 In diesem Zusammenhang seien stellvertretend noch folgende Haeckel-Schriften aus dem Jahr 1914 erwähnt: Erklärung. Von Ernst Haeckel und Rudolf Eucken, veröffentlicht am 18. August. Jena; Krieg und Natur. Deutsche Montagszeitung, 2. November; Gott-Natur (Theophysis). Studien über Monistische Religion. Alfred Kröner Verlag, Leipzig; Weltkrieg und Naturgeschichte. Nord und Süd, Jg. 39, Novemberheft; An die amerikanischen Universitäten. Jena, den 31. August; Englands Blutschuld am Weltkriege (Erstdruck). Die Eiche, 3. Jg., Nr. 2, Aprilausgabe, S. 124-131.

16 „*Alle Substanz besitzt Leben*, anorganische ebenso wie organische; *alle Dinge sind beseelt*, Kristalle so gut wie Organismen" (Haeckel 1917: VIII, Hervorhebungen im Orig.).

AUSBLICK

Die weltanschauliche Interpretation der „Affenabstammung des Menschen“ hat Haeckel in seiner Zeit und mit Hilfe der vorliegenden Fossilfunde besser in den Diskussionen verteidigen können als mancher seiner Vorgänger (Haeckel 1905a, 1908a). Es überwog die Interpretation der Sachverhalte und weniger die originäre Feldforschung. Mit seinen Arbeiten und denen seiner Kollegen (Matthias J. Schleiden, August Schleicher, Karl Snell) wurden an der Universität Jena entscheidende Voraussetzungen für die Etablierung der biologischen Anthropologie im letzten Drittel des 19. Jahrhunderts gelegt. Bis 1900 war die Haeckelsche Lesart der biologischen Anthropologie inhaltlich weitgehend frei von politisch-ideologischen Äußerungen, danach setzte auch hier eine zunehmende Biologisierung ein (Hoßfeld & Breidbach 2005). Das späte politische Engagement Haeckels wurzelte zunächst im Sozialdarwinismus, fand dann eine Steigerung in den Offerten für den Ersten Weltkrieg und gipfelte letztlich darin, dass seitens der Nationalsozialisten sein humanphylogenetisches Werk für ihre Weltanschauung vereinnahmt wurde.

DER SOG. „AFFENBRIEF“, 1905 ANONYM AN HAECKEL GESCHRIEBEN[17]

Affenbrief 1905
(Anmerkung Haeckels)

Werther Herr Professor!
Bitte, dieses nicht ungelesen wegzuwerfen.

Cambridge, Md. August 1905

Ich habe in einem Blatt gelesen von dem Vortrag in Berlin. Es darf Dich deshalb nicht wundern, wen ich Dich mit Du anrede, den mit einem Affen hat noch niemand per Sie gesprochen. Bedenke, wen Du einst mit Deiner Affenschar vor Gottes Gericht erscheinst, wie das Urtheil lauten wird. Da wird es heißen, weichet von mir, ihr Affen, ihr seid nicht mein Ebenbild, wie ich die Menschen erschaffen habe, gehet hin in das höllische Feuer, das für die gottlosen Spötter bereitet ist. Es ist fast unglaublich, dass es so verruchte Menschen gibt. Gott hat bei der Schöpfung nicht gesagt, lasset uns Affen machen, sondern lasset uns Menschen machen, ein Bild das uns gleich sei. So viel ich vernommen habe, willst Du auch in Amerika Vorträge halten, das kannst Du sein lassen, hier hat es Affen genug von Afrika, wir brauchen daher keine deutschen Affen mehr. Bedenke Deine Werke, ehe es zu spät ist, Gott lässt sich nicht spotten.

17 Kopie im Besitz des Verf.

WIEDERABDRUCK DES ORIGINALS VON 1922

/39/ Phyletische Anthropologie

Nachwort zur zwölften Auflage[18]

<1916>

Seitdem der vorliegende Vortrag <im August 1898> auf dem vierten internationalen Zoologen=Kongress in Cambridge gehalten wurde, sind achtzehn Jahre verflossen, seit Erscheinen der elften Auflage acht Jahre. Während dieses Zeitraumes haben die wissenschaftlichen Forschungen über den „Ursprung des Menschen" in vieler Beziehung bedeutende Fortschritte gemacht. Die großen Ziele der Anthropologie, in Verbindung mit der vergleichenden Anatomie, der Embryologie und Paläontologie, sind vielfach klarer erkannt, die Methoden zu ihrer Erreichung vervollkommnet worden. Das Verständnis für den hohen Wert der dadurch gewonnenen Erkenntnisse und damit zugleich das Interesse an deren Verbreitung in weiteren Bildungskreisen ist erfreulich gewachsen. Insbesondere ist ihre gewaltige Bedeutung für die höchsten Gebiete des Denkens, für Philosophie und Religion, immer klarer hervorgetreten. Wenn schon im Jahre 1863 die Frage von der „Stellung des Menschen in der Natur" als „die Frage aller Fragen" in den Vordergrund gestellt wurde, so dürfen wir heute, nach dreiundfünfzig Jahren, mit Befriedigung feststellen, daß diese Kardinalfrage durch die fortgeschrittene Überzeugung von der „Primatenabstammung des Menschen" jetzt definitiv gelöst ist.

/40/ Die wissenschaftliche Anthropologie, als die wirkliche Naturgeschichte des Menschen, ist durch diese klare Erkenntnis von der erdrückenden Last der mystischen und irreführenden Vorstellungen befreit worden, welche traditioneller Aberglaube und daran geknüpfte religiöse Mythen seit Jahrtausenden darüber verbreitet hatten. Die besondere Ausnahmestellung, welche der dualistische Schöpfungsmythus dem Menschen als einem höheren, übernatürlichen Wesen, als einem „Ebenbilde Gottes" zugeschrieben hatte, ist beseitigt, und der „anthropistische Größenwahn", der sich darauf gründete, als unhaltbar erwiesen. Schon vor fünfzig Jahren hatte ich in meiner Generellen Morphologie <im siebenten Buche, 28. Kapitel> „die Anthropologie als Teil der Zoologie" bezeichnet und besonders betont, daß alle allgemeinen Gesetze des Körperbaues und der Entwicklung ebenso für den Menschen wie für alle anderen Wirbeltiere Geltung haben. Dabei hatte ich namentlich hervorgehoben, daß auch unsere Seelentätigkeit ~ oder das sogenannte „Geistesleben" des Menschen ~ von derjenigen der nächstverwandten Säugetiere nicht qualitativ verschieden, sondern nur quantitativ zu einer höheren Bildungsstufe fortgeschritten sei. Die Stammesgeschichte der Wirbeltiere lehrt uns unzweideutig, daß mit dem stufenweisen Fortschritte im Wachstum und in der feineren Struktur des Gehirns auch eine entsprechende Vervollkommnung seiner

18 Vgl. Haeckel, E. (1922): Über den Ursprung des Menschen. Vortrag, gehalten auf dem vierten internationalen Zoologen-Kongress in Cambridge am 26. August 1898. Mit einem Nachwort über Phyletische Anthropologie. 13. Aufl., 15.-17. Tausend, Alfred Kröner Verlag in Leipzig, S. 39-51.

physiologischen Funktionen unmittelbar verknüpft ist. Die Phylogenie des Vertebratenhirns gibt uns den Schlüssel zum Verständnis der „Geistesgeschichte der Menschheit“.

Die Anthropologie des neunzehnten Jahrhunderts, die namentlich in dessen zweiter Hälfte sich selbständig zu hoher Blüte entwickelt hatte, suchte ihre Hauptaufgabe in der genauesten Beschreibung aller gröberen und feineren Formverhältnisse und womöglich in ihrer mathematischen Messung. Natürlich ist es wertvoll, diese einzelnen Tatsachen möglichst genau und womöglich ziffernmäßig festzulegen. Aber zu ihrem wirklichen Verständnis, zur Erkenntnis ihrer bewirkenden Ursachen gelangen wir dadurch nicht. Dies ist nur zu gewinnen durch umsichtige kritische Vergleichung der verwandten Erscheinungen und durch die Erkenntnis ihrer historischen Ent= /41/ wicklung. Auf diese Methoden gründet sich unsere moderne phyletische Anthropologie, und mittels ihrer gelangen wir jetzt auf eine weit höhere Stufe der Erkenntnis, als die ältere, rein deskriptive Menschenkunde jemals erringen konnte. Der bedeutende Unterschied beider Methoden und ihrer Ergebnisse zeigt sich klar, wenn wir die Verhandlungen der beiden internationalen, nur durch den kurzen Zeitraum von drei Jahren getrennten Zoologenkongresse vergleichen, 1895 in Leyden <vgl. oben S. 21> und 1898 in Cambridge. Dort versuchten die deskriptiven Anthropologen die hohe phylogenetische Bedeutung des Pithecanthropus als verbindendes Mittelglied zwischen Mensch und Menschenaffe zu leugnen, indem sie zahlenmäßig die Größenunterschiede der einzelnen Skeletteile hervorhoben. Hier dagegen suchten umgekehrt die phyletischen Zoologen das Gegenteil zu beweisen und vom höheren vergleichenden Standpunkte zu zeigen, daß die phylogenetische Einheit des Primatenstammes ~ auch ganz abgesehen vom Pithecanthropus ~ die gefürchtete „Abstammung des Menschen vom Affen“ klar bezeuge.

Übrigens haben die zahlreichen Arbeiten auf dem Gebiete der Morphologie und Paläontologie, der vergleichenden Anatomie und Ontogenie, welche im Laufe der letzten zwanzig Jahre erschienen sind, zwar unsere Spezialkenntnisse sehr erweitert und damit die exakten Fundamente der empirischen Forschung erfreulich gefestigt; allein die weiteren allgemeinen Aufgaben der Menschenkunde sind dadurch nicht wesentlich berührt, insbesondere ihre philosophischen Prinzipien nicht verändert worden. Die naturgemäße Konvergenz der verschiedenen Forschungsrichtungen gegen das gemeinsame Hauptziel, die vernunftgemäße Erkenntnis vom natürlichen „Ursprung des Menschen”, seiner historischen „Primatendescendenz“, hat immer klarer zu jener einheitlichen und einfachen Auffassung des Verhältnisses von „Natur und Mensch“ geführt, welche in unserem „Monismus“ <~ „als Band zwischen Religion und Wissenschaft“, 1892 ~> ihren wahren Ausdruck findet. Wir wissen jetzt positiv, daß der menschliche Organismus im Laufe vieler Jahrmillionen durch allmählich fortschreitende Entwicklung aus einer langen Reihe von ausgestorbenen Wirbeltieren hervorgegangen /42/ ist. Wir wissen ebenso positiv, daß der Mensch nicht als „Gottes Ebenbild“ durch cin Wunder erschaffen und durch einen „Sündenfall“ auf dem Wege rückschreitender Verkümmerung herabgesunken ist, wie es noch heute die religiöse Dichtung erzählt und wie es unser rückständiger Schulunterricht noch heute unseren Kindern als wichtigste Wahrheit einprägt.

Den unschätzbaren Wert, welchen diese definitive Lösung des Kardinalproblems für die einheitliche Gestaltung unserer gesamten Weltanschauung besitzt, habe ich 1899 in meinem Buche über „Die Welträtsel" dargelegt; es sucht die Frage zu beantworten: „Welche Stufe in der Erkenntnis der Wahrheit haben wir am Ende des neunzehnten Jahrhunderts wirklich erreicht"? Als Ergänzungsband desselben folgte fünf Jahre später das Buch über „Die Lebenswunder". Beide Bände dieser „Gemeinverständlichen Studien über monistische und biologische Philosophie" haben eine weite Verbreitung gefunden; sie können im Wesentlichen als der Ausdruck der Überzeugungen gelten, welche die modernen Naturforscher am Schlusse des gewaltigen „Jahrhunderts der Naturwissenschaft" in bezug auf die höchsten Probleme des denkenden Menschengeistes: „Gott und Welt, Leib und Seele" errungen haben. Damit sind zugleich aus der reinen, auf Erfahrung gegründeten Wissenschaft die Hindernisse entfernt, welche der Erkenntnis der Wahrheit bisher durch die geheiligte Tradition angeblicher „Offenbarung" und durch die mystischen Spekulationen der herrschenden Schulphilosophie in den Weg gelegt waren.

Das zwanzigste Jahrhundert, welches die größten politischen und sozialen Umwälzungen der menschlichen Kultur durchzuführen berufen erscheint, fand sonach in seinem Beginne schon den sicheren Boden einer naturgemäßen monistischen Weltanschauung geebnet vor. Die weitere Entwicklung der Naturerkenntnis, insbesondere des Kardinalproblems, bleibt somit nur die spezielle Ausführung und eingehendere empirische Begründung der großartigen Einsichten in die Weltentwicklung, welche im letzten halben Jahrhundert bereits fest gewonnen waren. Da mir selbst das Glück zuteil geworden ist, diese gewaltigsten Fortschritte der Naturphilosophie nicht nur /43/ mit zu erleben, sondern auch durch eifrige Mitarbeit mehr als fünfzig Jahre hindurch an ihrem Ausbau mich aktiv zu beteiligen, sei es mir gestattet, hier noch einige neuere Erlebnisse kurz zu erwähnen, welche im Laufe des letzten Dezenniums meine Überzeugung von der wahren Lösung des Kardinalproblems, auf Grund der monistischen Entwicklungslehre, endgültig bekräftigten: Die Berliner Vorträge über den „Kampf um den Entwicklungsgedanken" <1905>; die Verhandlungen über das „Menschenproblem" gelegentlich der Linné=Feier in Upsala <1907>, und sodann die Einweihungsfeier der Phyletischen Museums in Jena <1908>.

„Der Kampf um den Entwicklungsgedanken" wurde in drei Vorträgen behandelt, welche ich im Saale der Singakademie zu Berlin hielt, am 14., 16. und 19. April 1905. Der erste Vortrag betraf den „Kampf um die Schöpfung" <Abstammungslehre und Kirchenglaube>; der zweite Vortrag erläuterte den Kampf um den Stammbaum „<Affenverwandtschaft und Wirbeltierstamm>; der dritte Vortrag erörterte den „Kampf um die Seele" <Unsterblichkeit und Gottesbegriff>. Obgleich diese drei Berliner Vorträge <1905 bei Georg Reimer in Berlin erschienen> keine neuen Gedanken von Bedeutung, sondern wesentlich nur weitere Ausführungen früherer Publikationen brachten, hatten sie doch einen starken Erfolg und gaben Veranlassung zu zahlreichen Diskussionen in der Presse. Die

Ursache davon lag einesteils an der damaligen reaktionären Zeitströmung in der Reichshauptstadt, in dem hartnäckigen Widerstande, welchen die einflußreichen konservativen und klerikalen Kreise dem Eindringen der gefürchteten Entwicklungslehre entgegensetzten; anderenteils daran, daß gerade in Berlin die angesehensten Naturforscher und Philosophen deren Anwendung auf den Menschen seit vielen Jahren erfolgreich bekämpft hatten.

Einen glänzenden Erfolg erzielte dagegen unser Kardinalproblem 1907, gelegentlich der akademischen Feier des 200jährigen Geburtstages von Carl von Linné, des großen schwedischen Naturforschers, welcher 1735 in seinem lapidaren „*Systema Naturae*" den bleibenden Grund zu der systematischen Ordnung und Benennung der Tier= und Pflanzenarten gelegt hatte. Zu der großen internationalen Feier /44/ dieses hohen Festtages hatten sich in der Universität Upsala eine große Zahl von hervorragenden Botanikern und Zoloogen [sic] aus allen Ländern versammelt. Am 23. Mai 1907, dem 200. Geburtstage Linnes fand ein glänzendes Fest statt, bei welchem die namhaftesten Biologen von Europa und Amerika ihre Ansichten über die unsterblichen Verdienste des großen Systematikers, über seine kunstvolle Klassifikation der organischen Formen und ihr Verhältnis zur heutigen Entwicklungslehre austauschten. Vom Rektor der Universität Upsala, der die auswärtigen Gäste feierlich begrüßte, war mir der offizielle Auftrag geworden, deren Antwort darauf zu übermitteln. Ich benutzte dazu einen inhaltschweren Satz aus dem grundlegenden „System der Natur", welcher gewöhnlich übersehen oder doch nicht in seiner außerordentlichen Bedeutung gebührend gewürdigt worden ist. Schon in der ersten Ausgabe seines Natursystems <1735> hatte Linné die oberste von seinen sechs Klassen des Tierreichs richtig als eine natürliche Hauptgruppe erkannt und den fünf übrigen als „warmblütige Vierfüßige, mit behaartem Körper, lebendig gebärend und milchgebend" gegenübergestellt. Die erste von den fünf Ordnungen dieser Säugetierklasse nannte er: „Anthropomorpha, Tiere von Menschengestalt". In der verbesserten zehnten Auflage des Natursystems <1758> wurde besonders die hohe Bedeutung der Milchdrüsen <Mammae> und die Ernährung der Jungen durch die Muttermilch hervorgehoben; sie kommt allen Säugetieren und nur diesen zu. Die Anthropomorphen nannte Linné jetzt Primates oder Herrentiere ~ die höchststehenden „Herren des Tierreichs"; als vier Gattungen derselben unterschied er den Menschen <*Homo*>, den Affen <*Simia*>, den Halbaffen <*Lemur*> und die Fledermaus <*Vespertilio*>. Die hohe prinzipielle Bedeutung dieser systematischen Einordnung des Menschen wurde erst hundert Jahre später erkannt, nachdem durch Darwins Reform der Deszendenztheorie das natürliche System der Tier= und Pflanzenarten die reale Bedeutung ihres hypothetischen Stammbaums gewonnen hatte. Somit hatte der geniale Linné, ohne es zu ahnen, bereits den ersten Schritt zur Lösung der Kardinalfrage getan. Erst die großen Fortschritte der vergleichenden Anatomie und Paläontologie /45/ im neunzehnten Jahrhundert haben uns die Augen für die klare Erkenntnis geöffnet, daß die Stellung des Menschen im natürlichen System der Säugetiere, in der Ordnung der Herrentiere, zugleich die Anerkennung seiner wirklichen historischen Abstammung von diesen Primaten einschließt. Diese Überzeugung wurde einstimmig von allen Zoologen geteilt, welche an der Linnéfeier in Upsala teilnahmen. Näheres darüber habe ich in dem populären Vortrage mitgeteilt, welche ich am 17. Juni 1907 im Volkshause zu Jena hielt: Das Menschenproblem und die Herrentiere von Linné“ <Frankfurt a. M., Neuer Frankfurter Verlag 1907>.

Im Beginne desselben Jahres, 1907, konnte ich hier in Jena einen lang gehegten Wunsch erfüllen, die Gründung eines ersten Museums für Entwicklungslehre, einer öffentlichen Schausammlung, welche die wichtigsten realen Beweisstücke der Deszendenztheorie dem wißbegierigen Beschauer unmittelbar handgreiflich vor Augen führen sollte. Die bedeutenden Mittel zur Errichtung des Gebäudes und zur Einrichtung der Sammlungen dieses Phyletischen Museums wurden durch private Beiträge von Freunden der Entwicklungslehre und der darauf gegründeten monistischen Philosophie zusammengebracht. Die dafür erforderliche Geldsammlung hatte schon im Jahre 1894 begonnen, als meine Schüler und Freunde bei Gelegenheit meines sechzigsten Geburtstages eine Gedenkfeier veranstalteten; sie wurde im Laufe von zwölf Jahren so weit gefördert, daß schon am 28. August 1907, an Goethes Geburtstage, der Grundstein zum Gebäude <~ an der „Pforte des Paradieses“, des idyllischen Stadtparks von Jena ~> gelegt werden konnte. Als die Universität am 30. Juli 1908 die Feier ihres 350jährigen Bestehens beging, konnte ich ihr das vollendete „Phyletische Museum“ als eigenartiges Jubiläumsgeschenk übergeben. Nähere Angaben über diese Geschichte und über die vielfachen dabei zu überwindenden Schwierigkeiten enthält ein Aufsatz, der im ersten Hefte der von Dr. Wilhelm Breitenbach herausgegebenen „Monistischen Bausteine“ <1914> erschienen ist.

In der Festrede, welche ich bei dieser Gelegenheit über „Alte und Neue Naturgeschichte“ hielt, beleuchtete ich die großartigen /46/ Fortschritte, welche nicht nur die Biologie, sondern auch die gesamte mit ihr zusammenhängende Wissenschaft durch die bedeutungsvolle, vor fünfzig Jahren durch Charles Darwin herbeigeführte Reform der 1809 von Jean Lamarck begründeten Deszendenztheorie erreicht hatte. In der größeren <gleichzeitig bei Gustav Fischer erschienenen> Festschrift veröffentlichte ich „Kritische Studien über Phyletische Anthropologie“ unter dem Titel: „Unsere Ahnenreihe <*Progonotaxis hominis*>“. Die systematischen, an vorliegenden Cambridge=Vortrag <bereits 1898> angehängten Tabellen <S. 52 ff. sind in dieser Festschrift eingehender erläutert und begründet. Der Übersicht über die sechs größeren Strecken und die dreißig kleineren Stufen der „Progonotaxis“ folgen noch „Phyletische Beiträge zur Kraniologie und Studien über die Menschenrassen“. Auf den angehängten fünf Tafeln <I~V> sind fünf Primatenschädel, in fünf verschiedenen Ansichten, ~ nach vorzüglich gelungenen Photogrammen ~behufs kritischer Vergleichung dargestellt. Die unbefangene Vergleichung dieser fünfundzwanzig Figuren erläutert in vorzüglicher Weise den wichtigen Pithecometrasatz <S. 13>. Auf einer sechsten Tafel <VI> sind zur Illustration des „biogenetischen Grundgesetzes“ die Embryonen von neun verschiedenen Säugetieren auf je drei entsprechenden Entwicklungsstufen vergleichend nebeneinander gestellt. Den hohen Wert dieser bedeutungsvollen, vielfach verkannten und angegriffenen Embryonenbilder habe ich erläutert in der Broschüre: „Sandalion, eine offene Antwort auf die Fälschungsanklagen der Jesuiten“ <Frankfurt a. M., 1910>.

Die mannigfaltigen Objekte, Präparate und Bilder, welche in dem Phyletischen Museum zweckmäßig zusammengestellt und durch kurze Beschreibungen erläutert sind, haben die Aufgabe, den Beschauer durch unmittelbare Anschauung von der Wahrheit der Entwicklungslehre zu überzeugen und von der Beweiskraft der empirischen Urkunden, auf welche sich die Deszendenztheorie gründet: Vergleichende Anatomie und Ontogenie, Paläontologie und Oekologie. Die interessanteste und für uns wichtigste Abteilung der reichen Sammlung bildet derjenige Saal, welcher speziell die Stammesgeschichte der Primaten, an ihrer Spitze des Menschen erläutert. /47/

Unter allen verschiedenartigen Objekten wirkt hier keines so eindrucksvoll und unmittelbar überzeugend, wie die Skelettsammlung der Herrentiere. Bei allen Menschenaffen ist das Knochengerüst aus denselben 200 Knochen in der gleichen Anordnung und Verbindung zusammengesetzt, wie beim Menschen. Die geringfügigen Unterschiede, die zwischen den einzelnen Arten tatsächlich vorkommen, sind durch verschiedene Form und Größe der einzelnen Teile bedingt, und diese wiederum durch deren Wachstum und Anpassung an die verschiedenen Existenzbedingungen; aber die wesentliche Übereinstimmung in der ganzen Organisation, welche auf gemeinsamer Vererbung beruht, wird dadurch nicht berührt. Jeder unbefangene Beschauer, welcher die Skelette des Menschen und des Gorilla, des Schimpanse und des Orang, des Gibbon und der niederen Ostaffen aufmerksam betrachtet, wird sich bei der kritischen Vergleichung sowohl der ganzen Skelette als ihrer einzelnen Teile <Schädel, Wirbelsäule, oberen und unteren Gliedmaßen> leicht überzeugen, daß deren wesentliche morphologische Übereinstimmung nur durch die Annahme ihrer gemeinsamen Abstammung von einer Urform erklärt werden kann. Somit ist allein schon durch diese „Vergleichende Anatomie“, selbst abgesehen von den ergänzenden Urkunden der Embryologie und Paläontologie, das „Kardinalproblem“ vom „Ursprung des Menschen“ befriedigend gelöst.

Die eingehende Beweisführung für alle einzelnen, sich daran anschließenden Fragen habe ich 1910 in der sechsten Auflage meiner Anthropogenie gegeben, welche mit 30 Tafeln, 500 Textfiguren und 60 genetischen Tabellen ausgestattet ist <992 Seiten, Verlag von W. Engelmann, Leipzig>. Der erste Band behandelt die Keimesgeschichte <Ontogenie>, der zweite die Stammesgeschichte <Phylogenie>. – Die tief greifenden Schlüsse, welche sich daraus für jeden klar und folgerichtig denkenden Leser mit bezug auf die höchsten allgemeinen Fragen der Philosophie und Religion ergeben, sind in der Schrift über „Gott=Natur“ <Theophysis> enthalten, welche bei Gelegenheit meines achtzigsten Geburtstages <am 16. Februar 1914> erschien <Verlag Alfred Kröner, Leipzig>. In den acht „Synoptischen Tabellen“, welche diesen „Studien über Monistische Religion“ /48/ angehängt sind, verdienen besondere Beachtung die dritte und vierte Tabelle <S. 66, 67>; in kürzester und prägnantester Form sind darin die „Drei Grundrichtungen der Substanzlehre“ nebeneinander gestellt: Materialismus <Weltstoff>, Energetik <Weltkraft> und Psychomatik <Weltseele>. Indem wir die Konstanz der Materie, der Energie und des Psychoms in untrennbarem Zusammenhang festhalten, gelangen wir zur Anerkennung des allumfassenden „Substanzgesetzes“.

Die wichtigsten Ergebnisse unserer Phyletischen Anthropologie, gestützt auf die gleichmäßige Verwertung der drei großen empirischen Urkunden: Paläontologie, Morphologie und Ontogenie, habe ich bereits vor zwanzig Jahren in meiner Systematischen Phylogenie des Menschen zusammengefaßt <im achten Kapitel der „Stammesgeschichte der Wirbeltiere“, Berlin 1895, S, 613~650>. Ich habe daselbst dem „System der Progonotaxis“ <§ 451> eine kritische Betrachtung über Anthropomorphen und Hominiden folgen lassen, sowie über „Species und Rassen der Hominiden“ <Klassifikation der Menschenrassen, Stammbaum, Urheimat und Migrationen der Rassen <§§ 452~458>. Teilweise verbessert und ergänzt, unter Berücksichtigung der neueren paläontologischen und morphologischen Erkenntnisse, habe ich diese Darstellung in der vorher erwähnten Festschrift zur Übergabe des Phyletischen Museums <»Unsere Ahnenreihe«, Jena 1908>. Das achte Kapitel derselben enthält »Phyletische Studien über die Menschenrassen,« deren hypothetische Ableitung von dem fossilen <altdiluvialen oder jungtertiären> Urmenschen <*Protanthropus primigenius*> in dem provisorischen Stammbaum der Herrentiere <S. 54> übersichtlich dargestellt ist. Natürlich kann dieses „*Phylema Primatum*“, gleich vielen ähnlichen Versuchen, nur den Wert einer heuristischen Hypothese in Anspruch nehmen, welche mit fortschreitendem Wachstum unserer empirischen Kenntnisse und unseres phyletischen Verständnisses derselben durch vollkommnere Versuche ersetzt werden wird.

Unter den zahlreichen speziellen Problemen, welche unsere neue Phyletische Anthropologie ihrer Lösung näher bringt, hat in neuester Zeit wieder die alte Frage von der ursprünglichen Arteinheit des /49/ Menschengeschlechts neues Interesse erregt, sowie die damit zusammenhängenden Fragen, wieviel „Gute Arten“ (*Bonae species)* in der Menschengattung (*Genu)* zu unterscheiden sind, und wie dieselben sich zu den ähnlichen Arten und Gattungen der Menschenaffen verhalten. Die große Mehrzahl der Anthropologen hält an der alten Überzeugung fest, die auch ich für richtig halte, daß alle verschiedenen Arten oder Rassen unseres Geschlechts aus einer gemeinsamen Wurzel entsprungen sind. Dieser „Urmensch“, in dem zum ersten Male die charakteristischen Merkmale des Genus *Homo* deutlich ausgeprägt waren, ist mit großer Wahrscheinlichkeit von einer unbekannten ausgestorbenen anthropoiden Form abzuleiten, die dem fossilen *Pithecanthropus* von Java nahestand, und diese wiederum von einem älteren *Prothylobates*, einer gemeinsamen Stammform aller Anthropoiden, aus der einerseits die heutigen afrikanischen Reste: Gorilla und Schimpanse, andererseits die modernen asiatischen Vertreter: Orang und Gibbon hervorgegangen sind. <Vergl. den Stammbaum S. 53.> Wie man im Einzelnen diese divergenten Formen als verschiedene Arten <*Species*> oder nur als Spielarten <Varietäten oder Rassen> unterscheiden will, ist gleichgiltig [sic], da ja alle diese Kategorien des Systems künstlich sind und nur praktischen und relativen Wert besitzen. Der Begriff der Art <Spezies> ist ebenso subjektiv und abstrakt, wie die übergeordneten Begriffe der Gattung <Genus>, der Ordnung und der Klasse.

Dieser monophyletischen oder „einstämmigen“ Auffassung gegenüber hat sich in neuester Zeit wieder eine polyphyletische oder »vielstämmige« Hypothese geltend gemacht, welche die verschiedenen Rassen des Menschengeschlechts unabhängig voneinander aus verschiedenen Gattungen von Menschenaffen ableiten will. Ein besonderes Sammelwerk unter dem Titel: „Fortschritte der Rassenkunde“ <Berlin 1915> soll durch „Polygenistische Beiträge“ diesen neuen „Polygenismus“ fördern und den herrschenden „Monogenismus“ widerlegen. Das erste Heft derselben behandelt „Die Stammesgeschichte der Primaten und die Entwicklung der Menschenrassen“. Die neue, hier dargestellte „Stammtafel der Primaten“ <S. 50>, verglichen mit dem „Stammbaum der Herrentiere“, den ich in den /50/ »Kritischen Studien über Phyletische Anthropologie« gegeben habe <Festschrift 1908, S. 54>, zeigt klar den prinzipiellen Unterschied der beiden hier gegenüber stehenden Theorien. Die drei Hauptrassen des Menschengeschlechtes, die ich als Meladermen <Schwarze = Negroide>, Xanthodermen <Gelbe = Mongoloide> und Leukodermen <Weiße = Mediterrane> nebeneinander gestellt und als drei divergente Äste aus der gemeinsamen Wurzel des Protanthropus <= *Homo primigenius*> abgeleitet habe, werden dagegen von diesen modernen Polygenisten als Vertreter von drei ganz verschiedenen Gattungen angesehen. Die Meladermen sollen mit dem Gorilla stammverwandt sein <und dem fossilen Sivapithecus>, die Xanthodermen mit dem Orang <und Anthropodus>, die Leukodermen mit dem Schimpanse <und Dryopithecus>; alle drei Äste werden divergent von verschiedenen Homunculiden abgeleitet. Nach meiner Auffassung ist dieser Polygenismus ganz unhaltbar; denn er führt zu der Annahme, daß die tiefgreifende Umwandlung des Menschenaffen zum Menschen, mit den wichtigen Transformationen im inneren Körperbau <Skelett und Gliedmaßen, Schädel und Gehirn usw.> mehrmals unabhängig voneinander stattgefunden und durch Konvergenz zur Menschenbildung geführt habe. Die spärlichen fossilen Knochenreste der Primaten <meist nur isolierte Fragmente, Schädel oder selbst nur einzelne Zähne> sind zu unvollständig, um darauf sichere phylogenetische Schlüsse gründen zu können. Meine persönliche Auffassung vom „Einstämmigen und Vielstämmigen Ursprung“ der Art habe ich schon 1879 im „Kosmos“ dargelegt, in dem Gratulationsheft, das zum siebzigsten Geburtstage von Charles Darwin erschien <abgedruckt im zweiten Hefte der „Monistischen Bausteine“, 1914>.

Die zahlreichen einzelnen Beiträge zur vergleichenden Anatomie und Histologie, zur Embryologie und Paläontologie, welche während der letzten zwanzig Jahre unsere Kenntnis vom Ursprung des Menschen vielseitig gefördert haben, sind in einer weitläufigen Literatur zerstreut, besonders in den umfangreichen Abhandlungen der verschiedenen Gesellschaften für Anthropologie und Ethnographie, vergleichende Völkerkunde und Rassenkunde. Näher auf die einzelnen, /51/ zum Teil wertvollen Fortschritte auf diesen Gebieten einzugehen, ohne zugleich durch viele Abbildungen sie anschaulich zu erläutern, würde hier nutzlos sein. Einen vortrefflichen „Bilder=Atlas zur Abstammungs= und Entwicklungsgeschichte des Menschen“ hat neuerdings Professor Konrad Guenther <Freiburg i. B,> in seinem Werke „Vom Urtier zum Menschen“ gegeben <Stuttgart 1909, mit 93 Tafeln>. Auch die wichtigsten neueren Schriften aus der weitläufigen betreffenden Literatur sind hier aufgeführt. Unter den sehr zahlreichen populären Werken, welche die phyletische Anthropologie den gebildeten Kreisen gemeinverständlich näher führen, sind vor allem die ausgezeichneten Schriften von Wilhelm

Bölsche hervorzuheben; „Weltblick, Naturgeheimnis, Abstammung des Menschen“ usw., und besonders „Werden und Vergehen, eine Entwicklungsgeschichte des Naturganzen in gemeinverständlicher Darstellung“ <VI. Aufl. Berlin 1906>.

LITERATUR

Braß, A. (1908): Das Affen-Problem. Professor E. Haeckel’s Darstellungs- und Kampfesweise sachlich dargelegt nebst Bemerkungen über Atmungsorgane und Körperform der Wirbeltier-Embryonen. Biologischer Verlag, Leipzig.

Brömer, R., Hoßfeld, U. & Rupke, N. A. (Hrsg., 2000): Evolutionsbiologie von Darwin bis heute. Verlag für Wissenschaft und Bildung, Berlin.

Gasman, D. (1971): The Scientific Origins of National Socialism. Mac Donald, London; American Elsevier Inc., New York.

Gasman, D. (1998): Haeckel’s Monism and the birth of fascist ideology. Peter Lang, Frankfurt a. M.

Gasman, D. (2002): Haeckel’s scientific monism as theory of history. Theory in Biosciences 121 (3): 260-279.

Haeckel, E. (1863): Über die Entwickelungstheorie Darwins. Vortrag auf der 38. Versammlung Deutscher Naturforscher und Ärzte in Stettin am 19. September 1863. Amtlicher Bericht über die acht und dreissigste Versammlung deutscher Naturforscher und Ärzte in Stettin im September 1863. Hg. von den Geschäftsführern derselben Dr. C. A. Dohrn und Dr. Behem, H. Essenland’s Buchdruckerei, Stettin, S. 17-30.

Haeckel, E. (1866a): Generelle Morphologie der Organismen. I. Allgemeine Anatomie der Organismen. Verlag von Georg Reimer, Berlin.

Haeckel, E. (1866b): Generelle Morphologie der Organismen. II: Allgemeine Entwickelungsgeschichte der Organismen. Verlag von Georg Reimer, Berlin.

Haeckel, E. (1868a): Natürliche Schöpfungsgeschichte. Gemeinverständliche Vorträge über die Entwickelungslehre im Allgemeinen und diejenige von Darwin, Goethe und Lamarck im Besonderen, über die Anwendung derselben auf den Ursprung des Menschen und andere damit zusammenhängende Grundfragen der Naturwissenschaft. Verlag von Georg Reimer, Berlin.

Haeckel, E. (1868b): Ueber die Entstehung und den Stammbaum des Menschengeschlechts. Zwei Vorträge. C. G. Lüderitz’sche Verlagsbuchhandlung, A. Charisius, Berlin.

Haeckel, E. (1872): Monographie der Kalkschwämme. 3 Bde. Verlag von Georg Reimer, Berlin.

Haeckel, E. (1874): Anthropogenie oder Entwickelungsgeschichte des Menschen. Gemeinverständliche wissenschaftliche Vorträge über die Grundzüge der menschlichen Keimes- und Stammesgeschichte. W. Engelmann, Leipzig.

Haeckel, E. (1892): Der Monismus als Band zwischen Religion und Wissenschaft. Glaubensbekenntnis eines Naturforschers, vorgetragen am 9. October 1892 in Altenburg beim 75jährigen Jubiläum der Naturforschenden Gesellschaft des Osterlandes. Emil Strauss, Bonn.

Haeckel, E. (1895a): Systematische Phylogenie der Wirbelthiere (Vertebrata). Dritter Theil des Entwurfs einer systematischen Stammesgeschichte. Verlag von Georg Reimer, Berlin.

Haeckel, E. (1898): Ueber unsere gegenwärtige Kenntnis vom Ursprung des Menschen. Deutsche Rundschau 25 (2): 179-194.

Haeckel, E. (1899): Die Welträthsel. Gemeinverständliche Studien über monistische Philosophie. E. Strauß, Bonn.

Haeckel, E. (1904): Die Lebenswunder. Gemeinverständliche Studien über Biologische Philosophie. Ergänzungsband zu dem Buche über die Welträthsel. A. Kröner, Stuttgart.

Haeckel, E. (1905a): Über die Biologie in Jena während des 19. Jahrhunderts (zgl. Abdruck aus der Jenaischen Zeitschrift für Naturwissenschaft, Bd. XXXIX, N.F. XXXII). Gustav Fischer, Jena.

Haeckel, E. (1905b): Der Kampf um den Entwickelungs-Gedanken. Drei Vorträge, gehalten am 14., 16. und 19. April 1905 im Saale der Sing-Akademie zu Berlin. Verlag von Georg Reimer, Berlin.
Haeckel, E. (1907): Das Menschen-Problem und die Herrentiere von Linné. Vortrag gehalten am 17. Juni 1907 im Volkshause zu Jena. Neuer Frankfurter Verlag, Frankfurt a. M.
Haeckel, E. (1908a): Freie Wissenschaft und freie Lehre. Eine Entgegnung auf Rudolf Virchow's Münchener Rede über „Die Freiheit der Wissenschaft im modernen Staat". 2. Aufl., mit einer Einleitung von Dr. Heinrich Schmidt: Haeckel, Virchow und Reinke. Alfred Kröner Verlag, Berlin.
Haeckel, E. (1908b): Unsere Ahnenreihe (Progonotaxis Hominis.) Kritische Studien über Phyletische Anthropologie. Festschrift zur 350-jährigen Jubelfeier der Thüringer Universität Jena und der damit verbundenen Uebergabe des Phyletischen Museums am 30. Juli 1908. Gustav Fischer, Jena.
Haeckel, E. (1909): Charles Darwin als Anthropologe. Neue Weltanschauung 10: 365-377.
Haeckel, E. (1910): Sandalion. Eine offene Antwort auf die Fälschungs-Anklagen der Jesuiten. Neuer Frankfurter Verlag, Frankfurt a. M.
Haeckel, E. (1915): Ewigkeit. Weltkriegsgedanken über Leben und Tod/Religion und Entwicklungslehre. Verlag von Georg Reimer, Berlin.
Haeckel, E. (1917): Kristallseelen. Studien über das Anorganische Leben. Alfred Kröner Verlag, Leipzig.
Haeckel, E. (1922): Über den Ursprung des Menschen. Vortrag, gehalten auf dem vierten internationalen Zoologen-Kongress in Cambridge am 26. August 1898. Mit einem Nachwort über Phyletische Anthropologie. 13. Aufl., 15.-17. Tausend, Alfred Kröner Verlag, Leipzig, S. 39-51.
Hoßfeld, U. (1999): Haeckelrezeption im Spannungsfeld von Monismus, Sozialdarwinismus und Nationalsozialismus. Essay Review. History and Philosophy of the Life Sciences 21: 195-213.
Hoßfeld, U. (2000): Staatsbiologie, Rassenkunde und Moderne Synthese in Deutschland während der NS-Zeit. In: Brömer et al. (2000), S. 249-306.
Hoßfeld, U. (2005): Geschichte der biologischen Anthropologie in Deutschland. Von den Anfängen bis in die Nachkriegszeit. Franz Steiner Verlag, Stuttgart.
Hoßfeld, U. & Breidbach, O. (2005): Ernst Haeckels Politisierung der Biologie. Blätter zur Landeskunde Thüringen, Heft 54. Erfurt.
Hoßfeld, U. & Junker, T. (2003): Anthropologie und Synthetischer Darwinismus im Dritten Reich: Die Evolution der Organismen (1943). Anthropologischer Anzeiger 61 (1): 85-114.
Junker, T. & Hoßfeld, U. (2001): Die Entdeckung der Evolution. Eine revolutionäre Theorie und ihre Geschichte. Wissenschaftliche Buchgesellschaft, Darmstadt.
Kraußе, E. (2000): Pithecanthropus erectus Dubois in Evolutionsbiologie und Kunst. In: Brömer et al. (2000), S. 69-87.
Mann, G. (1980): Ernst Haeckel und der Darwinismus: Popularisierung, Propaganda und Ideologisierung. Medizinhistorisches Journal 15: 269-283.
Wogawa, S. (2002): Die Wiege des Menschengeschlechts. Der hypothetische Urkontinent Lemuria in Naturwissenschaften und Okkultismus. MegaLithos 3: 99-101.

HAECKELSCHE ANTHROPOLOGIE IN BILDERN

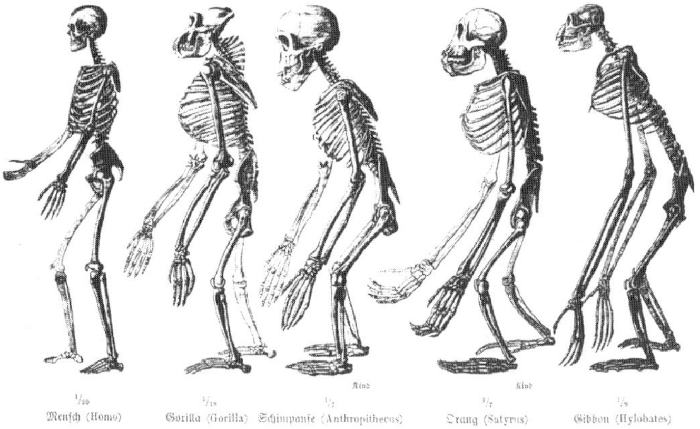

Skelette der fünf Menschenaffen (Anthropomorpha). In: Haeckel, Ernst (1905): Der Kampf um den Entwicklungsgedanken. Georg Reimer, Berlin, Tafel II.

Keplerbund gegen Häckel. „Merkwürdigerweise wehren sich gerade diejenigen Menschen am meisten gegen die Abstammung vom Affen, die sich bezüglich ihrer Gehirnentwicklung am wenigsten vom Affen entfernt haben.“ In: Lustige Blätter, 27. Januar, Nr. 5, XXIV. Jg., 1909.

Zeitgenössische Karikatur aus „Mit Hörrohr und Spritze“ von G. Hochstetter (1908) [Haeckel beweist den Affenmenschen als Bruder des Menschenaffen]. Karikaturensammlung im Ernst-Haeckel-Haus.

Galerie berühmter Zeitgenossen XXXIX: Ernst Haeckel (Zeichnung von O. Gulbransson) [Karikatur]. In: Simplicissimus. Luxus-Ausgabe. Illustrierte Wochenschrift, 10. Jahrgang, Nr. 14, S. 158.

Gabriel Max (1840-1915): „Pithecanthropus alalus", Ölgemälde (1894). Original im Ernst-Haeckel-Haus.

Apotheose des Entwicklungsgedankens von Ernst Haeckel und Gabriel Max. In: Haeckel, Ernst (o. J.): Apotheose des Entwicklungs-Gedankens. Nach Ernst Haeckel und Gabriel Max. Mit Textblatt. (= Erstes Beiheft zu der Sammlung: Wanderbilder Serie I-III, nebst einer weiteren Kunstablage: Blühende Talipot-Palme von Ceylon (Corypha Umbracilifera) mit beschreibenden Text.) Gera-Untermhaus: W. Koehler'sche Verlagsbuchhandlung.

Der Riesengorilla im Phyletischen Museum zu Jena. Geschenk von Prof. Hans Meyer (Leipzig) für Prof. Ernst Haeckel. Postkarte im Briefbestand des Ernst-Haeckel-Hauses.

Porträt Haeckels (vermutlich nach 1900) in der Bildersammlung des Ernst-Haeckel-Hauses.

Ernst Haeckel an seinem Schreibtisch in seinem Arbeitszimmer in der Villa Medusa. Aufnahme von Paul Carus (1907). Bildsammlung des EHH.

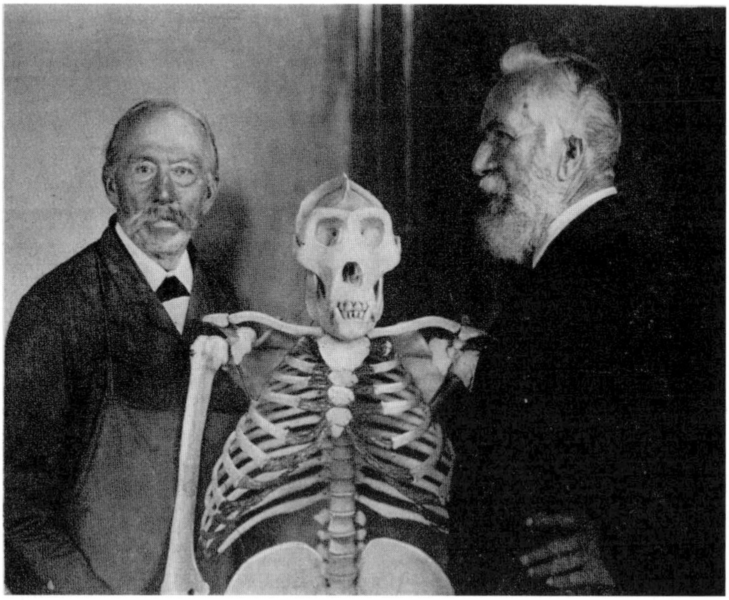

Ernst Haeckel und Famulus Pohle mit Gorilla gigas 1898. „Ursprung des Menschen". In: Haeckel, Walter (Hrsg., 1914): Ernst Haeckel im Bilde. Eine physiognomische Studie zu seinem 80. Geburtstag. Berlin: Georg Reimer, Nr. 15.

Ernst Haeckel in seinem Arbeitszimmer im Zoologischen Institut (1907). In: Ernst-Haeckel-Haus (Hrsg.): museum - Ernst-Haeckel-Haus der Friedrich Schiller-Universität Jena. Westermann Verlag, o.O., o.J., S. 75.

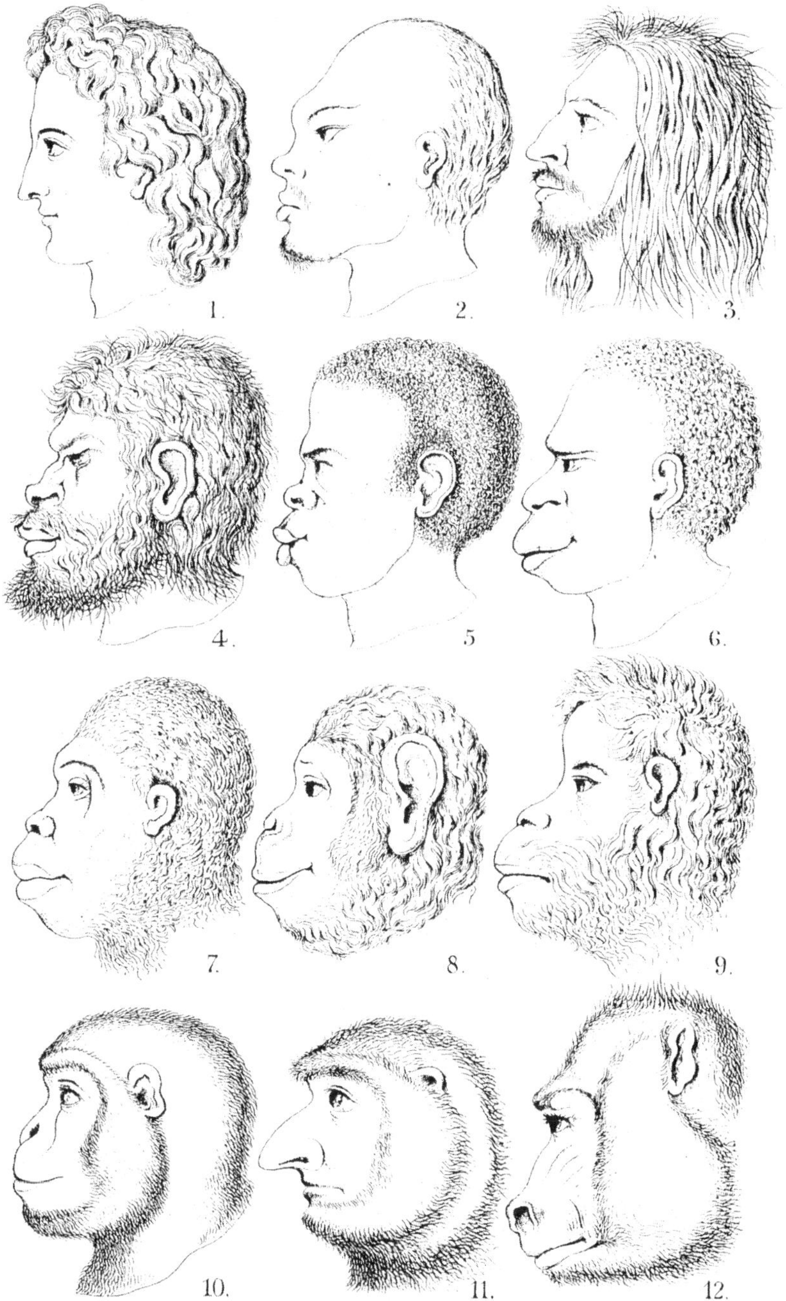

Titelseite in: Haeckel, Ernst (1868): Natürliche Schöpfungsgeschichte. Georg Reimer, Berlin.

Dirk Preuß

„ZEITENWENDE IST WISSENSCHAFTSWENDE“

EGON FREIHERR VON EICKSTEDT UND DIE NEUANFÄNGE DER „BRESLAUER TRADITION“ IN LEIPZIG UND MAINZ 1945-1950.

EINLEITUNG

„Zeitenwende ist Wissenschaftswende“ (Eickstedt 1949a: 1), hatte Egon Freiherr v. Eickstedt (1892-1965) vor den versammelten Kollegen und Kolleginnen auf dem ersten Nachkriegstreffen der deutschen Anthropologen in Weinheim 1948 eingängig formuliert und seinem Vortrag als Motto vorangestellt. „Ist doch das Kulturleben viel zu sehr mit den wirtschaftlichen und sozialen Schicksalen der Gemeinschaft verbunden“, fuhr er dann fort, „als dass sich nicht starke und stärkste Wechselwirkungen ergeben müssten.“[1] Ziel der Zusammenkunft sei es daher, „eine neue Gemeinschaft zu bilden, eine neue Zeitschrift zu planen, einen neuen Weg zu suchen“ (Eickstedt 1949a: 1). Diesen neuen Weg sah er in der ganzheitlichen Betrachtung des Menschen vorgezeichnet, „wofür die Breslauer anthropologische Schule seit Jahrzehnten kämpfte und so wahllos, ja rücksichtslos befehdet“ worden sei (ebd.: 5).

Diese wenigen Aussagen v. Eickstedts aus seiner Programmrede nach dem Ende des Zweiten Weltkrieges lassen bereits aufscheinen, dass es sich – wie Mitchell Ash in mehreren Arbeiten dargelegt hat – bei den Wiederherstellungen wissenschaftlicher Institutionen und Ansätze nach 1945 nicht um bruchlose Kontinuitäten oder Neuanfänge von einem Nullpunkt aus gehandelt habe, sondern um „zum Teil recht beschwerlich konstruierte Kontinuitäten“ (Ash 1995: 914), die durch institutionelle bzw. Karrierestrategien sowie durch diskursive bzw. rhetorische Strategien erzielt worden seien. Inwieweit dies nicht nur auf die „neue Gemeinschaft“ und die „neue Zeitschrift“[2], denen v. Eickstedt ab 1948/49 vorstand, sondern auch auf seine wissenschaftliche Biographie zutrifft, gilt es im Folgenden detaillierter zu untersuchen. Zur Darstellung kommen v. Eickstedts Berufungsverhandlungen mit den Universitäten Leipzig und Mainz sowie die damit einhergehende Kontaktaufnahme zu ehemaligen Mitarbeiterinnen und Kollegen bis hin zur

1 Dieser Satz findet sich nicht in der Veröffentlichung Eickstedt 1949a, sondern nur im maschinenschriftlichen Skript des Vortrages (vorliegend in der Sonderdrucksammlung des Instituts für Anthropologie und Humangenetik, Johann Wolfgang Goethe-Universität, Frankfurt/M.).

2 Gemeint war die Deutsche Gesellschaft für Anthropologie bzw. die Zeitschrift „Homo“.

Wiederbegründung der Deutschen Gesellschaft für Anthropologie. Schließlich werden auch Wandel und Kontinuitäten in seinem wissenschaftlichen Ansatz in den Blick genommen. Zunächst seien allerdings einige Schlaglichter auf den Werdegang v. Eickstedts vor 1945 geworfen.

VORGESCHICHTE

Egon Freiherr v. Eickstedt,[3] am 10. April 1892 in Jersitz geboren, war noch während einer Forschungsreise in Indien 1928 als Dozent für Anthropologie und Ethnologie nach Breslau berufen worden. 1933, immer noch „nur" Dozent im abseits gelegenen Breslau, erhoffte er sich von den neuen Machthabern und der damit einhergehenden Konjunktur des Rasse-Gedankens offenbar eine förderliche Wirkung auf seine Karriere. Er bemühte sich nicht nur um Aufnahme in die NSDAP, sondern protegierte auch das „Gesetz zur Verhütung erbkranken Nachwuchses" vom 14. Juli 1933 und verfasste – nun erstmalig – antisemitisch gefärbte rassenkundliche Schriften für den populären Gebrauch (Eickstedt 1933, Eickstedt 1934a). Tatsächlich wurde v. Eickstedt dank der Fürsprache des Vorstandes der Deutschen Gesellschaft für Anthropologie, Ethnologie und Urgeschichte bzw. der Gesellschaft für physische Anthropologie 1933 zum außerordentlichen Professor ernannt und 1934 verbeamtet. Aufgrund einer Auseinandersetzung mit einem ehemaligen Assistenten und Angehörigen der SS, bei der sich v. Eickstedt von jüdischen Anwälten hatte vertreten lassen, wurde ihm jedoch die Aufnahme in die NSDAP verweigert. Dennoch konnte er 1934 eine groß angelegte Rassenuntersuchung der schlesischen Bevölkerung mit Hilfe der Notgemeinschaft der Deutschen Wissenschaft initiieren, die bis 1945 rund 70.000 Menschen erfasste. Deren Ergebnisse waren allerdings aufgrund ihrer – letztlich veralteten – Methode wissenschaftlich fragwürdig sowie von Kollegen scharf kritisiert und – u. a. auch deshalb – in ihrer politischen Instrumentalisierbarkeit gegenüber Polen umstritten.[4] Während v. Eickstedt das Wohlwollen und die Unterstützung der lokalen Behörden und politischen Akteure gewinnen konnte, wurde er, der nicht zu den führenden bzw. tonangebenden Wissenschaftlern der deutschen Anthropologie gehörte, von den überregionalen Machthabern oftmals skeptisch betrachtet. Zwar nutzte man gerne seine internationale Bekanntheit und Weltgewandtheit für die eigenen Zwecke, doch hielt man ihn für politisch nicht verlässlich. So stufte ihn der NSD-Dozentenbund 1939 wegen „seine[r] Juden-

3 Vgl. weiterführend Preuß (2005).

4 Im Ministerium des Inneren beanstandete man 1935/36 etwa, dass Teile Westoberschlesiens als zu „osteuropid" bzw. als zu wenig „nordisch" ausgewiesen seien. Hingegen kritisierte Otto Reche (1879-1966) 1938, dass v. Eickstedt einen zu großen Anteil der Bevölkerung als nordisch eingeschätzt habe und dies aufgrund der unzulänglichen Methode von polnischen Wissenschaftlern leicht gegen die deutsche Wissenschaft instrumentalisiert werden könnte. Als unter politischen und wissenschaftlichen Aspekten vorbildlich wurden die Schlesien-Arbeiten v. Eickstedts hingegen 1938 vom Ministerium für Wissenschaft, Erziehung und Volksbildung ausgewiesen (Geisenhainer 2002).

freundlichkeit und seine[r] Kampfstellung gegen die nationalsozialistische Rassenlehre“[5] als für Vorträge nicht einsetzbar ein. Dies darf allerdings nicht darüber hinwegtäuschen, dass sich v. Eickstedt durchaus am nationalsozialistischen Unrechtssystem beteiligte, indem er – vielen seiner Kollegen gleich, wenn auch im Ausmaß individuell verschieden (Massin 2003: 243; Hoßfeld 2005) – Abstammungs- und Rassegutachten für das Reichssippenamt erstellte, bei der Öffentlichkeit um Zustimmung zur Erb- und Rassenpolitik warb, die Rassenpolitik des „Dritten Reiches“ vor dem Ausland rechtfertigte und Akteure der NS-Organisationen ausbildete.[6]

Das Breslauer Institut, das nicht nur die Anthropologie, sondern auch die Ethnologie zu betreuen hatte, war mit ein bis zwei Assistenten sowie zwei Hilfskräften relativ klein. Im Laufe der 1930er Jahre wurde dort Ilse Schwidetzky (1907-1997), die Organisation und statistische Auswertung der schlesischen Rassenuntersuchungen übernahm, v. Eickstedts „rechte Hand“. Schwidetzky, am 6. September 1907 in Lissa geboren, hatte in Leipzig, Danzig und Breslau studiert, wurde über „Die polnische Wahlbewegung in Oberschlesien“ 1934 promoviert und war 1935 planmäßige Assistentin bei v. Eickstedt geworden. 1937 habilitierte sie sich für das Fach Anthropologie mit der Arbeit „Rassenkunde der Altslawen“. Ihr wissenschaftliches Schicksal sollte auch nach Kriegsende mit dem v. Eickstedts verknüpft bleiben.[7]

NEUANFANG I ? – LEIPZIG

Nachdem die Breslauer Anthropologie Ende 1944 noch zu den „letzten arbeitsfähigen Instanzen“[8] im „Reich“ gehört hatte, war v. Eickstedt Anfang 1945 aus der zur „Festung“ erklärten Stadt Breslau nach Dresden geflohen. Von dort aus ergaben sich sehr bald nach Kriegsende Kontakte zu den Universitäten Heidelberg, Tübingen, Berlin, Leipzig und Dresden. Bei den Verhandlungen um eine Anstellung schien v. Eickstedt zunächst in Leipzig Erfolg beschieden zu sein. Vermittelt von seiner ehemaligen Breslauer Assistentin Ilse Schwidetzky hatte sich der Dekan der Philosophischen Fakultät, Hans Georg Gadamer (1900-2002), am 11. September 1945 mit der Anfrage an v. Eickstedt gewandt, ob dessen Berufung auf den Lehrstuhl für Anthropologie in Gang gebracht werden dürfe.[9] In Leipzig war seit dem 30. Juni 1945 der Lehrstuhl Otto Reches am Ethnologisch-Anthropologischen Institut – 1933 in Institut für Rassen- und Völkerkunde umbenannt – vakant, der nun allein auf die Anthropologie fokussiert werden sollte

5 Bundesarchiv Berlin (=BArchB), NS 15/28, Hauptstelle Kulturpolitisches Archiv an die Deutsche Arbeitsfront, Amt Deutsches Volksbildungswerk vom 04.03.1945.

6 Zur Rolle v. Eickstedts während der NS-Zeit können hier nur kurze Andeutungen gemacht werden. Eine detailliertere Darstellung findet sich in Preuß 2005.

7 Vgl. Uniwersytet Wrocławski Archiwum (=UAW), S 201; ferner beispielsweise Bernhard et al. (1997); Bergman (1998).

8 UAW, S 220, Eickstedt an Kurator vom 18.10. 1944.

9 Vgl. Universitätsarchiv Leipzig (=UAL), PA 21, Gadamer an Eickstedt vom 11.09.1945.

(Geisenhainer 2002: 380). Leipzig als neue Wirkstätte kam v. Eickstedt nicht nur geographisch entgegen, hatten doch einige Professoren, darunter er selbst, Leipzig bereits als juristische oder zumindest ideelle Nachfolgerin und „Traditionsträger[] für Breslau"[10] ins Auge gefasst. Als v. Eickstedt am 24. September bei Gadamer vorstellig wurde, um die Berufungsmodalitäten zu besprechen, beschäftigte ihn daher laut Gadamers Gesprächsniederschrift auch die Frage, in welcher Form die Tradition der Universität Breslau von einer anderen deutschen Hochschule übernommen werden könne. Da in Leipzig mit dem Recheschen Institut, Völkerkundemuseum und der Bibliothek des Psychologischen Instituts günstige Arbeitsbedingungen bestanden, wollte v. Eickstedt mit Schwidetzky als Assistentin den Ruf annehmen und seine neue Wirkungsstätte nun „Institut für Menschenforschung"[11] nennen.[12] Die Berufung sollte zunächst vorläufig erfolgen, da mit einem langen Dienstweg zu rechnen war. An einer endgültigen Berufung v. Eickstedts hatte Gadamer aber insofern keine Zweifel, als diese bei der „unumstrittenen Bedeutung seiner [v. Eickstedts, d. Verf.] Gelehrtenpersönlichkeit nur noch eine Formalität"[13] sein dürfte. Tatsächlich hatte zu diesem Zeitpunkt der Staatssekretär Emil Menke-Glückert einer Berufung v. Eickstedts mündlich zugestimmt,[14] doch hatte sich diese Zustimmung – wie er später behauptete – nur auf die vorläufige Vertretung des Faches, nicht aber – wie missverstanden worden sei – auf eine ordentliche Professur für v. Eickstedt bezogen.[15] V. Eickstedt trat so unter falschen Voraussetzungen im September 1945 die vorläufige Leitung des Anthropologischen Institutes in Leipzig an.[16] Zusätzlich wurde ihm zum 1. Oktober die vertretungsweise Verwaltung der Anatomie übertragen.[17]

Die Arbeit in Leipzig nahm er faktisch jedoch nicht auf, sondern kehrte mit dem Einverständnis Gadamers bereits im Oktober 1945 nach Breslau (Wrocław) zurück, um in mehreren Fahrten über die deutsch-polnische Grenze seinen Besitz aus der – im Gegensatz zum zerstörten Institut – vom Krieg unversehrt gebliebenen Wohnung zu bergen. Zu den so aus Wrocław geretteten Büchern gehörten u. a. „Vererbung und Erziehung", 1930 herausgegeben von Günther Just (1892-1950), „Das Rassenproblem unter besonderer Berücksichtigung der theoretischen Grundlagen der jüdischen Rassenfrage" von Ignaz Zollschan (1877-1948) von

10 Sächsisches Hauptstaatsarchiv Dresden (=HSAD), Ministerium für Volksbildung, Nr. 1499, Eickstedt an Landesverwaltung (Donat[h]) vom 09.08.1946.

11 UAL, PA 21, Anlage zu Gadamer an Rektor vom 24.09.1945.

12 V. Eickstedt beanspruchte Sitze und Stimme nicht nur in der Naturwissenschaftlichen, sondern – wie in Breslau – auch in der Medizinischen Fakultät sowie der philologisch-historischen Abteilung der Philosophischen Fakultät. Auch sollten die Inhalte der Anthropologie den Studierenden anderer Fächer – am liebsten in (allerdings von Gadamer abgelehnten) zwangsweisen Vorlesungen – vermittelt werden.

13 UAL, PA 21, Gadamer an Rektor vom 24.09.1945.

14 Vgl. ebd., Rektor an Landesverwaltung Sachsen vom 28.09.1945.

15 Vgl. ebd., Menke-Glückert an Rektor vom 25.02.1946.

16 V. Eickstedt machte später gegenüber der Landesverwaltung klar, dass eine nur vorläufige Vertretung des Lehrstuhles ohne anschließende Berufung für ihn nicht in Frage komme (ebd., Menke-Glückert an Rektor vom 25.02.1946).

17 Vgl. HSAD, Ministerium für Volksbildung, Nr. 1499, Formular o. D.

1925 (5. Auflage) oder „Rasse und Volk. Ihre Allgemeine Bedeutung, ihre Geltung im deutschen Raum“ von Wilhelm Schmidt (1868-1954) in zweiter Auflage (1935), die später ihren Weg nach Mainz fanden.[18]

In Leipzig wurde Ilse Schwidetzky mit den Aufgaben der Institutsverwaltung betraut.[19] Sie hatte als Oberassistentin eine Anstellung an der Universität erhalten[20] und nahm – wie v. Eickstedt schrieb – „die notwendigen Umstellungsarbeiten vor“[21]. So soll sie die „ersten Säuberungen“ der Institutsbibliothek beaufsichtigt haben (Streck 1997: 63). Auch vermittelte sie bei Anfragen während der langen Abwesenheit v. Eickstedts oder führte – als sie Fragebögen für ihren Chef ausfüllte – sich selbst und Eickstedts Frau Enjo (1893-1965) als jene zwei Personen an, die die „Verhinderung von Berufungen, Redeverbot, Verbot und Erschwernis wissenschaftl. Veröffentlichungen u. a.“[22] während der NS-Zeit für v. Eickstedt bestätigen könnten. Derartige, von Schwidetzky bzw. v. Eickstedt selbst ausgefüllte Fragebögen waren es wohl auch, die in einem Berufungsantrag vom März 1946 zu der Einschätzung führten: „Nachdem [sic] hier vorliegenden Fragebogen ist Herr von Eickstedt politisch unbelastet.“[23] Dabei wiesen der Dekan der Philosophischen Fakultät sowie der Rektor der Universität, Friedrich Klingner (1894-1968) bzw. Gadamer, ergänzend darauf hin, dass v. Eickstedt zu der verschwindend kleinen Zahl deutscher Anthropologen gehört habe, die sich dem Druck der politischen Stellen und der Gefahr, mit der nationalsozialistischen Rassenlehre zu paktieren, hätten entziehen können, so dass auf einen Dreiervorschlag verzichtet und nur v. Eickstedt als Kandidat für den anthropologischen Lehrstuhl vorgeschlagen werde.

V. Eickstedt und Schwidetzky selbst hatten in der Erwartung, ihre wissenschaftliche Laufbahn nun fortsetzen zu können, von Leipzig – bzw. dann auch von Wrocław – aus sehr schnell wieder Kontakt zu ehemaligen Mitarbeiterinnen und Kollegen aufgenommen. Darunter war die ehemalige wissenschaftliche Hilfskraft des Breslauer Institutes, Ursula Cwiertnia, wie auch die in Vaterschaftsgutachten geschulte Dorothea Ismer. Ehemalige Breslauer Doktoranden v. Eickstedts hatten sich ebenfalls bei Schwidetzky in Leipzig gemeldet, doch galten Dr. Dröher und Dr. Werner Klenke (*1910) laut Ilse Schwidetzky als politisch zu schwer belastet, um für eine Anstellung an der Universität Leipzig infrage zu kommen. Grundsätz-

18 Diese von v. Eickstedt als „aus Breslau gerettet“ gekennzeichneten Bücher werden aufbewahrt im Anthropologischen Institut der Universität Mainz. V. Eickstedt und Schwidetzky ergänzten sie 1947 durch Werke wie Jörns, E. (1933): Erziehung zu eugenischer Lebensführung als Aufgabe der Volksschule. Berlin; Gütt, A. et al. (1934): Gesetz zur Verhütung erbkranken Nachwuchses vom 14. Juli 1933. München; oder Verschuer, O. Frhr. v. (1944): Leitfaden der Rassenhygiene. Leipzig, 2. Auflage. (Für den Zugang zu diesen Werken danke ich Herrn Prof. Dr. Dr. Winfried Henke).

19 Vgl. UAL, PA 21, Eickstedt an Rektor vom 25.10.1945.

20 Zumindest wird sie im August 1946 als fest angestellte Mitarbeiterin geführt.

21 HSAD, Ministerium für Volksbildung, Nr. 1499, Eickstedt an Landesverwaltung (Donat[h]) vom 09.08.1946.

22 Ebd., Fragebogen vom 27.11.1945.

23 UAL, PA 21, Klingner/Gadamer an Landesverwaltung Sachsen vom 19.03.1946. Zur Entnazifizierungspraxis an der Leipziger Universität vgl. Feige (1994).

lich erhoffte man sich aber durchaus auch mit ihnen – zumindest personell – das Anknüpfen an die Breslauer Vergangenheit. So hatte sich Cwiertnia gegenüber Schwidetzky wie folgt geäußert: „In Frankfurt bei Verschuer anzuklopfen, hielt ich unvereinbar mit meinem ‚anthropol.' Gewissen. Kurz: wenn ich nicht in der Schule ‚v. E.'s' weiter arbeiten kann, dann einstweilen garnicht [sic]."[24] V. Eickstedt hatte ihr 1946 geantwortet: „Ich würde mich freuen, wenn auch Sie wieder sich an unserem Institut einfinden könnten! Dann lebt die gute alte Breslauer Tradition in freundschaftlicher und erfolgreicher Weise weiter."[25]

Bevor sich diese „gute alte Breslauer Tradition" in Leipzig jedoch rekonstituieren konnte, sah sich v. Eickstedt Vorwürfen und Anfeindungen ausgesetzt. Bereits im April 1946 wurden Anschuldigungen gegen ihn laut, er erhalte Lebensmittelkarten und Gehalt in Leipzig, obgleich er nicht am „Aetnologischen"[26] Institut in Leipzig Dienst tue, sondern in Breslau unterrichte und dort nach Aussage seiner Tochter auch „so und so viel Zloty"[27] verdiene. Der mittlerweile zum Rektor aufgestiegene Gadamer, der von Schwidetzky über die Vorwürfe des Betriebsrates ins Bild gesetzt worden war, konnte insofern schützend eingreifen, als sich v. Eickstedt mit seiner Erlaubnis in Breslau aufhalte,[28] doch musste er gegenüber Schwidetzky auch einräumen, dass der Druck des Betriebsrates nicht mehr lange aufzufangen sei, da den Anschuldigungen eine gewisse Berechtigung nicht fehle.[29] Hinzu kamen Streitigkeiten über die Zimmernutzung am Institut zu persönlichen Zwecken und v. a. eine Beschuldigung, die als „Vertraulich!" Eingang in die Akten gefunden hat. In einem Schreiben hieß es:

> „Durch Zufall traf ich vor einigen Wochen […] Herrn Professor von Eickstädt [sic! …]. Herr Professor von Eickstädt war auf der Reise von Dresden nach Breslau, um dort noch einige Bücher sicher zu stellen. Er erzählte mir, dass er ausgezeichnete Beziehungen zu den Polen hätte, die darauf zurückzuführen wären, dass er in der von ihm redigierten anthropologischen Zeitschrift wissenschaftliche Ergebnisse polnischer Forscher veröffentlicht hätte. Die Vertreter, die jetzt auf der Universität Breslau wären, wären ausgezeichnete Kavaliere; anders dagegen sei es mit den polnischen Verwaltungen und der polnischen Polizei; die ja zum grössten Teil in den Händen der Sozialisten und Kommunisten läge. Er sprach sich dann eingehend gegen das sozialistische und kommunistische Prinzip überhaupt aus, was auch in Deutschland nicht so bleiben könne und entpuppte sich als typischer intellektueller Reaktionär. Eickstädt ist der Verfasser eines grösseren Werkes ‚Rassenkunde und Rassengeschichte der Menschheit.' Eingangs unserer Unterhaltung hatte ich Eickstädt um einen anthropologischen Vortrag im Rahmen unseres Kulturbundes gebeten. Da er aber im Laufe der Unterhaltung mit Günther'schen Rassenbegriffen operierte, habe ich von diesem Vortrag Abstand genommen."[30]

Ob dieses Schreiben für die im Folgenden zu schildernden Vorgänge verantwortlich zeichnete, ist nicht festzustellen. Tatsächlich wurde v. Eickstedt jedoch am

24 Institut für Ethnologie, Universität Leipzig (=IEUL), ReXX, Cwiertnia an Schwidetzky vom 03.12.1945.
25 Ebd., Eickstedt an Cwiertnia vom 11.03.1946.
26 UAL, PA 21, Reuter an Rektor vom 12.04.1946.
27 Ebd., Bericht über Gespräche betr. Ord. f. Frhr. v. Eickstedt vom 18.04.1946.
28 Vgl. ebd., Gadamer an Reuter vom 18.04.1946.
29 Vgl. ebd., Gadamer an Rösing vom 04.07.1946.
30 HSAD, Ministerium für Volksbildung, Nr. 1499, [Unleserlich] an Gühme, o. D.

27. Juni 1946 durch den NKWD, die sowjetische politische Geheimpolizei, verhaftet. Niemand wusste zunächst, wohin ein Leipziger Polizist und zwei Männer in Zivil v. Eickstedt gegen 9 Uhr morgens verbracht hatten.[31] Ilse Schwidetzky wandte sich daraufhin an den Oberregierungsrat Wahl, um das Verschwinden v. Eickstedts aufzuklären. Dieser bemühte sich zusammen mit dem Prorektor um Informationen bei den zuständigen Militärbehörden, doch war außer Zusagen, sich um den Fall zu kümmern, dort nichts zu erreichen. Noch am 13. Juli konnte Schwidetzky über das Schicksal v. Eickstedts keine weitere Auskunft geben, doch schrieb sie: „Wir vermuten, daß die Sache irgendwie mit den Polen und den Breslauer Reisen zusammenhängt."[32]

„[D]as grauenhafteste Erlebnis", so v. Eickstedt, „das mir je in meinem Dasein beschieden war"[33], später fast poetisch als „lichtgrelle Kellerhaft geheimer Staatspolizeien" (Eickstedt 1954-1963: 2385) beschrieben, endete nach drei Wochen. V. Eickstedt wurde – so schrieb er zumindest selbst – mit der Entschuldigung entlassen: „Wir bedauern; wir haben festgestellt, dass wir falsch über Sie unterrichtet wurden."[34] Er glaubte rund acht Monate später, dass möglicherweise Freunde eines kommunistisch eingestellten Kollegen die Verhaftung angestiftet hätten, damit dieser Kollege das Institut übernehmen könne, was 1947 auch geschehen sei.[35] Jedenfalls stand für ihn, der zwar nicht in der NSDAP, wohl aber im NSLB, im Reichsluftschutzbund und im Reichskolonialbund Mitglied gewesen war,[36] fest: „Es war eine Denunziation, die mich hatte verschwinden lassen. Nach 21 Tagen und 21 Nächten war ich – ein seltener Fall – wieder frei, da sich in der Tat nicht das leiseste politische Stäubchen bei mir finden liess."[37]

Spätestens die Ereignisse im Juli 1946 gaben für v. Eickstedt nun den Ausschlag, Leipzig zu verlassen. Zudem hatte er trotz des Bemühens des Prorektors und des Rektors, ihm sein Auskommen zu sichern, von einem Vorschuss über 200,- Reichsmark abgesehen seit seinem Amtsantritt im Oktober 1945 keine Besoldung erhalten. Er bat daher am 9. August 1946 die Landesverwaltung um ihre Zustimmung, wenn er die Universität bitten werde, ihn von seiner Zusage, den Lehrstuhl zu übernehmen, zu entbinden, falls er eine akademische Tätigkeit im In- oder Ausland finden würde.[38] Das Ministerium für Volksbildung teilte v. Eickstedt daraufhin mit, dass augenblicklich keine Möglichkeit für eine Berufung

31 Vgl. UAL, PA 21, An Oberregierungsrat Wahl vom 26.-29.06.1946.

32 IEUL, ReXX, Schwidetzky an Ismer vom 03. Juli 1946.

33 HSAD, Ministerium für Volksbildung, Nr. 1499, Eickstedt an Gadamer vom 22.11.1946.

34 UAM, S 64/22, Eickstedt an Rektor vom 27.02.1947.

35 Vgl. ebd. Bei dem „fachlich zudem sehr geschätzten Kollegen" könnte es sich um Eduard Erkes (1881-1958) gehandelt haben (Streck 1997). Inwieweit die Behauptung, die v. Eickstedt selbst als hypothetisch auswies, stimmte, bleibt unklar.

36 Vgl. HSAD, Ministerium für Volksbildung Nr. 1499, Fragebogen v. Eickstedt vom 01.12.1945; BArchB (ehem. BDC), NSLB, NSD.Dozentenbund, Eickstedt: NSLB-Nr.: 227 847.

37 Archiv des Frobenius-Instituts, Frankfurt/M. (=AFIF), J2 (01.10.1946-01.04.1947), Eickstedt an Jensen vom 06.08.1946.

38 HSAD, Ministerium für Volksbildung, Nr. 1499, Eickstedt an Landesverwaltung (Donath) vom 09.08.1946.

auf den Lehrstuhl für Anthropologie und Ethnologie oder eine Vertretung desselben bestehe und er aufgrund der geführten Verhandlungen auch keinen Anspruch auf eine Anstellung habe.[39] Dass das Ausbleiben der Berufung hierbei mit der Person v. Eickstedts wie auch mit der anthropologischen Ausrichtung des Lehrstuhls und den Ambitionen eines Kollegen in Zusammenhang gestanden haben dürfte (Streck 1997) und nicht etwa finanzielle Gründe hatte, wird aus dem Stellenplan für das Ethnologisch-Anthropologische Institut ersichtlich, sah dieser doch die Stelle eines ordentlichen Professors, dreier wissenschaftlicher Assistenten und zweier wissenschaftlicher Hilfskräfte vor.[40] Ferner wurden bald darauf Berufungsverhandlungen, etwa mit Paul Kirchhoff (*1900), Herbert Baldus (1899-1970) oder Julius Ernst Lips (1895-1950), aufgenommen.[41] V. Eickstedt seinerseits legte die Leitung des Instituts zum 15. Oktober 1946 nieder und dankte Gadamer für dessen Einsatz zugunsten einer „Wissenschaft zum Besten von Universität und Bevölkerung [...], deren kulturelle Bedeutung und sittlicher Wert für eine wirklich humane Bildung der Jugend heute mehr denn je zu Tage liegt."[42] Seine Zeit in Leipzig kommentierte v. Eickstedt gegenüber Gadamer später wie folgt:

> „Denn obwohl ich bei dem Mangel an Anthropologen in Deutschland leicht eine Stellung an einer anderen Universität hätte finden können, blieb ich in Leipzig, weil Sie und Spectabilis Hueck mir darlegten, wie nötig ein Bleiben für eine glatte Durchführung des anatomischen Studiums der jungen Mediziner sei, und weil sie mir zudem wiederholt und auf das nachdrücklichste versicherten, dass die Auszahlung des Gehalts mit Sicherheit in Kürze erfolgen wurde [sic; ...]. Erst das Gespräch mit Ministerialrat Donath zeigte mir, dass damit keineswegs zu rechnen war, dass die Landesregierung vielmehr eben gerade deshalb, weil die Universität mich dringend brauchte, gewillt war, mich ebenso nachdrücklich abzulehnen. [...] Aber bedauern muss ich es, wenn sich in meiner näheren Umgebung Personen fanden, die aus klaren und normalen Handlungen kleinliche Verdrehungen und Verleumdungen zu konstruieren sich bemühten, als sie eine für mich scheinbar ungünstige Wendung vermuteten, und dabei soweit gingen, selbst vor Eingriffen in mein Privateigentum nicht zurückzuscheuen. [...] und zumindest nach der Aussage der zuständigen Sekretärin war das [der Entzug der Arbeitskarte und der Lebensmittelzulagen, d. Verf.] auf die unmittelbare Veranlassung des stellvertretenden Rektors der Universität selbst geschehen."[43]

Gadamer war offensichtlich bemüht, die Anschuldigungen v. Eickstedts zu relativieren. So hätte nicht die Landesregierung universitätsfeindlichen Elementen Material an die Hand gegeben, sondern es habe sich einwandfrei erwiesen, dass die Störung der universitären Arbeit von anderen Kreisen ausgegangen sei.[44]

39 Vgl. ebd., Donath an Eickstedt vom 04.09.1946.

40 Vgl. HSAD, Ministerium für Volksbildung, Nr. 1498, Liste über die bei der Universität Leipzig vorhandenen Planstellen des wissenschaftlichen Dienstes nach dem Stande vom 01.08.1946.

41 Vgl. weiterführend HSAD, Ministerium für Volksbildung, Nr. 1541.

42 UAL, PA 21, Eickstedt an Rektor vom 01.10.1946.

43 HSAD, Ministerium für Volksbildung, Nr. 1499, Eickstedt an Gadamer vom 22.11.1946 [Unterstreichung im Original; handschriftlich daneben notiert: „Unsinn!"].

44 Vgl. UAL, PA 21, Gadamer an Eickstedt vom 13.12.1946.

NEUANFANG II ? – MAINZ

Nachdem ein Neuanfang – oder die Fortsetzung der „guten alten Breslauer Tradition“ – in Leipzig gescheitert war, musste v. Eickstedt nach einer anderen Wirkungsstätte suchen. Zugute kam ihm nun, dass er bereits während seiner Verhandlungen mit Leipzig Kontakte zu Kollegen aufgebaut hatte, die sich um eine Anstellung für ihn bemüht hatten und nun weiter bemühten. Ein solcher Kontakt bestand zu Robert v. Heine-Geldern (1885-1968), mit dem v. Eickstedt aus seiner Zeit als Museumsanthropologe am Wiener Naturhistorischen Museum (1924-1926) befreundet war. V. Heine-Geldern hatte sich 1925 in Wien habilitiert, beschäftigte sich wie v. Eickstedt gleichfalls mit dem indischen Raum und hatte in v. Eickstedts Reihe „Archiv für Rassenbilder“ zusammen mit M. H. Ferrars eine Kartenfolge über „Typen aus Birma“ (Ferrars & Heine-Geldern 1926) herausgebracht. Nach der Machtübernahme der Nationalsozialisten in Österreich war v. Heine-Geldern nicht mehr von einem USA-Aufenthalt zurückgekehrt, da er teilweise jüdischer Abstammung war (Linimayr 1994: 57f). Als sich v. Eickstedt nach Ende des Zweiten Weltkrieges an v. Heine-Geldern wandte, ob dieser ihn nicht für eine Professur in den USA oder in China empfehlen könne, lehrte dieser an der „School for Asiatic Studies“ in New York. V. Heine-Geldern setzte sich offenbar für v. Eickstedt ein und schrieb im Oktober 1945 an einen Freund – eventuell v. Wellmann:

> „Vor kurzem erhielt ich […] den Brief eines alten Freundes aus Deutschland, Baron Egon Eickstedt. […] Er war Professor der Anthropologie in Breslau, war nicht Nazi, ja seine Rassenlehre ist so unnazistisch als möglich. (Natürlich musste er gerade deswegen vor den Nazi seinen Kotau machen – ich weiss[,] dass er ihnen ein Dorn im Auge war. Dass er so tun musste als ob, wird ihm hier von gewissen Emigranten angekreidet. Es ist ja so leicht, den Helden zu spielen, wenn man selbst in Sicherheit ist. Aber wenn man drüben sass, eine Familie hatte und nicht fort konnte, sah die Sache natürlich anders aus.) Eickstedt schreibt mir nun, dass sein Institut verbrannt, seine Sammlungen und Bücher vernichtet wurden, dass seine Frau gelähmt in einem Spital in Dresden liegt und jeden Augenblick die Ausweisung erwartet, dass seine Tochter verschollen ist und dass er nicht weiss, wovon er leben soll. […]. Wenn es Euch möglich ist, möchte ich Euch bitten, ihm Folgendes mitzuteilen. (1) Es wäre sehr wichtig[,] Genaueres über seine Verfolgung durch die Nazi zu erfahren. (2) In Amerika ist augenblicklich kaum eine Aussicht, obwohl manche der hiesigen Anthropologen sehr hoch von ihm denken. Dagegen hoffe ich, dass vielleicht mit China etwas möglich sein wird. Ich habe bereits Schritte eingeleitet, weiss natürlich nicht, ob ich Erfolg haben werde. Natürlich werde ich mein Möglichstes tun. Werde ausserdem auch an Koppers in die Schweiz schreiben, ob er nicht vielleicht etwas tun kann. Eigentlich sollte man ja Eickstedt gar nicht aus Deutschland fortlassen. Es gibt nicht gar so viele physische Anthropologen in Deutschland, die nicht Nazi waren und die imstande wären, dem nazistischen Schund eine wissenschaftliche Rassenlehre entgegenzusetzen. Sollte es Eickstedt möglich sein, mir ein oder zwei Exemplare seiner im Jahr 1944 erschienenen „Rassendynamik von Ostasien“ zukommen zu lassen, so würde mir das bei meinen Bemühungen für ihn sehr nützlich sein – falls er sie nicht gar zu arg nazistisch hat tarnen müssen.“[45]

45 AFIF, J2 (A-K, 01.03.1944-31.03.1945), Heine-Geldern an „Lieber Freund“ [Wellmann?] vom 16.10.1945.

Das Schreiben wurde an Adolf Ellegard Jensen (1899-1965) weitergereicht, der nun v. Eickstedt kontaktierte, seine Hilfe anbot und über Frankfurt die Verbindung zwischen v. Heine-Geldern in den USA und v. Eickstedt in der SBZ ermöglichte. Jensen war seit 1945 Direktor des Frankfurter Völkerkundemuseums sowie ab 1946 Ordinarius für Kultur- und Völkerkunde an der Universität Frankfurt (Kohl 2001). Er konnte im November 1945 in einem Brief an v. Eickstedt aus einem weiteren Schreiben v. Heine-Gelderns zitieren: „Ich [v. Heine-Geldern, d. Verf.] lasse […] meine Freunde sehr bitten, Eickstedt zu schreiben, dass sowohl ich als einige amerikanische Anthropologen sich seinetwillen bemühen, dass ich […] eine leise Hoffnung habe, ihm vielleicht eine Stellung verschaffen zu können.“[46] V. Heine-Geldern sah für v. Eickstedt zudem Optionen in Südamerika oder Mexiko, falls sich in den USA oder in China keine Anstellung finden ließe. Die Bemühungen v. Heine-Gelderns im Ausland erbrachten jedoch letztlich keinen Ertrag.[47] Dafür hatte v. Eickstedt über ihn Kontakt zu Jensen erhalten, der zu einem wichtigen Ansprechpartner im westlichen Teil Deutschlands wurde.

Als sich v. Eickstedt im Juli 1946 noch in Gewahrsam des NKWD befand, hatte sich Ilse Schwidetzky im Auftrag Enjo v. Eickstedts, die an *Arthritis deformans* litt und an den Rollstuhl gefesselt war, an Jensen gewandt, ob dieser bei der Übersiedlung der Familie Eickstedt in den Westen behilflich sein könnte. Da v. Eickstedts Tochter als „Professorentochter“[48] keinen Medizinstudienplatz in Leipzig erhalte, hatte Frau v. Eickstedt Mainz, „wo durch den Neuaufbau der Universität günstige Aufnahmebedingungen bestehen sollen“[49], oder jede weitere Universität im Westen ins Auge gefasst. Auch v. Eickstedt wandte sich unmittelbar nach seiner Entlassung aus der Haft an Jensen mit der Bitte um Hilfe. Jensen, der zu bedenken gab, dass „auch hier im Westen die Möglichkeiten so beengt“[50] seien, nahm mit der Frankfurter Universität Kontakt auf und schrieb an den Dekan der Medizinischen Fakultät:

> „Der frühere Ordinarius für Anthropologie in Breslau, Freiherr von Eickstedt, hat an mich geschrieben, daß er infolge bestimmter Umstände die russische Zone verlassen müsse. Er ist – obgleich politisch völlig unbelastet – kürzlich verhaftet gewesen, jedoch wieder freigelassen. […] Er schreibt mir, daß er entschlossen sei, in die westliche Zone zu gehen; auch wenn er nicht einen Lehrstuhl erhalten könne, wäre er doch mit einer Assistentur oder Dozentur in den Fächern Anthropologie, Geographie, Kulturgeschichte, Psychologie, Ostasienkunde oder Anatomie zufrieden. […] Da ich nicht weiß, was in bezug auf den Lehrstuhl von Freiherr von Verschuer beabsichtigt ist, möchte ich nicht versäumen, Sie mit dieser Lage des Herrn von Eickstedt bekannt zu machen.“[51]

Die Bewerbung v. Eickstedts hatte allerdings keinen Erfolg. Jensen wollte daher mit der in der französischen Besatzungszone liegenden Mainzer Universität in

46 Ebd., Jensen an Eickstedt vom 14.11.1945 (Hervorhebung im Original).

47 China dürfte aufgrund der veränderten politischen Lage spätestens seit Juni 1946 ohnehin keine Option mehr dargestellt haben.

48 AFIF, J2 (01.10.1946-01.04.1947), Eickstedt an Jensen vom 06.08.1946.

49 Ebd., Schwidetzky an Jensen vom 13.07.1946.

50 Ebd., Jensen an Eickstedt vom 20.08.1946.

51 Ebd., Jensen an Dekan der Medizinischen Fakultät vom 20.08.1946.

Verhandlung treten, an der er ebenfalls Vorlesungen hielt. Nach Mainz hatte sich v. Eickstedt auch selbst schon am 13. August 1946 gewandt und die Koinzidenz der Interessen geschildert:

> „Einmal geht die Richtung der geisteswissenschaftlichen Entwicklung gerade des Universitätsgedankens in Mainz in eben der Richtung, die ich mit der neuen Menschheitsforschung anstrebe. […] ist doch gerade die Menschheitsforschung in ihrer Eigenschaft als Grundlage eines gerecht und geistig Urteilenden [sic] Menschheitsgedankens der kulturgeschichtlichen Stimmung von Westeuropa und wieder im besonderen Mainz nahe stehend, im Osten aber wurzellos."[52]

V. Eickstedt betonte nun, dass er teilweise amerikanischer Abstammung, seine Frau Südamerikanerin sei und er sich zwischen 1937 und 1939 in den französischen Kolonien und zudem in Frankreich aufgehalten habe. Das westliche Wesen sei ihm daher vertraut, als Leumund führte er Pariser Kollegen, u. a. Paul Rivet (1876-1958) und Henri Victor Vallois (1889-1981), auf. „Die guten Beziehungen zu Frankreich", so v. Eickstedt, „dürften gleichfalls den Zielen der Universität entsprechen, die zudem als Neuschöpfung für Neues und Grösseres und für die Grundlagen einer philosophischen Überwindung der Rassentheorie an sich schon stärkeres Interesse haben dürfte."[53] Ziel seiner wissenschaftlichen Arbeiten sei „die Begründung einer umfassenden Menschheitsforschung, […] die als Grundlage für einen rassenüberwindenden Menschheitsgedanken dienen soll"[54] (s. u.).

Diese Selbstdarstellung schien Erfolg zu haben. Die Mainzer Universität reagierte prompt und bot v. Eickstedt einen Lehrstuhl für Ethnologie an. „Da haben sie gewiss mitgestritten!"[55], schrieb v. Eickstedt daraufhin begeistert an Jensen. Tatsächlich dürfte die erfolgreiche Vermittlung v. Eickstedts weniger über Jensen gelaufen sein, der erst mit etwas Verspätung für diesen in Mainz warb, als vielmehr – allerdings archivalisch nicht nachweisbar – über einen ehemaligen Breslauer Kollegen, den nun ebenfalls in Mainz wirkenden Musikwissenschaftler Arnold Schmitz (1893-1980), der auf v. Eickstedt hingewiesen haben soll.[56]

Am 14. September 1946 führte v. Eickstedt erste Gespräche in Mainz. Von einer Professur für Ethnologie war hier bereits nicht mehr die Rede, vielmehr stand nun eine ordentliche öffentliche Professur für Anthropologie in Aussicht und „ein Institut im Sinne von Menschheitsforschung", das dem Ganzheitskonzept v. Eickstedts entsprechend „über die landläufigen Grenzen eines anthropologischen Universitätsinstitutes hinaus aufzuziehen"[57] sei. An Personal erbat er sich einen eigenen Fotografen, einen Hilfsassistenten sowie als Oberassistentin Ilse Schwidetzky und als Sekretärin bzw. technische Assistentin Dorothea Ismer, die schon in Breslau bei ihm gearbeitet hatten und auch für Leipzig als Mitarbeiterinnen vorgesehen gewesen waren (s. o.).

52 UAM, S 64/22, Eickstedt an Rektor vom 13.08.1946.
53 Ebd.
54 Ebd.
55 AFIF, J2 (01.10.1946-01.04.1947), Eickstedt an Kollegen [Jensen] vom 30.08.1946.
56 Laut freundlicher Auskunft von Frau Kandler-Pálsson (Gespräch vom 16.12.2004).
57 UAM, S 64/22, Aktenvermerk vom 16.09.1946.

Am 27. Oktober führte v. Eickstedt, wie er an Jensen schrieb, die Berufungsverhandlungen mit dem Rektor: „am 29. hielt ich meine Ernennung zum Ordinarius auf Lebenszeit in Händen und die Einrichtung des Instituts war im Gange.“[58] Tatsächlich hatte er mit Zustimmung der Militärregierung der französischen Besatzungszone und mit Wirkung vom 15. Oktober 1946 die Bestellung zum planmäßigen ordentlichen Professor erhalten, auch wenn die Ernennung auf Lebenszeit erst 1950 erfolgte (s. u.). V. Eickstedt war allerdings nicht der einzige Anthropologe an der Mainzer Universität. Als Honorarprofessor unterrichtete im Wintersemester 1946/47 auch Frédéric Falkenburger (1890-1965) in Mainz, der 1947 als planmäßiger außerordentlicher Professor für Anthropologie berufen wurde, zunächst dieses Fach jedoch nur mit einer halben Stelle vertrat.[59]

Da es sich bei der Mainzer Universität um eine Neugründung handelte und daher keine „Entnazifizierung“ durchgeführt wurde, fiel wohl auch die Begutachtung der Vergangenheit v. Eickstedts eher oberflächlich aus. Im Berufungsvorschlag wurde er als politisch „unbelastet“[60] eingestuft. Erst als 1947 Kritik an der Berufungspolitik der Universität laut wurde, da diese „ein Nazinest“ (Defrance 1994: 126) sei, schien man sich auch der Vergangenheit v. Eickstedts intensiver zuzuwenden und ihm Beziehungen zur NSDAP zuzuschreiben. V. Eickstedt wandte sich daraufhin empört an den Rektor:

> „So widersinnig eine solche Behauptung gerade von mir ist – der ja doch nicht nur in Deutschland, sondern der ganzen wiederholt in jahrelangen Reisen besuchten Welt als der erste Gegner gewisser nazistischer Theorien und Widerpart der NS-Anthropologie (Günther usw.) hinreichend bekannt ist, dessen zahlreiche und sehr umfangreiche Werke auf das deutlichste [sic] auch die bare Unmöglichkeit zeigen – will ich kurz dazu Stellung nehmen.“[61]

So seien weder er noch seine Kinder in der Partei oder einer lose angebundenen Organisation gewesen.[62] Vielmehr sei seine Frau – die tatsächlich 1933 als jüdisch eingestuft zu werden in Gefahr stand (s. u.) – fremder Rasse und sein Großvater Amerikaner gewesen, so dass seine Kinder mehr Amerikaner als Deutsche seien.

58 AFIF, J2 (01.10.1946-01.04.1947), Eickstedt an Jensen vom 01.10.1946.

59 Falkenburger, von der Ausbildung her primär Mediziner, war nach der Machtübernahme durch die Nationalsozialisten nach Frankreich emigriert, hatte u. a. am Centre National de la Recherche Scientifique gearbeitet und wurde nach Kriegsende Chef du Service de la Santé du Haut-Commissariat Francais en Allmagne. Das Verhältnis zwischen Falkenburger und v. Eickstedt war bald angespannt. So wurde Falkenburger, zunächst im Mitherausgeberkreis der Zeitschrift „Homo“ (s. u.), bereits ab Band 2 nicht mehr im Editorial-Board des von v. Eickstedt editierten Journals geführt. Ab Wintersemester 1951/52 erhielt Falkenburger ein eigenes Institut für menschliche Stammesgeschichte und Biotypologie, obgleich bereits 1948/49 die Überbesetzung des Anthropologischen Institutes auf der Plenarsitzung der Professoren am 09.11.1948 festgestellt worden war (vgl. UAM, S 64/22, Eickstedt an das Ministerium für Kultus und Unterricht vom 15.12.1948; Regierungsdirektor an den Minister für Unterricht und Kultus vom 12.01.1949).

60 UAM, S 64/22, Berufungsvorschlag vom 01.10.1946.

61 UAM, S 64/22, Eickstedt an Rektor vom 27.02.1947.

62 Tatsächlich hatte er diesbezüglich auf einem Fragebogen der Universität Leipzig andere Angaben gemacht (vgl. HSAD, Ministerium für Volksbildung, Nr. 1499, Fragebogen v. Eickstedt vom 01.12.1945).

Er sei auch nie ordentlicher Professor geworden, Berufungen seien vereitelt worden, er habe Redeverbot außerhalb des Lehrsaals gehabt, Schriften von ihm seien verboten worden, zumal diese „weltanschaulich nicht erwünscht“[63] gewesen seien. Schärfere Maßnahmen gegen ihn seien nur unterlassen worden, weil man die Reaktion des Auslandes befürchtet habe. Er führte weiter aus:

> „Von mir selbst wäre dazu zu sagen, dass ich in der Tat die sog. nordische Rassentheorie für lächerlich und unwürdig und die Judengegnerschaft für empörend und verächtlich halte und mich für eine aktive Ueberwindung der Rassentheorie durch den Menschheitsgedanken einsetze – worauf ja zum Teil auch meine wissenschaftliche Arbeit aufbaut, die bekanntlich in der Begründung einer neuen Wissenschaft vom Menschen als der dritten Biologie neben Tier- und Pflanzenkunde gipfelt.“[64]

Hieraus schloss er:

> „Es versteht sich danach leicht genug, dass ich ausgesprochen international eingestellt bin und den NS ein Greuel und Aergernis sein musste, nach internationaler Abstammung wie strenger Wissenschaftlichkeit, und wie wirklich unvernünftig die Annahme ist, dass ich einer so chauvinistischen und engherzigen Bewegung wie dem Nationalsozialismus nahegestanden haben könnte.“[65]

V. Eickstedt präsentierte hier beschönigend seine Vergangenheit. Zwar war er tatsächlich vom NSD-Dozentenbund als nicht vortragstauglich eingestuft worden (s. o.), doch hatte er trotzdem Gelegenheiten für Vortragstätigkeiten außerhalb der Universität gehabt. Um eine Aufnahme in die NSDAP hatte er sich sehr wohl bemüht, auch dem NSLB gehörte er an. Notizen über Vorträge, Reisen und Werke erschienen in verschiedensten – auch nicht fachinternen – Zeitschriften und Zeitungen, sein „Deutschland-Büchlein“, womit „Die rassischen Grundlagen des deutschen Volkstums“ (Eickstedt 1934a) gemeint sein dürften, erschien 1939 sogar in zweiter Auflage – zumal zumindest dieses Werk nicht rassistischer und antisemitischer Stereotypen ermangelte.[66] V. Eickstedt ist für die 1920er Jahre zwar nicht als Antisemit einzustufen, äußerte sich aber durchaus, besonders 1933/34, judenfeindlich (Eickstedt 1934a: 28-31; Lilienthal 1993: 190f). Dies geschah wohl nicht (nur), weil er die Einstufung seiner in Brasilien gebürtigen Frau als Jüdin abwehren musste, sondern zuvorderst, weil er sich Karrierechancen im sich eben etablierenden NS-Staat versprach.

Musste sich v. Eickstedt schon apologetisch mit seiner Vergangenheit auseinandersetzen, nutzte er dies, um eine Gehaltserhöhung durchzusetzen. Da man seine Karriere in der NS-Zeit behindert habe und etwa noch 1942 der Versuch

63 UAM, S 64/22, Eickstedt an Rektor vom 27.02.1947.

64 Ebd.

65 Ebd.

66 Sich als „Widerpart“ zur Anthropologie Hans F. K. Günthers (1891-1968) zu positionieren (s. o.) erscheint ebenso übertrieben. Hatte sich v. Eickstedt doch beispielsweise 1930 dafür ausgesprochen, Günther die Möglichkeit zur Habilitation und damit die Berufung als Professor nach Jena zu gewähren, hatte er doch 1937 versucht, die Rassengliederung Günthers auf die eigene zurückzuführen, und hatte er ihn doch nach 1945 mehrfach in Schutz genommen sowie als wissenschaftliche Quelle zitiert (Hoßfeld 1999: 59; Eickstedt 1954-1963; Klingemann 1992).

gemacht worden sei, ihn völlig aus dem Amt zu entfernen und durch den SS-Major Bruno K. Schultz (*1901) zu ersetzen, stünden ihm höhere Bezüge zu.[67] V. Eickstedt legte seiner Forderung ein Schreiben des Kurators der Frankfurter Johann Wolfgang Goethe-Universität bei. Paul Klingelhöfer (1887-1951), ehemals Ministerialrat und schon damals Förderer v. Eickstedts im Reichserziehungsministerium, im letzten Kriegsjahr jedoch entlassen und daher als gänzlich „unbelastet“ geltend (Hammerstein 1989: 561f.; Kröner 1998: 193f), hatte das Ansinnen v. Eickstedts auf Entschädigung kommentiert: „Denn bei den vielen Anfeindungen und Verfolgungen, die Sie in Ihrer Laufbahn und für Ihre Wissenschaft erduldet haben, ist es m. E. ein Akt der Wiedergutmachung, der an Ihnen als einem politisch Bedrängten und Verfolgten vollzogen würde.“[68]

In Folge der massiven Gegenwehr v. Eickstedts, da sich in Archiven nichts belastendes zu seiner Person finden lasse und da er aufgrund der vom Obersten Parteigericht verweigerten endgültigen Aufnahme in die NSDAP als vom Gesetz zur politischen Säuberung nicht betroffen eingestuft wurde,[69] folgten für v. Eickstedt keine weiteren Konsequenzen aus Anfragen zu seiner Vergangenheit, die bis 1949 einliefen. 1950 wurde er schließlich zum planmäßigen ordentlichen öffentlichen Professor auf Lebenszeit ernannt.[70]

So wenig die Anfertigung von Abstammungs- und Rassegutachten für das Reichssippenamt oder die – aus überwiegend opportunistischen Gründen vorgenommene – Propagierung nationalsozialistischer Rassenideologie v. Eickstedt nach 1945 zu größeren Nachteilen gereichte, so wenig wurde die Vergangenheit Werner Klenke zum Hindernis. Letzterer wurde neben Ilse Schwidetzky als Oberassistentin – seit 1949 als außerplanmäßiger Professorin (Bernhard 1977: 70) – und neben Dorothea Ismer als Sekretärin bald am Mainzer Institut beschäftigt. Klenke, seit 1930 Mitglied in der NSDAP und SA,[71] war während seines Einsatzes im Zweiten Weltkrieg am Kopf verwundet worden und daher nur noch eingeschränkt leistungsfähig. Er, zu dem Schwidetzky 1945 bemerkt hatte: „aber auch er ist ja schwer belastet“[72], fand sich 1947 am Institut ein (Bernhard 1977: 70) und führte v. a. Vaterschaftsgutachten durch, um durch den Krieg getrennte Familien wieder zusammenzuführen.[73] V. Eickstedt soll sich nicht zuletzt aufgrund dessen Kriegsverletzung sehr für Klenke eingesetzt haben, der später noch Akademischer

67 Vgl. UAM, S 64/22, Eickstedt an Rektoramt vom 16.12.1947.

68 Ebd., Klingelhöfer an Eickstedt vom 10.12.1947.

69 Vgl. Bureau des archives de l'occupation française en Allemagne et en Autriche, Colmar (=BAO), RP 48/1, Denazification, dossier N° 350/U; UAM, S 64/22, Beschluss vom 18.10.1948 ; BAO, RP 48/1, Le Prefet, Chef du Service de la Sûreté an le Commissaire pour le Land Rheno Palatin vom 24.10.1949.

70 Vgl. UAM, S 64/22, Ernennungsurkunde vom 26.10.1950.

71 Vgl. UAW, F 322, Lebenslauf Klenke o. D.

72 IEUL, ReXX, Schwidetzky an Cwiertnia vom 15.11.1945. 1946 hatte der Kulturausschuss des Düsseldorfer Landtages die Doktorarbeit Klenkes zu jenen gezählt, „die das Ansehen der deutschen Wissenschaft im Ausland auf das ernsteste [sic] gefährden müßten“ ([T.] 1946).

73 Für diese Mitteilung danke ich Herrn Prof. Dr. Dr. Hubert Walter (Schreiben vom 05.11.2005).

Direktor wurde. Die für Leipzig angestrebte „Breslauer Tradition" hatte sich damit personell zumindest teilweise in Mainz rekonstituiert.[74]

NEUANFANG III ? – DIE DEUTSCHE GESELLSCHAFT FÜR ANTHROPOLOGIE

Neben den geschilderten Kontakten zu v. Heine-Geldern und Jensen standen die ehemaligen Breslauer Anthropologen bereits kurz nach Kriegsende wieder in Korrespondenz mit Günther Just, Walter Scheidt (1895-1976), Heinrich v. Eggeling (1869-1954), Eduard Erkes, Wilhelm Koppers (1886-1961) oder Martin Gusinde (1886-1969). Im April 1946 hatte sich auch Hans Weinert (1887-1967) mit einem Rundschreiben an v. Eickstedt und Schwidetzky in Leipzig gewandt, da er die Deutsche Gesellschaft für Anthropologie, Ethnologie und Urgeschichte wiederzubegründen trachtete. Weinert hatte bei der Britischen Militärregierung bereits die Erlaubnis für die Wiederbelebung der Gesellschaft eingeholt und die Führung der Geschäfte bis zur Wahl eines Vorstandes übernommen. Ein wirklicher Neuanfang sollte offensichtlich auch hier nicht gewagt werden, betonte Weinert doch, dass nicht nach der politischen Anschauung der potentiellen Mitglieder gefragt werde, solange diese nicht an Verbrechen beteiligt gewesen seien.[75]

Faktisch wurde die Gründung dieser Gesellschaft im September desselben Jahres bereits obsolet, als sich deutsche Ethnologen – unter ihnen v. Eickstedt – in Frankfurt am Main versammelten und die Wiedereröffnung der Deutschen Gesellschaft für Völkerkunde beschlossen: „Ein Aufgehen der Gesellschaft für Völkerkunde in einer ‚Gesellschaft für Anthropologie, Ethnologie und Urgeschichte' wurde angesichts der hervorragenden Bedeutung der völkerkundlichen Wissenschaft eindeutig abgelehnt" (Dittmar 1946: 109). Als sich die Anthropologen im September 1948 in Weinheim erstmals trafen, gründete man zwar Weinert zuliebe eine als Dachverband angelegte Deutsche Gesellschaft für Anthropologie, Ethnologie und Urgeschichte, doch hatte deren Schriftführer Mühlmann unter der Hand offenbar die Aufgabe zugewiesen bekommen, deren Auflösung zu betreiben (Spiegel-Rösing & Schwidetzky 1982: 84). Als Plattform der deutschen Anthropologen sollte vielmehr die Deutsche Gesellschaft für Anthropologie dienen, deren Gründung parallel beschlossen und zu deren ersten Vorsitzenden v. Eickstedt neben Ilse Schwidetzky als Schriftführerin und Günther Just als zweitem Vorsitzenden gewählt wurde. Für die Wiederbegründung einer solchen, auf die Anthropologie fokussierten Gesellschaft, die damit eher in der Tradition der

74 Ausgesprochen hatte sich v. Eickstedt in Mainz auch für Wilhelm Emil Mühlmann (1904-1988) (vgl. AFIF, J2 [01.10.1946-01.04.1947], Eickstedt an Jensen vom 01.10.1946), der 1937 kurzzeitig sein Assistent in Breslau gewesen war und der nun, 1950, eine außerplanmäßige Professur für Soziologie und Völkerpsychologie an der Mainzer Universität erhielt, wo er besonders mit Ilse Schwidetzky zusammenarbeitete.

75 Vgl. IEUL, ReXX, Rundschreiben Weinert vom 14.04.1946.

1925 gegründeten und 1937 in Deutsche Gesellschaft für Rassenforschung umbenannten Deutschen Gesellschaft für physische Anthropologie stand, hatte Schwidetzky – wohl auch im Sinne v. Eickstedts – bereits vor der Zusammenkunft vehement geworben und damit anscheinend auch breites Echo bei Kollegen gefunden. Möglicherweise verdankten die nun in Mainz ansässigen Anthropologen ihre Wahl diesem Umstand, möglicherweise wurde v. Eickstedt auch als erster Vorsitzender gewählt, weil er – wie Schwidetzky gegenüber Scheidt bemerkte[76] – nicht Mitglied der NSDAP gewesen war. Die für Mainz zuständige französische Besatzungsmacht begrüßte die Wahl v. Eickstedts und Schwidetzkys, da diese als politisch nicht belastet galten und die Gesellschaft mit Sitz in Mainz der französischen Kontrolle unterstand.[77] Als die Gesellschaft das zweite Mal, diesmal 1950 in Mainz, tagte, wurde Mühlmann anstelle des verstorbenen Günther Just zum zweiten Vorsitzenden gewählt, v. Eickstedt und Schwidetzky wurden in ihren Ämtern bestätigt. In der Amtszeit v. Eickstedts gingen aber offensichtlich keine maßgeblichen Impulse von der/für die Gesellschaft aus (Spiegel-Rösing & Schwidetzky 1982: 16).

NEUANFANG IV ? – WISSENSCHAFTLICHE KONZEPTIONEN UND PROJEKTE

Angesichts des Bemühens um personelle Kontinuität bei den notwendigen Ortswechseln von Breslau nach Leipzig und weiter nach Mainz stellt sich die Frage nach inhaltlichen und/oder rhetorischen Brüchen, die sich um das Jahr 1945 in den Forschungen und Publikationen v. Eickstedts im Sinne einer „Wissenschaftswende" abgezeichnet haben könnten.

Zunächst ist tatsächlich ein Bruch zu konstatieren, der sich aber sowohl in der Lehr- und Forschungstätigkeit v. Eickstedts als auch in der Disziplinengeschichte schon lange zuvor angekündigt hatte und den endgültig zu vollziehen der institutionelle Wandel nun Gelegenheit bot. Hatte sich v. Eickstedt von Anbeginn seiner wissenschaftlichen Karriere an als physischer Anthropologe, nicht als Ethnologe verstanden, aber auf seiner Expedition nach Indien wie auch mit seiner Dozentur und späteren Professur in Breslau die Aufgaben bzw. die Lehre eines Ethnologen übernehmen müssen, so hatte er bereits spätestens 1936 seine ethnologische Lehrtätigkeit stark reduziert. Hätte er in der Not der Jahre 1945/46 auch eine völkerkundliche Stelle angenommen (s. o.), so fand doch bereits in den Berufungsverhandlungen sowohl in Leipzig als auch in Mainz die Fokussierung der jeweiligen Institute auf die Anthropologie statt.

Nicht ohne Parallelen gestaltete sich das Verhältnis v. Eickstedts zur Bevölkerungs- oder Sozialanthropologie. Mit der Machtübernahme der Nationalsozialisten war es v. Eickstedt gelungen, die rassenkundliche Erfassung der Bevölkerung

76 Vgl. IEUL, ReXX, Schwidetzky an Scheidt vom 24.05.1946.

77 Vgl. BAO, RP 48/1, Lé Général d'Armée Koenig an le Délégué pour le Gouvernement Militaire de l'etat Rheno-Palatin – Education publique vom 01.04.1949.

Schlesiens – trotz wissenschaftlich zweifelhafter Methodik – zu initiieren und in diesem Rahmen – insbesondere innerhalb der Stadtanthropologie Breslaus – Fragen der Bevölkerungsbiologie – nach Siebungsvorgängen, „sozialer Auslese“ etc. – zu behandeln. Derartige Untersuchungen wurden von ihm als Grundlagenforschung einer auf praktische Anwendung hin ausgelegten Eugenik oder Erbpflege ausgewiesen (Eickstedt 1934b: 899).[78] Die Organisation der Arbeiten sowie die Auswertung der Ergebnisse war jedoch bis 1945 zusehends an Schwidetzky übergegangen. Nach 1945 nahm v. Eickstedt die Forschung zur Bevölkerung Deutschlands und den ihr vermeintlich zugrunde liegenden rassen- und sozialanthropologischen Mechanismen nicht mehr auf.[79] Diese Forschungsrichtung wurde nun in Mainz allein von Schwidetzky weitergeführt, die sich nicht nur erhaltene Daten aus Schlesien zu rekonstruieren bemühte, sondern auch neue Forschungen, etwa in Nordrhein-Westfalen, initiierte (vgl. u. a. Schwidetzky 1950; Schwidetzky 1955). Die Delegierung der Bevölkerungsbiologie hatte ihren Grund allerdings nicht in einer skeptischen Haltung v. Eickstedts gegenüber deren Fragestellungen, Voraussetzungen oder Methoden, sondern in der Fokussierung auf die Kerngebiete der eigenen Forschung: auf die Rassenkunde und auf das seit 1936 laufende Projekt einer Ganzheitsanthropologie.[80]

Besondere Aufmerksamkeit hatte v. Eickstedt von Anfang seiner wissenschaftlichen Tätigkeit an der Rassenkunde und -geschichte des süd-, südost- und ostasiatischen Raumes gewidmet. Das Interesse und die Publikationstätigkeit zur Bevölkerung dieser geographischen Gebiete setzte sich auch nach 1945 bruchlos fort.[81] Zugute kam dem, dass es sich bei v. Eickstedts Expeditionszielen der 1930er Jahre z. T. um französische Kolonien gehandelt hatte, womit sich nun im französisch besetzten Mainz in den Vorlesungsankündigungen („Kulturen, Kulturvölker und Urwaldstämme von franz. Indochina“, „Französisch Indochina: Völker und Kulturen, Land und Geschichte“) werben ließ.

Seit 1942 hatte sich v. Eickstedt intensiver dem afrikanischen Kontinent und seiner Bevölkerung zugewandt. Dies dürfte zu einem großen Teil mit der nationalsozialistischen Expansionspolitik – Aufstellung des Afrika-Korps 1941 – und

78 Zu Fragen der so verstandenen „praktischen“ Eugenik hatte sich v. Eickstedt in den frühen 1920er Jahren, besonders aber 1933 in eigenen Publikationen geäußert. Doch auch die bevölkerungsbiologischen „Grundlagenforschungen“ der Folgezeit legten – wenn auch nicht unbedingt expliziert – konkrete Folgerungen und Maßnahmen nahe.

79 Entsprechend geringer fiel nach 1945 auch sein Interesse an der Rassenkunde Europas aus – abgesehen von paläopsychologischen Forschungen (s. u.) in Spanien und Frankreich.

80 So beschrieb er die Bevölkerungsbiologie weiterhin neben der Rassenkunde als Kerngebiet der Anthropologie, auch soll er die Projekte seiner Oberassistentin bzw. Kollegin wohlwollend unterstützt haben. Dass er auch seinen eugenischen Grundansichten verbunden geblieben sein dürfte, indizieren spätere Aussagen (Eickstedt 1954-1963: 1794).

81 Dass v. Eickstedt seine rassenkundlichen Arbeiten/Forschungen nicht prinzipiell reduzierte oder sogar davon Abstand nahm und auf unverfänglichere Forschungsgebiete (etwa die Paläoanthropologie) auswich, dürfte u. a. damit in Zusammenhang gestanden haben, dass er kein wirklich alternatives Forschungsgebiet besaß. Hatte er doch gerade die Rassenkunde als „Alleinstellungsmerkmal“ der Anthropologie gegenüber anderen Wissenschaften auszuweisen versucht.

der damit einhergehenden Möglichkeit, Ressourcen für die eigene Forschung zu erschließen, in Zusammenhang gestanden haben. V. Eickstedt war als Autor nicht nur für Herrmann Baumanns (1902-1972) und Diedrich Westermanns (1875-1956) „Handbuch der afrikanischen Stämme" und für Erich Obsts (1886-1981) „Afrika. Handbuch der praktischen Kolonialwissenschaften", im Auftrag des Reichsforschungsrates bzw. des Kolonialpolitischen Amtes der NSDAP erstellt, in Frage gekommen. Er hatte auch für die kolonialpolitische Arbeitstagung 1943 in Leipzig und zu Hugo Bernatziks (1897-1953) Afrika-Handbuch einen Beitrag verfasst, wobei letzterer allerdings erst nach Kriegsende erschien (Eickstedt 1943; Eickstedt 1947; Linimayr 1994: 138-142, 153f). V. Eickstedt setzte seine Publikationstätigkeit zur Bevölkerung dieses Kontinents bis 1954 fort, auch hatte er 1950 bei der DFG eine Reisebeihilfe für eine Expedition in die Nordsahara beantragt.[82]

Innerhalb dieser Arbeiten modifizierte v. Eickstedt seine Konzeption von Rasse bzw. Rassenkunde nicht grundlegend.[83] Vielmehr unterschied er – zahlreichen Zeitgenossen gleich – zwischen „guter" Wissenschaft auf der einen und deren Missbrauch durch die Nationalsozialisten auf der anderen Seite, zwischen wissenschaftlicher „Rassen<u>kunde</u>" und ideologischer „Rassen<u>lehre</u>" (Eickstedt 1954-1963: 2245; Eickstedt 1948). Eine derartige Unterscheidung fand sich bei ihm zwar schon in den 1920er Jahren, doch hatte er die wissenschaftliche Rassenkunde zwischen 1933 und 1945 gerade als jene Instanz auszuweisen versucht, die der politischen „Rassenlehre" die wissenschaftlichen Grundlagen liefere (Eickstedt 1934a: 17).

Als *das* Projekt, das v. Eickstedt am intensivsten verfolgte und direkt in den Monaten nach Kriegsende, sogar während seiner Fahrten nach Wrocław, fortsetzte, muss seine Ganzheitsanthropologie angesehen werden. Vor 1945 waren bereits zwei Bände des Lehrbuches „Die Forschung am Menschen" erschienen, in denen die Geschichte und Methoden der Anthropologie sowie die Morphologie und Physiologie des Menschen abgehandelt wurden. V. Eickstedt arbeitete nun anscheinend fieberhaft am dritten Band, der der Psychologie des Menschen gewidmet war und schließlich 1132 Seiten umfasste. So schrieb er im März 1946 aus dem kriegszerstörten Wrocław: „Ich arbeite jede Nacht bis ein oder zwei Uhr an meiner Psychologie"[84]. Dieses Projekt erschien ihm so wichtig, dass er das Anlie-

82 Eine solche Fahrt hatte er schon 1943 ins Auge gefasst, dann aber auf „bessere Zeiten" verschoben (Eickstedt 1943: 189). Der Förderantrag von 1950 wurde ebenfalls zu den Akten gelegt (vgl. DFG(A), Beihilfenkarte Ei 5). V. Eickstedt reiste allerdings 1958 nach Marokko und in die Nordsahara, ohne dass jedoch Ergebnisse dieser Fahrt publiziert wurden.

83 Dessen bedurfte es auch nicht, um beispielsweise 1951 dem „Statement on the nature of race and race differences" der UNESCO zustimmen zu können. Indem „rassenseelische" Unterschiede in ihrer Bedeutung etwa für die Rassencharakterisierung nun als weniger wichtig ausgewiesen wurden – ohne sie grundsätzlich verneinen zu müssen –, ließ sich v. Eickstedts Konzeption ohne tief greifende Revisionen so auslegen, dass sie sich innerhalb der Aussagen des Statements bewegte. Allerdings hatte v. Eickstedt – möglicherweise vorsichtshalber – in den ersten beiden Mainzer Semestern auf den Rasse-Terminus in seinen Vorlesungsankündigungen – entgegen seiner Gewohnheit – verzichtet (in den Breslauer Ankündigungen von 33 Semestern war der Begriff nur in insgesamt drei Semestern nicht aufgetaucht).

84 IEUL, ReXX, Eickstedt an Finger vom 13.03.1946.

gen seines Stuttgarter Verlegers Enke und der amerikanischen Besatzer zurückwies, zuerst ein Buch über „Die Überwindung des Rassenvorurteils" zu verfassen.[85] Die von v. Eickstedt hierbei vorgelegte „Ganzheitsanthropologie" hatte mehrere Wurzeln, wobei sie v. a. als Gegenkonzept zu einer sich immer mehr genetisch und (populations-)biologisch orientierenden Anthropologie zu verstehen ist (vgl. auch Schäfer 1986: 23). Entgegen zahlreichen, mit der „modernen" Ausrichtung ihrer Forschung erfolgreichen Kollegen – und Konkurrenten – blieb v. Eickstedt einer primär morphognostisch bzw. intuitiv arbeitenden Rassen- und Typendiagnose verpflichtet, die dank des Ganzheitskonzeptes aufgewertet und theoretisch fundiert werden sollte. Zugleich erschien der Ganzheitsgedanke aber auch politisch opportun, so dass v. Eickstedt mit ihm eine Förderung und Sicherung der eigenen Arbeit seitens (forschungs-)politischer Stellen einzuwerben können glaubte.[86] Von dem Anliegen, mit Hilfe der Ganzheitsanthropologie die „biologische Weltanschauung" (Eickstedt 1941: 177) im NS-Staat grundlegen zu wollen, war nach 1945 natürlich keine Rede mehr. Die Breslauer Ganzheitsanthropologie, von der v. Eickstedt 1948 auf dem ersten Anthropologentreffen in Weinheim – fälschlicherweise – behauptete, sie sei zur Selbstverständlichkeit geworden, (Eickstedt 1949a: 5), sollte nun als „sichere Grundlage des modernen Humanismus" (Eickstedt 1950: 369) dienen.

Wie das Lehrbuch „Die Forschung am Menschen" fand auch die ganzheitsanthropologisch angelegte „Zeitschrift für Rassenkunde" ihre Fortsetzung. Als „Homo. Internationale Zeitschrift für die vergleichende Forschung am Menschen", deren Rubriken exakt denen ihrer Vorgängerin entsprach, erlebte sie 1949 ihre Renaissance. Da auch ein Drittel des Editorial Boards des zweiten Bandes von „Homo" (1951) – offensichtlich nicht aufgrund der politischen Vergangenheit der Personen modifiziert[87] – dem Mitherausgeberkreis der „Zeitschrift für Rassenkunde" angehört hatte, erscheint v. Eickstedts Rede von einer „Wende" bzw. einer „neuen Zeitschrift" (s. o.) übertrieben.

Schließlich sei noch kurz von einem Ansatz die Rede, der in der Forschung v. Eickstedts nach 1945 tatsächlich ein Novum darstellte, in seiner Rezeption allerdings bescheiden blieb. Es handelt sich um das Konzept einer Paläopsychologie, die – 1949 erstmals vorgestellt – durch die Parallelisierung der ontogenetischen und phylogenetischen Entwicklung psychisch-intellektueller Fähigkeiten sowie

85 Vgl. den Briefwechsel Enke-Eickstedt 25.01. bis 21.03.1946 in IEUL, ReXX.

86 Vgl. UAW, S 220, Eickstedt an den Reichsminister für Wissenschaft, Erziehung und Volksbildung vom 31.12.1940.

87 Der Wechsel im Mitherausgeberkreis dürfte nicht durch die politische Vergangenheit der beteiligten Personen bedingt gewesen sein, gehörte doch etwa Gerhard Heberer (1901-1973) als ehemaliges Mitglied der NSDAP und der SS ebenfalls wieder den Mitwirkenden an (Hoßfeld 2005). Ferner wechselte „Homo" 1951 vom Ferdinand Enke Verlag zum Verlag Musterschmidt, zu dem Mühlmann bemerkte: „Wie ich höre, besteht das Personal dieses Verlages z. T. aus ehemaligen SS-Männern" (zitiert nach Klingemann 1992: 283).

das „Einfühlen" in steinzeitliche Höhlenmalereien Aufschlüsse über die „Psyche" der Vor-, Früh- und frühen Jetztmenschen vermitteln sollte (Eickstedt 1949b).[88]

SCHLUSS

Dass Anthropologen, die sich in unterschiedlichem Grad mit dem NS-Regime arrangiert oder von ihm profitiert bzw. es gestützt hatten, nach 1945 wieder in Amt und Würden gelangten, ist hinreichend bekannt (Kröner 1998; Hoßfeld 2005). *Wie* dies im Einzelnen vonstatten ging, konnte für den Anthropologen Egon Freiherr von Eickstedt – zwischen seiner Flucht aus Breslau 1945 und seiner Verbeamtung auf Lebenszeit 1950 – und ebenso einige seiner ehemaligen Breslauer Mitarbeiterinnen bzw. Mitarbeiter exemplarisch nachgezeichnet werden.

V. Eickstedt und – stets an seiner Seite, ihn unterstützend und schützend – Ilse Schwidetzky hatten zunächst versucht, in Leipzig wieder Fuß zu fassen. Die sächsische Universität sollte – wie zitiert – nicht nur „Traditionsträger" für Breslau werden, man wollte hier auch die sog. „gute alte Breslauer Tradition" in personeller Hinsicht mit ehemaligen Doktoranden und Mitarbeitern fortsetzen. Als die Berufung – nicht zuletzt aufgrund der besonderen Situation in der sowjetisch besetzten Zone einschließlich der Verhaftung durch den NKWD – scheiterte, orientierten sich v. Eickstedt und Schwidetzky neu. Als äußerst nützlich erwiesen sich hierbei kollegiale Netzwerke, die über Länder- und Zonengrenzen hinweg wiederhergestellt bzw. neu aufgebaut wurden. Als v. Eickstedt, der durch einen im Nachhinein für ihn glücklichen Umstand nicht in die NSDAP aufgenommen worden war, 1946 nach Mainz berufen wurde, gelangten in seinem „Fahrwasser" nicht nur Ilse Schwidetzky, sondern auch Dorothea Ismer und – obgleich „schwer belastet" – Werner Klenke nach Mainz, so dass personelle Kontinuität vom Professor bis zur Sekretärin bestand.

Ein „Neuanfang" im Sinne einer „Wissenschaftswende" konnte auch bezüglich zentraler Konzepte und Forschungsschwerpunkte nicht nachgewiesen werden. Sowohl die Ganzheitsanthropologie als auch die Rassenkunde/-geschichte (mit einer letztlich veralteten, v. a. morphognostischen Methodik) blieben zentrale Inhalte der Publikationen – und Vorlesungen – v. Eickstedts in der Nachkriegszeit. Ebenso bemühte sich die ehemalige „Breslauer Schule" um die Rekonstruktion ihres Forschungsmaterials – von den aus Breslau geretteten Büchern bis hin

88 Die in diesem Kapitel v. a. anhand der Publikationstätigkeit v. Eickstedts beschriebenen Trends lassen sich auch bezüglich der Vorlesungstätigkeit v. Eickstedts nachzeichnen, von der sich allerdings nur noch die Veranstaltungstitel rekonstruieren lassen. Soweit diese Aufschluss geben, übernahm Schwidetzky im Zeitraum 1946 bis 1950 auch hier die Bevölkerungsbiologie, ebenso entfielen rein ethnologische Veranstaltungen. V. Eickstedt legte seinen Fokus wiederum in Anlehnung an die „Forschung am Menschen" auf die Ganzheitsanthropologie und auf rassenkundliche Themen (mit Schwerpunkt auf Asien, jedoch ohne explizite Betonung Afrikas). Veranstaltungen zu „kolonialen Fragen" wie in Breslau waren obsolet geworden, bisher mehr oder weniger sporadische rassenhygienische/eugenische Vorlesungen entfielen in Mainz – politisch korrekt – nun ebenfalls.

zu den Daten der Rassenuntersuchungen in Schlesien. Allerdings richtete man sich rhetorisch an den Erwartungen der neuen politischen Kräfte aus, indem man etwa die Anthropologie als Grundlage eines neuen Humanismus auswies oder Veranstaltungen speziell zu Französisch-Indochina anbot. Der Institutswechsel diente allerdings dazu, Kompetenzen klarer abzugrenzen – einerseits innerhalb der neuen Mainzer Wirkungsstätte, in der nun Schwidetzky für die Fortführung der Bevölkerungsbiologie allein verantwortlich zeichnete, andererseits strukturell mit der Ausgliederung der ohnehin nur noch relikthaft anhängenden Ethnologie.

Sowenig die „Zeitenwende" tief greifende personelle Veränderungen oder eine „Wissenschaftswende" im Umfeld v. Eickstedts nach sich zog, sowenig erscheint die Rede von einer „neuen Zeitschrift" oder von einer „neuen Gemeinschaft" im Sinne eines grundlegenden Neuanfangs als gerechtfertigt. Gingen doch von beiden Einrichtungen, denen v. Eickstedt in den ersten Nachkriegsjahren vorstand, offensichtlich keine neuen Impulse aus, vielmehr bauten sie, etwa personell, auf ihren Vorgängerinnen auf.

LITERATUR

Ash, M. (1995): Verordnete Umbrüche – Konstruierte Kontinuitäten: Zur Entnazifizierung von Wissenschaftlern und Wissenschaften nach 1945. Zeitschrift für Geschichtswissenschaft 43: 903-923.

Bergman, P. (1998): Professor Ilse Schwidetzky 1907-1997. Przegląd Antropologiczny 61: 119-120.

Bernhard, W., Knußmann, R. & Rösing, F. W. (1997): Ilse Schwidetzky: 6.9.1907-18.3.1997. Homo 48: 205-212.

Defrance, C. (1994): Die Franzosen und die Wiedereröffnung der Mainzer Universität, 1945-1949. In: Clemens, G. (Hrsg.): Kulturpolitik im besetzten Deutschland 1945-1949. (HMRG, Beiheft 10). Franz Steiner, Stuttgart, S. 117-130.

Dittmer, K. (1950): Bericht über die Tagung der deutschen Ethnologen zu Frankfurt a. M. vom 19. bis 21. September 1946. Zeitschrift für Ethnologie 75: 108-110.

Eickstedt, E. v. (Hrsg., 1933): Ausgewählte Lichtbilder zur Rassenkunde des deutschen Volkes. Unter Mitwirkung von Günther Holtz und Dr. Ilse Schwidetzky. Erläuterungen: Ausgabe für politische Redner. Lichtbilderverlag Theodor Benzinger, Stuttgart.

Eickstedt, E. v. (1934a): Die rassischen Grundlagen des deutschen Volkstums. Hermann Schaffstein, Köln.

Eickstedt, E. v. (1934b): Rassenkunde und Rassengeschichte der Menschheit. Ferdinand Enke, Stuttgart 1934.

Eickstedt, E. v. (1941): Stadtanthropologie als bevölkerungsbiologische Aufgabe. Zeitschrift für Rassenkunde 12: 144-177.

Eickstedt, E. v. (1943): Völkerbiologische Probleme der Sahara. Die Anthropologie der Tuareg und Tebu und die Rassengeschichte der antiken West-Äthiopier. In: Wolff, G. (Hrsg.): Koloniale Völkerkunde, koloniale Sprachforschung, koloniale Rassenforschung. Berichte über die Arbeitstagung im Januar 1943 in Leipzig. (Beiträge zur Kolonialforschung, Tagungsband 1). Dietrich Reimer, Andrew & Steiner, Berlin 1943, S. 169-240.

Eickstedt, E. v. (1947): Die Träger der afrikanischen Kulturen. In: Bernatzik, H. A. (Hg.): Handbuch der angewandten Völkerkunde, Bd. 1. Schlüsselverlag, Innsbruck, S. 107-143.

Eickstedt, E. v. (1948): Menschheitsgedanke gegen Rassenwahn. Deutsche Medizinische Rundschau 2/14: 518.

Eickstedt, E. v. (1949a): Vom Wesen der Anthropologie. Eine Einführung. Homo 1: 1-13.
Eickstedt, E. v. (1949b): Der derzeitige Stand der Urmenschenforschung. Versuch einer handlichen Didaktik der Paläomorphologie und Paläopsychologie der Hominiden. Archiv der Julius Klaus-Stiftung 24: 525-551.
Eickstedt, E. v. (1950): Neue Zielsetzungen der Anthropologie in Deutschland. Anthropos 35: 369-370.
Eickstedt, E. v. (1954-1963): Die Forschung am Menschen. Einschließlich Rassenkunde und Rassengeschichte der Menschheit. Teil 3: Psychologische und philosophische Anthropologie. Ferdinand Enke, Stuttgart.
Feige, H.-U. (1994): Zur Entnazifizierung des Lehrkörpers an der Universität Leipzig. Zeitschrift für Geschichtswissenschaft 42: 795-808.
Ferrars M. H., Heine-Geldern, R. v. (1926): Typen aus Birma. (Archiv für Rassenbilder, Bildaufsatz 4). J. F. Lehmanns, München.
Geisenhainer, K. (2002): „Rasse ist Schicksal“. Otto Reche (1879-1966) – ein Leben als Anthropologe und Völkerkundler. (Beiträge zur Leipziger Universitäts- und Wissenschaftsgeschichte, Bd. 1). Evangelische Verlagsanstalt, Leipzig.
Hammerstein, N. (1989): Die Johann Wolfgang Goethe-Universität Frankfurt am Main. Von der Stiftungsuniversität zur staatlichen Hochschule. Band I: 1914 bis 1950. Alfred Metzner, Neuwied/Frankfurt.
Hoßfeld, U. (1999): Die Jenaer Jahre des ‚Rasse-Günther‘ von 1930 bis 1935. Zur Gründung des Lehrstuhls für Sozialanthropologie an der Universität Jena. In: Medizinhistorisches Journal 34: 47-103.
Hoßfeld, U. (2005): Geschichte der biologischen Anthropologie in Deutschland. Von den Anfängen bis in die Nachkriegszeit. (Wissenschaftskultur um 1900, Bd 2). Franz Steiner, Stuttgart.
Klingemann, C. (1992): Rassenideologie, Nationalsozialismus und Wissenschaft: Hans F. K. Günther im Urteil von Wilhelm Emil Mühlmann. Dokumente aus dem Nachlaß von Wilhelm Emil Mühlmann. In: Klingemann, C. et al. (Hrsg.): Jahrbuch für Soziologiegeschichte 1991, S. 277-285.
Kohl, K.-H. (2001): Adolf Ellegard Jensen, Mythos und Kult bei Naturvölkern. In: Feest, C. F. & Kohl, K.-H. (Hrsg.): Hauptwerke der Ethnologie. Kröner, Stuttgart, S. 166-172.
Kröner, H.-P. (1998): Von der Rassenhygiene zur Humangenetik. Das Kaiser-Wilhelm-Institut für Anthropologie, menschliche Erblehre und Eugenik nach dem Kriege (Medizin in Geschichte und Kultur, Bd. 20). Fischer, Stuttgart/Jena/Lübeck/Ulm.
Lilienthal, G. (1993): Die jüdischen „Rassenmerkmale“. Zur Geschichte der Anthropologie der Juden. Medizinhistorisches Journal 28: 173-198.
Linimayr, P. (1994): Wiener Völkerkunde im Nationalsozialismus. Ansätze zu einer NS-Wissenschaft. Peter Lang, Frankfurt/M./Berlin/Bern/New York/Paris/Wien.
Massin, B. (2003): Rasse und Vererbung als Beruf. Die Hauptforschungsrichtungen am Kaiser-Wilhelm-Institut für Anthropologie, menschliche Erblehre und Eugenik im Nationalsozialismus. In: Schmuhl, H.-W. (Hrsg.): Rassenforschung an Kaiser-Wilhelm-Instituten vor und nach 1933. (Geschichte der Kaiser-Wilhelm-Gesellschaft im Nationalsozialismus, Bd. 4). Wallstein, Göttingen, S. 190-244.
Preuß, D. (2005): Egon Freiherr von Eickstedt (1892-1965) – Anthropologe und Forschungsreisender. Selbstbild und Entwicklung der deutschen Anthropologie im 20. Jahrhundert am Beispiel des Begründers der „Breslauer Schule“. Diss., Biol.-Pharm. Fak. Jena.
Schäfer, M. (1986): Egon von Eickstedt – Aspekte der Ganzheitsanthropologie, der Rassenkunde und der Indienforschung in seinem Werk. Magisterarbeit, Mainz.
Schwidetzky, I. (1950): Großstadt und Kleinstadt nach sozialanthropologischen Untersuchungen in Schlesien. Homo 1: 154-162.
Schwidetzky, I. (1955): Rückblick auf die Regionalanthropologische Untersuchung Schlesiens. Zugleich eine Sichtung ihrer Ergebnisse. In: Jahrbuch der Schlesischen Friedrich-Wilhelms-Universität zu Breslau, Bd. 1. Holzner, Würzburg, S. 112-132.

Spiegel-Rösing, I. & Schwidetzky, I. (1982): Maus und Schlange. Untersuchungen zur Lage der deutschen Anthropologie. Oldenbourg, München/Wien.

Streck, B. (1997): Fröhliche Wissenschaft Ethnologie: Eine Einführung. Hammer, Wuppertal.

[T.] (1946): Doktor-Dissertationen sollen überprüft werden. Die Welt, Sonnabend, 07.12.1946, S. 3.

Katja Regenspurger

EIN OPFER IM DIENST DER VOLKSGESUNDHEIT

ZWANGSSTERILISATIONEN NACH DEM GESETZ ZUR VERHÜTUNG ERBKRANKEN NACHWUCHSES AN DER UNIVERSITÄTS-FRAUENKLINIK JENA 1934-1945

Nationalsozialistische Gesetzgebung und Universitätspolitik prägten in entscheidendem Maße den Forschungs- und Lehralltag. Für die Universität Jena belegen neueste Studien, dass sich zweierlei herausbildete: die Umformung zur „völkischen Wissenschaft" und die Ausrichtung von Lehre und Forschung auf nationalsozialistische Ziele unter angeblicher Wahrung der Möglichkeit „unpolitischer Wissenschaft" (Hoßfeld et al. 2003).

Bei der Umsetzung nationalsozialistischer Gesetzesvorgaben und gesundheitspolitischer Programme lässt sich für die Medizinische Fakultät der Universität Jena eine besondere Verantwortung konstatieren. Zum einen ebnete die auf die Nazifizierung des Lehrkörpers abzielende Berufungspolitik der Fakultät den Weg, ebenso wie die mehr oder minder passive Beobachterrolle der Fakultätsangehörigen im politischen Zeitgeschehen und deren loyal-distanzierte Anpassung an die neuen Machtverhältnisse. Zum anderen avancierten die Universitätskliniken zum unmittelbar ausführenden Organ nationalsozialistischer Rechtssprechung. Insbesondere die Umsetzung des Gesetzes zur Verhütung erbkranken Nachwuchses (G.z.V.e.N.) oblag der Universitäts-Frauenklinik und der Chirurgischen Klinik und wurde trotz bereits bestehender Versorgungsengpässe etwa durch die verstärkte Einberufung von Ärzten zur Wehrmacht in die allgemeinen Aufgaben der akademischen Lehre und der Patientenversorgung integriert (Zimmermann & Zimmermann 2003; Zimmermann 2000: 148-156). An den beiden Kliniken wurden im Rahmen des Gesetzes mindestens 1800 Zwangssterilisationen vorgenommen. Die Krankenakten der Chirurgischen Klinik sind nicht überliefert, doch ist von mindestens 786 Sterilisationen auszugehen (Zimmermann & Zimmermann 2003: 415). Die Krankenakten der Universitäts-Frauenklinik sind nahezu vollständig erhalten und dokumentieren mindestens 1018 Sterilisationen aus eugenischen Gründen.

In diesem Artikel, der die Ergebnisse meiner Dissertation zusammenfasst (Regenspurger 2001), soll die praktische Umsetzung der gesetzlichen Vorgaben an der Jenaer Universitäts-Frauenklinik beleuchtet werden. Der vergleichende Blick auf die inzwischen zahlreich erschienenen Studien[1] zu diesem Thema er-

1 Die erste ausführliche Studie über Zwangssterilisationen im Nationalsozialismus wurde 1986 von Gisela Bock publiziert, vgl. Bock (1986). Aufbauend auf diesen Ergebnissen folgten zahlreiche Regional- und Lokalstudien zumeist am Beispiel einzelner Verwaltungs- und Ge-

laubt Rückschlüsse auf differente konzeptionelle Ansätze, eine besonders stringente oder aber lockere Gesetzesumsetzung und entsprechende Handlungsspielräume der Verantwortlichen im Rahmen der Gesetzgebung bzw. auch darüber hinaus.

I. DAS GESETZ ZUR VERHÜTUNG ERBKRANKEN NACHWUCHSES

Das Gesetz zur Verhütung erbkranken Nachwuchses (G.z.V.e.N.) war neben dem Gesetz zum Schutz der Erbgesundheit des deutschen Volkes vom 18. Oktober 1935 (RGBl I, 1935: 1246), dem Gesetz gegen gefährliche Gewohnheitsverbrecher und Maßregeln der Sicherung und der Besserung vom November 1933 (ebd.: 995, 1000) und dem Gesetz zum Schutz des deutschen Blutes und der deutschen Ehre vom 15 September 1935 (ebd.: 1146) eine der ersten Maßnahmen zur rechtlichen Legitimation rassenhygienischer Forderungen im nationalsozialistischen Deutschland. Ziel des Gesetzes, das am 14. Juli 1933 verabschiedet wurde und am 1. Januar 1934 in Kraft trat, war die Ausmerzung von krankhaften Erbanlagen, die „Ausschaltung biologisch minderwertigen Erbguts" (Gütt 1933a: 72-75) und die damit zusammenhängende „allmähliche Reinigung des Volkskörpers" (Gütt 1933b: 163-164).

Die Sterilisation, die bereits seit Ende des 19. Jahrhunderts erprobt worden war (Bock 1986: 47-50), wurde als geeignetes Mittel zur Verhinderung der Fortpflanzung von „Minderwertigen" gesetzlich festgeschrieben. In Deutschland wurden zwischen 1934 und 1945 etwa 350.000 bis 400.000 Frauen und Männer auf der Grundlage des Gesetzes sterilisiert (ebd.: 230-238).

Laut § 1 des Gesetzes konnten folgende Diagnosen zur Sterilisation führen:

1. angeborener Schwachsinn
2. Schizophrenie
3. manisch-depressives Irresein
4. erbliche Fallsucht
5. erblicher Veitstanz
6. erbliche Blindheit
7. erbliche Taubheit
8. schwere erbliche körperliche Missbildung.

Ferner konnte unfruchtbar gemacht werden, wer an schwerem Alkoholismus litt.

Der Gesetzestext handelte die Antragstellung, die Zusammensetzung der Erbgesundheitsgerichte und Erbgesundheitsobergerichte, Beschwerdemöglichkeiten, die Anwendung unmittelbaren Zwangs, die Kosten des Verfahrens und des ärztlichen Eingriffs ab (RGBl I, 1933: 529-531). Im Laufe der Zeit wurden dem Geset-

richtsbezirke oder medizinischer bzw. sozialfürsorgerischer Einrichtungen. Exemplarisch seien genannt: Daum & Deppe (1991); Rothmaler (1991); Braß (1993); Koch (1993); Heesch (1995); Kaminsky (1995); Hochmuth (1997); Hümmer (1998); Angerstorfer & Dengg (1999); Krähwinkel (1999); Kramer (1999); Link (1999); Ley (2004).

zestext noch zahlreiche Ausführungsverordnungen und Gesetzeserweiterungen beigefügt. So räumte die Verordnung vom 5. Dezember 1933 den Betroffenen das Recht ein, den Sterilisationseingriff hinauszuschieben, indem sie sich selbst in eine Anstalt begaben. Die Entlassung aus derselben war jedoch erst nach erfolgter Sterilisation möglich (ebd.: 1021). Außerdem wurde die 4-wöchige Beschwerdefrist auf zwei Wochen reduziert (ebd.: 1022).

Die Gesetzeserweiterungen vom 26. Mai 1935 (RGBl I, 1935, Nr. 65: 773) und vom 18. Juli 1935 legalisierten schließlich Schwangerschaftsabbrüche „erbkranker" Frauen bis einschließlich des sechsten Schwangerschaftsmonats, die jedoch die Einwilligung der Betroffenen oder eines gesetzlichen Vertreters voraussetzten (ebd.: 1035ff). Die Gesetzeserweiterung vom 4. Februar 1936 ermöglichte die Sterilisation mittels einer nichtchirurgischen Methode (RGBl I, 1936: 119) und die Verordnung vom 25. Februar 1936 gestattete den Einsatz von Röntgenstrahlen zur Unfruchtbarmachung (ebd.: 122). Weitere Verordnungen regelten Begriffsdefinitionen und die Frage der Kostenübernahme (RGBl I, 1934: 475-476), die Benennung von Richtern und Kliniken und Änderungen der Altersgrenze bei Bestrahlung (Bock 1986: 95, 99), Unterstützung bei Verdienstausfall (RGBl I, 1936: 1149-1150) sowie die Bestellung von Pflegern (RGBl I, 1935, Nr. 22: 289-292).

Abb. 1: NS-Propaganda (Volk und Rasse. Illustrierte Monatszeitschrift für deutsches Volkstum, Rassenkunde und Rassenpflege, München 1936, 11. Jg., Heft 8, S. 327).

Anders als in anderen Ländern, in denen Sterilisationen aus eugenischen Gründen durchgeführt wurden, hatte das Gesetz in Deutschland Zwangscharakter. Um die Durchsetzung zu gewährleisten, war die Schaffung von geeigneten Institutionen und Strukturen nötig. Dies führte zur personellen und materiellen Aufstockung der Gesundheitsämter, denen die Koordination des Verfahrensablaufs und die Gewährleistung der Durchsetzung der Sterilisation oblagen.

An die örtlichen Amtsgerichte wurden Erbgesundheitsgerichte angegliedert, die sich ausschließlich mit diesen Verfahren befassten. Formal war eine fristgemäße Beschwerde gegen den Sterilisationsbeschluss beim übergeordneten Erbgesundheitsobergericht möglich, das dem Oberlandesgericht angegliedert war.

Diese Gerichte und Behörden legten somit die Handlungsgrundlagen für besonders ermächtigte gynäkologische und chirurgische Kliniken als ausführende Organe fest. In Thüringen erhielten die Landeskrankenhäuser in Altenburg, Gotha, Greiz, Meiningen, Rudolstadt und Sondershausen, die Städtischen Krankenhäuser in Arnstadt, Eisenach, Gera und Weimar, das Kreiskrankenhaus Sonneberg, die Chirurgische Universitätsklinik Jena und die Universitäts-Frauenklinik Jena die Ermächtigung, Sterilisationen nach dem Gesetz zur Verhütung erbkranken Nachwuchses vorzunehmen.[2]

II. ANZAHL DER ZWANGSSTERILISATIONEN

Auf der Grundlage des Gesetzes zur Verhütung erbkranken Nachwuchses wurden an der Universitäts-Frauenklinik in Jena mindestens 1.018 Frauen sterilisiert. Der größte Teil der Sterilisationen wurde – in der Jenaer Klinik ebenso wie im gesamtdeutschen Vergleich – in den ersten Jahren nach Inkrafttreten des Gesetzes zwischen 1934 und 1938 realisiert (vgl. Abb. 2).

Bis Dezember 1939 waren in Jena bereits 883 Frauen sterilisiert worden, was 87 % aller nachweisbaren Zwangssterilisationen in dieser Klinik entsprach. Der Präsident des 1933 gegründeten Thüringer Landesamtes für Rassewesen, Leiter des Thüringischen Sozial- und Wohlfahrtswesen ab 1936 und spätere Rektor der Universität, Karl Astel (1898-1945), rühmte sich auf der Sitzung der Mitteldeutschen Arbeitsgemeinschaft für Wohlfahrtspflege (1937), dass bis zum Jahresende 1936 in seinem Bereich bereits ein Prozent der damals 17-24jährigen Frauen und Männer „durchsterilisiert" worden sei (Weingart et al. 1988: 471).

Der Rückgang der Zahlen vor allem nach 1939 ist auf die letzte Verordnung zum Gesetz vom 31. August 1939 zurückzuführen, nach der kriegsbedingt nur noch besonders dringliche Fälle sterilisiert und die übrigen bis Kriegsende verschoben werden sollten. In der Verordnung zur Ausführung des Gesetzes vom 31. August 1939 hieß es: „Anträge auf Unfruchtbarmachung sind nur zu stellen, wenn die Unfruchtbarmachung wegen besonders großer Fortpflanzungsgefahr nicht

2 Institut für Geschichte der Medizin der Friedrich-Schiller-Universität Jena, Bestand Dokumente zur Zwangssterilisation, Verzeichnis der zu Eingriffen auf Grund des G.z.V.e.N. ermächtigten Anstalten (Stand April 1937) in Thüringen, vgl. auch Zimmermann (2000: 146).

aufgeschoben werden darf" (RGBl I, 1939: 1560). Zudem wuchs die ablehnende Haltung der Bevölkerung und es setzte die NS-Euthanasie mit ihren Tötungsaktionen von Behinderten ein (Bleker & Jachertz 1989: 72).

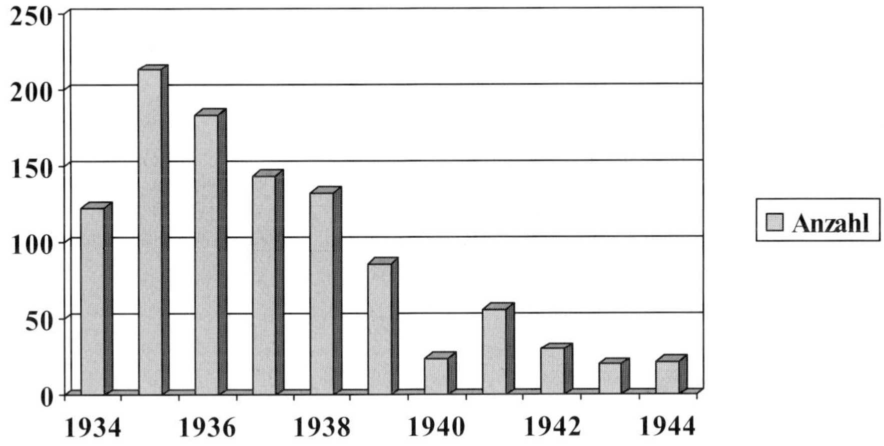

Abb. 2: Anzahl der Zwangssterilisationen in der Universitäts-Frauenklinik Jena 1934-1944.

III. INDIKATIONEN

Die im Gesetzestext verankerten Diagnosen waren Werturteile und lassen den Charakter der angestrebten „Aufartung" erkennen.

Die Diagnose „angeborener Schwachsinn" führte mit mehr als 57 % der Betroffenen am häufigsten zur Sterilisation. Zur Diagnosestellung dienten einerseits verschiedene Intelligenztests, zum anderen spielte die „Sippenbelastung" eine entscheidende Rolle. Hilfsschulbedürftigkeit war im Allgemeinen ein Beweis für den angeborenen Schwachsinn. Die Rechtssprechung an den Erbgesundheitsgerichten in Thüringen erfolgte einheitlich nach dem Grundsatz des Erbgesundheitsobergerichts (EGOG) in Jena, nach dem „Hilfsschulbedürftigkeit stets für das Bestehen angeborenen Schwachsinns spricht" (Zimmermann 2000: 145). Der Mediziner und Mitautor des Gesetzestexts und des dazugehörigen Kommentars, Arthur Gütt (1891-1949), polemisierte bereits 1933 im Deutschen Ärzteblatt:

> „Überhaupt ist der angeborene Schwachsinn diejenige Krankheit, die in ihrer Auswirkung für ein Volk als die gefährlichste anzusehen ist, weil aus dieser Gruppe sich Minderwertige, Asoziale und Verbrecher rekrutieren und diese ja gerade hemmungslos sich fortzupflanzen pflegen" (Gütt 1933, DÄ, Nr. 2: 73).

Hier wird angedeutet, welche Interpretationsmuster der Diagnosestellung zugrunde lagen. In die Befundung flossen dem entsprechend nicht nur intellektuelle Leistungen sondern auch die Einschätzung der Bewährung in der Volksgemeinschaft ein. Sterilisiert wurden demnach auch Menschen mit sozial unerwünschtem Verhalten. Exemplarisch sei auf das Urteil des Erbgesundheitsgerichts (EGG) Saalfeld verwiesen, in dem es heißt:

> „Es handelt sich danach bei A.P. weniger um Ausfälle auf rein verstandesmäßigem Gebiete als um deutliche Ausfälle auf dem Gebiet des Charakters, also um Ausfälle innerhalb des Rahmens der Gesamtpersönlichkeit, die in Verbindung mit den intellektuellen Mängeln als Schwachsinn i. S. des GzVeN betrachtet werden müssen.“[3]

Was sich in der lokalen Erbgesundheitsgerichtsbarkeit dergestalt ausdrückte, war im Vorfeld als Programm von den obersten Instanzen formuliert worden. So schrieb der Reichsjustizminister am 22. April 1936 an alle Oberlandesgerichtspräsidenten: Für „die Unfruchtbarmachung wegen angeborenem Schwachsinn“ sind „nicht allein Leistungen auf intellektuellem Gebiet entscheidend“, sondern es hat „auch die Bewährung im Leben ausschlaggebende Bedeutung“ (zit. nach Heesch 1995: 14). In praxi genügte der Hinweis auf den „geringen Gesamterbwert“ einer Person für die Volksgemeinschaft um die Sterilisation durchzusetzen. In der Urteilsbegründung von Frau H. S. etwa verwies das EGG Rudolstadt zur Rechtfertigung der Sterilisation auf deren „grobe Defekte auf ethischem und moralischem Gebiet, die auf eine angeborene minderwertige Charakterveranlagung schließen lassen, wie Diebstähle, Ehescheidung wegen Ehebruchs der Frau und gewerbsmäßige Unzucht.“[4]

Besondere Strenge empfahl sich bei den sogenannten „Schwachsinnsgrenzfällen“, denen eine „besonders große Fortpflanzungsgefahr“ (Bock 1986: 306-308) attestiert wurde und in deren Befundung in besonderem Maß die bisherige „Lebensführung“ einfloss.

24 % der Patientinnen der Jenaer Universitäts-Frauenklinik wurden aufgrund einer Schizophrenie sterilisiert. Zur Schizophrenie bemerkte Ernst Rüdin im Kommentar zum G.z.V.e.N., dass sie „besonders unsere Nervenkliniken und Irrenanstalten füllt“ und „eine wahre Plage für die Menschheit bedeutet“ (Gütt et al. 1934: 97). Besondere Schwierigkeiten bereitete der Erblichkeitsnachweis dieser Erkrankung. Eindeutige Erbgänge waren zur damaligen Zeit für keine der im Gesetzestext verankerten Diagnosen nachgewiesen. Vererbung wurde nach dem Prinzip der „empirischen Erbprognose“ vorausgesetzt und nach dem Mendelschen Modell erklärt. Insbesondere die Erblichkeit der Schizophrenie wurde im Gesetzeskommentar schlicht als gegeben vorausgesetzt. Auf diese Weise war ein Erblichkeitsnachweis im Einzelfall nicht erforderlich und es lag in der Verantwortlichkeit des Betroffenen bzw. des behandelnden Arztes im Umkehrschluss die Nichterblichkeit, folglich die exogene Entstehung des Leidens nachzuweisen. Symptomatisch für diese Vorgehensweise heißt es in dem Beschluss des EGG Jena vom 10. November 1938:

3 Universitätsarchiv der Friedrich-Schiller-Universität Jena (UAJ), Best. Zwangssterilisationen, Krankenblatt der Universitäts-Frauenklinik, 1941, HB-Nr.1104.

4 UAJ, Best. Zwangssterilisationen, Krankenblatt der Universitäts-Frauenklinik, 1941, HB-Nr. 326.

„Erbliche Belastung ist nicht nachgewiesen. Der Nachweis der erblichen Belastung ist zur Sicherung der Diagnose Schizophrenie nicht erforderlich. Die Schizophrenie beruht immer auf einer Erbanlage. Da diese Krankheit aber oft mehrere Generationen überspringt, kann der Nachweis der erblichen Belastung nicht immer geführt werden. […] Da T. P. an Schizophrenie – einer Erbkrankheit – leidet, ist es nach den Erfahrungen der ärztlichen Wissenschaft in hohem Grade wahrscheinlich, daß auch ihre Nachkommen an schweren Erbschäden leiden würden. […] Ihre Unfruchtbarmachung war daher anzuordnen."[5]

Ähnlich der Schizophrenie gestaltete sich der Erblichkeitsnachweis des manisch-depressiven Irreseins problematisch. Die Urteilsbegründungen basierten daher auf der gleichen pragmatischen Logik. Wegen manisch-depressiven Irreseins wurden 53 Patientinnen, dies entspricht 5 % der Gesamtanzahl, sterilisiert.

82 Frauen (8 %) wurden aufgrund einer erblichen Fallsucht unfruchtbar gemacht, was deutlich unter den gesamtdeutschen Vergleichszahlen von 14 % im Jahr 1934 und 12 % 1935 liegt (Bock 1986: 303). Sterilisationen wegen erblicher Blindheit, erblicher Taubheit und schwerem Alkoholismus blieben insgesamt unter einem Prozent. Chorea-Huntington-Patientinnen fanden sich nicht im Patientengut der Klinik.

Deutlich über den gesamtdeutschen Zahlen von weniger als einem Prozent (ebd.) lagen mit 3 % die Sterilisationen wegen einer „schweren erblichen körperlichen Missbildung" an der Jenaer Klinik. Vorrangig betroffen waren Frauen mit angeborener Hüftgelenksluxation. Selten führten Multiple Sklerose, Klumpfuß, Lippen-Kiefer-Gaumenspalten oder Spaltbildungen der Hornhaut und der Iris zur Unfruchtbarmachung.

Die Urteilsbegründungen dieser Patientinnen sind in besonderem Maße symptomatisch für ein dem Gesetz immanentes Grundproblem: In der Auffassung über Vererbungsmodi oder den aus der Krankheit resultierenden Nachteilen „im Lebenskampf" bestand keineswegs Uniformität – ein Aspekt, der sich in der zeitgenössischen medizinischen Fachliteratur widerspiegelt. Die Diagnosen, die unter dieser Rubrik zusammengefasst werden sollten, waren im Gesetzestext nicht ausdrücklich formuliert.

Die Entscheidung über Erblichkeit, Schweregrad und Beeinträchtigung durch eine Missbildung blieb somit eine Frage des ärztlichen Ermessens.

Beim Nachweis der Erblichkeit einer „schweren erblichen körperlichen Mißbildung" avancierte die „Sippenbelastung" zum ausschlaggebenden Faktor. „Zum Nachweis der Erblichkeit solcher Mißbildungen [in diesem Fall doppelseitige Hüftgelenksluxation; d. Verf.] genügt, dass sie außer bei der Betroffenen sonst noch einmal in der Blutsverwandtschaft vorkommen."[6] Doch selbst eine positive Familienanamnese war für Teile der Ärzteschaft noch kein hinreichendes Argument für eine Sterilisation. Neben der Erblichkeit entbrannte die Diskussion um die wirkliche Beeinträchtigung des mit einem Körperfehler behafteten Menschen „im Lebenskampf" und damit um die Notwendigkeit antinatalistischer Maßnah-

5 Institut für Geschichte der Medizin der Friedrich-Schiller-Universität Jena, Bestand Dokumente zur Zwangssterilisation, Beschluss des EGG Stadtroda vom 21.5.1936.

6 UAJ, Best. Zwangssterilisationen, Krankenblatt der Universitäts-Frauenklinik, 1936, HB-Nr. 1123.

men. Die Erbgesundheitsgerichtsurteile der in Jena sterilisierten Frauen verweisen auf eine eher unnachsichtige Beurteilung insbesondere der Patientinnen mit angeborener Hüftgelenksluxation. Getreu der „Marschrichtung" der „Aufwertung des deutschen Erbguts" und der „vaterländischen Pflicht" eines jeden „verantwortungsbewussten" Arztes zur „Eindämmung und Ausmerzung" der Erbanlagen einer körperlichen Missbildung (Faber 1938: 1869) wurde in überdurchschnittlich umfangreichen und ausführlichen Urteilsbegründungen die Notwendigkeit der Sterilisation dargelegt. Das EGOG Jena führte in seiner Sitzung vom 21. Februar 1939 bezüglich der Sterilisation von Frau B. aus:

> „Hüftverrenkungen sind regelmäßig schwere körperliche Mißbildungen, dem steht nicht etwa entgegen, dass ihre Träger in dem ihnen zugewiesenen Aufgabenkreis voll leistungsfähig sind. […] Entscheidend ist vielmehr, ob der Betroffene zu außergewöhnlichen Lebensleistungen, wie sie z.B. im Krieg oder andere Gefahrenlagen notwendig sind, fähig ist. Hüftkranke sind dazu nicht imstande. Ein Mann, der ebenso wie Frau B. beschaffen wäre, würde für den Dienst bei der Wehrmacht untauglich sein, und damit allein steht schon die Schwere der Mißbildung fest. Daß Frau B. ein geistig über dem Durchschnitt stehender Mensch ist, bietet in diesem Zusammenhang keinen Ausgleich."[7]

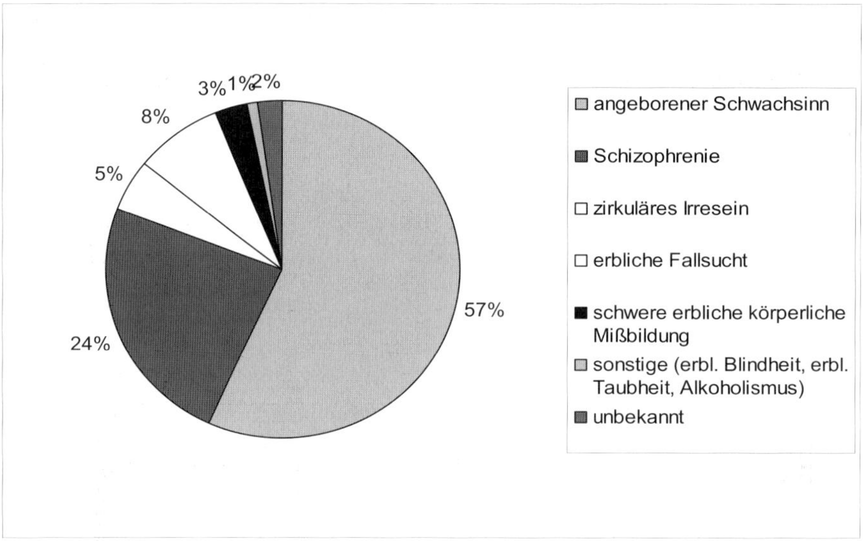

Abb. 3: Indikationen zur Zwangssterilisation.

7 UAJ, Best. Zwangssterilisationen, Krankenblatt der Universitäts-Frauenklinik, 1939, HB-Nr. 419.

IV. SOZIALER STATUS DER BETROFFENEN

Die Auswertung der demographischen Daten der Patientinnen der Universitäts-Frauenklinik Jena bestätigt die Radikalität der nationalsozialistischen Sterilisationspolitik vor allem gegenüber den „minderwertigen" sozialen Schichten ohne Ausbildung und oft auch ungenügender Schulbildung. Nahezu die Hälfte der zwangssterilisierten Frauen war ausschließlich im eigenen oder fremden Haushalt beschäftigt, ca. ein Viertel der Patientinnen verdienten ihren Lebensunterhalt als ungelernte oder angelernte Lohnarbeiterinnen in Industrie und Landwirtschaft. Dagegen waren Facharbeiterinnen und Angestellte selten und Frauen aus der Mittel- und Oberschicht kaum vom Gesetz zur Verhütung erbkranken Nachwuchses betroffen. Fast 20 % gehörten als Patientinnen von Nervenanstalten und psychiatrischen Krankenhäusern oder als Fürsorgezöglinge zu den so genannten „Ballastexistenzen", die den Staatshaushalt finanziell belasteten. Diese „Kostenverursacher" entsprachen der bevorzugten Zielgruppe hauptsächlich in den ersten Jahren der Gesetzesumsetzung (vgl. Abb. 4). 1934 etwa waren mindestens 65 % der in der Jenaer Klinik zwangssterilisierten Frauen dieses Jahres in psychiatrischen Einrichtungen und Heimen untergebracht. Insgesamt wurden in der UFK Jena von 1934 bis 1944 mindestens 192 Patientinnen der Landesheilanstalten Stadtroda, 142 Patientinnen der Psychiatrischen und Nervenklinik Jena und weitere 39 Frauen aus umliegenden Versorgungsanstalten, anderen klinischen Einrichtungen und Gefängnissen sterilisiert.

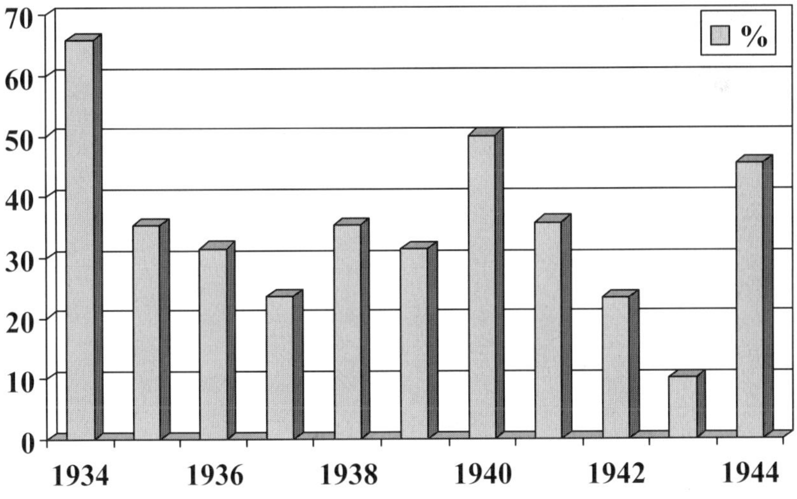

Abb. 4: Prozentualer Anteil der Anstaltsinsassinnen an der Gesamtzahl der Sterilisierten pro Jahr.

V. ANTRAGSTELLUNG UND ZWANGSPFLEGSCHAFTEN

Der Weg, durch den die Betroffenen in die Maschinerie von Gesundheitsamt, Erbgesundheitsgericht und Sterilisation gerieten, war durch das Gesetz vorgegeben. Die Verordnung zum G.z.V.e.N. vom Dezember 1933 regelte für die Angehörigen von Heil- und Pflegeberufen sowie die Anstaltsleiter die Pflicht zur Anzeige von „Erbkranken" beim Gesundheitsamt (RGBl I, 1933: 1021). Der amtsärztlichen Prüfung der Anzeige folgte gegebenenfalls der Antrag auf Unfruchtbarmachung. Antragsberechtigt waren zum einen die Betroffenen selbst bzw. bei Geschäftsunfähigkeit infolge von Minderjährigkeit oder Geistesschwäche deren gesetzliche Vertreter. Zudem bestand für Amtsärzte und Leiter von Kranken-, Heil-, Pflege- oder Strafanstalten das Recht, eine Sterilisation zu beantragen (ebd.: 529).

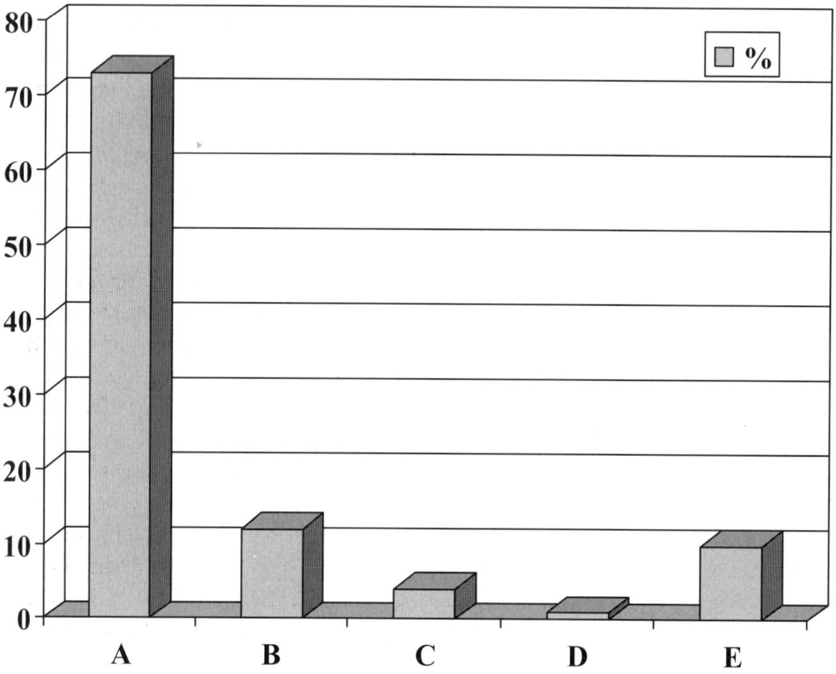

Abb. 5: Antragstellung: A – Amtsärzte, B – Psychiatrische und Nervenklinik Jena, C – Eigenanträge, D – Landesheilanstalten (Stadtroda, Hildburghausen u. a.), E – Antragstellung nicht bekannt.

Von staatlicher Seite wurden insbesondere die Eigenanträge der Betroffenen und die damit verbundene „Freiwilligkeitsbezeugung" begrüßt und von amtlicher Seite aus gefördert, um den Zwangscharakter des Gesetzes zu verschleiern. Im

Gesetzestext heißt es hierzu: „Hält der beamtete Arzt die Unfruchtbarmachung für geboten, so soll er dahin wirken, dass der Unfruchtbarzumachende selbst oder sein gesetzlicher Vertreter den Antrag stellt“ (ebd.: 1021). Diese politisch erwünschten Eigenanträge ließen sich in der Praxis jedoch selten realisieren. Im gesamtdeutschen Durchschnitt lag der Anteil der Eigenanträge von Männern und Frauen 1934 bei 12 % und 1935 bei 6 % (Bock 1986: 271). Die Eigenanträge der Jenaer Patientinnen bewegten sich mit nur 4 % weit unter dem gesamtdeutschen Durchschnitt. Die entscheidende Rolle bei der Antragstellung spielten mit 73 % die Amtsärzte der Gesundheitsämter. Die Möglichkeit der Antragstellung durch die Anstaltsleitung wurde in den einzelnen Einrichtungen unterschiedlich genutzt. Während der Direktor der Psychiatrischen und Nervenklinik Jena von der gesetzlich bestimmten Antragsberechtigung in zahlreichen Fällen (12 % aller Anträge) Gebrauch machte, lässt sich dieses Verfahren für andere Institutionen, wie die Landesheilanstalten Stadtroda nicht belegen. Obwohl 192 Patientinnen der Landesheilanstalten Stadtroda in Jena sterilisiert wurden, gingen von dort nur 4 Anträge ein (vgl. Abb. 5). Inwiefern hier einerseits der drohende Vertrauensverlust zwischen Arzt und Patient oder andererseits auch der Entlassungswunsch einer Patientin aus der Psychiatrischen Einrichtung eine Rolle spielte, lässt sich anhand des vorliegenden Aktenmaterials nicht eruieren. Anträge der gesetzlichen Vertreter der Betroffenen lagen in keinem Fall vor.

Von besonderer Bedeutung bei der Umsetzung des Gesetzes zur Verhütung erbkranken Nachwuchses erwies sich die Bestellung von Pflegern für „einen Unfruchtbarzumachenden, der wegen krankhaften Geisteszustandes seine Belange nicht selbst wahrnehmen kann“ (RGBl I, 1935: 290). Die Aufgaben der Pfleger bestanden in der Zustimmung zur Antragstellung auf Sterilisation, im Einreichen der Beschwerde gegen den Beschluss des Erbgesundheitsgerichts und letztlich in der Vereinfachung der Durchsetzung der Gerichtsbeschlüsse. Mehr als 27 % der in Jena zwangssterilisierten Frauen erhielten Pfleger zur Vertretung „ihrer“ Belange, vorrangig die Patientinnen der Landesheilanstalten Stadtroda, der Psychiatrischen und Nervenklinik Jena und andere Anstalts- bzw. Heiminsassinnen. Pfleger rekrutierten sich vor allem aus den Reihen der Beamten, insbesondere der Lehrer und Schulleiter, aber auch Facharbeiter, Handwerker und Selbständige, Angestellte des Jugendamtes, medizinisches Personal sowie Personen des öffentlichen Interesses, wie Bürgermeister oder auch Vertreter der Kirche übernahmen Pflegschaften. Sie handelten überwiegend gesetzeskonform, lediglich in neun Fällen erhoben die eingesetzten Pfleger Einspruch gegen den entsprechenden Erbgesundheitsgerichtsbeschluss.

VI. ERBGESUNDHEITSGERICHTSVERFAHREN UND BESCHWERDEN

Dem Antrag und der Begutachtung der Betroffenen folgte dann die Aufnahme des Verfahrens vor dem jeweiligen Erbgesundheitsgericht. In Thüringen entstanden Erbgesundheitsgerichte in Altenburg, Apolda, Arnstadt, Eisenach, Gera, Gotha, Greiz, Hildburghausen, Jena, Meiningen, Rudolstadt, Saalfeld, Schleiz, Sondershausen, Sonneberg, Stadtroda, Vacha und Weimar (Gütt et al. 1934: 247). Die Jenaer Patientinnen rekrutierten sich dabei aus einem weit über die Grenzen des festgelegten Einzugsgebiets der Klinik hinausgehenden Raum. Mindestens 27 verschiedene Erbgesundheitsgerichte waren an der Beschlussfassung zur Sterilisation beteiligt, schwerpunktmäßig waren dies die Erbgesundheitsgerichte in Jena, Stadtroda, Rudolstadt, Apolda, Weimar und Saalfeld.

Die Erbgesundheitsgerichte waren den örtlichen Amtsgerichten angegliedert und entschieden in allen Fällen unter Ausschluss der Öffentlichkeit. Sie setzten sich aus einem Amtsrichter als Vorsitzenden, einem beamteten Arzt und einem für das deutsche Reich approbierten Arzt, „der mit der Gesundheitslehre besonders vertraut ist" zusammen (RGBl I, 1933: 529). Beschloss das Gericht die Sterilisation, so wurde dem Betroffenen oder dem gesetzlichen Vertreter anfangs eine Frist von einem Monat (ebd.: 530), ab Dezember 1933 von 14 Tagen (ebd.: 1022) eingeräumt, um Beschwerde beim Erbgesundheitsobergericht als der übergeordneten Instanz einzulegen. Die Erbgesundheitsobergerichte waren an die Oberlandesgerichte angeschlossen und setzten sich ebenfalls aus zwei Ärzten – darunter einem beamteten Arzt – und einem Richter des Oberlandesgerichts zusammen. Für Thüringen entschied das Erbgesundheitsobergericht in Jena, das dem gemeinschaftlichen Thüringischen Oberlandesgericht angegliedert war. Das Erbgesundheitsobergericht entschied endgültig, lediglich ein Beschluss des Reichsministeriums des Innern konnte das Urteil außer Kraft setzen.

Die Zusammensetzung der Erbgesundheitsgerichte und des Erbgesundheitsobergerichts verdeutlicht die enge personelle Verflechtung der Angehörigen der Medizinischen Fakultät Jena auf allen Entscheidungs- und Ausführungsebenen örtlicher Sterilisationspraxis. Sowohl Mitarbeiter der Universitäts-Frauenklinik, wie Prof. Karl-Robert Herold, der Oberarzt Dr. Heinrich Jörg und Frau Dr. Mathilde Jörg-Assmann, als auch Ärzte der Psychiatrischen und Nervenklinik Jena, wie der Leiter der Klinik Prof. Hans Berger und der Oberarzt Dr. Rudolf Lemke waren an der Beschlussfassung zur Sterilisation als ärztliche Beisitzer am Erbgesundheitsgericht Jena und Erbgesundheitsobergericht Jena beteiligt.

Auch ärztliches Personal anderer Einrichtungen wirkte in Personalunion auf verschiedenen Ebenen der Erbgesundheitsgerichtsbarkeit. Besonders auffällig ist die rege Beteiligung des Personals der Landesheilanstalten Stadtroda, wie der Abteilungsärztin der „Kinderfachabteilung" Margarete Hielscher und der Direktoren der Anstalt MR Dozent Dr. med. et phil. Gerhard Kloos und MR Dr. Heinrich Böning. Außerdem betätigten sich zahlreiche Amtsärzte der Gesundheitsämter über ihre originäre Aufgabe hinaus als ärztliche Beisitzer an den Erbgesundheitsgerichten und am Erbgesundheitsobergericht (Regenspurger 2001: 35-44).

Insgesamt nutzten 9 % der in Jena sterilisierten Frauen die Möglichkeit der Beschwerde vor dem Erbgesundheitsobergericht. Die Zahl der Beschwerden stieg im Laufe der Umsetzung des Gesetzes stetig an und erreichte 1943 mit 30 % den Höhepunkt (vgl. Abb. 6).

Am häufigsten protestierten Frauen, die wegen einer schweren erblichen körperlichen Missbildung sterilisiert werden sollten. Wie hoch der tatsächliche Prozentsatz an Beschwerden beim EGOG Jena war, ist unbekannt. Anhand des vorliegenden Aktenmaterials können nur erfolglose Beschwerden von Frauen, die letztlich in der Universitäts-Frauenklinik (UFK) sterilisiert wurden, aufgezeigt werden. Laut den Erhebungen von G. Bock schwankt die Anzahl der Beschwerden regional erheblich. In Bamberg und München reichten 24 % der Betroffenen Beschwerde ein, in Kassel 23 %, Karlsruhe und Nürnberg 22 %, hingegen in Berlin nur 9 %, in Kiel sogar nur 5 % (Bock 1986: 271, 281). S. Zimmermann führt aus, dass am EGOG Jena bis zum 24.8.1935 695 Beschwerden zur Verhandlung standen (Zimmermann 2000: 145).

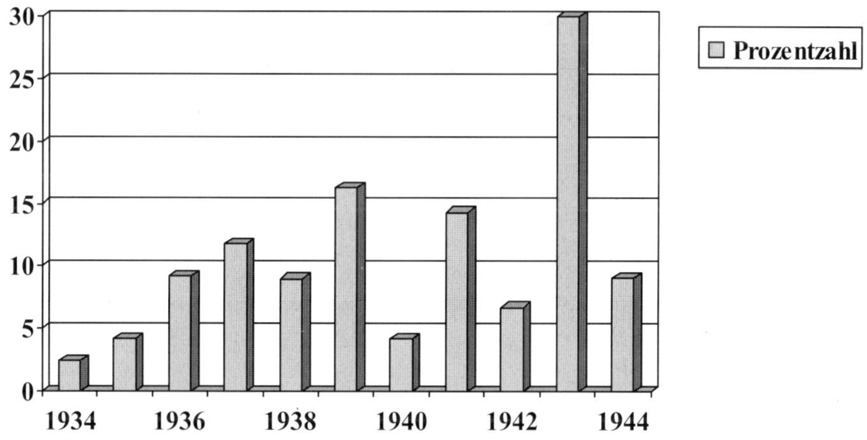

Abb. 6: Anteil der Beschwerden vor dem EGOG Jena in Bezug auf die Gesamtzahl der Sterilisationen pro Jahr.

VII. ZWANGSMASSNAHMEN

Lag der Beschluss zur Sterilisation vor, forderte der zuständige Amtsarzt die betroffenen Frauen auf, sich binnen 14 Tagen in der Klinik vorzustellen. Unterblieb dies, konnte die zwangsweise Zuführung angeordnet werden. Ausdrücklich unterstrich der Gesetzestext den Zwangscharakter des Eingriffs, der gegen den Willen des Patienten notfalls auch unter polizeilicher Gewaltanwendung durchgeführt werden konnte (RGBl I, 1933: 530).

Polizeieinsätze erstreckten sich außerdem auf die Fahndung nach Betroffenen, die sich versteckt hielten, die Einlieferung in eine psychiatrische Klinik, wenn Zusatzgutachten notwendig waren oder um den Geschlechtsverkehr zu verhindern. Verglichen mit dem Reichsdurchschnitt war die Zahl der nachweisbar in die Jenaer Klinik zwangseingewiesenen Frauen mit 2,6 % eher gering. Die Dunkelziffer liegt sicherlich höher. Im Deutschen Reich wurden 1934 7,7 %, 1935 8,4 % und 1936 9,4 % der Betroffenen mit polizeilicher Gewalt der Operation zugeführt.

In katholischen Gegenden widersetzten sich die Menschen wesentlich häufiger. In Bayern überführte die Polizei 1934 12 % und in Trier 1934 30 % der Betroffenen in die Kliniken (Bock 1986: 281).

Die Anwendung unmittelbaren körperlichen Zwangs war mit der Aufnahme in die Klinik nicht beendet. Die polizeilichen Aufgaben wurden hier unter Zuhilfenahme von medizinischen Maßnahmen weitergeführt.

Die Gynäkologen Bauer und Mikulicz-Radecki veröffentlichten 1936 entsprechende Handlungsrichtlinien für Ärzte:

> „Selbstverständlich wird man, bevor man zu unmittelbarem körperlichen Zwang übergeht, alle ärztlichen Hilfsmittel in Erwägung ziehen. Gütliches Zureden, eine vorbereitete Pantopon-Scopolamin-Spritze oder ein Einlauf statt mit Wasser mit einer entsprechenden Avertinmenge oder eventuell eine intravenöse Evipaninjektion werden den Arzt in den weitaus meisten Fällen der Notwendigkeit unmittelbarer körperlicher Zwangsmaßnahmen entheben. Es ist selbstverständlich, dass in solchen Fällen dem Kranken die Art der Injektion bzw. des Einlaufs verheimlicht werden darf" (Bauer & Mikulicz-Radecki 1936: 88-95).

Im medizinischen Alltag bediente man sich an der Jenaer Frauenklinik sedierender Medikamente, wenn durch autoaggressives Verhalten der Patientinnen nach der Operation die Gefahr von Wundheilungsstörungen bestand. Aus ähnlichen Gründen ordneten die Ärzte der Frauenklinik in Einzelfällen die Fixierung im Bett an. Die Sterilisation mittels Radium-Einlagen in die Gebärmutter erfolgte bei einigen Frauen mit starken psychischen Erregungszuständen in Narkose, um den Erfolg des Eingriffs nicht zu gefährden.[8]

VIII. STERILISATIONSMETHODEN

Der Sterilisationseingriff selbst sollte so schonend wie möglich vorgenommen werden, um Komplikationen und damit öffentliche Diskussionen zu vermeiden. Die bevorzugte Auswahl von weniger invasiven Operationsverfahren und die gründliche Voruntersuchung der Patienten dienten dazu, die Mortalität so gering wie möglich zu halten, insbesondere da

> „das Menschenmaterial, welches für diesen Eingriff in Frage kommt, […] hinsichtlich seiner körperlichen Widerstandsfähigkeit und der Labilität des vegetativen Nervensystems, welches auf operative Eingriffe unter Umständen in unvorherzusehender Weise reagiert und häufiger […] versagt, als nicht vollwertig zu bezeichnen" ist (Bauer & Mikulicz-Radecki 1936: 18, 61-64).

War beim Mann die Sterilisierung noch recht einfach auszuführen, gestaltete sich der Eingriff bei der Frau wesentlich komplizierter. Über 100 Operationsmethoden standen zu dieser Zeit zur Auswahl. Viele schieden bereits von vornherein aus, da sie nur für eine temporäre Sterilität der Frau sorgten. Zum Zweck der eugenischen Sterilisation kristallisierten sich fünf geeignete Operationsverfahren heraus, deren Ablauf, Praktikabilität, Sicherheit, Vorzüge und Nachteile in zahlreichen Publika-

8 Für eine sterilisierende Wirkung der Bestrahlung wurden im übrigen zwischen 20 und 40 Stunden veranschlagt!

tionen hauptsächlich im Zentralblatt für Gynäkologie diskutiert wurden (Regenspurger 2001: 63-64).

Die bevorzugte Operationsmethode an der UFK Jena war die beidseitige Entfernung der Eileiter (bilaterale Tubenresektion), die bei 86 % der Betroffenen angewandt wurde. Bei pathologischen Veränderungen der Adnexe wurde zudem auf radikalere Methoden, wie die ein- oder beidseitige Entfernung von Eierstock und Eileiter[9] oder die supravaginale Amputation der Gebärmutter zurückgegriffen. Als für die Patientinnen besonders schonendes aber relativ unsicheres Verfahren galt die Tubenquetschung nach Madlener. Sie war in anderen Kliniken häufig als Methode der ersten Wahl sehr weit verbreitet (Regenspurger 2001: 63f.; Bauer & Mikulicz-Radecki 1936: 89, 92), wurde in Jena hingegen nur selten angewandt. Sehr selten kamen die inguinale Sterilisationsmethode nach Menge und die Tubendurchzugsmethode nach Schulze in Frage (vgl. Abb. 7). Zur letzteren fanden sich keine Hinweise in der Literatur, weshalb es sich möglicherweise hierbei um ein klinikinternes Verfahren handeln könnte.

Die Auswahl der Operationsverfahren an der Jenaer Frauenklinik verweist auf das zugrunde liegende Konzept der Präferenz des Operationserfolges vor der möglichsten Schonung der Patientinnen. Eine Versagerquote von lediglich 0,9 % bei 866 durchgeführten bilateralen Tubenresektionen bestätigt die hohe Zuverlässigkeit des Sterilisationseingriffs.

Laut der 5. Verordnung zur Ausführung des GzVeN vom 25. Februar 1936 durften erbkranke Frauen auch durch Strahlenbehandlung sterilisiert werden (RGBl I, 1936: 122). Dies betraf 58 Patientinnen der Universitäts-Frauenklinik und war an ein Mindestalter von 38 Jahren und vorliegende Kontraindikationen oder psychologisch-taktische Bedenken gegen den operativen Eingriff gebunden. Sterilisationen durch Bestrahlung erfolgten durch Röntgenbestrahlung oder intrauterine Radium-Einlagen, waren an die schriftliche Einverständniserklärung der Patientinnen gebunden und durften nur von besonders ermächtigten Ärzten vorgenommen werden. Der Erfolg des Eingriffs wurde durch vorgeschriebene Nachuntersuchungen in der 7., 12. und 52. Woche nach Bestrahlung kontrolliert. Auch zu diesen Sterilisationsmethoden fanden kontroverse Diskussionen in der zeitgenössischen gynäkologischen Literatur statt, insbesondere da die Wirkung der Bestrahlung auf die Ovarien nicht ausreichend bekannt war (Thielepape 1936: 8). Die Sterilisation mittels Radium-Einlagen war offenbar recht sicher, da bei den 31 auf diese Art an der UFK vorgenommenen Sterilisationen keine „Versager" bekannt wurden. Die Erfolgsquote der Röntgen-Kastrationen lag hingegen niedriger. Bei 27 durchgeführten Eingriffen erwiesen sich zwei in der Nachuntersuchung als misslungen.

Fast jede 4. Zwangssterilisation führte zu Komplikationen. Leichte Komplikationen wie Fieber und Wundheilungsstörungen waren sehr häufig. Aber auch lebensbedrohliche Komplikationen wie Atemstillstand unter der Narkose, Herz- oder Lungeninfarkt traten bei fast einem Prozent der Sterilisationen auf. Eine Frau verstarb an einem Herzinfarkt „im Tobsuchtsanfall" im Anschluss an die Operati-

9 Uni- oder bilaterale Exstirpation der Adnexe oder Ovariektomie.

on. Damit lag die Mortalität nach Zwangssterilisation an der Universitäts-Frauenklinik Jena bei 0,1 % und damit deutlich unter der in einer Sammelstatistik von 6.032 Sterilisationen von Bauer und Mikulicz-Radecki erhobenen Mortalität von 0,41 % (Bauer & Mikulicz-Radecki 1936: 137). Das Ausmaß der seelischen Traumatisierung nach Zwangssterilisation und Zwangsabtreibung lässt sich schwer abschätzen. Dahingehend wurde in den Krankenakten lediglich vermerkt, dass einige Frauen nach dem Eingriff aufgrund von Suizidversuchen oder starken psychischen Erregungszuständen in die Psychiatrische und Nervenklinik Jena verlegt werden mussten. Gegenüber der breiten Öffentlichkeit und den Betroffenen selbst wurden die möglichen Risiken eines Eingriffs bagatellisiert, wie folgende Aussage des Erbgesundheitsobergerichts Jena dokumentiert: „Für ihre Gesundheit aber braucht Frau P. aus dem Eingriff nichts zu befürchten.“[10]

Methode	Anzahl
Bilaterale Tubenresektion	866
Uni- oder bilaterale Exstirpation der Adnexe oder Ovariektomie	65
Tubendurchzugsmethode nach Schulze	9
Tubensterilisation nach Madlener	4
Inguinale Sterilisation nach Menge	3
Supravaginale Uterusamputation	3
Intrauterine Radium-Einlagen	31
Röntgen-Kastration	27

Abb. 7: Sterilisationsmethoden.

IX. SCHWANGERSCHAFTSABBRÜCHE

Mit der 4. Verordnung zur Ausführung des Gesetzes vom 18. Juli 1935 wurde folgerichtig auch der Schwangerschaftsabbruch aus rassenhygienischen Gründen legalisiert und eine oftmals bedauerte Lücke im Gesetzestext geschlossen. Im

10 UAJ, Best. Zwangssterilisationen, Krankenblatt der Universitäts-Frauenklinik, 1937, HB-Nr. 1103, Beschluss des EGOG Jena vom 23.4.1937.

Artikel 1 dieser Verordnung heißt es: „Die Unterbrechung der Schwangerschaft nach § 10a des Gesetzes zur Verhütung erbkranken Nachwuchses und die Unfruchtbarmachung sollen nach Möglichkeit gleichzeitig vorgenommen werden" (RGBl I, 1935: 1035). Gisela Bock geht von ca. 30.000 Schwangerschaftsabbrüchen im Rahmen des G.z.V.e.N. aus. Allein für das Jahr 1935 sind 897 Interruptiones belegt (Bock 1986: 101).

An der UFK in Jena wurde bei mindestens 56 Frauen (dies entspricht 5,5 %) eine Schwangerschaft vorrangig in den ersten Jahren nach Inkrafttreten der Verordnung unterbrochen (vl. Abb. 8). Diese Zahl ist vergleichsweise hoch. So lag der Prozentsatz an der Göttinger UFK mit nur 0,8 % weit darunter (Koch 1993: 49f). Besonders häufig betraf dies Frauen mit der Diagnose „angeborener Schwachsinn" und „schwere erbliche körperliche Missbildung". 15 % der Abbrüche wurden an Patientinnen der Psychiatrischen und Nervenklinik Jena vorgenommen.

Gerade die Handhabung der rassenhygienischen Interruptiones an der Universitäts-Frauenklinik Jena verweist auf eine überaus beflissene Gesetzesumsetzung. In einzelnen Fällen ging die praktizierte Politik sogar weit über den durch das Gesetz festgelegten Rahmen hinaus.

Laut dem Gesetz zur Änderung des Gesetzes zur Verhütung erbkranken Nachwuchses vom 26. Juni 1935 konnte eine bestehende

> „Schwangerschaft mit Einwilligung der Schwangeren unterbrochen werden, es sei denn, daß die Frucht schon lebensfähig ist oder die Unterbrechung der Schwangerschaft eine ernste Gefahr für das Leben oder die Gesundheit der Frau mit sich bringen würde. Als nicht lebensfähig ist die Frucht dann anzusehen, wenn die Unterbrechung vor Ablauf des 6. Schwangerschaftsmonats erfolgt" (RGBl I, 1935: 773).

Der Gesetzestext legte folglich den vollendeten 6. Schwangerschaftsmonat als zeitliche Grenze für die Interruptio aus rassenhygienischen Gründen eindeutig fest. Die Umsetzung dieser Vorgaben öffnete legale Handlungsspielräume der verantwortlichen Ärzte. An der Universitäts-Frauenklinik in Göttingen praktizierte man den Abbruch nur bis einschließlich des 4. Schwangerschaftsmonats. Begründet wurde diese Vorgehensweise mit der zunehmenden Gefahr für die Gesundheit der Mutter, so dass der „Eingriff nicht mehr den Charakter der i. S. des Gesetzes liegenden Ungefährlichkeit trägt" (Koch 1993: 49-50).

In Jena gab es mindestens sechs Patientinnen, bei denen ein Schwangerschaftsabbruch zu einem späteren Zeitpunkt und damit auch nach nationalsozialistischer Rechtssprechung gesetzeswidrig vorgenommen wurde.

Der Begriff 6. Schwangerschaftsmonat war auf die Berechnung des Geburtshelfers zu beziehen. Ausschlaggebend war der äußerlich tastbare Stand des Gebärmuttergrundes (*Fundus uteri*). Stand der *Fundus uteri* unterhalb des Nabels oder in Nabelhöhe (Ende des 6. Schwangerschaftsmonats geburtshilflicher Rechnung), so konnte die Schwangerschaft unterbrochen werden; stand der *Fundus* oberhalb des Nabels, so durfte die Schwangerschaft nicht mehr unterbrochen werden (Bauer & Mikulicz-Radecki 1936: 146).

Die Dokumentation der sechs gesetzeswidrigen Fälle von Schwangerschaftsabbrüchen lässt eindeutig auf ein fortgeschritteneres Schwangerschaftsstadium schließen. In drei Akten wurde unverschleiert der 7. bis 8. Monat aufgeführt, bei drei weiteren Frauen wurde auf dem Deckblatt der Krankenakte der 6. Schwangerschaftsmonat festgehalten, obwohl sich in den Akten selbst Hinweise für die Unrichtigkeit dieser Angabe finden. Im OP-Bericht von Frau P. heißt es: „Der Fundus steht gut handbreit über dem Nabel […]. Das Kind wird mit der Hand herausgehebelt und sofort abgenabelt. Es atmet ganz oberflächlich. Geschlecht: weiblich, 1630g, 42 cm.“[11] Laut Krankenblatt wurde das Kind nicht weiter ärztlich versorgt, die Mutter verließ 17 Tage später ohne Kind die Klinik. Genauere Angaben zum Verbleib des Kindes können der Krankenakte nicht entnommen werden.

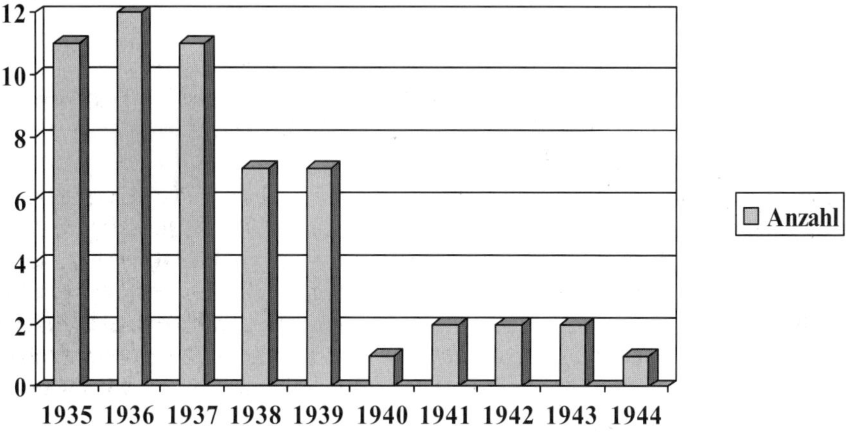

Abb. 8: Anzahl der Schwangerschaftsabbrüche.

Die klinikinterne Praxis der Durchführung einer Ausschabung der Gebärmutter (Abrasio, Kürettage, Curettage) vor der geplanten Sterilisierungsoperation verließ ebenfalls den Rahmen der Legalität. Ohne Einwilligung der Frau war deren Vornahme gesetzlich nicht gestattet, da eine eventuell bestehende Frühschwangerschaft auf diese Weise beendet werden konnte. Bauer und Mikulicz-Radecki führten 1936 diesbezüglich aus:

> „Hat die Erbkranke der Unterbrechung der Schwangerschaft, falls eine solche vorliegen sollte, zugestimmt, so bestehen juristisch keine Bedenken gegen die Ausführung einer Curettage, soweit nicht ärztliche Gesichtspunkte dagegen sprechen; hat die Erbkranke die Einwilligung verweigert, so verbietet sich damit die Durchführung der Curettage, da ja damit eine beginnende Schwangerschaft beseitigt werden könnte“ (Bauer & Mikulicz-Radekci 1936: 146).

An der Jenaer Klinik zählte dieser Eingriff zur Routine, eine Vorgehensweise, die offensichtlich auf Kritik stieß, wie das rechtfertigende Schreiben des Direktors der Universitäts-Frauenklinik Prof. Haupt an Karl Astel vom 10. März 1938 belegt:

11 UAJ, Best. Zwangssterilisationen, Krankenblatt der Universitäts-Frauenklinik, 1941, HB-Nr. 314, Op-Bericht vom 6.3.1941.

„Auf Ihre Verfügung vom 14.2.38 teilen wir mit, daß wir bisher bei jeder zu Sterilisierenden, bei der nicht ein normaler Periodenablauf hier in der Klinik beobachtet wurde, vor der Operation eine Abrasio vorgenommen haben. Diese Handlung war aus ärztlichen Gründen diktiert, es sollte verhindert werden, daß durch einen etwa eintretenden Frühabort die Wundheilung im Operationsgebiet verzögert oder gefährdet wäre. Schwangerschaften vom 3. Monat ab können bei der hier üblichen gründlichen Untersuchung kaum übersehen werden, in allen Fällen einer Schwangerschaft wurde selbstverständlich bisher die Einwilligung zur Unterbrechung der Schwangerschaft von der zu Sterilisierenden gefordert. Wir bitten, es bei dieser Regelung belassen zu dürfen, da sie sich durchaus bewährt hat und eine Frühschwangerschaft damit auch in den Fällen unterbrochen wird, die sonst nicht zu erfassen wären."[12]

Bei mindestens 102 Patientinnen war präoperativ eine Ausschabung vorgenommen worden, wodurch 14 Frühschwangerschaften ohne Einverständniserklärung der Frauen unterbrochen wurden.

X. MEDIZINISCHE UND SOZIALE INDIKATIONEN ZU STERILISATION UND SCHWANGERSCHAFTSABBRUCH

Die nationalsozialistische Gesetzgebung suchte einerseits die Fortpflanzung „minderwertiger" Personen zu unterbinden und andererseits die Fortpflanzung „höherwertiger" Mitglieder der Gesellschaft zu fördern. Schwangerschaftsunterbrechungen aus sozialen Gründen waren verboten. In der zeitgenössischen Rechtssprechung galten die §§ 218 ff. des Deutschen Reichs-Strafgesetzbuches von 1872, nach denen Frauen mit einer Zuchthausstrafe von bis zu fünf Jahren bedroht wurden, wenn sie einen so genannten „kriminellen" Abort provozierten. Auch der Versuch stand unter Strafe (Kramer 1999: 42).

Einzelne Beispiele lassen vermuten, dass in der Universitäts-Frauenklinik in Jena das Gesetz genutzt wurde, um durch die Hintertür sozial motivierte Interruptiones zu ermöglichen. So beschloss das EGG Rudolstadt am 8. März 1939 die Sterilisation von Frau D. aufgrund der Diagnose „schwere erbliche körperliche Missbildung". Frau D. war Konduktorin der Bluterkrankheit (Hämophilie), hatte bereits zwei erkrankte Söhne und wünschte die Unterbrechung einer erneut bestehenden Schwangerschaft und die nachfolgende Sterilisation. Die Eingriffe wurden vorgenommen, obwohl das Gesetz die ausschließliche Sterilisation kranker bzw. körperlich missgebildeter Personen vorsah, nicht die Unfruchtbarmachung gesunder Anlageträger. „So ist zum Beispiel die durch die Geburt von Blutersöhnen als biologisch erbkrank erwiesene Überträgerin (sog. Konduktor) nach dem Gesetz nicht als erbkrank meldepflichtig, da sie ja selbst nicht an der Bluterkrankheit manifest leidet" (Bauer & Mikulicz-Radecki 1936: 6). Das EGG berief sich in der Urteilsfindung auf ein Gutachten der Medizinischen Klinik in Jena, dass der

12 Institut für Geschichte der Medizin der Friedrich-Schiller-Universität Jena, Bestand Dokumente zur Zwangssterilisation, Schreiben von Prof. Haupt an Astel vom 10.3.1938.

Patientin „geringe Zeichen der Bluterkrankheit“ attestierte, so dass sie „daher selbst als manifest erbkrank angesehen werden“ konnte.[13]

Sterilisationen und Schwangerschaftsabbrüche aus medizinischen Gründen waren legitim. Sie dienten einerseits direkten Heilzwecken, etwa bei entzündlichen oder karzinomatösen Erkrankungen der Fortpflanzungsorgane und andererseits medizinisch-prophylaktischen Erwägungen, d. h. Abwenden einer Gefahr für Leib und Leben der Frau durch eine Schwangerschaft und Geburt.

Aufgrund medizinischer Indikationen wurden 1933 noch vor Inkrafttreten des Gesetzes 14 Frauen in der Universitäts-Frauenklinik in Jena sterilisiert. Bei weiteren sechs Patientinnen nahm man im gleichen Jahr einen Schwangerschaftsabbruch mit gleichzeitiger Sterilisation vor. Auffällig ist, dass hiervon vorrangig Patientinnen der Psychiatrischen und Nervenklinik Jena betroffen waren, die wegen Schizophrenie, Epilepsie, manisch-depressivem Irresein und „angeborenem Schwachsinn“ psychiatrisch behandelt und begutachtet wurden. Die Kongruenz zu den später im Gesetzestext aufgeführten Diagnosen ist augenfällig. Wenngleich medizinische Risiken, wie etwa eine gesundheitliche Gefährdung der Mutter durch eine vermutliche Anfallshäufung bei bekannter Epilepsie, zur Begründung der Sterilisation angeführt wurden, tritt die eugenische Komponente in einigen Gutachten deutlich zu Tage. So heißt es in einem Gutachten von Prof. Hans Berger, dem Direktor der Psychiatrischen und Nervenklinik Jena, vom 12. Juni 1933 über eine Patientin mit Epilepsie und einer bestehenden Schwangerschaft im 4. Monat: „Wenn eine eugenische Indikation bereits in Frage käme, so wäre sie in diesem Falle in 1. Linie zu bejahen, denn die Erbmasse der schwer psychopathischen und epileptischen Mutter bietet denkbar ungünstige Aussichten für die Nachkommenschaft.“[14]

Einem ähnlichen Muster folgten weitere 12 Schwangerschaftsabbrüche mit nachfolgender Sterilisation vor deren gesetzlicher Legitimation durch die 4. Verordnung zur Ausführung des G.z.V.e.N. vom 18. Juli 1935. In entsprechenden Gutachten begründete der Leiter der Psychiatrischen und Nervenklinik Jena Prof. Hans Berger die medizinische Notwendigkeit des Eingriffs mit einem ungünstigen Einfluss von Schwangerschaft und Geburt auf die Gesundheit der Mutter.

Die Grenzen zwischen medizinischer und eugenischer Indikationsstellung waren mitunter fließend. Das oben aufgeführte Beispiel der Konduktorin für Hämophilie belegt, wie auch eine eher sozial motivierte bzw. eugenische Indikationsstellung formal an die Gesetzesgrundlagen „angepasst“ werden konnte. Das breite Feld der Möglichkeit einer Indikationsstellung aus medizinischen Gründen erlaubte darüber hinaus einen rechtlich illegalen Eingriff „auf Umwegen“ zu legitimieren, wie am Beispiel von Frau K. deutlich wird.

Dr. Wetzel, Facharzt für Innere Medizin aus Saalfeld, schrieb über die Patientin am 5. Juli 1934 an die UFK Jena:

13 UAJ, Best. Zwangssterilisationen, Krankenblatt der Universitäts-Frauenklinik, 1939, HB-Nr. 371.

14 UAJ, Bestand Zwangssterilisation, Krankenblatt der Universitäts-Frauenklinik Jena 1933, Hauptbuch-Nr. 548.

„Aus der Vorgeschichte ist bekannt, dass Frau P. K. im Jahre 1922 und 1924 je ein taubstummes Kind geboren hat. 1926 und 1928 wurde im hiesigen Krankenhaus aus diesen Gründen bereits eine Unterbrechung vorgenommen. Leider wurde damals versäumt, eine Sterilisation vorzunehmen. […] Ich nehme an, daß dieses Kind mit Wahrscheinlichkeit wieder krank geboren wird und hatte deshalb mit den Kollegen der Kommission für Schwangerschaftsunterbrechungen Rücksprache genommen und eine Unterbrechung vorgeschlagen. Leider besitzen wir offiziell keine Handhabe, solche Schwangerschaften zu unterbrechen; wir können nur sterilisieren lassen. Ich möchte Ihnen aber trotzdem die Patientin zuschicken, weil ich annehme, daß in der Universitäts-Frauenklinik bereits mehrere ähnlich gelagerte Fälle vorgekommen sind, die nach autoritärem Urteil unterbrochen werden konnten. Unbedingt notwendig wäre selbstverständlich die Sterilisierung, mit der Mann und Frau einverstanden sind.“[15]

Tatsächlich fand sich die von Dr. Wetzel erhoffte „Lücke“. Die UFK bat um ein medizinisches Gutachten, auf dessen Grundlage die Interruptio und Sterilisation vorgenommen werden konnte. Am 10. Juli 1934 urteilte Prof. Berger:

„Frau P. K. lag vom 14.1.-1.4.1931 wegen eines schweren Depressionszustandes in der geschlossenen Abteilung der Psychiatrischen und Nervenklinik in Jena. Die Patientin ist erblich schwer belastet. Jetzt machen sich erneut Zeichen einer beginnenden schweren Depression bemerkbar. […] Aus diesem Grund halten wir eine Unterbrechung der Schwangerschaft aus ärztlichen Gründen für dringend notwendig, da die fortschreitende Schwangerschaft und die Geburt eine ernste Gefahr für das Leben der Patientin darstellt.“[16]

Zwei Tage später, am 12. Juli 1934, erfolgte bei der 41-jährigen Frau die bilaterale Tubenresektion und Schwangerschaftsunterbrechung im 2. Monat in der Jenaer Klinik.

XI. FAZIT

An der Universitäts-Frauenklinik Jena wurden zwischen 1934 und 1945 mindestens 1.018 Frauen auf der Grundlage des Gesetzes zur Verhütung erbkranken Nachwuchses vom 14. Juli 1933 zwangssterilisiert. Die Umsetzung des Gesetzes folgte bezüglich der Indikationen, des sozialen Status der Betroffenen oder auch des Durchlaufens des durch das Gesetz vorgegebenen Instanzenzugs in weiten Teilen der gängigen Sterilisationspraxis in Deutschland. Die relativ rasche Umsetzung der Erbgesundheitsgerichtsbeschlüsse fußte auf der engen personellen und institutionellen Verflechtung zwischen der Universitäts-Frauenklinik, der Psychiatrischen und Nervenklinik Jena, den Behörden, Gerichten und politischen Instanzen.

Ärztliche Zurückhaltung gegenüber der Gesetzesumsetzung und dem gewandelten ärztlichen Handlungsauftrag hin zum Primat der Volksgesundheit vor individuellen Bedürfnissen ist nicht eruierbar. Vielmehr ist im Vergleich der Kliniken von einer rigorosen Gesetzesumsetzung an der Jenaer Klinik auszugehen, wie etwa das Beispiel der Interruptiones in weit fortgeschrittenem Schwan-

15 UAJ, Best. Zwangssterilisationen, Krankenblatt der Universitäts-Frauenklinik, 1934, HB-Nr. 605, Schreiben von Dr. Wetzel an die UFK Jena vom 5.7.1934.

16 Ebd., Gutachten von Prof. Berger vom 10.7.1934.

gerschaftsstadium belegt. In Zusammenhang mit Schwangerschaftsabbrüchen kam es zudem zu Gesetzesüberschreitungen.

Sterilisationen und Schwangerschaftsabbrüche wurden bereits vor Inkrafttreten des G.z.V.e.N. vorgenommen und mit medizinischen Indikationen begründet. Die Art der Argumentation in den betreffenden Gutachten legt jedoch den Verdacht nahe, dass bereits vor der gesetzlichen Legitimation eugenische Gründe in die Beurteilung mit einflossen.

LITERATURVERZEICHNIS:

Angerstorfer, A., Dengg, A. (1999): Sterilisationspolitik unterm Hakenkreuz. Zwangssterilisationen in Regensburg und in Oberpfalz/Niederbayern. Evang. Bildungswerk, Regensburg.

Bauer, K. H. & Mikulicz-Radecki, F. v. (1936): Die Praxis der Sterilisierungsoperationen. Barth, Leipzig.

Bleker, J. & Jachertz, N. (1989): Medizin im Dritten Reich. Deutscher Ärzteverlag, Köln.

Bock, G. (1986): Zwangssterilisation im Nationalsozialismus. Studien zur Rassenpolitik und Frauenpolitik. Westdeutscher Verlag, Opladen.

Braß, C. (1993): Rassismus nach Innen – Erbgesundheitspolitik und Zwangssterilisation. St. Ingbert.

Daum, M. & Deppe, H.-J. (1991): Zwangssterilisation in Frankfurt am Main. Campus-Verlag, Frankfurt/M., New York.

Faber, A. (1938): Zentralblatt für Chirurgie 34: 1869.

Gütt, A. (1933a): Reichsminister Dr. Frick über Bevölkerungspolitik und Rassenpflege. Deutsches Ärzteblatt, Nr. 2: 72-75.

Gütt, A. (1933b): Der deutsche Arzt und das Gesetz zur Verhütung erbkranken Nachwuchses. Deutsches Ärzteblatt, Nr. 6: 163-165.

Gütt, A., Rüdin, E. & Ruttke, F. (1934): Gesetz zur Verhütung erbkranken Nachwuchses vom 14.7.1933 mit Auszug aus dem Gesetz gegen gefährliche Gewohnheitsverbrecher und über Maßnahmen zur Sicherung und Besserung vom 24.11.1933. Mohn, München, neubearb. 1936.

Heesch, E. (1995): Nationalsozialistische Zwangssterilisationen psychiatrischer Patienten in Schleswig-Holstein. Erschienen in: Demokratische Geschichte, Jahrbuch zur Arbeiterbewegung und Demokratie in Schleswig-Holstein 9: 55-102.

Hochmuth, A. (1997): Spurensuche. Eugenik, Sterilisation, Patientenmorde und die v. Bodelschwinghschen Anstalten Bethel 1929-1945. Bethel-Verlag, Bielefeld.

Hoßfeld, U., John, J., Lemuth, O. & Stutz, R. (Hrsg., 2003): „Kämpferische Wissenschaft". Studien zur Universität Jena im Nationalsozialismus. Böhlau, Köln, Weimar, Wien.

Hümmer, K. (1998): Zwangssterilisation in der ehemaligen Diakonissenanstalt Neuendettelsau. Roderer, Regensburg.

Kaminsky, U. (1995): Zwangssterilisation und „Euthanasie" im Rheinland. Evangelische Erziehungsanstalten sowie Heil- und Pflegeanstalten 1933-1945. Rheinland-Verlag, Köln.

Koch, T. (1993): Zwangssterilisationen im Dritten Reich am Beispiel der Universitäts-Frauenklinik Göttingen. Diss. med. Göttingen.

Krähwinkel, E. (1999): Formen der Umsetzung des „Gesetzes zur Verhütung erbkranken Nachwuchses" an der Marburger Medizinischen Fakultät. Medizinhistorisches Journal 34: 159-209.

Kramer, S. (1999): „Ein ehrenhafter Verzicht auf Nachkommenschaft". Theoretische Grundlagen und Praxis der Zwangssterilisation im Dritten Reich am Beispiel der Rechtsprechung des Erbgesundheitsobergerichts Celle. Nomos, Baden-Baden.

Ley, A. (2004): Zwangssterilisation und Ärzteschaft. Hintergründe und Ziele ärztlichen Handelns 1934-1945. Campus-Verlag, Frankfurt/M.

Link, G. (1999): Eugenische Zwangssterilisationen und Schwangerschaftsabbrüche im Nationalsozialismus. Dargestellt am Beispiel der Universitätsfrauenklinik Freiburg. Lang, Frankfurt/M. u. a.

Regenspurger, K. (2001): Die Umsetzung des Gesetzes zur Verhütung erbkranken Nachwuchses an der Universitäts-Frauenklinik Jena 1934-1944. Diss. med. Jena.

Rothmaler, C. (1991): Sterilisationen nach dem „Gesetz zur Verhütung erbkranken Nachwuchses" vom 14. Juli 1933. Eine Untersuchung zur Tätigkeit des Erbgesundheitsgerichts und zur Durchführung des Gesetzes in Hamburg in der Zeit zwischen 1934 und 1944. Matthiesen, Husum.

Thielepape, I. (1936): Die Tubensterilisation und ihre Erfolge. Inaugural-Diss. Jena.

Weingart, P., Kroll, J. & Bayertz, K. (1988): Rasse, Blut und Gene. Geschichte der Eugenik und Rassenhygiene in Deutschland. Suhrkamp, Frankfurt/M.

Zimmermann, S. (2000): Die Medizinische Fakultät der Universität Jena während der Zeit des Nationalsozialismus (Ernst-Haeckel-Haus-Studien, Monographien zur Geschichte der Biowissenschaften und Medizin, Bd. 2). VWB, Berlin.

Zimmermann, S. & Zimmermann, T. (2003): Die Medizinische Fakultät der Universität Jena im „Dritten Reich" – ein Überblick. In: Hoßfeld, U., John, J., Lemuth, O. & Stutz, R. (Hrsg., 2003): „Kämpferische Wissenschaft". Studien zur Universität Jena im Nationalsozialismus. Böhlau, Köln, Weimar, Wien, S. 401-436.

Reichsgesetzblatt (1933): Teil I, Nr. 86, vom 25.7.1933, Gesetz zur Verhütung erbkranken Nachwuchses vom 14.7.1933.

Reichsgesetzblatt (1933): Teil I, Nr. 138, vom 7.12.1933, Verordnung zur Ausführung des G.z.V.e.N. vom 5.12.1933.

Reichsgesetzblatt (1934): Teil I, Nr. 62, vom 8.6.1934, Zweite Verordnung zur Ausführung des G.z.V.e.N. vom 29.5.1934.

Reichsgesetzblatt (1935): Teil I, Nr. 22, vom 28.2.1935, Dritte Verordnung zur Ausführung des G.z.V.e.N. vom 25.2.1935.

Reichsgesetzblatt (1935): Teil I, Nr. 65, vom 27.6.1935, Gesetz zur Änderung des G.z.V.e.N. vom 26.6.1935.

Reichsgesetzblatt (1935): Teil I, Nr. 82, vom 25.7.1935, Vierte Verordnung zur Ausführung des G.z.V.e.N. vom 18.7.1935.

Reichsgesetzblatt (1936): Teil I, Nr. 16, vom 26.2.1936, Zweites Gesetz zur Änderung des G.z.V.e.N. vom 4.2.1936.

Reichsgesetzblatt (1936): Teil I, Nr. 16, vom 26.2.1936, Fünfte Verordnung zur Ausführung des G.z.V.e.N. vom 25.2.1936.

Reichsgesetzblatt (1936): Teil I, Nr. 125, vom 31.12.1936, Sechste Verordnung zur Ausführung des G.z.V.e.N. vom 23.12.1936.

Reichsgesetzblatt (1939): Teil I, Nr. 37, vom 31.8.1939, Verordnung zur Durchführung des Gesetzes zur Verhütung erbkranken Nachwuchses und des Ehegesundheitsgesetzes.

Reichsgesetzblatt (1944): Teil I, Nr. 7, vom 14.11.1944, Siebente Verordnung zur Ausführung des G.z.V.e.N. vom 14.11.1944.

Ungedruckte Quellen:

Universitätsarchiv der Friedrich-Schiller-Universität Jena, Best. Zwangssterilisationen, Krankenblätter der Universitäts-Frauenklinik Jena 1933-1944.

Medizinhistorisches Archiv des Instituts für Geschichte der Medizin der Friedrich-Schiller-Universität Jena, Best. Dokumente zur Zwangssterilisation an der Universitäts-Frauenklinik Jena.

Hartmut Rothe & Winfried Henke

STAMMBÄUME SIND WIE BLUMENSTRÄUSSE – HÜBSCH ANZUSEHEN, DOCH SCHNELL VERWELKT

VORBEMERKUNG: FAMILIÄRE UND PHYLOGENETISCHE BÄUME

Unter formalen Gesichtspunkten betrachtet, sind Stammbäume[1] Ordnungsschemata, die grafisch Beziehungen zwischen Individuen oder Gruppen von Organismen darstellen.

Individuenzentrierte Ordnungsschemata werden gemeinhin unter dem Begriff *Familienstammbaum* oder *familiäre Genealogie*[2] geführt (Abb. 1). Die spezifische Gruppierung von *Individuen* in einem solchen Schema erfolgt nach Kriterien, die nicht ausschließlich von den Individuen selbst geliefert werden, also nicht ausschließlich intrinsisch sind, sondern nach Kriterien, die außerhalb der Individuen liegen, also als extrinsisch bezeichnet werden müssen. Derartige Kriterien können rechtliche und/oder kulturelle (i. w. S.) Aspekte bzw. Vereinbarungen sein oder Altersabstufungen zwischen den gruppierten Individuen betreffen.

Die in einem Familienstammbaum aufgeführten Individuen gehören stets derselben systematischen Kategorie, d. h. derselben Art an. Daher sind alle in einem Familienstammbaum enthaltenen Individuen in ihren Merkmalen identisch, in den Merkmalsausprägungen können hingegen Unterschiede auftreten (zu den Begriffen Merkmal und Merkmalsausprägung siehe unten und Wiesemüller et al. 2003).[3] Familiäre Genealogien würden wegen rechtlicher und/oder gesellschaftlicher Normen, z. B. Inzestverbote bzw. Inzesttabus, jeweils nur zwei Generationen, die Parental- und die erste Filial-Generation, enthalten können, wenn nicht jeweils fremde Individuen in die Genealogien eingruppiert würden, z. B. durch Heirat (bzw. analoge Vereinbarungen) oder Adoption.

Familienstammbäume sind demnach als Abfolge unterschiedlicher Generationen von Individuen anzusehen, die in einer gesetzlichen und/oder biologisch begründeten Eltern-Nachkommen-Beziehung stehen. Nur letztere, d. h. die tokogenetische Beziehung (Hennig 1950) führt zu Merkmalsähnlichkeit aufgrund gemeinsamer Allele.[4] Merkmalsähnlichkeit zwischen den Individuen ist also nicht das entscheidende Kriterium für die Erstellung von Familienstammbäumen, son-

1 In der Literatur hat sich auch der Begriff *Baum* durchgesetzt.

2 Der Begriff *Familie* bzw. *familiär* ist nicht auf die gesetzliche Definition der Institution Familie beschränkt, sondern kann auch auf Lebensgemeinschaft bezogen sein.

3 Das Merkmal Haarfarbe kann beispielsweise in den Ausprägungen blond, schwarz, rot vorliegen.

4 Beispielsweise stimmen Eltern und Kinder in 50 % der Allele überein.

dern sie ist, *post ex factum* betrachtet, lediglich Konsequenz, wenn auch eine sehr wesentliche, der zuvor nach anderen Kriterien erfolgten Gruppierung der Individuen.

Familienstammbäume sind für die biologische Systematik unbedeutend und werden daher im Weiteren nicht mehr betrachtet.

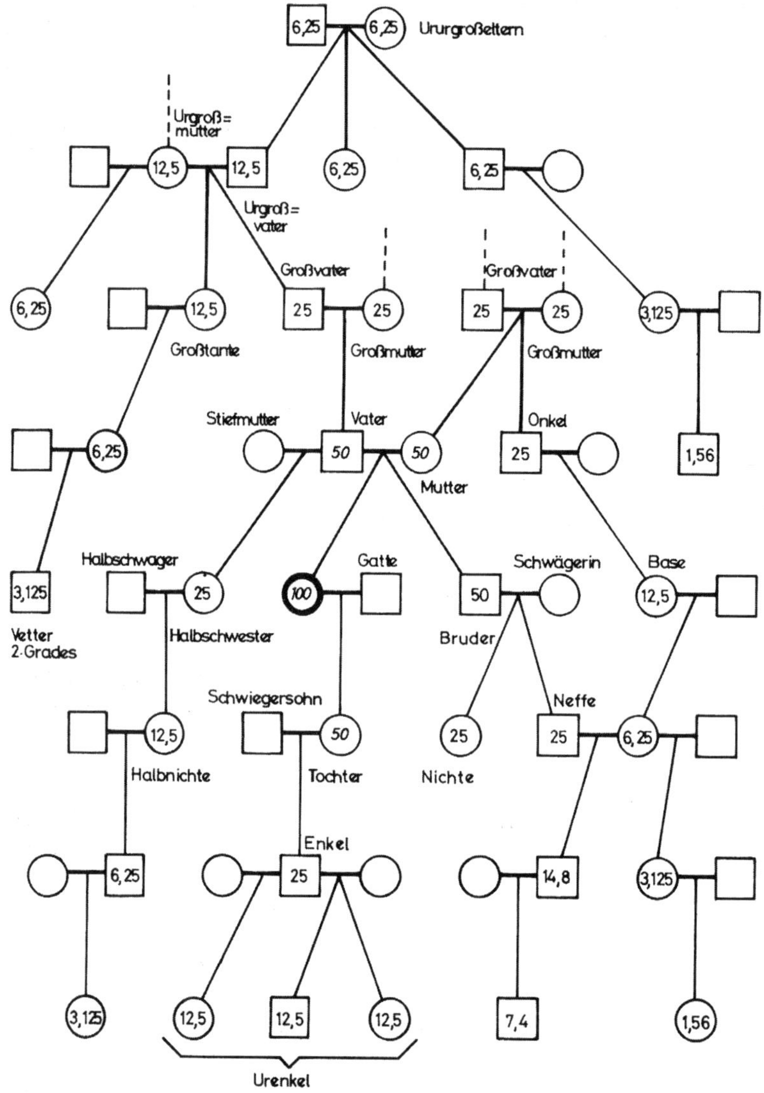

Abb. 1: Beispiel für einen Familienstammbaum (aus Knußmann 1980).

In der biologischen Systematik wird unter einem Stammbaum die grafische Darstellung der phylogenetischen Abfolge von systematischen Kategorien (= Taxa), also von Arten oder höheren Gruppierungen, z. B. Gattungen, Familien, Ordnungen, verstanden (Abb. 2). Die Taxa stehen in einer historischen Beziehung zueinander. Individuen sind in phylogenetischen Bäumen gänzlich ohne Belang.

Die Gruppierung der Organismen in derartigen Bäumen erfolgt nach Ähnlichkeitskriterien, wobei die Angehörigen derselben Kategorie, z. B. einer Art A, ein hohes Maß an Übereinstimmung zeigen, sich aber von den Vertretern einer anderen Kategorie, z. B. einer Art B, unterscheiden. Somit lässt sich zwar jedes Taxon von jedem anderen über die Feststellung von Unterschieden abgrenzen, über die Aufdeckung von Gemeinsamkeiten aber auch mit anderen Taxa vereinen, z. B. zu einer höheren Kategorie. Ein phylogenetischer Stammbaum ist unter formalen Gesichtspunkten betrachtet eine Sequenz anhand intrinsischer Kriterien eindeutig identifizierbarer und voneinander unterscheidbarer systematischer Kategorien.

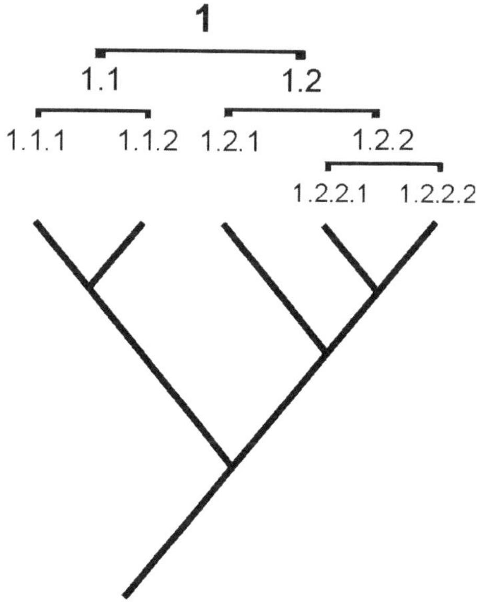

Abb. 2: Beispiel für ein phylogenetisches Baumdiagramm. Aus der Aufspaltungsabfolge der Arten ergibt sich ein hierarchisches System, welches sich beispielsweise durch Zahlen symbolisieren lässt (aus Wiesemüller et al. 2003).

STAMMBAUMDEFINITIONEN: EINE BABYLONISCHE VIELFALT

Ein Blick in die einschlägige Literatur zur Definition von Bäumen und der Methodologie ihrer Konstruktion offenbart aber keine einheitliche Meinung, sondern eine Fülle unterschiedlicher Ansichten zum und über den Begriff Stammbaum (engl. *phylogenetic tree*). Die nachstehende Auflistung spiegelt einige Auffassungen wider, sie ist aber weder vollständig, noch nach bestimmten Kriterien zusammengestellt:

- „[...] a schematic diagram of the evolutionary or genealogical relationships among a group of species“ (Jones et al. 1992).
- „Ein Stammbaum ist im Sinne der phylogenetischen Systematik somit nichts anderes als ein Kladogramm“ (Wiesemüller et al. 2003).
- „[...] branching diagram for a set of species that shows their ancestral relationships; one direction, usually the vertical axis, represents time“ (Conroy 1990).[5]
- „Ein begründeter Stammbaum ist ein phylogenetisches Verwandtschaftsdiagramm [...]“ (Ax 1984).
- „Streng genommen ist jeder Stammbaum eine Hypothese über den Verlauf der Evolution, deren Plausibilität mit alternativen Hypothesen zu bewerten ist“ (Storch et al. 2001).
- „A tree is a mathematical structure which is used to model the actual evolutionary history of a group of sequences or organisms. The actual pattern of historical relationships is the phylogeny or evolutionary tree“ (Page & Holmes 1998).
- „[…] bildhafte Darstellung des historischen Verlaufs der Stammesgeschichte (bzw. der Verwandtschaftsverhältnisse) der Organismen“ (Kutschera 2001).
- „The graphic depiction of phylogeny is the *phylogenetic tree*“ (Klein & Takahata 2002).
- „[...] while evolutionary trees are very precise statements of singular history, their precision is gained from criteria other than character distributions […]“ (Forey 1990).
- „Die graphische Darstellung unserer Vorstellung vom eigentlichen Ablauf der Phylogenie“ (Rieppel 1983).
- „[…] schematische Darstellung der natürlichen Verwandtschaftsverhältnisse zwischen den systematischen Gruppen der Lebewesen unter dem Bild eines sich verzweigenden Baumes“ (Der Grosse Brockhaus 1984, Bearbeiter unbekannt).

Diese elf Beschreibungen des Begriffs Stammbaum offenbaren fundamentale Differenzen, die die Konstruktionsanweisungen für Bäume, ihre formale Struktur und Komponenten sowie ihre Aufgabenstellung bzw. ihre Funktion betreffen.

Die Einlassungen von Storch et al. (2001) sind insofern korrekt, als Stammbäume nicht immer bzw. sogar nur selten die Realität widerspiegeln, wenn fossile Taxa involviert sind (siehe hierzu auch Popper 1968, 1974). Das Stammbaumkonzept dieser Autoren ist dennoch abzulehnen, da es ausschließlich erkenntnistheoretische Aspekte beinhaltet. Die Darlegungen von Jones et al. (1992), Conroy (1990), Page und Holmes (1998), Kutschera (2001), Klein und Takahata (2002),

5 Conroy setzt die Begriffe *phylogram* (darauf bezieht sich das Zitat) und *phylogenetic tree* synonym.

Rieppel (1983) sowie Forey (1990) sind auf einer sehr allgemeinen Begriffsebene – *Evolution, Phylogenie, Stammesgeschichte, Historie, Beziehung, Genealogie* – angesiedelt und daher wegen der terminologischen Unschärfe und Unverbindlichkeit als mehr oder weniger theorieabstinente und somit wissenschaftlich wertlose Umschreibungen des Begriffs Stammbaum zu bezeichnen. Auch Formulierungen wie „[…] a set of species […]" (Conroy 1990) sind untauglich, da Stammbäume nicht nur die Gruppierung von Arten umfassen, sondern auch die Beziehungen höherer Taxa wiedergeben können, und darüber hinaus nicht alle Spezies, die in Stammbäumen gruppiert sind, engere Beziehung zueinander aufweisen müssen. Ebenfalls nicht akzeptabel ist die begriffliche Konzentrierung auf rein technische Aspekte, wie in der Beschreibung von Klein und Takahata (2002) ersichtlich wird, abgesehen davon, dass die Begriffe Stammesgeschichte und Stammbaum keine Synonyma sind.

Die von Wiesemüller et al. (2003) und Ax (1984) vorgelegten Versionen sowie die im Brockhaus von 1984 enthaltene Beschreibung sind unter dem Gesichtspunkt der Aufgabenstellung von Stammbäumen im Kontext der biologischen Systematik weitgehend präzise und somit zu akzeptieren.

Die Auffassungen von Conroy (1990) und Forey (1990) bringen einen weiteren Aspekt in die Diskussion ein. Danach sind Stammbäume eigentlich Mischsysteme bestehend aus Angaben, die von den gruppierten Organismen direkt erhältlich sind (intrinsische oder autochthone Aspekte, s. o.), z. B. die Merkmalskonfiguration, und solchen, die extrinsicher oder allochthoner Natur sind (s. o.) und nach Ansicht von Forey (1990) einen Stammbaum erst mit präziser Information ausstatten, z. B. über den Zeitablauf der Phylogenese einer Stammlinie. Letztere Ansicht ist abzulehnen, da hier Aspekten, die mit den Zielvorgaben eines Stammbaumes nicht vereinbar sind, vorrangige Bedeutung zugemessen wird. Es soll aber nicht verschwiegen werden, dass sich diese Auffassung allergrößter und offenbar unausrottbarer Beliebtheit erfreut, nicht nur bei biologischen Laien, wie z. B. Archäologen, sondern auch bei Anhängern der *Evolutionären Taxonomie,*[6] einer Schule biologischer Klassifikation (Übersicht in Wiesemüller et al. 2003; s. u.).

ERWARTUNGEN AN EINEN STAMMBAUM

Das Zitat aus Ax (1984): „Ein begründeter Stammbaum ist ein phylogenetisches Verwandtschaftsdiagramm [...]", beschreibt die Erwartungen der biologischen Systematik bezüglich der Ziele und Aufgaben eines Baumes. Sie sind zu formulieren als die ausschließliche Aufdeckung von bzw. die Suche nach natürlichen geschlossenen Verwandtschaftsgruppen (Monophyla).[7] Es ist also nicht Aufgabe der biologischen Systematik, *Ordnung in das Chaos der Natur zu bringen*, wie häufig, nicht nur von Laien, formuliert wird, sondern die in der Natur innewohnende Ordnung, d. h. die real existierenden Verwandtschaftsgruppen zu erkennen,

6 Auch evolutionäre Klassifikation.
7 Singular *Monophylum.*

ihre stammesgeschichtlichen Beziehungen zu anderen Verwandtschaftsgruppen aufzuzeigen und, allerdings nicht notwendigerweise, in einem überschaubaren Diagramm zu präsentieren, wobei die äußere Form der entsprechenden Grafik, ob Baum, Busch oder eine Kombination von beiden, unerheblich ist, sofern nur die strikte Abfolge dichotomer Verzweigungen und somit von Monophyla, uneingeschränkt wiedergegeben wird (s. u.).

Unabdingbar ist, dass die Aufdeckung bzw. der Nachweis der natürlichen Verwandtschaftsgruppen ausschließlich autochthon zu erfolgen hat, sich also nur auf Kriterien stützen darf, die an den betreffenden Organismen direkt erkennbar oder nachweisbar sind, also auf das jeweilige Merkmalsgefüge. Zusätzliche Hinweise aus anderen Quellen, z. B. auf Alter oder Zeitverlauf, können nützliche Informationen liefern, sie sind aber primär kein Ausdruck von (phylogenetischer) Verwandtschaft und können somit auch keinesfalls Definitionsbestandteil des Terminus Stammbaum sein.[8] Die Ansichten hierüber und über weitere Aspekte von Stammbäumen bzw. deren Konstruktion sind keinesfalls einheitlich und unwidersprochen, sondern vielfältig und höchst kontrovers, wie bereits oben demonstriert worden ist und in den folgenden Abschnitten präzisiert wird.

SCHULEN BIOLOGISCHER KLASSIFIKATION

Drei Schulen befassen sich mit der Erstellung biologischer Systeme:

- die numerische Taxonomie, die ein streng typologisches System anstrebt;
- die evolutionäre Klassifikation, die typologische und phylogenetische Prinzipien zu kombinieren versucht;
- die phylogenetische Systematik, die ein ausschließlich auf Verwandtschaftsverhältnissen begründetes phylogenetisches System verfolgt.

Numerische Taxonomie

In der numerischen Taxonomie basiert die Klassifikation der Organismen auf phänetischer Ähnlichkeit. Es wird eine sog. Gesamtähnlichkeit berechnet, die sich aus individuellen Ähnlichkeiten vieler Einzelmerkmale ergibt. Sämtliche Merkmale gehen mit gleichem Gewicht in die Analyse ein (Sneath & Sokal 1973). Mit speziellen Clusterverfahren werden Distanzmaße errechnet, die die sog. *taxonomische Distanz* widerspiegeln. Auf der Grundlage der errechneten Distanzen werden die verglichenen Taxa in ein hierarchisches System gestellt, wobei Gruppen mit geringerer Distanz auf niedriger Hierarchieebene zusammengefasst werden. Die graphische Darstellung der Befunde erfolgt in einem Phenagramm (Abb. 3).

8 Selbst in Familienstammbäumen sagt das Alter von Individuen nicht immer etwas zu ihrer genetischen Verwandtschaft bzw. über die Zugehörigkeit zu einer Generation aus, denn beispielsweise kann der Onkel wesentlich jünger sein als der Neffe.

Die Haupteinwände gegen die Tauglichkeit der numerischen Klassifikation für die Erstellung biologischer Systeme bestehen in der Skepsis, ob überhaupt ein objektives Maß für Gesamtähnlichkeit zu finden ist und ferner, ob tatsächlich alle Merkmale, sofern sie denn überhaupt alle identifiziert werden können, für eine Analyse tauglich sind (Details hierzu s. u.).

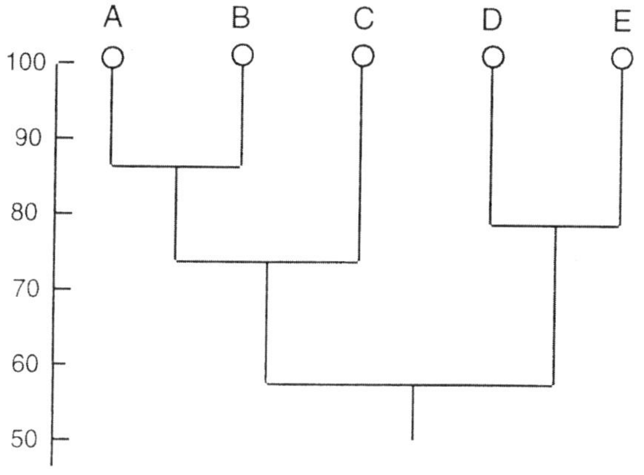

Abb. 3: Beispiel für ein Phenagramm; A, B, C, D, E = Taxa; die Zahlen auf der Ordinate geben das Ausmaß der Verschiedenheit oder Ähnlichkeit zwischen den Taxa an (aus Henke & Rothe 2000).

Die numerische Klassifikation hat allerdings sehr erheblich dazu beigetragen, liebgewonnene und eingefahrene Strukturen biologisch-systematischen Arbeitens und bis dato als unumstößlich geglaubte Befunde zur Phylogenese der Organismen, z. B. der Divergenz von Panini und Hominini, in Frage zu stellen und war deshalb in den siebziger Jahren von großem heuristischen Wert. Heute kommt dieser Klassifikationsschule allerdings keine Bedeutung mehr zu (siehe auch Wiesemüller et al. 2003).

Evolutionäre Klassifikation

Die Schule der evolutionären Klassifikation steht in unmittelbarer Tradition der *Neuen Systematik*, welche in der ersten Hälfte des zwanzigsten Jahrhunderts konzipiert wurde, um typologische durch natürliche Systeme zu ersetzen (Simpson 1961; Mayr 1975).

Hauptkriterium für die evolutionäre Klassifikation ist der allgemeine Grad der Divergenz zwischen Organismengruppen. Dabei wird das Ausmaß der Divergenz sowohl durch die Verzweigung der Stammlinien (*Klade-Konzept*) bestimmt als auch durch Merkmalstransformation (*Grade-Konzept*) entlang eines Entwicklungsastes, also zwischen zwei Verzweigungspunkten. Divergenz ist demnach in der evolutionären Klassifikation ein Mischkriterium. Der Einbeziehung der Transformationsprozesse eines Merkmals entlang einer Stammlinie wird deshalb besondere Bedeutung beigemessen, weil Merkmale eines Taxon unterschiedlich schnell evolvieren können. Die Vernachlässigung dieses Anteils der Divergenz würde nach Ansicht der Vertreter dieser Methode die Klärung bzw. Interpretation der phylogenetischen Beziehungen zwischen den systematischen Gruppen nachhaltig negativ beeinflussen. Ein wesentliches Element der evolutionären Klassifikation ist somit das *Grade-Konzept*, in dem die unterschiedlich starke Divergenz der Taxa gegenüber der ursprünglichen Ausgangsform gewertet wird. Die graphische Darstellung der Ergebnisse der evolutionären Klassifikation erfolgt im „klassischen“ Stammbaum (Abb. 4). Die Gabelungspunkte (*Nodien*) des Baumes repräsentieren die Artbildungsereignisse (*Speziation*), während die Strecken zwischen den Gabelungspunkten (*Internodien*) die Arten darstellen. Da sich nach Auffassung der evolutionären Klassifikation Arten anagenetisch[9] weiterentwickeln können, ist das Internodium im Baum dieser Klassifikationsschule auch nicht gleichbedeutend mit der Existenzdauer einer Art. Die Bäume der evolutionären Klassifikation enthalten vereinbarungsgemäß eine Zeitachse, also neben autochthonen auch allochthone Informationen.

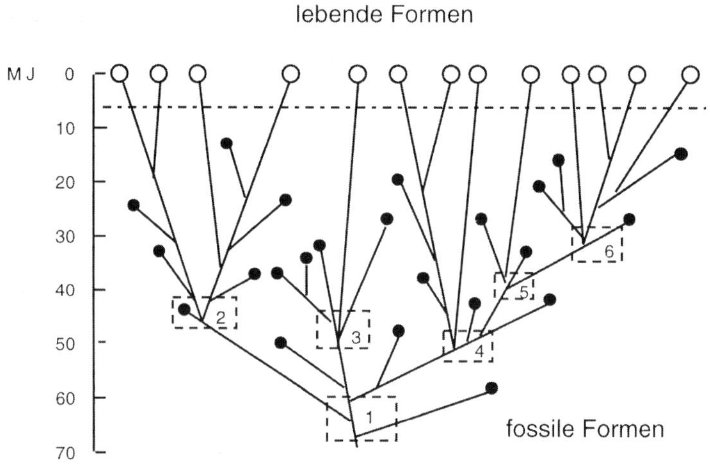

Abb. 4: Beispiel für einen Stammbaum; 1-6 Speziationsereignisse (aus Henke & Rothe 2000).

Die evolutionäre Klassifikation weist erhebliche Theoriedefizite auf, so dass ihre Anwendbarkeit und Aussagekraft in der biologischen Systematik sehr kritisch beurteilt werden muss (Details in Wiesemüller et al. 2003) und allenfalls noch in den Paläowissenschaften eine gewisse Bedeutung erlangt.

9 ana (gr., als Vorsilbe) – in die Höhe, hinauf; genesis (gr.) – Entstehung, das Werden.

Phylogenetische Systematik

Die phylogenetische Systematik (Hennig 1950) rekonstruiert stammesgeschichtliche Beziehungen ausschließlich auf der Grundlage der Verzweigung von Stammlinien. Demnach erkennt die Kladistik keine Veränderung von Merkmalen entlang einer Stammlinie als Verwandtschaftskriterium an. Das Ausmaß der Divergenz zwischen Taxa wird einzig durch das dichotome Verzweigungsmuster der Stammlinien bestimmt. Das methodologische Prinzip der phylogenetischen Systematik ist die Analyse der Verteilung bestimmter Merkmale (siehe auch unten) in einer Gruppe verwandter Individuen. Für die phylogenetische Systematik ist Stammesgeschichte als die Abfolge dichotomer Verzweigungen zu verstehen, die die Aufspaltung einer Elternart in zwei Tochterarten gleichen taxonomischen Rangs (=Schwesterarten) repräsentieren. Die Elternart erlischt nach der Aufspaltung in die Tochterarten.

Die graphische Darstellung der Ergebnisse erfolgt in der phylogenetischen Systematik in einem *Kladogramm* (Abb. 5). Dieses ist ein graphisches Konstrukt, das die Reihenfolge bzw. das Verzweigungsmuster der Artaufspaltung zeigt und somit angibt, welche Arten am nächsten miteinander verwandt sind, d. h. eine geschlossene Abstammungsgemeinschaft, ein *Monophylum*, bilden. Da in der phylogenetischen Systematik gradualistische Artentstehung ausgeschlossen ist, steht das Internodium uneingeschränkt für die Existenzdauer einer Spezies. Kladogramme enthalten nur Ergebnisse, die mit den Methoden der phylogenetischen Systematik erarbeitet wurden, demnach weisen sie auch keine Zeitachse auf (Details in Wiesemüller et al. 2003).

Wegen des klaren theoretischen Konzeptes ist die phylogenetische Systematik das Verfahren der Wahl in der biologischen Systematik.

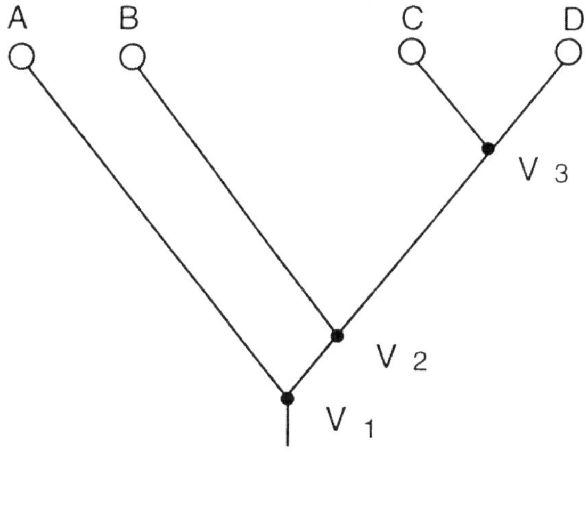

Abb. 5: Beispiel für ein Kladogramm; A, B, C, D = Taxa; V = Verzweigungspunkte (Nodien) (aus Henke & Rothe 2000).

ERKENNTNISTHEORETISCHE ASPEKTE: MODELL UND WIRKLICHKEIT

Jeder Stammbaum stellt lediglich ein Modell der phylogenetischen Verwandtschaft von Organismengruppen dar. Es fußt jeweils auf *der* überprüfbaren Hypothese, die nach dem letzten Stand der Kenntnis als die wahrscheinlichste bzw. geeignetste angesehen wird, die phylogenetischen Beziehungen von Arten und höheren systematischen Kategorien logisch und widerspruchsfrei aufzudecken.

Systematiker, die die Verwandtschaft rezenter Organismengruppen erforschen, bilden mit den entsprechenden Bäumen in der Regel auch tatsächlich die realen verwandtschaftlichen Beziehungen zwischen den betreffenden Taxa ab. Demgegenüber sind Systematiker, die auch ausgestorbene Gruppen in die Verwandtschaftsanalyse einbeziehen bzw. sich ausschließlich mit fossilen Taxa beschäftigen, z. B. die Paläontologen, in einer ungleich schwierigeren Situation, da historische Ereignisse, z. B. die Phylogenese einer Stammlinie, einmalig sind und sich daher weder reproduzieren noch vorhersagen lassen. Aus diesem Grunde sind auch sämtliche Hypothesen über die phylogenetischen Beziehungen von Arten und höheren Taxa, unabhängig von welcher Schule biologischer Klassifikation formuliert, streng genommen nicht überprüfbar (Popper 1968, 1974). Der Anspruch der Überprüfbarkeit muss daher auf die Frage reduziert werden, ob eine bestimmte Hypothese, also ein Stammbaum, besser als andere konkurrierende Modelle in der Lage ist, das Problem (= Verwandtschaftsproblem) auf der Grundlage beobachtbarer und/oder messbarer Fakten zufriedenstellend, d. h. widerspruchsfrei und logisch zu lösen.

Auch dieser reduzierte Anspruch lässt sich nur verwirklichen, wenn allen wissenschaftlichen Untersuchungen ein theoretisches Konzept, z. B. das der phylogenetischen Systematik, zugrundeliegt. Nur dann kann das Resultat zufriedenstellend sein, nämlich im Sinne der Vorgaben des Konzeptes, und nicht im Sinne der persönlichen Anschauungen des jeweiligen Bearbeiters (siehe auch unten).

Welches Klassifikationskonzept auch immer zugrundegelegt wird, das diffuse der evolutionären Taxonomie oder das stringente der phylogenetischen Systematik, in beiden Fällen beinhalten die resultierenden Bäume Abfolgen von Vorfahren-Nachfahren-Taxa. Da nach Ansicht der Vertreter der evolutionären Klassifikation Vorfahrentaxa nach einem Speziationsprozess keinesfalls aussterben müssen, sondern neben der neuen Art weiter existieren und sich sogar anagenetisch weiterentwickeln können, kann mangels eines Referenzdatums/-punktes die Festlegung der Richtung der Vorfahren-Nachfahren-Beziehung willkürlich, zumindest nicht widerspruchsfrei sein. In der Paläoanthropologie hat sich die evolutionäre Klassifikation dahingehend von diesem Dilemma befreit, dass unter der Annahme gradualistischer Fort- und Höherentwicklung einer Stammlinie, immer diejenigen Taxa als Vorfahren – direkte oder weiter entfernte – zu gelten haben, deren Merkmalsgefüge sich deutlich plesiomorph von dem des rezenten Menschen unterscheidet. Nur wenig überspitzt formuliert heißt das: das Merkmalsgefüge des rezenten Menschen ist das evolvierteste. Die Ansicht ist so elitär wie falsch und dem Aristotelischen *Scala naturae*-Gedanken geschuldet (siehe auch unten).

Das Konzept der phylogenetischen Systematik sieht kein Fortbestehen einer Art nach einem Speziationsprozeß vor (s. o.). Insofern liegt in den resultierenden Bäumen keine verschleierte, sondern die reale Abfolge von Vorfahren-Nachfahren-Taxa vor. Die Aufdeckung der Polarität der Vorfahren-Nachfahren-Abfolge erfolgt (auch in der Paläoanthropologie) losgelöst von subjektiven und ideologisch orientierten bzw. anthropischen Einschätzungen auf der Grundlage empirischer Befunde. Es gilt: (1) das Vorfahrentaxon weist das ursprünglichere Merkmalsgefüge bzw. die ursprünglichere Ausprägung eines Merkmals auf als die Nachfahrentaxa[10] (2) das ursprünglichere Merkmalsgefüge bzw. die ursprünglichere Ausprägung eines Merkmals hat eine weitere Verbreitung, d. h., ist bei sehr viel mehr Taxa vorhanden, als das/die evolviertere. Die Polarität der Merkmalsentwicklung (= *Merkmalsgradient*, *Morphokline*) während der Phylogenese einer Stammlinie lässt sich somit über einen sog. *Außengruppenvergleich*[11] feststellen.

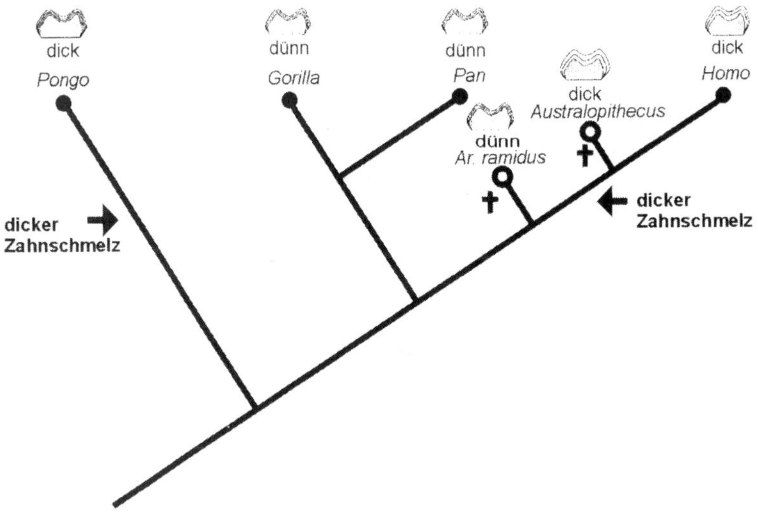

Abb. 6: Evolution der Zahnschmelzdicke bei großen Menschenaffen und Menschen. Es ist davon auszugehen, dass die Vorfahren der großen Menschenaffen und des Menschen einen dünnen Zahnschmelz besaßen und der dicke Schmelz zweimal unabhängig, einmal bei Pongo und einmal bei Homo, entstanden ist. Die Methode des Außengruppenvergleichs führt zu dem Schluss, dass dicker Zahnschmelz wahrscheinlich plesiomorph, dünner Zahnschmelz dagegen apomorph ist (aus Wiesemüller et al. 2003, dort Details).

10 Zur Unterscheidung von Merkmal und Merkmalsausprägung siehe Wiesemüller et al. (2003).

11 Als Außengruppenvergleich bezeichnet man die Analyse der Wahrscheinlichkeit, dass ein Merkmal eine evolutive Neuheit und das Fehlen dieses Merkmals bzw. der Merkmalsausprägung bei allen anderen Organismen (= Außengruppe) der phylogenetisch ältere Zustand ist.

Damit bietet sich zugleich die Möglichkeit, das Merkmalsgefüge des potentiellen bzw. präsumptiven Vorfahrens eines Taxon (= *Morphotyp*) zu hypothetisieren. Nicht auszuschließen ist allerdings, dass aufgrund neuer Erkenntnisse, z. B. infolge fortgeschrittener Untersuchungsmethoden, und/oder (im Bereich der Paläo-Wissenschaften), aufgrund neuer Fossilfunde, die Polarität der Merkmalsentwicklung und damit auch der Morphotyp revidiert werden muss. Ein markantes Beispiel hierfür ist der Morphokline der Zahnschmelzdicke innerhalb der Hominoidea (Abb. 6). Dieses Problem wird weiter unten noch einmal angeschnitten.

REALE UND ERSCHLOSSENE BÄUME: MUT ZUR LÜCKE

Die Wahrscheinlichkeit eines Organismus, nach dem Tod fossilisiert zu werden, ist gering und von verschiedenen taphonomischen und diagenetischen Prozessen abhängig, auf die hier nicht näher eingegangen werden soll (zusammenfassende Übersicht in Herrmann et al. 1990; Lyman 1994; Henke & Rothe 1995a). Vollständig bzw. sehr gut als Fossil erhaltene Organismen/Individuen sind die große Ausnahme, z. B. der „Junge von Nariokotome" (KNM-WT 15000, *Homo ergaster*; Walker & Leakey 1993) bzw. „Lucy" (A.L. 288-1, *Australopithecus afarensis*, Johanson et al. 1978). In der Regel liegen vielmehr nur von wenigen Individuen jeweils nur wenige und noch dazu stark fragmentierte Funde vor.

Wären alle Taxa, die je existiert haben, mit einer großen Anzahl von Individuen vollständig fossil überliefert, könnten fast mühelos reale Stammbäume konstruiert werden (Abb. 7a) – für Pferdeartige (Equidae) ist das in der Tat möglich. Bei unzureichender Fossildokumentation (Abb. 7b), z. B. für die Stammlinie der Panini und Hominini, lassen sich Bäume lediglich erschließen (Abb. 7c). Da Fossilien aber „nicht reden" ist auch bei guter Materialgrundlage die Formulierung überprüfbarer Hypothesen unabdingbar, um logische und widerspruchsfreie Bäume zu erhalten (siehe auch unten).

DIE QUAL DER WAHL: PROBLEME DER MERKMALSAUSWAHL

Ursprünglich *vs*. abgeleitet

Im vorherigen Kapitel sind bereits die Begriffe *ursprünglich* (*plesiomorph*) und *abgeleitet* (*apomorph*) eingebracht worden.[12] Plesiomorphie und Apomorphie sind relative Konzepte (Abb. 8). Ein Vorfahrentaxon ist plesiomorph gegenüber dem Nachfahrentaxon, letzteres hingegen plesiomorph gegenüber seinen Tochtertaxa. Nicht sämtliche Merkmale bzw. Merkmalsausprägungen müssen aber im Laufe der Phylogenese einer Stammlinie Veränderungen unterworfen sein. Als eindrucksvolles Beispiel hierzu sei die Anzahl der Strahlen von Hand und Fuß inner-

12 Griechisch: plesios = benachbart; morphe = Gestalt; apo = weg.

halb der Mammalia genannt. Weit verbreitet ist das fünfstrahlige Cheiridium, so auch bei den Primates einschließlich des Menschen. Letzterer weist also in diesem Merkmal die plesiomorphe Ausprägung auf, wie durch den Außengruppenvergleich leicht zu belegen ist. Pferdeartige hingegen besitzen nur noch einen Strahl, so dass dieser Zustand als der abgeleitete angesehen werden muss. Jedes Taxon, auch der moderne Mensch *Homo sapiens*, verfügt über ein Mosaik plesiomorpher und apomorpher Merkmale und Merkmalsausprägungen. Solange diese im Gesamtgefüge keinen Selektionsnachteil verursachen bzw. nicht selbst selektionsbenachteiligt sind, also, salopp formuliert, „nicht stören“, können sie erhalten bleiben (siehe auch unten).

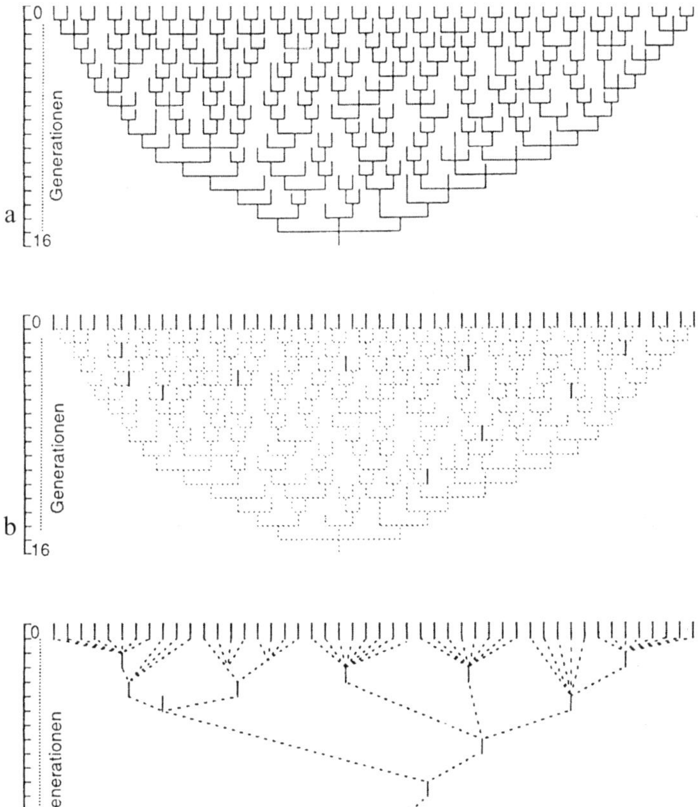

Abb. 7: Beziehung von Fossildichte und Stammbaumrekonstruktion; a) vollständiger oder wirklicher Stammbaum; die phylogenetischen Beziehungen lassen sich aufgrund der lückenlosen Fossildokumentation zweifelsfrei rekonstruieren; b) nur etwa 3 % aller ausgestorbenen systematischen Gruppen liegen als Fossilien vor, so dass c) Stammbäume nur erschlossen werden können (aus Martin 1993, verändert).

Die Auswahl der Merkmale für die Analyse phylogenetischer Verwandtschaftsbeziehungen ist einer der kardinalen Aspekte jeder biologischen Systematik. Eine falsche Auswahl führt unweigerlich zu irrelevanten Ergebnissen, d. h. höchst unwahrscheinlichen oder sogar falschen Bäumen. Die drei Schulen biologischer Klassifikation unterscheiden sich fundamental in der Bewertung der Tauglichkeit und in der Nutzung von Merkmalen bzw. Merkmalsausprägungen für phylogenetische Untersuchungen.

Vergegenwärtigen wir uns zunächst die Sachlage: die numerische Taxonomie lässt grundsätzlich alle feststell- bzw. messbaren Merkmale/Merkmalsausprägungen, ob analoge oder homologe, ob plesiomorphe oder apomorphe, ob kontinuierliche oder diskrete, in die Analyse einfließen. Die evolutionäre Klassifikation verwendet ausschließlich homologe Merkmale, bezieht aber plesio- und apomorphe Merkmale/Merkmalsausprägungen ein. Die phylogenetische Systematik stützt ihre Untersuchungen ausschließlich auf apomorphe Merkmale/Merkmalsausprägungen.

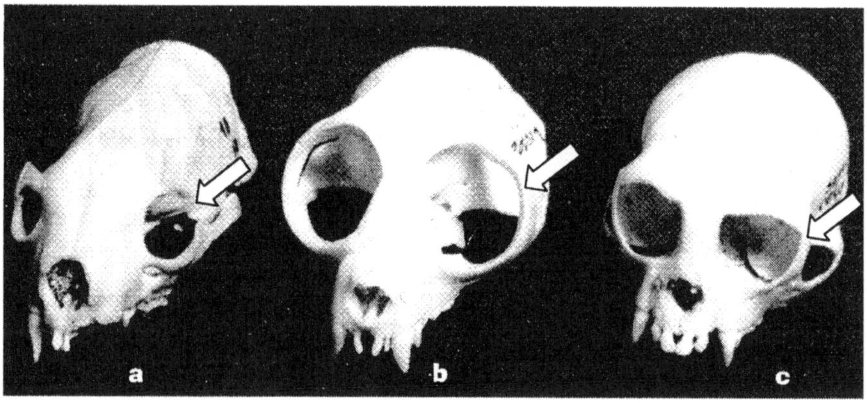

Abb. 8: Plesiomorphie und Apomorphie sind streng relative Konzepte; die Ausprägung b (Augenhöhle posterior durch eine postorbitale Spange geschlossen, Lemur) des Merkmals A (posteriore Begrenzung der Augenhöhle) in einer Transformationsserie A(a) – A(b) – A(c) ist in bezug zu a (Orbita posterior nicht geschlossen, Marder Martes) als abgeleitet, in Relation zu c (Orbita posterior durch ein postorbitales Septum geschlossen, Totenkopfaffe Saimiri) hingegen als plesiomorph zu bezeichnen (aus Henke & Rothe 2000).

Analoge Merkmale sind für die Ermittlung phylogenetischer Verwandtschaft ungeeignet. Auf analogen bzw. homoplastischen Merkmalen basierende Ähnlichkeiten der zu vergleichenden Taxa begründen keine Verwandtschaft. Insofern sind die aus den Ähnlichkeitsanalysen resultierenden Phenagramme der numerischen Taxonomie auch keine Verwandtschaftsdiagramme und deshalb für die Rekonstruktion phylogenetischer Beziehungen und für die Konstruktion von Bäumen wertlos (siehe auch unten, Morphe vs. Moleküle). Übereinstimmungen mit Bäumen, die von den beiden anderen Schulen, insbesondere aber der phylogenetischen Systematik, erstellt wurden, sind rein zufällig.

Die Heranziehung plesiomorpher Merkmale in der evolutionären Klassifikation ist ebenfalls als höchst untauglicher Versuch zu werten, Verwandtschaftsbeziehungen aufzudecken. Da plesiomorphe Merkmale/Merkmalsausprägungen eine weite Verbreitung haben, also bei sehr vielen Taxa anzutreffen sind, können sie keine spezifische Aussage zur engeren Verwandtschaft von Organismengruppen machen, z. B. über ihre Zugehörigkeit zu einem Monophylum. Greifen wir das Beispiel zur Anzahl der Strahlen in den Cheiridien der Mammalia erneut auf, würde das bedeuten, dass bei Einbeziehung dieses Merkmals, im engeren Sinne die Fünfstrahligkeit von Hand und Fuß, ein Verwandtschaftsverhältnis des Menschen mit den Krallenaffen, Makaken, Meerkatzen, Gibbons, Schimpansen und vielen weiteren Primatenspezies besteht. Das ist zweifelsohne korrekt, doch besteht auch Übereinstimmung in diesem Merkmal mit Vertretern anderer Ordnungen der Mammalia, z. B. den Scandentia, den Rodentia, den Carnivora, um nur einige zu nennen. Auch zu diesen systematischen Kategorien besteht ein Verwandtschaftsverhältnis, allerdings ein sehr entferntes, so dass präzise Aussagen, z. B. zum Elterntaxon von *Australopithecus anamensis* oder, um ein sehr junges Beispiel anzuführen, zum Schwestertaxon von *Homo floresiensis*, dieser sehr bemerkenswerten zwergenhaften Menschenform Südostasiens (Brown et al. 2004; Morwood et al. 2004), nicht möglich sind. Die Einbeziehung plesiomorpher Merkmale in phylogenetische Analysen führt konsequenterweise zu Polyphyla und Paraphyla enthaltenden Bäumen, deren Aussagewert zu engen verwandtschaftlichen Beziehungen von Taxa begrenzt ist (Details in Wiesemüller et al. 2003).

Apomorphe Merkmale repräsentieren evolutive Neuheiten. *Per definitionem* sind diese auf eine sehr umgrenzte Anzahl von Taxa beschränkt. So ist beispielsweise ein *Sulcus calcarinus* nur an der okzipitalen Hirnrinde der Primaten ausgeprägt, das Dryopithecus-Muster der Molaren nur bei den Hominoidea[13], die Ausprägung eines longitudinalen Fußgewölbes nur bei den Hominini und die Fähigkeit, in einer Symbolsprache zu kommunizieren (nach derzeitigem Stand der Kenntnis) nur bei Vertretern des Genus *Homo* anzutreffen. Je abgeleiteter also das Merkmal ist, desto enger ist seine Verbreitung, bei desto weniger Taxa ist es verwirklicht.

Die Qualität „abgeleitet" eines Merkmals ist für sich betrachtet allerdings noch nicht ausreichend, gesicherte Aussagen zur phylogenetischen Verwandtschaft von Taxa zu treffen. Apomorphe Merkmale/Merkmalsausprägungen, die nicht in einer Vorfahren-Nachfahren-Abfolge zu registrieren sind, also *autapomorph* bleiben (Abb. 9), verlieren zwar nicht ihren Status als evolutive Neuheit, sind aber für den Nachweis phylogenetischer Verwandtschaft nicht geeignet, da sie auf ein Taxon beschränkt bleiben. Erst ihr gemeinsames Auftreten als sog. *Synapomorphie* in den Tochtertaxa, die gleichzeitig Schwestertaxa sind und dem-

13 Zu den rezenten Hominoidea gehören die Gibbons, die großen Menschenaffen (Orang Utan, Gorilla, Schimpanse) sowie der Mensch.

selben Monophylum wie das Elterntaxon angehören, verleiht ihnen hohen diagnostischen Wert bei der Ermittlung des unmittelbaren Vorfahrens eines Taxon. Auf der Basis von Apo-/Synapomorphien erstellte Bäume enthalten ausschließlich Monophyla und sind aus diesem Grunde als verlässliche Verwandtschaftsdiagramme zu bezeichnen.

Einfach *vs.* komplex

Den Merkmalen/Merkmalsausprägungen von Taxa kommt je nach Komplexitätsgrad eine unterschiedliche Wertigkeit hinsichtlich ihrer Eignung für phylogenetische Analysen zu (Übersichten in Mayr 1975: Ax 1984; Wägele 2000; Wiesemüller et al. 2003). Es sind verschiedene Gewichtungskriterien erarbeitet worden, anhand derer sich Merkmale mit hohem Wert von solchen mit niedrigem Wert abgrenzen lassen (Tab. 1). Der Zuweisung der beobachtbaren bzw. messbaren Merkmale/Merkmalsausprägungen der zu vergleichenden Taxa zu zwei qualitativ differenzierbaren Kategorien liegt die Annahme zugrunde, dass, je höher der Komplexitätsgrad eines/r Merkmals/-ausprägung ist, desto geringer die Wahrscheinlichkeit ist, mehrmals unabhängig zu entstehen. Oder umgekehrt, je einfacher ein Merkmal strukturiert ist, desto geringer ist seine Tauglichkeit für phylogenetische Verwandtschaftsanalysen, da Merkmalsähnlichkeit bei unterschiedlichen Taxa homoplastisch überdeckt sein kann.

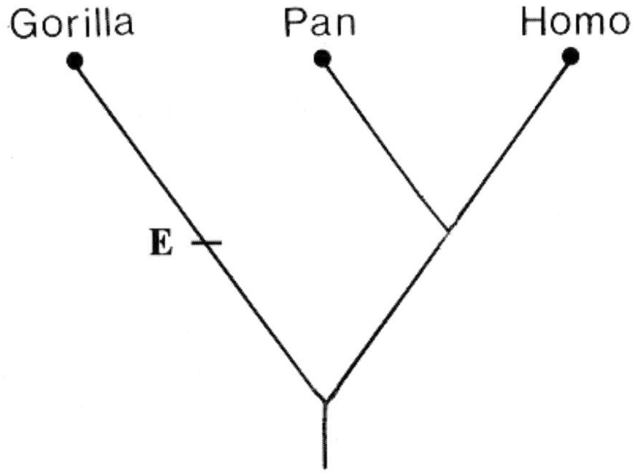

Abb. 9: Autapomorphien (E) sind für den Nachweis phylogenetischer Verwandtschaft nicht geeignet, da sie auf ein Taxon beschränkt bleiben.

Als klassische Beispiele für sehr komplexe morphologische Merkmale bei Hominoidea gelten der Knöchelgang der afrikanischen Menschenaffen (*Pan* und *Gorilla*) sowie der aufrechte obligate zweibeinige Gang (*Bipedie*) des Menschen.[14] Beide Lokomotionsformen sind gekennzeichnet durch erhebliche Umkonstruktionen des jeweiligen Skelettapparates gegenüber dem eines generalisierten vierfüßigen (*quadrupeden*) Primaten, z. B. eines Rhesusaffen. Panini und Hominini sind demnach durch zahlreiche sehr komplexe evolutive Neuheiten (Apomorphien) gekennzeichnet, die einerseits den Nachweis von Monophyla erleichtern und für ihre Etablierung auch erforderlich sind, andererseits Fehlklassifikationen erschweren. Es ist im konkreten Fall daher ausgeschlossen, die großen Menschenaffen in einem Monophylum zu vereinigen, da die asiatische Form, der Orang Utan (*Pongo*), (neben vielen anderen) nicht die spezifischen morphologischen Merkmale für Knöchelgang aufweist. Diese Merkmale liegen bei den rezenten großen Menschenaffen Afrikas und Asiens also nicht synapomorph vor. Im Umkehrschluss lässt sich allerdings nach jetzigem Stand der Kenntnis auch feststellen, dass es nahezu unwahrscheinlich ist, dass derart komplexe Merkmale wie der Knöchelgang der afrikanischen Menschenaffen bzw. der bipede Gang des Menschen mehrmals unabhängig evolviert worden sind, d. h. polyphyletisch sind.

Kennzeichen von Merkmalen mit hohem Wert	**Kennzeichen von Merkmalen mit niedrigem Wert**
Komplexe Struktur	Hohe Variabilität
Konstanz über verschiedene Artengruppen hinweg	Völlige Invariabilität
Regelmäßiges Vorkommen in einer Artengruppe	Schwer zu erkennende Merkmale
Keine Beeinflussung durch ökologische Veränderungen	Mono- bzw. oligogene Merkmale
Keine Beeinflussung durch bestimmte Lebensgewohnheiten	Verlustmerkmale
Korrelation mit anderen Merkmalen	Sehr enge Spezialisierung
Abgeleitete Merkmale	Zwangskorrelationen mit anderen Merkmalen

Tab. 1: Kriterien der Merkmalsgewichtung (nach Mayr 1975).

14 In der praktischen phylogenetischen Arbeit wird man allerdings die beiden Lokomotionsformen Knöchelgang und Bipedie nicht als Merkmale verwenden können, sondern sie in kleinere, aber dennoch komplexe Komponenten zerlegen müssen, z. B. Form der Darmbeinschaufel, Form der Femurkondylen.

Der Ausschluss von Homoplasie bei sehr komplexen Merkmalen/Merkmalsausprägungen hat ferner zur Folge, dass eine komplexe Merkmalsausprägung eines Elterntaxon nicht zu einer völlig anderen, ebenfalls komplexen Ausprägung evolvieren kann. Im konkreten Beispiel heißt das: es ist höchst unwahrscheinlich, dass die Bipedie aus dem Knöchelgang hervorgegangen ist. Somit darf der letzte gemeinsame Vorfahre der Panini und Hominini weder spezialisierter Knöchelgänger noch spezialisierter bipeder Schreiter gewesen sein. Darüber hinaus sind Knöchelgang und Bipedie als Autapomorphien der Panini bzw. der Hominini anzusehen und daher für die Analyse ihrer Verwandtschaftsbeziehungen wertlos.

Makromorphologisch *vs.* mikromorphologisch[15]

Seit Mitte der 1960er Jahre hat die Verwendung mikromorphologischer Merkmale für die Rekonstruktion phylogenetischer Beziehungen Eingang in die systematischen Analysen gefunden (Übersichten in Page & Holmes 1998; Klein & Takahata 2002). Die numerische Klassifikation hat sich vornehmlich auf solche Merkmale, insbesondere Aminosäuresequenzen in Proteinen und Enzymen, gestützt. In den letzten Jahren sind Nukleotidsequenzen in Kern- und mtDNA als Merkmale hinzugekommen. Viele Autoren halten die mikromorphologischen Merkmale für die Durchführung phylogenetischer Analysen den makromorphologischen sogar für überlegen. Wir werden auf diesen Aspekt noch einmal zurückkommen.

Der Anwendung mikromorphologischer Merkmale in phylogenetischen Analysen liegt die Annahme zugrunde, dass die Anzahl der durch Punktmutationen verursachten Änderungen in den Sequenzen der zu vergleichenden Taxa ein Maß für ihre verwandtschaftliche Beziehung ist, d. h. je geringer die Anzahl der mikromorphologischen Änderungen desto näher sind sie miteinander verwandt und *vice versa*, desto geringer ist die genetische Distanz und *vice versa*, desto kürzer ist der Zeitraum eigenständiger Entwicklung der betreffenden Stammlinien und *vice versa*.

Die Annahme einer direkten Proportionalität der Anzahl der Mutationen in den zu vergleichenden Nukleotid- bzw. Aminosäuresequenzen und der Dauer der divergenten Entwicklung ist höchst problematisch, da nicht davon ausgegangen werden darf, dass die Mutationsrate zu allen Zeiten, bei allen Taxa und in allen mikromorphologischen Strukturen stets uniform gewesen ist. Es liegen mittlerweile Befunde vor, die eine Verlangsamung der Mutationsrate mit zunehmendem zeitlichen Abstand vom Divergenzpunkt zweier Stammlinien belegen, d. h. je länger eine Stammlinie bereits etabliert ist, desto geringer ist die Mutationsrate. Ferner mehren sich die Hinweise dafür, dass es erhebliche Unterschiede in der Mutationsgeschwindigkeit zwischen verschiedenen Taxa gibt, unabhängig davon

15 Gemeinhin wird nicht von mikromorphologischen, sondern von molekularen Merkmalen gesprochen; strenggenommen handelt es sich bei letzteren jedoch auch um morphologische Merkmale.

wie lange die Stammlinien bereits existieren. So wird für Merkmale der Hominini eine geringere Mutationsgeschwindigkeit angenommen als für Merkmale der Panini. Ähnliche Ergebnisse liegen für die makromorphologischen im Vergleich zu mikromorphologischen Strukturen vor, letztere sind „evolutionsfreudiger" (z. B. Gillespie 1986; Harris et al. 1986; Syvanen 1987; Weiss 1987). Die Annahme konstanter Mutationsraten je Zeiteinheit und die daraus folgende Konstruierung eines sich proportional verhaltenden Divergenzgrades zur Ermittlung der Verwandtschaftsbeziehungen von Taxa ist nicht mehr aufrecht zu erhalten. Daher ist auch das Konzept der *molekularen Uhr* als Verfahren zur absoluten Datierung von Verzweigungsereignissen abzulehnen (Übersicht in Henke & Rothe 2000).

Änderungen in den Nukleotidsequenzen betreffen unmittelbar den Genotyp und sind grundsätzlich vererbbar, sofern die Änderungen den Träger nicht so stark schädigen, dass eine Fortpflanzung ausgeschlossen ist. Insofern haben die mikromorphologischen Merkmale gegenüber den makromorphologischen einen unbestreitbaren Vorteil. Letztere sind als phänotypisches Korrelat der genotypischen Information anzusehen. Da sie adaptiven Prozessen ausgesetzt sind, ist im Einzelfall nicht auszuschließen, dass das betreffende Merkmal bzw. die betreffende Merkmalsausprägung modifikatorisch überformt und daher nicht gänzlich genetisch tradierbar ist.

Unter dem Gesichtspunkt der Gewichtung mikro- und makromorphologischer Merkmale hinsichtlich ihrer Eignung für phylogenetische Studien ist der Adaptations-/Selektionsaspekt von Bedeutung: Mutationen erfolgen stets und ausschließlich am *Genotyp*, Selektion und Adaptation wirken stets und ausschließlich am *Phänotyp*. Evolutive Neuheiten, die sich ja nur dann etablieren, wenn sie sich nach einem Selektionsprozess als adaptiv erwiesen haben, sind daher stets im Phänotyp manifest und werden in der betreffenden Stammlinie Bestand haben und Monophyla kennzeichnen können. Makromorphologische Merkmale sind aus diesem Grunde sehr bedeutungsvolle Vehikel für phylogenetische Analysen.

Diese Aussage trifft jedoch nicht für alle mikromorphologischen Merkmale zu. Sie sind keinesfalls den makromorphologischen überlegen, im Gegenteil: die meisten sind für eine phylogenetische Analyse untauglich. Drei gravierende Probleme sind zu beachten: (1) Homologe mikromorphologische Strukturen, z. B. Aminosäure- oder Nukleotidsequenzen sind äußerst schwer, vielfach überhaupt nicht von analogen abzugrenzen. Dies ist unter anderem auf die mit dem engen Kodierungssystem der vier Purin- bzw. Pyrimidinbasen in Zusammenhang stehende extreme Funktionalität der Triplets zurückzuführen. (2) Aus diesem Grunde ist auch nicht zu erkennen, ob der plesiomorphe oder apomorphe Zustand vorliegt. Die zwar hohe, gleichzeitig aber enge Funktionalität der Basentriplets bzw. der Nukleotidsequenzen lässt es mehr als zweifelhaft erscheinen, ob die Unterscheidung in *ursprünglich* und *abgeleitet* überhaupt getroffen werden kann: um es sehr salopp zu formulieren: das Merkmal „funktioniert" oder es „funktioniert nicht", da es ein anderes Merkmal ist und „anders funktioniert". (3) Einzelne Basen als Merkmale zu verwenden, ist methodisch höchst fragwürdig, da sie nur im Triplet funktionieren, d. h. von anderen Basen des Triplets nicht unabhängig sind; sich auf einzelne Nukleotide in der Analyse zu stützen, ist ebenfalls problematisch, da zwar einzelne Aminosäuren kodiert werden, die aber ebenfalls von anderen nicht unabhängig sind, sondern nur in der Sequenz ihre spezifische Funktionalität erhalten.

Die Tendenz vieler Untersucher, einzelne Basen bzw. Nukleotide als eigenständige, aussagekräftige und unabhängige Merkmale zu verwenden, ist zunächst nachvollziehbar, da selbst sehr kurze Segmente eines DNA-Strangs oder eines Proteins eine sehr hohe Zahl von Merkmalen liefern würden, die aber samt und sonders von untauglicher Qualität wären, da sie die wichtigsten Kriterien, die für eine Struktur erfüllt sein müssen, um als Merkmal gelten zu können, nicht erfüllen. Sämtliche hierauf basierende Analysen, auch wenn sie die ausgefeiltesten statistischen Verfahren verwenden, um „valide" Ergebnisse zu generieren, sind abzulehnen. Beispielsweise korreliert die Höhe von Bootstrapwerten (Details siehe bei Wägele 2000; Wiesemüller et al. 2003) mit der Anzahl der in die Analyse einbezogenen Merkmale, unabhängig von deren Qualität, so dass eine große Anzahl einzelner Basen eines DNA-Stranges beste Ergebnisse, d. h. hohe Bootstrapwerte erzeugen und somit eine scheinbare enge Verwandtschaft der verglichenen Taxa belegen würde (Details in Wiesemüller & Rothe 2003).

Aussagekräftig in phylogenetischen Studien sind hingegen diejenigen mikromorphologischen Strukturen, die als SINEs (*short interspersed repetitive elements*) und LINEs (*long interspersed repetitive elements*) bekannt sind. Es handelt sich im Einzelnen um sehr komplexe Abschnitte in den DNA-Sequenzen, die allochthonen Ursprungs sind, und als evolutive Neuheiten im Hennigschen Sinne betrachtet werden können. Diese Abschnitte erfüllen alle kardinalen Kriterien eines Merkmals, sie sind als homolog und apomorph einzustufen, so dass über den Nachweis von Synapomorphien auch Monophyla gekennzeichnet werden können. LINEs und SINEs haben sich in der biologischen Systematik als sehr erfolgversprechende Vehikel erwiesen, die als sehr gewichtige Ergänzung zu den makromorphologischen Merkmalen angesehen werden müssen (Details z. B. in Murata et al. 1993; Nikaido et al. 1999; Shedlock & Okada 2000; Kass 2001).

KLASSIFIKATION UND SYSTEMATISIERUNG: VOM AUSSEHEN ZUR VERWANDTSCHAFT

Klassifikation und Systematisierung sind nicht identisch. Es bestehen zwar Schnittmengen, doch verfolgen die beiden Prozesse unterschiedliche Ziele. Klassifikation befasst sich mit der akribischen Erfassung und Beschreibung des Merkmalsgefüges eines Organismus, z. B. eines Fossils oder einer rezenten Form bzw. eines Taxon. Die Schnittmenge in den Zielen der beiden Prozesse besteht darin, dass nach Abschluss der Klassifikation beispielsweise eine Aussage wie: „das Fossil weist eine panine Konfiguration auf" eine Gruppierung zu afrikanischen Menschenaffen möglich ist oder die Aussage: „der Organismus verfügt über eine equide Konfiguration" eine Zuordnung zu den Pferdeartigen vorgenommen werden kann. Es erfolgt bei klassifikatorischen Arbeiten demnach ein Abgleich eines zu analysierenden Musters von Merkmalen und/oder Merkmalsausprägungen eines bis dato unklassifizierten Taxon bzw. Organismus mit einem Referenzmuster. Er schließt eine Aussage zum evolutiven Organisationsniveau der betreffenden Form ein und nimmt hierdurch eine grobe Gruppierung zu einem bereits bestehenden Taxon vor bzw. schlägt die Etablierung eines neuen vor.

Klassifikation schließt die Aufdeckung von Merkmalsmosaiken (s. u.) ein und nimmt keine Merkmalsgruppe, ob analog oder homolog, ob ursprünglich oder abgeleitet, von der Kennzeichnung des Phänotyps aus (mit mikromorphologischen Merkmalen ist Klassifikation selbstverständlich auch durchführbar), jedoch hat die Merkmalsqualität einen erheblichen Einfluss auf die Güte des Klassifikationsergebnisses. So kann die Einbeziehung kontinuierlich variierender Merkmale (siehe Abb. 10) nur zu Aussagen führen, wie kleiner, runder, tiefer, größer, eher pongid oder stärker panin oder eher hominin, also zu mehr oder weniger subjektiven Feststellungen, die eine saubere differentialdiagnostische Abgrenzung oder gar eine solide statistische Analyse unmöglich machen. Gänzlich untauglich für klassifikatorische Arbeiten sind auch erschlossene oder errechnete Merkmale, wie Körperhöhe oder Körpergewicht, da sie extrem fehlerbehaftet sind bzw. die Fehlerfortpflanzung begünstigen. Komplexe Merkmale und Merkmalsausprägungen haben wiederum eine höhere Aussagekraft als einfach strukturierte Merkmale.

	Species			
Trait	*A. afarensis*	*H. habilis*	*A. africanus*	*A. robustus/ boisei*
43. Relative size of upper canine	very large	large	medium	small
44. Separation of vomer and anterior nasal spine	wide	variable	narrow	absent
45. Nasoalveolar clivus convexity	convex	variable	straight	concave
46. Width of mandibular extramolar sulcus	narrow	narrow	variable/wide	wide
47. Anterior projection of zygomatic bone	absent	weak/absent	intermediate	strong
48. Hollowing above and behind mental foramen	prominent	moderate	reduced	absent
49. Mental foramen opens laterally	rarely	often	usually	always
50. Height of masseter origin	lowest	low	intermediate	high

Abb. 10: Ausschnitt aus einer Merkmalstabelle der Arbeit: Skelton et al. (1986) Phylogenetic analysis of early hominids (Curr Anthrop 27: 21-35). Begriffe wie narrow, weak, intermediate u. a. sind als Merkmalsausprägungen für phylogenetische Analysen völlig ungeeignet.

Biologische Systematisierung verfolgt die ausschließliche Aufgabe, Monophyla herauszuarbeiten, also natürliche geschlossene Abstammungsgemeinschaften aufzuzeigen. Im Unterschied zum Klassifikationsprozess sind nur apomorphe Merkmale/Merkmalsausprägungen bedeutsam, wobei die Systematisierung über den Nachweis von Synapomorphien erfolgt. Systematisierung von Taxa ist ohne vorherige Klassifikation nicht möglich, jedoch kann klassifiziert werden, ohne anschließend systematisieren zu müssen.

Streng genommen beinhaltet Klassifikation auch einen Verwandtschaftsaspekt auf höheren systematischen Kategorien, der phylogenetisch aber nicht exakt begründet werden muss.

SPARSAME BÄUME ODER DIE ÜBERWINDUNG DES HENNIGSCHEN DILEMMAS

Es wurde bereits darauf hingewiesen, dass Stammbäume, auch wenn sie noch so sorgfältig erstellt worden sind, jeweils nur Modelle repräsentieren. Je nach Merkmalsauswahl und/oder Merkmalsgewichtung können unterschiedliche Modelle resultieren, die gleich wahrscheinlich sind. Dieser Sachverhalt ist auch als *Hennigsches Dilemma* bekannt (Abb. 11). Es sind eine Reihe, insbesondere computergestützte, Verfahren entwickelt worden, diese Inkongruenzen zu lösen. Allen Verfahren liegt die, allerdings nicht mehr gänzlich unumstrittene, Annahme zugrunde, dass evolutive Prozesse grundsätzlich sparsam (*parsimonisch*) verlaufen (Kluge 2001). Das bedeutet, dass demjenigen Baum der größte Wahrscheinlichkeitsgehalt eingeräumt wird, einen historischen Sachverhalt am logischsten und mit den wenigsten Widersprüchen zu beschreiben, der die minimale Anzahl erforderlicher Evolutionsschritte annimmt, um die beobachtete Merkmalsverteilung bei den untersuchten Taxa erklären zu können. Mehrere derartige Parsimonieverfahren, z. B. Wagner- oder Farris-Parsimonie, Fitch-Parsimonie, Dollo-Parsimonie, Camin-Sokal-Parsimonie, stehen für die Lösung des Hennigschen Dilemmas zur Verfügung.

Neben den Parsimonieverfahren verwenden die Systematiker weitere computergestützte Verfahren für die Beurteilung der Zuverlässigkeit von Stammbaumrekonstruktionen, z. B. den Bremer-Index (Abb. 12), das Bootstrapverfahren (s. o.), das Jackknifeverfahren, das Maximum-Likelihood-Verfahren, auf die hier aber nicht näher eingegangen werden soll (Details in Wägele 2000; Wiesemüller et al. 2003).

In bezug auf die Computerkladistik (Übersicht in Rieppel 1999) kommen zwei wesentliche Ziele in Frage. Das erste besteht in einer weiteren Ausarbeitung der Rechenansätze, insbesondere was die Beurteilung der Ergebnisse anbelangt. Numerische Werte wie der Bremer-Index oder Bootstrapwerte – bessere Maße sind bisher nicht entwickelt worden – stellen nur Orientierungshilfen dar. Das zweite, ungleich wichtigere Ziel besteht jedoch in der Rückbesinnung auf theoretische Grundlagen, denn die Computerkladistik setzt zunehmend pragmatische Schwerpunkte und läuft dabei Gefahr, erklärende Theorien zu vernachlässigen oder ihnen nur einen nachgeordneten Stellenwert einzuräumen.

Die Güte von Stammbaumrekonstruktionen lässt sich besser abschätzen, wenn die Bäume auf komplexen Merkmalen beruhen.

Taxon	Merkmal
	1 2 3 4 5 6
A	1 1 0 0 0 0
B	0 0 1 0 1 1
C	1 1 0 0 1 1
D	0 0 1 1 0 0
E	0 1 0 0 1 1

a

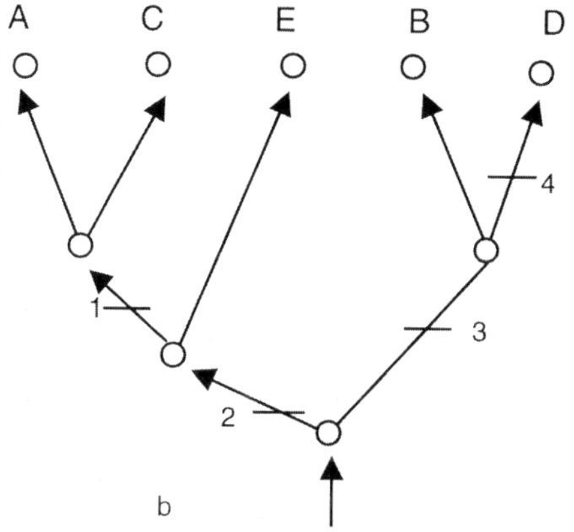

b

Abb. 11: a) Bei Zugrundelegung verschiedener synapomorpher Merkmale (1-6) lassen sich die Taxa A-E in verschiedene Klades gruppieren; z. B. die Taxa A und C, wenn die Merkmale 1 und 2 zugrundegelegt werden, oder die Taxa B, C und E, wenn die Merkmale 5 und 6 bewertet werden. b) das resultierende Kladogramm gibt die Anzahl der Merkmalsveränderungen an, die notwendig wären, um die entsprechenden Klades zu bilden; je weniger Änderungen notwendig sind, desto wahrscheinlicher ist das Klade (aus Henke & Rothe 2000).

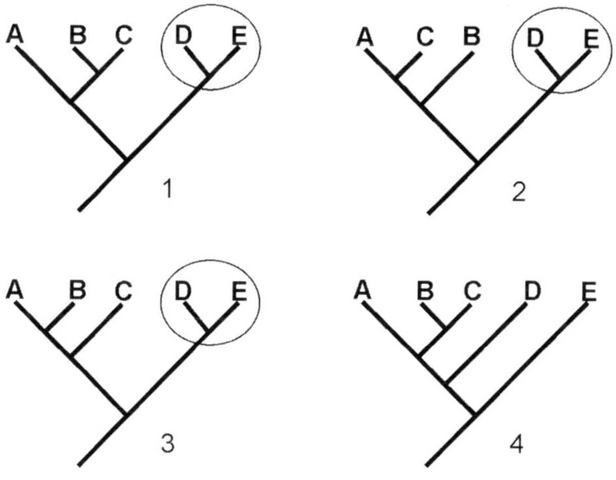

Abb. 12: Ermittlung des Bremer-Index. Die mit 1-4 gekennzeichneten Baumdiagramme stellen den sparsamsten, zweit-, dritt- und viertsparsamsten Baum dar. Die Gruppierung D + E tritt bis zum drittsparsamsten Baum auf und erhält somit den Bremer-Index 3. Ein hoher Bremer-Index bedeutet, dass eine monophyletische Gruppe durch viele Synapomorphien gestützt wird. Diese Schlussfolgerung basiert auf der Überlegung, dass bei weniger sparsamen Bäumen der Anteil von Homoplasien immer größer und der von Synapomorphien immer kleiner wird (aus Wiesemüller et al. 2003).

BEWURZELTE UND UNBEWURZELTE BÄUME

Merkmale und Merkmalsausprägungen können sich im Laufe ihrer phylogenetischen Entwicklung beispielsweise aufgrund veränderter Selektionsdrücke vom plesiomorphen zum apomorphen Zustand wandeln. Es wurde bereits in anderem Zusammenhang darauf hingewiesen, dass Plesiomorphie-Apomorphie nur in einem relativen Zusammenhang stehen. Die Polarität des Merkmalsgradienten lässt sich bei makromorphologischen Merkmalen unzweideutig und relativ leicht durch einen Außengruppenvergleich nachweisen. Somit kann auf dieser Grundlage und unter Einbeziehung möglichst vieler Merkmale/Merkmalsausprägungen ein bewurzelter Baum konstruiert werden (Abb. 4, 5).

Unbewurzelte Bäume resultieren notgedrungen dann, wenn die Polarität des Merkmalgradienten unbekannt ist oder sich gar nicht festlegen lässt (Abb. 13). Letzteres trifft für alle einfachen mikromorphologischen Strukturen in einer Sequenz zu, d. h. für eine einzelne Base oder ein Triplet oder für die entsprechende Aminosäure. Die initiale Konfiguration eines Merkmals/einer Merkmalsausprägung ist in der Regel nicht zu ermitteln. Erschwerend kommt hinzu, dass aufgrund enger Funktionalitäten homoplastische Entwicklungen höchst wahrscheinlich sind.

Mit SINEs und LINEs lassen sich bewurzelte Bäume konstruieren, da es sich um hochgradig abgeleitete mikromorphologische Merkmale handelt.

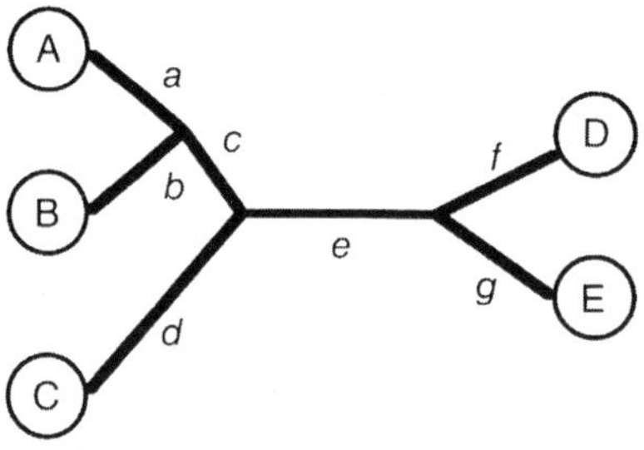

Abb. 13: Beispiel für einen unbewurzelten Baum. In Ermangelung eines externen Referenzpunktes muss die Baumgrafik unbewurzelt bleiben; A-E Spezies, a-g Baumäste (aus Martin 1990).

MERKMALSMOSAIKE UND ANDERE KUNSTWERKE

Plesiomorphe und apomorphe Merkmale/Merkmalsausprägungen können gemeinsam in einem Taxon vorliegen. Man spricht in diesem Falle von einem *Merkmalsmosaik*. Insbesondere die Taxa noch in Entwicklung begriffener Stammlinien sind durch solche Mosaike gekennzeichnet. So weisen beispielsweise frühe Hominini der Genera *Ardipithecus*, *Australopithecus*, *Paranthropus*, um nur einige zu nennen, eine Vielzahl von Merkmalen und Merkmalsausprägungen auf, die auch charakteristisch sind für die großen afrikanischen Menschenaffen (Panini) im allgemeinen und für den Schimpansen (*Pan*) im besonderen, z. B. geringe

Kranialkapazität, Scheitelkämme (bei einigen Vertretern), Überaugenwülste, kleine Mastoidfortsätze, vorspringender (*prognather*) Gesichtsschädel, Diastemata (bei einigen Formen), verlängerte Spitzenanteile der Eckzahnkronen, fehlender Kinnvorsprung u. a. Andererseits zeigen sie auch zahlreiche evolutive Neuheiten, wie z. B. Wirbelsäulenform, Krümmungsradius und Querschnitt der Rippen, Form und Dimension der Beckenschaufeln, Existenz einer Gleitrinne für den *M. psoas major* auf dem *Ramus superior ossis pubis*, Morphologie des Kniegelenks, Existenz eines longitudinalen Fußgewölbes u. a., die eine Gruppierung der genannten Taxa als Hominini rechtfertigen. Eine derartige Zuordnung ist allerdings zunächst ausschließlich klassifikatorisch, also lediglich für die Bestimmung oder Abschätzung des evolutiven Organisationsgrades, z. B. *panin* oder *hominin*, geeignet, unabhängig von der Höhe der taxonomischen Kategorie.

Die klassifikatorische Arbeit in der biologischen Systematik ist in der Regel mit weniger methodischen Problemen behaftet, als die Systematisierung von Taxa, insbesondere wenn rezente Taxa betroffen sind, die nicht in die Ordo Primates oder in die Familia Hominidae, vor allem in das Tribus Hominini gruppiert werden können. Abgesehen davon, dass rezente Formen aus naheliegenden Gründen (siehe auch oben) leichter erforschbar sind, spielen in der systematischen Arbeit in der Paläoanthropologie, die sich ja ausschließlich mit Taxa der Ordo Primates (vornehmlich Infraordo Catarrhini, Suprafamilia Hominoidea, Familia Hominidae, Subfamiliae Ponginae und Homininae, Tribus Panini und Hominini) beschäftigt, nicht-biologische Aspekte eine nicht unerhebliche Rolle: Aspekte, die die Subjekt-Objekt-Identität des Forschenden (= Mensch) und des zu Erforschenden (= Mensch), generell das Selbstverständnis des Menschen anbetreffen sowie Aspekte, die eher in der individuellen Interpretation wissenschaftlichen Arbeitens anzusiedeln sind. Beide Komplexe stehen sich diametral gegenüber. Während die Verfechter des ersteren die Einzigartigkeit des Menschen propagieren, um nicht zu sagen, wie eine Monstranz vor sich hertragen, und auch die (unwiderlegbare) Annahme geringster Übereinstimmungen bereits als nicht gerechtfertigt ansehen, in diesem Zusammenhang sei nur auf die Anschauungen der stetig umfangreicher werdenden Gruppe von Kreationisten und Anhängern des „*intelligent design*", nicht nur in den Vereinigten Staaten von Amerika, sondern auch im deutschen Sprachraum hingewiesen (siehe z. B. Junker & Scherer 1998; Scherer 1991; kritische Übersichten in Kotthaus 2003; Kutschera 2004), beziehen die Verfechter des zweiten Aspekte-Komplexes insofern eine Gegenposition, als die Abgrenzung von *hominin* gegenüber *panin* äußerst unscharf gezogen wird – man denke nur an die gegenwärtige Debatte über *Menschenrechte für Menschenaffen* (z. B. Cavalieri & Singer 1993; Herberhold & Söling 2003) oder an die Diskussion über die Kulturfähigkeit von Menschenaffen (Übersichten in Tomasello & Call 1997; Boesch & Boesch-Achermann 2000) – und ferner, zu einem nicht unerheblichen Anteil von individuellen forschungsstrategischen und/oder machtpolitischen Interessen beeinflusst wird. So gesehen, schaffen sich beide Fraktionen ihre eigenen Kunstwerke oder, besser, Kunstprodukte.

Aus paläoanthropologischer Sicht richten die Verfechter einer Sonderstellung des Menschen wenig bzw. gar keinen wissenschaftlichen Schaden an, da die wissenschaftlichen Defizite ihrer Argumente und Argumentation so offenkundig sind, dass die Kuriositäten-Schublade ein geeigneter Ort der Aufbewahrung darstellt, die gesellschaftliche Bedeutung ist allerdings nicht zu unterschätzen. In diesem Zusammenhang muss aber auf die einschlägige Literatur verwiesen werden (z. B. Kutschera 2004). Hingegen sind die wissenschaftlichen Auswirkungen der klassifikatorischen Arbeit der Vertreter der zweiten Gruppe für den Erkenntnisfortschritt bisweilen überhaupt nicht förderlich oder sogar fatal. Diese Konsequenzen sollen nachstehend an einem Beispiel kurz erläutert werden.

Bis vor wenigen Jahren bestand noch zwischen der heterogenen obermiozänen *Sivapithecus*-Gruppe als *präsumptive fossile black box*, in der der letzte gemeinsame Vorfahr der Panini- und Hominini-Linie vermutet wurde und dem frühesten unzweifelhaften Vertreter der Hominini, z. B. die Spezies *Australopithecus africanus*, eine sogenannte *fossile Lücke* von vier bis sechs Millionen Jahren, wenn der Eigenweg der zu den Panini und zu den Hominini führenden Stammlinien vor frühestens acht Millionen und spätestens vor sechs Millionen Jahre vor heute angenommen wird. Mittlerweile liegen zahlreiche neue, zu den Hominini gestellte Funde vor, die separaten Taxa zugeordnet werden – *Australopithecus afarensis, Australopithecus anamensis*, *Ardipithecus ramidus*, *Kenyanthropus platyops*, *Orrorin tugenensis*, *Sahelanthropus tchadensis* – um nur einige zu nennen, und deren Alter weit über dem des genannten *Australopithecus africanus* liegt, d. h. die sogenannte *fossil gap* soll wesentlich kleiner bzw. kürzer geworden sein. Sämtliche der z. T. sehr gut erhaltenen Fossilien offenbaren ein Mosaik plesio- und apomorpher Merkmale/Merkmalsausprägungen (siehe auch Abb. 14). Dieser Befund ist nicht überraschend, da es sich ja um sehr frühe Vertreter der jungen Hominini-Linie handeln soll (Übersichten in Balter 2002; Gibbons 2002).

Viele Fragen tauchen auf: Ist die Fossillücke durch den nicht unerheblichen Zuwachs an Fossilmaterial aus dem oberen Miozän/unteren Pliozän tatsächlich geschrumpft? Lässt sich die Vorfahrengruppe der zu den Panini und Hominini führenden Linien nunmehr konkretisieren? Lassen sich über den spezifischen Verlauf der Phylogenese der frühen Hominini aufgrund der neuen Funde präzise Angaben machen? Alle diese Fragen sind mit einem ziemlich eindeutigen Nein zu beantworten. Erfreulich ist selbstverständlich die Ausweitung des Fundmaterials, unerfreulich ist aber die zum Teil sehr eigenwillige Klassifikation der meisten Funde als *hominin*. Das individuelle Bedürfnis einiger Paläoanthropologen, die bereits skizzierte Fossillücke nun endlich „zu überwinden“ und den Anschluss der Homininen-Linie an obermiozäne menschenäffische Vorfahren vornehmen zu können, hat dazu geführt, dass die „morphologischen Antworten“ auf die ohnehin schon sehr problembehaftete und kontrovers diskutierte Frage: was ist panin, was ist hominin, immer weniger überzeugend ausfallen, da wertende Aspekte in den Antworten die Oberhand zu gewinnen scheinen oder, spitz formuliert, es ist eine Frage des Temperaments des/der Untersuchers/in, ob eine Struktur als panin oder hominin klassifiziert werden darf/muss. Das heißt, je weiter zurück wir in der Phylogenese des Menschen gehen, desto großzügiger ist die Bewertung eines/r Merkmals/Merkmalsausprägung als hominin. Würde der gleiche großzügige (oder unkritische?) Maßstab in der Beurteilung von Merkmalen/Merkmalsausprägungen bei rezenten Vertretern der Hominidae angelegt, so ließen sich der rezente Schimpanse (*Pan troglodytes*) oder der rezente Gorilla (*Gorilla gorilla*) phänotypisch nicht vom rezenten Menschen (*Homo sapiens*) unterscheiden oder, auf Taxa außerhalb der Ordo Primates bezogen, wären, nur leicht polemisch formuliert, Hund und Katze identisch (siehe auch oben).

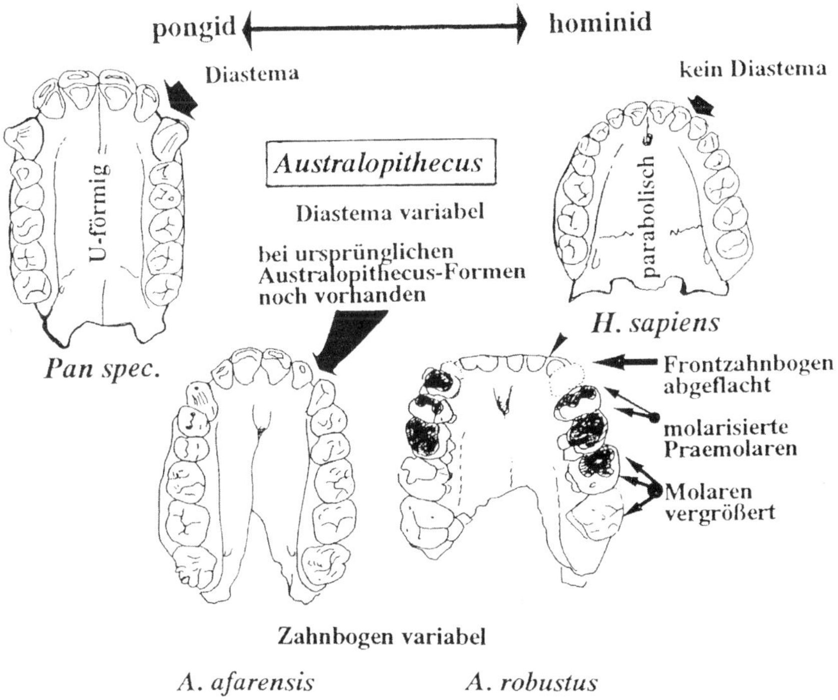

Abb. 14: Merkmalsmosaik am Gebiss und an den Zähnen von Australopithecus afarensis und Paranthropus robustus. Diese frühen Vertreter der Stammlinie der Hominini weisen bereits moderne Merkmale/Merkmalsausprägungen im Oberkiefer und Zahnbogenbereich auf, beispielsweise einen geschlossenen Zahnbogen, homomorphe Schneidezähne, incisiforme Eckzähne, horizontale Abnutzung der Eckzähne, molarisierte und homomorphe Prämolaren, jedoch lassen sich auch plesiomorphe Merkmale/Merkmalsausprägungen erkennen, wie U- oder V-förmiger Zahnbogen (bei älteren Formen), Diastema (ebenfalls bei älteren Formen). Es wird deutlich, dass die apomorphen Merkmale überwiegen, dennoch weisen das Gebiss und die Zähne dieser frühen Hominini ein Merkmalsmosaik auf (aus Henke & Rothe 1995a).

Neben den bereits erwähnten ideologischen Gründen für den Klassifikationsmissstand sind erhebliche Ungenauigkeiten in der Auswahl der Merkmale/Merkmalsausprägungen verantwortlich zu machen. Beispielsweise kann die

Einbeziehung kontinuierlich variierender Merkmale (siehe Abb. 10) nur zu Aussagen führen wie kleiner, runder, tiefer, größer, eher pongid, stärker panin, eher hominin u. a., also Feststellungen, die eine differentialdiagnostische Abgrenzung oder gar solide statistische Analysen unmöglich machen. Gänzlich untauglich für klassifikatorische Arbeiten sind auch „erschlossene" oder „errechnete" Merkmale, wie Körperhöhe oder Körpergewicht, da sie extrem fehlerbehaftet sind.

Die Frage, als was ein früher, ein ausgeprägtes Merkmalsmosaik aufweisender Vertreter einer in Gründung befindlichen neuen Stammlinie klassifiziert wird, ob im vorliegenden Beispiel als panin oder hominin, ließe sich nur dann zweifelsfrei, allerdings aber auch nur rein technisch, beantworten, wenn die Merkmalskonfigurationen der zu vergleichenden Stammlinien bzw. ihrer frühen Vertreter diskret verteilt sind – schon bimodale Verteilungskurven werfen definitorische Probleme auf, da sie nur Aussagen auf der Ebene *typisch*, nicht auf der Ebene *spezifisch* zulassen. Es wird allerdings schwierig, wenn nicht unmöglich sein, eine klare Grenze zu ziehen. Doch ist es keinesfalls Aufgabe der Klassifikation, Organismen oder Taxa zu bewerten, sondern lediglich das Merkmalsgefüge zu beschreiben.

Aus der Anzahl evolutiver Neuheiten in einem Merkmalsmosaik lässt sich natürlich keine Systematisierung, d. h. verwandtschaftliche Zuordnung eines Taxon vornehmen, auch dann nicht, wenn sie gegenüber den ursprünglichen Merkmalen/Merkmalsausprägungen in der Mehrheit wären, da zunächst nicht auszuschließen ist, dass die evolutiven Neuheiten als Autapomorphien im Merkmalsmosaik des betreffenden Taxon und nur in diesem vorliegen. Erst der Nachweis, dass sich evolutive Neuheiten synapomorph verhalten, führt zur Aufdeckung eines Monophylum, unabhängig von der Anzahl apomorpher Merkmale im Merkmalsmosaik. Systematisierung hat ebenfalls nicht die Aufgabe, Probleme, die mit der Bewertung des evolutiven Organisationsniveaus zusammenhängen, lösen zu helfen, beispielsweise, ob das Niveau menschenäffisch noch nicht oder doch schon überschritten, also als menschlich zu bezeichnen ist. Bedauerlicherweise sind viele Paläoanthropologen sehr resistent gegenüber der Beachtung der methodischen Vorgaben bei biologisch-systematischen Analysen.

VARIATIONEN EINES THEMAS ODER VON FALSCHEN FAKTEN, TAXA UND BÄUMEN

„One needs to make the best of our tiny sample of life in the past, to be open to new discoveries and ideas, and to enjoy the pleasure of learning and changing" (McHenry 1996: 86). Das Zitat von McHenry vermittelt erstens Bedauern, dass in der Paläoanthropologie die Materialgrundlage nicht üppig ist, dennoch daraus beste Analyseergebnisse resultieren müssen und zweitens, dass diese Mangelsituation aber die große Chance eröffnet, freudig zu revidieren. Ersterer Aspekt muss nicht kommentiert werden, da er unabänderlich und kennzeichnend ist für taxonomische Arbeiten in den Paläowissenschaften (siehe auch oben), letzterer Aspekt muss hingegen eingehender beleuchtet werden, da die Äußerung in mindestens einer Hinsicht symptomatisch für das Bemühen ist, in der Paläoanthropologie phylogenetische Verwandtschaft zu rekonstruieren.

Der Begriff *changing* im Zitat von McHenry kann sich auf zwei Kontexte beziehen: auf Hypothesen und auf Fakten. Hypothesen, z. B. über den speziellen Verlauf der Phylogenese einer Stammlinie bzw. eines Taxon einer Stammlinie, zu modifizieren, zu ändern bzw. neu zu formulieren ist gute wissenschaftliche Praxis. *Changing* ist also erforderlich, wenn alternative überprüfbare Hypothesen (=Modelle) besser in der Lage sind, vermutete oder angenommene Prozesse oder Sachverhalte logisch und widerspruchsfrei zu erklären (siehe auch oben). So hat sich beispielsweise die Hypothese, dass sich die Panini- und Hominini-Stammlinien sehr früh, d. h. bereits im frühen Miozän, ca. 20 Millionen Jahre vor heute, getrennt haben, als falsch erwiesen und ist durch ein anderes Modell, welches eine sehr späte Trennung der beiden Stammlinien, frühestens acht und spätestens sechs Millionen Jahre vor heute, hypothetisiert, ersetzt worden. Letztere Annahme erklärt derzeit neontologische und paläontologische Befunde, die aus dem Vergleich von Taxa beider Linien resultieren, besser. Viele weitere Beispiele ließen sich anführen, die belegen, dass Hypothesen nicht statisch sind, abgesehen davon, dass elaborierte statistische Verfahren hypothesengenerierend sind bzw. sein können und deduktives Arbeiten auf eine breite Grundlage stellen.

Die Ausdehnung von (freudvollem) *changing* im McHenry-Zitat auf den zweiten angesprochenen Kontext, nämlich Fakten, beträfe zwei Facetten bzw. würde zwei, in der paläoanthropologischen Forschung leider nur zu oft anzutreffende Mängel dokumentieren, die sich obendrein negativ-synergetisch beeinflussen können: unvollständige, unzureichende oder falsche Klassifikation und, notgedrungen, fehlerhafte Systematisierung, wobei letzteres Problem darüberhinaus noch durch Kenntnisdefizite über die Rationalia der phylogenetischen Systematik potenziert wird. Als markantes Beispiel hierzu aus allerjüngster Zeit (November 2004): „Pierolapithecus, hence, does not fit the theoretical model that predicts that all characters shared by extant great apes were present in their last common ancestor, but instead points to a large amount of homoplasy in ape evolution. The overall pattern suggests that Pierolapithecus is probably close to the last common ancestor of great apes and humans" (Moyà-Solà et al. 2004: 1339). Diese im Abstract der in Science erschienenen Arbeit getroffene Feststellung weist gleich mehrere schwere Fehler auf: (1) zu den *extant great apes* gehört auch der Orang-Utan (*Pongo*) Asiens; zoologisch-systematisch sind die rezenten Menschenaffen aber in zwei separate Unterfamilien zu gruppieren Ponginae (*Pongo*) und Homininae (*Gorilla*, *Pan*); die *extant great apes* bilden also kein Monophylum und können also auch keinen letzten gemeinsamen Vorfahren haben, abgesehen davon, dass die Autoren/innen die dann erforderlich werdende Lösung des Drei-Taxon- (*Pongo, Gorilla, Pan)* bzw. sogar Vier-Taxon-Problems (*Pongo, Gorilla, Pan* und frühester Vertreter der Hominini) schuldig bleiben bzw. hierzu nicht einmal Vorschläge unterbreiten; (2) einen *last common ancestor of great apes and humans* kann es schon gar nicht geben; (3) wenn der *last common ancestor* von Taxon A und Taxon B unbekannt ist – *Pierolapithecus* ist ja nach Bekunden der Autoren (nur) *probably close to the ancestor* – lässt sich hinsichtlich homoplastischer Anteile im Merkmalsgefüge von A und B keinerlei Aussage treffen; (4) wenn Letzteres allerdings auf wundersamer Weise doch möglich wäre, träte ein noch viel größeres Problem auf, denn die verwandtschaftlichen Beziehungen der beteiligten Taxa, vor allem der (afrikanischen)[16] *extant apes* müssten dann grundsätzlich in Frage gestellt werden, da der Nachweis von Synapomorphien nicht erbracht werden kann. Dieses knapp skizzierte Beispiel soll veranschaulichen, dass selbst bei bester Materialgrundlage (das neue Taxon *Pieralopithecus* ist kranial und postkranial sehr gut dokumentiert) aufgrund eklatanter Defizite im Verständnis der theoretischen Vorgaben der phylogenetischen Systematik *falsche Fakten* produziert werden, die zwangsläufig zu wenig wahrscheinlichen bzw. gänzlich unwahrscheinlichen Bäumen führen müssen, so dass das im McHenry-Zitat angesprochene *changing* tatsächlich dringend geboten erscheint.

Falsche Fakten, die sich als gravierendes Problem bei der Konstruktion von Stammbäumen erweisen, können auch durch die (ungerechtfertigte) Etablierung eines neuen Taxon produziert werden. Hauptgrund hierfür sind Fehler bzw. Unzulänglichkeiten im Klassifikationsprozess. Diese Gefahr ist bei rezenten Formen praktisch nicht gegeben, bei Fossilien, die meistens in geringer Zahl und teilweise nur fragmentarisch vorliegen, ist sie dagegen immanent. Aber selbst bei guter fossiler Dokumentation sind falsche, zumindest aber fragwürdige Klassifikationen nicht selten. Die langjährigen Diskussionen darüber, ob ein eigenes Taxon *Australopithecus afarensis* gerechtfertigt ist oder ob die entsprechenden Funde in das längst etablierte Taxon *Australopithecus africanus* gruppiert werden müssen (Details in Henke & Rothe 1995a), ob es ein eigenes Taxon *Homo habilis* gibt, oder ob auch diese Funde *Australopithecus africanus* repräsentieren, ob die ursprünglich ausschließlich zu *Homo habilis* gestellten Funde (sofern dieses Taxon akzeptiert wird) stark sexualdimorph sind, oder ob die Funde zwei Taxa *Homo habilis* und *Homo rudolfensis* zugeordnet werden müssen, ob das Taxon *Homo ergaster* existiert, oder ob nur das Taxon *Homo erectus* valide ist, ob das Taxon *Homo antecessor* gesichert ist, wie die spanischen Paläoanthropologen betonen, oder ob es tatsächlich nur ein Kunstprodukt ist und in Wirklichkeit in das Hypodigma von *Homo heidelbergensis* gruppiert werden muss, und schließlich, ob der bezogen auf das datierte Alter spektakuläre Fund *Sahelanthropus tchadensis* überhaupt ein Vertreter der Hominini ist, was die Entdecker natürlich vehement postulieren (Brunet et al. 2002) oder, wie von vielen Autoren vermutet, schlichtweg als fossiler Menschenaffe angesehen werden muss (z. B. Wolpoff et al. 2003), sind Beispiele. Letzteres Beispiel steht nicht allein, man denke etwa an den einstmals postulierten Homininen-Status von *Ramapithecus* (Übersicht in Hartwig-Scherer 1989). Klassifikationsdifferenzen/-irrtümer betreffen also selbst höhere systematische Kategorien.

Diese Beispiele mögen genügen, um aufzuzeigen, dass Klassifikationsprozesse unterschiedliche Befunde produzieren können – aus welchen Gründen auch immer –, d. h., einige von ihnen enthalten also falsche Fakten, die eine Systematisierung bereits im Ansatz *ad absurdum* führen, da „neue Spezies“ im Baum „un-

16 Vom Autor dieses Beitrages hinzugefügt.

tergebracht werden müssen“. Anhängern der evolutionären Taxonomie bereiten derartige Korrekturen weniger oder gar keine Probleme, da Baumkonstruktionen in der evolutionären Taxonomie keine logische Abfolge geschlossener Abstammungsgemeinschaften auf der Grundlage von Synapomorphien postulieren, so dass Scheintaxa nicht nur relativ leicht im Baum zu integrieren sind, sondern sich aus diesem Grunde auch hartnäckig Korrekturen widersetzen und somit zu erheblich variierenden Bäumen führen können, die allerdings sämtlich von sehr geringer Güte sind. Bei Vertretern der phylogenetischen Systematik hingegen führen falsche Fakten/Taxa zu wesentlich tiefgreifenderen Irritationen, da sämtliche Taxa, auch wenn sie lediglich postuliert werden/worden sind, zwingend in Monophyla integriert werden müssen, bzw. neue oder anders zusammengesetzte Monophyla erarbeitet werden müssen, was dann selbstredend nicht gelingen kann, wenn die postulierten neuen Taxa keine validen Taxa, sondern Artefakte sind, so dass der Synapomophienachweis natürlich nicht zu erbringen wäre. Klassifikationsfehler, die nicht zur Etablierung eines neuen Taxon, sondern zu einer falschen Gruppierung zu einem bestehenden Taxon führen, sind auf den ersten Blick als weniger „gefährlich“ einzuschätzen, da sie lediglich das Hypodigma des betreffenden Taxon erweitern, aber keinen Niederschlag im Baum finden. Letzterer Umstand birgt aber die Gefahr, ein valides Taxon nicht diagnostiziert zu haben, was ebenso fatale Konsequenzen für die Gültigkeit eines Baumes nach sich ziehen würde wie die Installation eines artifiziellen Taxon.

Klassifikationsirrtümer und folglich Systematisierungsfehler beruhen zu einem nicht unerheblichen Teil darauf, dass in den Paläowissenschaften fragmentarisch vorliegende Funde zwar bis zu einem gewissen Grad klassifiziert werden können, dennoch schwerlich zu systematisieren sind, da sie aufgrund der Zugehörigkeit zu differenten Körperregionen, z. B. Kranium oder Postkranium, strenggenommen nicht vergleichbar sind. In der Praxis wird jedoch häufig das Merkmalsgefüge, z. B. des Hirnschädels, eines etablierten oder zunächst lediglich postulierten Taxon A mit dem Merkmalsgefüge, z. B. des Beckengürtels, eines zweiten ebenfalls bereits etablierten oder nur postulierten Taxon B verglichen unter offensichtlicher Missachtung des Umstandes, dass Merkmalsmosaike vorliegen können, die bei der genannten Vorgehensweise das Resultat der Analyse dramatisch verfälschen können und daher zu ungültigen Bäumen führen müssen.

Korrekturen von Klassifikations- und Systematisierungsirrtümern sind selten (z. B. White et al. 1994, 1995 – *Australopithecus ramidus* in *Ardipithecus ramidus*), so dass die Auseinandersetzung mit fehlerhaften Bäumen fast zum Alltag der Paläowissenschaften gehört.

LUMPER UND SPLITTER

Lumping und *splitting* bezeichnen zwei unterschiedliche Auffassungen über die Anzahl zu etablierender valider Taxa in einer Stammlinie, z. B. Arten. Während lumper eher zögerlich verfahren, neue Taxa zu installieren, vertreten die splitter eine Gegenposition. Lumping und splitting spiegeln jeweils bis zu einem gewissen Grade Aspekte des Grundkonzeptes der beiden Schulen biologischer Klassifikation wider – der evolutionären Taxonomie, die eher lumping favorisiert, und der phylogenetischen Systematik, deren Vertreter eher als splitter zu bezeichnen sind.

Während die Verfechter der evolutionären Taxonomie Artentstehung auch durch einen gradualistischen Prozess für möglich halten bzw. diesen sogar als den wesentlichen Artentstehungsprozess erachten (s. o.), ist die Entscheidung, wann die neue Art infolge eines allmählichen Artwandels entstanden ist, nicht nur subjektiv, sondern unter Umständen auch hochgradig konservativ, da neue Taxa irrtümlicherweise nicht installiert werden, auch wenn die Merkmalskonfiguration ein Speziationsereignis signalisiert. Die Ansicht der evolutionären Taxonomie, dass Divergenz ein Mischkriterium ist, bestehend aus dem Anteil, der sich infolge (postulierter) gradualistischer Veränderung zwischen Artspaltungsereignissen ergibt, und dem Anteil, der auf ein Speziationsereignis zurückzuführen ist, fördert nicht unerheblich die Tendenz zum lumping.

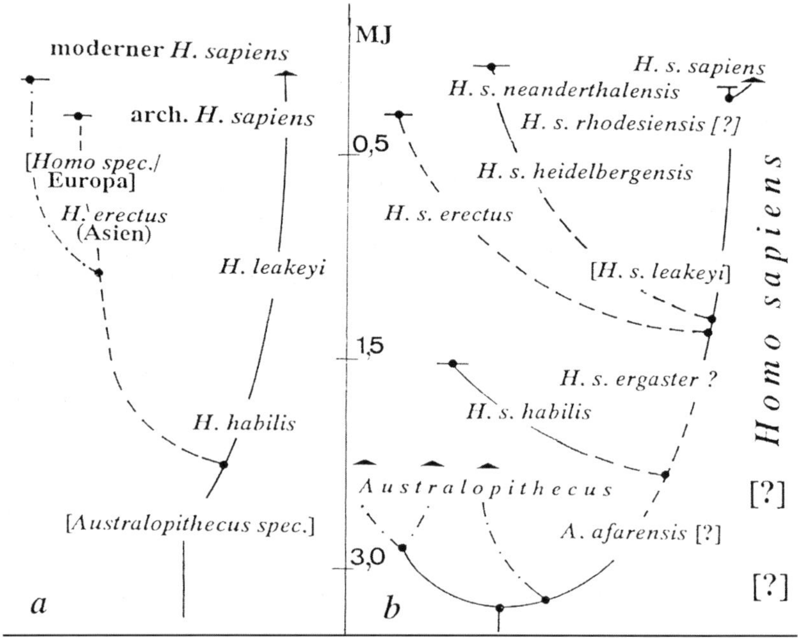

Abb. 15: Stammbaummodelle zur mittel- und spätpleistozänen Evolution der Homininen. a) Hypothese nach Clarke (1990, rekonstruiert); b) Hypothese nach Bonde (1989, umgezeichnet); Clarke's Baumgrafik kann als Beispiel für die Vermischung kladistischer und gradualistischer Anschauungen dienen; Bonde's Entwurf ist beispielhaft für hochgradiges lumping auf Spezies-Niveau aber splitting auf Subspezies-Niveau, was insofern keine lege artis-*Anwendung eines kladistischen Ansatzes ist, als dieser auf Subspezies-Niveau unergiebig ist (aus Henke & Rothe 1995b).*

Da hingegen die phylogenetische Systematik Artentstehung ausschließlich durch Aufspaltung einer Stammart in zwei Tochterarten annimmt und die natürlichen geschlossenen Abstammungsgemeinschaften über die Verteilung von synapomorphen Merkmalen bzw. Merkmalsausprägungen nachweist, ist die Installierung neuer Arten bzw. die Gruppierung eines Fossilfundes oder eines rezenten Organismus zu bereits existierenden Taxa, keine Frage der subjektiven Einschätzung, sondern ein durch stringente methodische Auflagen bestimmtes Systematisierungsverfahren. Somit sind lumping und splitting exakt theoretisch zu begründen. Da evolutive Neuheiten nur dann etabliert werden, wenn sie sich nach einem Selektionsprozess als adaptiv erwiesen haben, dominiert in der phylogenetischen Systematik zwangsläufig das splitting, zumal Symplesiomorphien überhaupt keine Rolle im Systematisierungsprozess spielen.

Die von Foley (1987) gestellte Frage „How many species should there be?" wird sich aber letztlich nicht konkret beantworten lassen.

SCHLUSSBETRACHTUNG

Stammbäume sind gleichsam die exakte Kartierung der phylogenetischen Entwicklungswege und -richtungen von Stammlinien bzw. Taxa. Die Überlebensdauer eines Baumes bestimmt sich aus der Stringenz der zugrundeliegenden überprüfbaren Hypothesen und der konsequenten Umsetzung der theoretischen Vorgaben der phylogenetischen Systematik. Verstöße gegen diese Prinzipien führen zu ungültigen Bäumen, zu falscher Kartierung der Entwicklungsprozesse und ihrer Repräsentanten. Derartige Bäume lassen sich nicht korrigieren, sie müssen vernichtet werden, auch wenn sie schön anzuschauen sind. Aber auch gültige Bäume müssen nicht von Dauer sein, sie können verwelken. Ihnen lässt sich jedoch immer dann neue Frische einhauchen, wenn ausschließlich aufgrund von Wissenszuwachs ein alternatives Modell, eine neue Kartierung erforderlich sein sollte.

LITERATUR

Ax, P. (1984): Das phylogenetische System. Systematisierung der lebenden Natur aufgrund ihrer Phylogenese. Gustav Fischer Verlag, Stuttgart.

Balter, M. (2002): What made humans. Science 295: 1219-1225.

Boesch, C. & Boesch-Achermann, H. (2000): The chimpanzees of the Tai Forest. Behavioural ecology and evolution. Oxford University Press, Oxford.

Bonde, N. (1989): *Erectus* and *neanderthalensis* as species or subspecies of *Homo* – with a model of speciation in Hominids. In: Giacobini, G. (Hrsg.): Hominidae. Int Congr Hum Paleont, Turin 1987. Jaca Books, Mailand, S. 205-208.

Brown, P., Sutikna, T., Morwood, M. J., & Soejono, R. P. (2004): A new small-bodied hominin from the Late Pleistocene of Flores, Indonesia. Nature 431: 1055-1061.

Brunet, M. (2002): Palaeoanthropology (communication arising): *Sahelanthropus* or '*Sahelpithecus*'? Nature 419: 582.

Brunet, M., Guy, F., Pilbeam, D., Mackay, H. T. & Lilius, A. (2002): A new hominid from the upper Miocene of Chad, central Africa. Nature 418: 145-151.

Cavalieri, P. & Singer, P. (Hrsg., 1993): The great ape project: Equality beyond humanity. Fourth Estate, London.

Clarke, R. J. (1990): The Ndutu cranium and the origin of *Homo sapiens*. J Hum Evol 19: 699-736.

Conroy, G. C. (1990): Primate Evolution. WW Norton & Company, New York.

Felsenstein, J. (1982): Numerical methods for inferring evolutionary trees. Quart Rev Biol 57: 379-404.

Foley, R. A. (1987): Another unique species. Patterns in human evolutionary ecology. Longman, Harlow.

Forey, P. L. (1990): Cladistics. In: Briggs, D. E. G. & Crowther, P. R. (Hrsg.) Palaeobiology. A synthesis. Blackwell Science, Oxford, S. 430-434.

Gibbons, A. (2002): In search of the first hominids. Science 295: 1214-1219.

Gillespie, J. H. (1986): Natural selection and the molecular clock. Mol Biol Evol 3: 138-155.

Harris, S., Thackeray, J. R., Jeffreys, A. J. &Weiss, M. L. (1986): Nucleotide sequence analysis of the lemur beta-globin gene family: evidence for major rate fluctuations in globin polypeptide evolution. Mol Biol Evol 3: 465-484.

Hartwig-Scherer, S. (1989): Ramapithecus. Vorfahr des Menschen? Studium Integrale. Paläontologie. Zeitjournal-Verlag, Berlin.

Henke, W. & Rothe, H. (1995a): Paläoanthropologie. Springer-Verlag, Berlin, Heidelberg, New York.

Henke, W. & Rothe, H. (1995b): *Homo erectus* – valides Taxon der europäischen Hominiden? Bull Soc Suisse d'Anthrop 1 : 15-26.

Henke, W. & Rothe, H. (2000): Stammesgeschichte des Menschen. Eine Einführung. Springer-Verlag, Berlin, Heidelberg, New York.

Hennig, W. (1950): Grundzüge einer Theorie der phylogenetischen Systematik. Deutscher Zentralverlag, Berlin.

Herberhold, M. & Söling, C. (Hrsg., 2003): Menschenrechte für Menschenaffen? Was Tier und Mensch unterscheidet. Bonifatius Verlag, Paderborn.

Herrmann, B., Grupe, G., Hummel, S., Piepenbrink, H. & Schutkowski, H. (1990): Prähistorische Anthropologie. Leitfaden der Feld- und Labormethoden. Springer-Verlag, Berlin, Heidelberg, New York.

Johanson, D. C., White, T. D. & Coppens, Y. (1978): A new species of the genus *Australopithecus* (Primates; Hominidae) from the Pliocene of Eastern Africa. Kirtlandia 28: 1-14.

Jones, S., Martin, R. & Pilbeam, D. (Hrsg., 1992): The Cambridge encyclopedia of human evolution. Cambridge University Press, Cambridge.

Junker, R. & Scherer, S. (1998): Evolution – ein kritisches Lehrbuch. Weyel-Verlag, Gießen.

Kass, D. H. (2001): Impact of SINEs and LINEs on the mammalian genome. Current Genomics 2:199-219.

Klein, J. & Takahata, N. (2002): Where do we come from? The molecular evidence for human descent. Springer-Verlag, Berlin, Heidelberg, New York.

Kluge, A. G. (2001): Parsimony with and without scientific justification. Cladistics 17: 199-210.

Knußmann, R. (1980): Vergleichende Biologie des Menschen. Gustav Fischer Verlag, Stuttgart.

Kotthaus, J. (2003): Propheten des Aberglaubens. Der deutsche Kreationismus zwischen Mystizismus und Pseudowissenschaft. LIT-Verlag, Münster.

Kutschera, U. (2001): Evolutionsbiologie. Eine allgemeine Einführung. Parey Buchverlag, Berlin.

Kutschera, U. (2004): Streitpunkt Evolution. Darwinismus und intelligentes Design. LIT Verlag, Münster.

Lyman, R. L. (1994): Vertebrate taphonomy. Cambridge University Press, Cambridge.

Martin, R. D. (1990): Primate origins and evolution. A phylogenetic reconstruction. Chapman & Hall, London.

Martin, R. D. (1993): Primate origins: plugging the gap. Nature 363: 223-234.
Mayr, E. (1975): Grundlagen der zoologischen Systematik. Paul Parey, Hamburg.
McHenry, H. M. (1996): Homoplasy, clades, and hominid phylogeny. In: Meikle, W. E., Howell, F. C. & Jablonski, N. G. (Hrsg.): Contemporary issues in human evolution. California Academy of Sciences, San Francisco, S. 77-92.
Morwood, M. J., Soejono, R. P., Roberts, R. G., Sutikna, T. & Westaway, C. S. M. K. E. et al. (2004): Archaeology and age of a new hominin from Flores in eastern Indonesia. Nature 431: 1087-1091.
Moya-Sola, S., Köhler, M., Alba, D. M., Casanovas-Vilar, I. (2004): *Pieralopithecus catalaunicus*, a new Middle Miocene great ape from Spain. Science 306: 1339-1344.
Murata, S., Takasaki, N. & Okada, N. (1993): Determination of the phylogenetic relationships among pacific salmonids by using short interspersed elements (SINEs) as temporal landmarks of evolution. Proc. Ntl. Acad. Sci. USA 90: 6995-6999.
Nikaido, M., Rooney, A. P. & Okada, N. (1999): Phylogenetic relationships among artiodactyls based on insertions of short interspersed elements: hippopotamuses are the closets relatives of whales. Proc. Ntl. Acad. Sci. USA 96: 10261-10266.
Page, R. D. M. & Holmes, E. C. (1998): Molecular evolution. A phylogenetic approach. Blackwell Science Ltd., Oxford.
Popper, K. R. (1968): The logic of scientific discovery. Hutchinson, London.
Popper, K. R. (1974): Objective knowledge; an evolutionary approach. Clarendon Press, Oxford.
Rieppel, O. (1983): Kladismus oder die Legende vom Stammbaum. Birkhäuser Verlag, Basel.
Rieppel, O. (1999): Einführung in die computergestützte Kladistik. Verlag Dr. Friedrich Pfeil, München.
Scherer, S. (Hrsg., 1991): Die Suche nach Eden. Wege zur alternativen Deutung der menschlichen Frühgeschichte. Hänssler-Verlag, Stuttgart.
Shedlock, A. M. & Okada, N. (2000): SINE insertions: powerful tools for molecular systematics. BioEssays 22: 148-160.
Simpson, G. G. (1961): Principles of animal taxonomy. Freeman & Co, San Francisco.
Skelton, R. R., McHenry, H. M. & Drawhorn, G. M. (1986): Phylogenetic analysis of early hominids. Curr Anthrop 21: 21-43.
Sneath, P. H. A. & Sokal, R. R. (1973): Numerical taxonomy. The principles and practice of numerical classification. Freeman & Co, San Francisco.
Storch, V., Welsch, U. & Wink, M. (2001): Evolutionsbiologie. Springer-Verlag, Berlin, Heidelberg, New York.
Syvanen, M. (1987): Molecular clocks and evolutionary relationships: possible distortions due to horizontal gene flow. J Mol Evol 26: 16-23.
Tomasello, M. & Call, J. (1997): Primate cognition. Oxford University Press, Oxford.
Wägele, J.-W. (2000): Grundlagen der phylogenetischen Systematik. Verlag Dr. Friedrich Pfeil, München.
Walker, A. C. & Leakey, R. E. F. (Hrsg., 1993): The Nariokotome *Homo erectus* skeleton. Harvard University Press, Cambridge, Mass.
Weiss, M. L. (1987): Nucleic acid evidence bearing on hominoid relationships. Yb Phys Anthrop 30: 41-73.
White, T. D., Suwa, G., Asfaw, B. (1994): *Australopithecus ramidus*, a new species of early hominid from Aramis, Ethiopia. Nature 371: 306-312.
White, T. D., Suwa, G. & Asfaw, B. (1995): Corrigendum. Nature 375: 88.
Wiesemüller, B. & Rothe, H. (2003): Interpretation of bootstrap values in phylogenetic analyses. Poster, 22nd meeting of the Willi Hennig Society, New York.
Wiesemüller, B., Rothe, H. & Henke, W. (2003): Phylogenetische Systematik. Eine Einführung. Springer-Verlag, Berlin, Heidelberg, New York.
Wolpoff, M. H., Senut, B., Pickford, M. & Hawks, J. (2002): Palaeoanthropology (communication arising): *Sahelanthropus* or '*Sahelpithecus*'? Nature 419: 581-582.

Hans-Konrad Schmutz

VERMESSENE NATION

EINE SKIZZE DER IMAGOLOGISCHEN ANTHROPOLOGIE NACH 1860

ZUSAMMENFASSUNG

Anhand der Konstruktion und vielschichtigen Rezeption von anthropologischen Konstruktionen wie *Homo alpinus* oder der „Preußischen Rasse“ soll die Frage nach der Verflechtung von biologistischer Nationalgeschichte und empirischer Feldforschung im späten 19. und frühen 20. Jahrhundert gestellt werden. Indem sich Anthropologen am überlieferten Typusbegriff festklammerten, konnten sie in die einflussreiche Rolle des imagologischen Bastlers schlüpfen, die nationale Geschichtsbilder biologistisch konstruieren und damit ihre universitäre Nützlichkeit unter Beweis stellen.

Analysiert wurde die Diskussion der „Preußischen Rasse“ in den Sitzungen der Société d'Anthropologie de Paris, 1871, die Ergebnisse der frühen Pfahlbauuntersuchungen, Einzelstudien aus der Zürcher Anthropologen-Schule um Rudolf Martin und die groß angelegten Reihenuntersuchungen Otto Schlaginhaufens zwischen den beiden Weltkriegen, der – gebannt von der Magie großer Zahlen – gegen 35.000 Stellungspflichtige vermaß und noch Jahre nach dem Zweiten Weltkrieg von den vermeintlichen Früchten seiner Arbeit zehrte. Dabei kristallisierte sich ein deutlicher Stilwandel heraus: vom typologischen Rassenschema zum Begriff des Volkskörpers. Hinter diesem Beitrag zur historischen Wissenschaftsforschung steht die Überzeugung, dass sich der neuzeitliche Rassediskurs nie von den politischen Zeitströmungen trennen lässt. Die Analyse belegt zudem, wie zählebig imagologische Bilder in der bislang kaum analysierten Populärliteratur sind.

EINLEITUNG

Rudolf Virchow (1821-1902) nennt 1889 in einem kaum beachteten Vortrag vor Geschichtsfreunden in Görlitz zwei Fragenkomplexe, welche die anthropologische Forschung um 1860 bestimmt hätten: Die sogenannte Affenfrage und die Selektion auf der einen, die Nationalitätenfrage auf der anderen Seite (Virchow 1889/1902: 1). Dies erstaunt, wenn man gewohnt ist, Anthropologiegeschichte nur durch die von der Darwinindustrie geschliffene Brille zu betrachten. Der Zeitzeuge Virchow urteilt offenbar anders als die traditionellen Fachhistoriker von heute

– welche die Legitimationsstrategien der Anthropologen des späten 19. Jahrhunderts nicht sehen wollen und die Nationalitätenfrage ganz ausklammern. Dabei hatte schon ein oberflächlicher Blick auf die anthropologische Forschung in Zürich gezeigt, dass Vorlesungen über koloniale Themen selbst in der Schweiz außerordentlich beliebt waren und das nationale Pfahlbaufieber – die Lacustromanie – Studenten und Professoren gleichermaßen erfasst hatte (Schmutz 1983). Albert Heims urgeschichtliche Vorlesung fand während mehr als zwanzig Jahren in Zürich viele Hörer und Jakob Eglis Übersicht über das Deutsche Kolonialsystem gehörte im Sommersemester 1888 zu den bestbesuchtesten Veranstaltungen der Naturwissenschaftlichen Fakultät der Universität Zürich (ebd.: 169). Pfahlbauidyllen tauchen zudem in der zeitgenössischen Historienmalerei auf und gaben landauf-landab ein beliebtes Sujet ab für große und kleine Festumzüge (Bandi & Zimmermann 1980).

Dies verweist auf die enge Verknüpfung des zeittypischen Rassediskurses mit der Suche nach den nationalstaatlichen Wurzeln. Da die allgemeine Frage nach den historischen Wurzeln der eigenen Nation europaweit eine wichtige Rolle spielte, hat sie den Rassediskurs nicht nur in Berlin sondern auch in Paris und London nachhaltig bestimmt. Daran haben sich nicht nur Linguisten, Historiker und Archäologen, sondern auch Anthropologen beteiligt. Hermann Schaafhausen (1816-1893) bedauerte, dass historische Quellen (Herodot) über die europäischen Völker nur bis etwa 500 v. Chr. zurückreichen würden, d. h. die klassische Geschichtswissenschaft beschränkt sei (Schaafhausen 1889: 68).

Ausgehend vom tradierten Typusbegriff der Zoologie und der Annahme, Schädelproportionen würden eine eindeutige Rassenzuordnung erlauben, sah die junge Anthropologie in der vergleichenden Kraniometrie den Schlüssel um die Ur- und Frühgeschichte Europas zu klären. Damit wurde auch behauptet, dass rassentypische Merkmale alter Völker sich über große Zeiträume hinweg milieuunabhängig und damit konstant erhalten hätten. Daher spiegele die Verteilung der alten Rassenmerkmale in der heutigen Bevölkerung präzis die Bevölkerungsgeschichte wider. Wilhelm His (1831-1904) ging 1864 noch einen Schritt weiter mit der Feststellung:

> „Selbst die gegenseitige Stellung früherer Racen-Elemente unserer Bevölkerung muss sich zum Theil noch in den craniologischen Resultaten erkennen lassen und durch den Nachweis, dass alte fürstliche oder hochadlige Geschlechter eine andere Schädelform führen, als die plebejischen Masse des Volkes, vermag man vielleicht zu naturhistorischer Begründung heutiger Standesunterschiede zu gelangen“ (His 1864: 447).

Dabei wurde klar zwischen Volk und Rasse unterschieden. Julius Kollmann (1834-1918) bezeichnet ethnische Einheiten (Völker, Nationen, Stämme) als politische Verbände bestehend aus verschiedenen Rassenelementen (Kollmann 1881). In der Anthropologie der zweiten Hälfte des 19. Jahrhunderts spielte bekanntlich die Morphometrie eine dominierende Rolle als Beweismittel. Überraschenderweise sollte der Rassentypus zuerst intuitiv erfasst und erst im Nachhinein morphometrisch bestätigt werden. Rütimeyer und His betonten 1864: „Dass das Auge bei der Typenscheidung der sicherste Führer ist, und dass der Maßstab erst als controllirendes Hülfsmittel nachfolgen kann“ (Rütimeyer & His 1864: 10).

Auf dieser Grundlage entwickelte sich der national geprägte Rassendiskurs: Breitköpfigen wurden Langköpfige gegenübergestellt; die Wanderung der Gallier und Germanen anhand von Körpergrößenvergleichen rekonstruiert; nach der Herkunft der Arier gesucht oder die Frage gestellt, welches Volk authochton, welches bloß eingewandert sei. Anders ausgedrückt, bestand somit zwischen dem zeitgenössischen Rassendiskurs und der als imagologische Bastelei verstandenen identitätsstiftenden Nationalgeschichte eine engere Beziehung als manch konservativer Anthropologiehistoriker heute wahrhaben will. Die Nationalitätenfrage bestimmt zeitweise die wissenschaftliche Alltagsdiskussion wie beispielsweise der Streit zwischen polnischen und deutschen Anthropologen über das Alter der Slawengräber der Oberlausitz auf der Versammlung der deutschen Anthropologen in Breslau 1884 signalisiert, oder der Schlagabtausch zwischen Berlin und Paris über den schlechten Einfluss der slawisch durchsetzten „Race Prussienne" auf die nichtpreußischen Deutschen während des Deutsch-französischen Krieges zeigt.

Zynisch kommentierte Julius Kollmann den fruchtlosen Streit 1892 mit der Bemerkung: „Wer also Lust verspürt, Anthropologie mit etwas politischem Beigeschmack zu treiben, hat freie Wahl, sich für die eine oder andere Rasse zu erwärmen" (Kollmann 1892: 104). Aber auch er begründete die groß angelegte Reihenuntersuchung von Schulkindern mit der Feststellung: „Ungezählte Völker versanken im gähnenden Schoos der Zeit, aber die Rassen, aus denen sie zusammengesetzt waren, blieben erhalten" (Kollmann 1881: 21). Indem Anthropologen sich am überlieferten Typusbegriff festklammerten, hielten sie als imagologische Bastler das geeignete Werkzeug in der Hand, um an biologistischen, sinnstiftenden und damit staatstragenden Geschichtsbildern zu basteln: Anthropologen wurden europaweit zu imagologischen Bastlern.[1]

Unterschiedliche Auffassungen bestanden nur in der Auswahl stabiler, die Jahrtausende überdauernder Rassenmerkmale. Verließen sich die einen auf die Schädel- und Gesichtsproportionen (Dolicho- und Brachycephalie; Lepto- und Chamaeprosopie), so nutzten andere ausschließlich die Körpergröße oder verglichen zusätzlich noch die Verteilung der Haar- oder Augenfarbe innerhalb einer Population. Paul Broca (1824-1880) hat beispielsweise eine Geschichte der Franzosen nur anhand der Körpergröße angehender Rekruten entworfen (Broca 1859).

LA RACE PRUSSIENNE ODER DIE PREUSSEN SIND AN ALLEM SCHULD

Während der Belagerung von Paris, im Januar 1871, beschoss Preußische Artillerie das Muséum d'Histoire Naturelle und traf damit ins Herz der französischen Forschergemeinschaft. Der Schock saß noch immer tief, als der erste Anthropologe des Museums, Jean Louis Armand de Quatrefages de Bréau (1810-1892), gut einen Monat nach dem Überfall, eine biologistische Erklärung für das eigene Unvermögen und die schockierende Überlegenheit des verhassten Feindes aus dem Osten konstruierte (Quatrefages 1871a). Wenig später lag sein anthropologi-

1 Zum Begriff Bastelei oder Bricolage vgl. Lévi-Strauss (1973: 29-36); Marchal (1989).

sches Erklärungsmodell als selbständige Publikation vor und stieß auf großes Interesse (Quatrefages 1871b: 110).

Grundlage seiner Überlegungen war die zeittypische Annahme, dass dem Krieg der vermeintliche Rassengegensatz zugrunde läge. Anders als im übrigen Deutschland machte er in den preußischen Stammlanden vier übereinander geschichtete isolierte Rassen aus: Die breitköpfige finnisch-esthnische Urbevölkerung seien zuerst von Slawen, dann von den Germanen überlagert und erst spät von den Hugenotten bereichert worden. Daraus schloss er: „Die Preussen sind weder Deutsche noch Slawen: Die Preussen sind Preussen“ und warnte die Deutschen vor dem verderblichen Einfluss des Preußischen Rassenkonglomerates.[2] Nirgends zeige sich die Brutalität und der Hass des finnischen Halbbarbaren auf die überlegene französische Kultur deutlicher als bei der Beschießung der Pariser Forschungsstätte und der angrenzenden Lazarette. Mit seinem Rassenmodell erklärte er einerseits den Feuerüberfall und nutzte die Beschießung andererseits um seine anthropologischen Überlegungen zu stützen. Mit der Annahme einer finnischen Urbevölkerung griff er auf Franz Ignace Pruner Bay (1808-1882) zurück, der, ähnlich wie Julius Kollmann, von einer kleinwüchsigen, breitköpfigen europaweit nachweisbaren Urbevölkerung ausgegangen war (Kollmann 1894).

Wenig später wird das Werk in der Société d’Anthropologie de Paris besprochen und empirisch untermauert: Gustave Lagneau (1827-1896) führt historische Quellen ins Feld, um zu bestätigen: „dass die heutigen Preussen, deren Blut stark gemischt ist, ethnologisch weit weniger dazu legitimiert sind als alle anderen deutschen Völker sich zum Hauptverfechter der Einigung Deutschlands, zum Pangermanismus, aufzuspielen“ (Langeau 1871: 202).[3] Der Bildhauer Charles Rochet (1815-1900) berichtet von Feldbeobachtungen an Besatzungstruppen. Mit einem deutlichen Seitenhieb auf Broca stellt er die traditionelle Physiognomie über die quantitative Kraniologie, und führt ein einfaches Koordinatensystem zum Gesichtsvergleich ein, um die Hypothese des Rassengegensatzes zwischen Deutschen und Preußen empirisch zu untermauern. Er teilt das Gesicht in einen oberen und einen unteren Sektor und stellt fest:

> „Bei den Preussen die ich zuerst untersuchte ist das Gesicht sehr breit, bemerkenswert kräftig sind die Backenknochen, der Unterkiefer ist breit und hoch, das ganze Untergesicht ist bemerkenswert ausgebildet. Diese Entwicklung hängt mit der währschaften Ernährung zusammen, wogegen bei den Deutschen alle Gesichtspartien fein und langgestreckt sind wie bei den

2 Quatrefages (1871a: 664): „Les Prussiens ne sont ni des Allemands ni des Slaves: les Prussiens sont des Prussiens“.

3 „Ces donné ethnologique, quique bien incomplétes, suffisent pour montrer, aisi qu la déjà fait M. de Quatrefages, que les Prussiens actuels, dont le sang est au moins fort mélé, sont moins fondés que la pluspart des autres peuples de l’Allemagne actuelle à invoquer l’ethnologie lorsqu’ils se déclarent les promoteurs de l’unité allemande, du pangermanisme“ (Langeau 1871: 202).

> Romanen wo das dreiecksförmige Gesicht, Zeichen eines wilden, dunklen Volkes gänzlich fehlt“ (Rochet 1871:75).[4]

Damit leistet er der Karikatur des hässlichen Deutschen Hunnen Vorschub.

Broca kritisiert zwar Rochets Messverfahren, schweigt sich aber über Quatrefages Modell aus. Dies ist umso erstaunlicher, als Quatrefages Rassenbild der Preußen sich ausgerechnet auf Pruner Bay Annahmen einer Théorie esthonnienne stützte, die Broca seit Jahren ebenso intensiv bekämpft hatte wie er sich in Methodenfragen von Quatrefages mehrfach distanzierte (Broca 1868). Zäh hatte Pruner Bey (1808-1882) sein Modell einer präarischen, brachycranen Urbevölkerung gegen jeden dolichocranen Neufund aus der Dordogne verteidigt. Dahinter steht ein unterschiedliches Verständnis für anthropologische Evidenz: Broca steht für das Primat der quantitativen Rassentypologie, Quatrefages und Pruner Bay für den methodischen Pluralismus (Tort 1989). Aber beide suchen Nationalgeschichte anthropologisch zu erklären.

Dies hat auch Virchow in seiner Replik erwähnt. Mit seiner Mahnung, Anthropologie sei in erster Line eine wissenschaftliche Kraniologie, zieht er Quatrefages Methodenmosaik in Zweifel, wirf ihm Chauvinismus vor, um zum Schluss mit gleicher Münze heimzuzahlen:

> „Was in aller Welt gibt den Franzosen gar das Recht, sich als die höchste unter den lateinischen Racen zu betrachten? Der Umstand, dass ihre alten Könige sie mit List und Gewalt aus dem Zustand der Kleinstaaterei zur Einheit geführt haben, woran das Volk als solches doch gewiss ganz unschuldig war, hat allein jene ruhmvolle Machtstellung herbeigeführt, welche so vielen der späteren Franzosen den Kopf verdreht hat [...]. Die französische Anthropologie vor allen anderen Wissenschaften sollte sich an das Wort des Herrn Bertillon halten: ‚dès qu'il s'agit des formes, c'est le nombre et la mesure qui sont les indispensable caractéristique de la vérité scientifique, et non les phrases et les impressions'“ (Virchow 1872).

In den späten siebziger Jahren verschwand Quatrefages Modell aus der wissenschaftlichen Diskussion, um im populären Repräsentationsraum 1890 erneut aufzutauchen. Quatrefages Schüler René (Pierre) Verneau (1852-1938) räumt der preußischen Rasse erneut Raum ein (Verneau 1890: 657f). Er kolportiert Godrons Schlagwort von den Preußen, die weder Deutsche noch Slawen seien, zitiert Amédée Thierry, fasst Quatrefages Preußenbild auf zwei knappen Seiten zusammen und schließt mit der lapidaren Feststellung: „Diese Rasse ist noch im Mittelalter. Dies mag zum Teil ihren Hass und ihre Gewalttätigkeit erklären“ (ebd.: 658).

4 „Chez les Prussiens que j'ai tout d'abord étudiés, la face est très-large, la largeur de pommettes étant considérable ; la mâchoire inférieure a de grandes proportions en hauteur et en largeur, et tout le bas du visage est énormément développé. Ce développement est en rapport chez le Prussien avec le besoin et l'usage d'une alimentation très-forte ; tandis qu'on voit chez l'Allemand pur une finesse de tous ce parties, qui s'allongent et s'amincissent avec une extrême délicatesse, ce qui le rapproche du type romain, qui s'en éloinge cependant par l'apparence triangulaire de sa face, ce qui indiquerait un peuple très-sombre“ (Rochet 1871: 75).

HOMO ALPINUS

Virchows Vermutung trifft auch für die Schweiz zu. 1848 war aus dem alten Staatenbund ein moderner Bundesstaat entstanden. Damit entstand auch das Bedürfnis nach einer neuen, nationalen Geschichte, der Wunsch, die historischen Wurzeln freizulegen und bald auch die Absicht, sie biologistisch zu rekonstruieren und politisch zu legitimieren. Der neu definierte Staatsraum wurde darum nicht nur topographisch vermessen, sondern es galt auch die angestammte Bevölkerung zu kartographieren und historisch zu deuten (Gugerli & Speich 2002).

Zwar trennten auch hier Autoren wie Wilhelm His oder Ludwig Rütimeyer Volk und Rasse säuberlich, doch verstanden sie alle das heutige Schweizervolk in erster Linie als Flickenteppich aus mehreren, je nach historischen Wanderungen und Zusammenstößen mehr oder weniger unterschiedlichen Rassen. Alte Rassenmerkmale an der heutigen Schweizer Bevölkerung auszumachen gelang aber nur, wenn man milieuunabhängige, stabile morphologische und psychologische Merkmale voraussetzte, d. h. am tradierten Typusbegriff festhielt.

Das starke Interesse für *Homo alpinus* lässt sich nur vor dem skizzierten, nationalstaatlichen Hintergrund verstehen. Schon die eidgenössischen Patrioten des 18. Jahrhunderts hatten in der wilden Bergwelt die Wiege ihrer Nation gesehen. Hallers Alpengedicht trug dieses Bild eines wilden, von freien Menschen bevölkerten Paradieses hinaus nach Europa. Karl von Linné trennte die Alphirten und Bergbauern als *Homo alpinus* vom Rest der Europäer. Er stellte sie mit Zwergen, Riesen und Missgeburten zu den normabweichenden „Monstrositäten" und beschrieb sie als klein, arbeitssam und munter, aber auch als furchtsam und zaghaft. Vom Sozialanthropologen George Vacher de Lapouge (1854-1936) wiederbelebt, führten Anders Adolf Retzius (1796-1860) und Karl Ernst von Baer (1792-1876) den Begriff *Homo alpinus* neu in die anthropologische Diskussion ein (Baer 1859). Deshalb ist *Homo alpinus* keine Erfindung der völkischen Anthropologie der dreißiger Jahre, wie gelegentlich behauptet wird.

Im Sommer 1858 besuchte Karl Ernst von Baer die Basler anatomische Sammlung, stieß auf einen auffällig brachycephalen Schädel aus Graubünden und beschloss kurzerhand, in den Bündnerischen Bergen die Einheimischen zu beobachten und in den Beinhäusern der Bergdörfer bei Chur Schädel zu vermessen. Die Frage war insofern wichtig, als es sich bei den Rätiern – wie bei den Lappen oder Basken – um mögliche Überreste der ursprünglichen europäischen Bevölkerung handeln konnte, die sich als Dauertypus in der unwegsamen Bergwelt erhalten hätte. Der Sprachwissenschaftler Ludwig Steub (1812-1888) hatte zudem bereits 1843 die ursprünglichen Alpenbewohner linguistisch eng mit den Etruskern verknüpft (Steub 1843). Die Dolichocephalen wären allesamt später eingewandert. In dieses Bild passten auch die Pfahlbaufunde. Von Baer vermutete, die Zuzügler hätten sich in ihren Pfahldörfern vor den angreifenden breitköpfigen Ureinwohnern schützen wollen.[5] Die dabei angeschnittene Frage, welches Volk

5 „Ich habe mich in der Schweiz nach Köpfen aus den in neuester Zeit viel besprochenen Pfahldörfern umgesehen, konnte aber keinen vollständigen Schädel zur Ansicht erhalten. In

verwurzelt, welches zugewandert sei, spielte offenbar nicht nur in der oft gestellten Arierfrage eine Rolle, sondern war Bestandteil jedes national ausgerichteten Rassediskurses.

Auch *Homo alpinus* gehört somit schon früh zu den skizzierten anthropologischen Konstruktionen mit hohem imagologischen Potential, d. h. war von großem nationalhistorischem Interesse. Bereits bei der Hinfahrt begegnete Baer auf dem Zürichsee wallfahrenden Rätoromanen, die er erwartungsgemäß als fremdartig, scheu und wild empfand. Lang wurde die Reise nicht, denn Baer musste, wie er Retzius später amüsiert schrieb, hastig die Berge verlassen, da man ihm, als vermeintlichem Kirchenräuber und Beinhausschänder, Prügel angedroht hatte.[6] Baer untermauerte mit seiner Untersuchung nicht nur Retziusens Hypothese der brachycephalen Räthier als einer der vorkeltischen Urrassen. Er suchte wenig später Schädel für den morphologischen Vergleich mit den breitköpfigen Lappen und Basken, um seinen Befund weiter abzustützen (Baer 1860).

Fünf Jahre später griff der Anatom Wilhelm His das Thema vor der Jahresversammlung der Naturforschenden Gesellschaft der Schweiz erneut auf. Gemeinsam mit dem Basler Paläontologen Ludwig Rütimeyer (1825-1895) hatte er gegen zweihundert Schädel analysiert. Anhand der Schädel- und Gesichtsform hatten sie Schädeltypen herausgeschält, die sie nicht nur in der heutigen Schweiz zu finden glaubten, sondern auch historisch wichtigen Völkern wie den Römern, Burgundern oder Helvetiern zuordneten. Zwar zweifelten sie v. Baers Einzelbefund an, hielten aber unbeirrt an der Besonderheit des brachycephalen Bündnerschädels fest. Mit ihrer Monographie legten sie den Grundriss für spätere Detailstudien und Feinunterteilungen. So trennte Ernst Frizzi 1907 Tiroler Funde als *Homo alpinus tirolensis* von den übrigen Alpenbewohnern ab (Frizzi 1907, 1909).

Nicht alle sahen in der Breitköpfigkeit eine bloße Folge der unterschiedlichen Nahtverschlüsse. Johannes Ranke (1836-1916) vermutete eine Korrelation zwischen Schädelproportion und Höhenlage und betonte den Einfluss der Kopfhaltung auf die Schädelform.

Mit dem Entstehungsmechanismus der Schädelform verknüpft war auch die Frage nach der Wertigkeit der Brachycephalie. Während Kollmann diesen Zusammenhang stets entschieden verneinte, stellten andere wie Karl Penka (1847-1912) und de Lapouge die Dolichocephalen als kulturfähiger weit über die Bra-

dem zoologischen Museum zu Zürich sah ich jedoch eine Schädeldecke, deren Ursprung mit Knochen von Hunden u.s.w. aus einem Pfahldorfe des Züricher-Sees, der vor einigen Jahren sehr niedrig stand, constatirt ist. Von dieser Schädeldecke ist so viel erhalten, dass eine ziemlich langgezogene Form nicht bezweifelt werden kann. Wenn diese Form noch ferner sich bestätigen sollte, so wird es wahrscheinlicher, dass nicht die Ureinwohner da lebten, sondern vielleicht die zuerst vorrückenden Kelten. Es wäre möglich, dass diese, im Besitz von Böten, sich dadurch vor den Überfällen der Ureinwohner zu schützen suchten, dass sie ihre Wohnungen auf eingerammte Pfähle erbauten. Die Küsten-Papuas bauen sehr grosse Häuser auf diese Weise ins Meer hinein, um vor den Überfällen der Bewohner des Innern, die natürlich keine Böte mit sich führen können, sich zu sichern und im Falle des Überfalles sich zu retten" (Baer 1859: 56f).

6 Brief vom 7./19. Februar 1859 von Karl Ernst von Baer an Anders Adolf Retzius; zit. nach Ottow (1963: 34).

chycephalen (Kollmann 1892: 104). Otto Georg Ammon (1842-1916) verknüpfte die Breitköpfigkeit mit der sexuellen Auslese (Ammon 1899, 1895). Jindřich Matiegka (1862-1941) und vor allem Schaafhausen gingen davon aus, dass jedes Gehirn die Neigung habe, bei Zunahme der Intelligenz, der Kultur, den Schädel in die Breite zu drücken. Um Penkas Einwand zu entkräften, dass in diesem Falle alle breitköpfigen Völker eine höhere Kultur haben müssten, prägte Schaafhausen den Begriff der sekundär erworbenen Breitköpfigkeit:

> „Wenn ein Tartar einen auffallend runden und breiten Schädel hat, so ist das Rassentypus und diese Form hat mit der Gesichtsbildung nichts zu schaffen. Wenn aber rohe Völker schmale Schädel haben, die breiter werden in dem Maasse als die Kultur bei ihnen zunimmt und das Gehirn an Umfang wächst, so ist dies verständlich, wenn man bedenkt, dass der Schädel sich leichter in die Breite ausdehnt als in die Länge" (Schaafhausen 1889: 71f.; Matiegka 1891).

VOM INDIVIDUALTYPUS ZUM VOLKSKÖRPER

Rudolf Martin (1864-1925) hielt 1896 in seinem Forschungsprogramm einer groß angelegten rassenkundlichen Analyse der Schweiz am tradierten Typusbegriff fest. Er setzte aber, im Gegensatz zu His und Rütimeyer, keine klar definierten Typen voraus, sondern glaubte, sie erst durch eine ausgedehnte Somatometrie im Nachhinein bestimmen zu können. Diese rein empirische Typenfixierung sollte das erste Ziel der geforderten Großuntersuchung sein. Programmatisch forderte er: „Wir dürfen also, wenn wir eine solche Arbeit beginnen, keine bestimmten Typen erwarten, sondern wir müssen sie finden, sie müssen sich während unserer Arbeit erst herauskristallisieren, immer deutlicher werdend, bis wir schliesslich imstande sind, sie festzuhalten und durch Wort und Zahl zu definieren" (Martin 1896: 7).

Trotz Frizzi's morphometrischer Feinunterteilung des *Homo alpinus*, bahnte sich gegen Ende des Jahrhunderts ein deutlicher Stilwechsel an: weg von der historischen Rekonstruktion, hin zur Rassenhygiene. Entsprechend wechselten die Begriffe und Bilder in der populären Literatur. Das Bild der Bevölkerung als dauerhaftem, morphometrisch zwar zerlegbarem aber dauerhaftem Völkerkonglomerat im Sturm der Geschichte verblasste – mehr und mehr trat der mehr oder weniger kranke Volkskörper und mit ihm die Rassenhygiene in den Vordergrund.

Diese Verschiebung der Forschungsziele klingt auch in Eugène Pittards (1867-1962) Artikel für das Geographische Lexikon der Schweiz an:

> „Ich hoffe, dass wir mit der Zeit über unsere Bevölkerung ebenso genaue statistische Angaben besitzen werden, wie wir sie zur Zeit über unsern Viehbestand haben. Man wir sich auf die Dauer der Einsicht über die Nützlichkeit dieser Statistik nicht verschliessen können, handelt es sich doch darum, um nur ein Beispiel anzuführen, zu zeigen, wie wichtig für die ‚Menschenzucht' die Kenntnis der Körpergestalt und –grösse von Vertretern der gleichen Rasse als Funktion der Bodenverhältnisse ist" (Pittard 1906: 765).

Zwar berief sich Martins Schüler Otto Schlaginhaufen 1926 auf das alte Forschungsprogramm seines Lehrers, doch setzte er deutlich andere Forschungsziele. Weder die historische Fragestellung noch die empirische Typenfixierung standen im Vordergrund, sondern die gezielte Analyse des Volkskörpers als Basis für künftige rassenhygienische Programme. Dabei führte Schlaginhaufens, mit großem Aufwand zwischen 1927 und 1932 durchgeführte Untersuchung zu einem kläglichen Ergebnis. Er hatte in wenigen Jahren über 35.000 Stellungspflichtige vermessen – doch nur 1,9 % eindeutig als *Homo alpinus* identifiziert (Schmutz 2001a, 2001b).

Trotzdem spielten *Homo alpinus* und die Pfahlbauern weiterhin eine wichtige Rolle in der populären Literatur; gewannen sogar an Bedeutung in Zeitschriften und Broschüren der geistigen Landesverteidigung in den späten dreißiger Jahren gegen das nationalsozialistische Deutschland (Kreis 1989). Karl Keller-Tarnuzzer schrieb beispielsweise 1936 in der Thurgauer Zeitung von der Blutsgemeinschaft mit den Pfahlbauern. Hans Weber sah in den Pfahlbauern ein Gemisch zwischen Alpinen, Urmediterranen und der längst ausgestorbenen Cro-Magnon-Rasse. Er zählte 1939 nicht 1,9 % sondern 20 % der Schweizer zu den Alpinen die er – mit einem deutlichen Seitenhieb auf Deutschland – nicht nur als „beharrlich, geduldig und arbeitsam sondern (mit Recht!) als misstrauisch gegen neue Ideen“[7] einstufte. Noch 1947 hält der katholische Afrikanist Albert Drexel (1889-1977) in Güntherscher Manier am Gemenge psychischer und physischer Merkmale fest und behauptet:

> „In seelischer Hinsicht verrät der Alpine ein bedächtiges, berechnendes Wesen, starken Konservativismus, Hang zur Scholle (Typischer Kleinsiedler), Freude an der Familie und Zähigkeit, doch ist er weder zu grossen Unternehmungen noch zu grossen Umwälzungen geneigt. In seinem Gemüt ist er wärmer als der Norddeutsche, hat aber wenig gemein mit dem Gefühlsmässigen des Südländers. Sparsam, fleissig, genügsam, gutmütig, neigt er nicht selten zur Vertrauensseligkeit, allerdings auch wieder zum Misstrauen und zur Zurückhaltung, zu Groll und versteckter Kritik. Ihre geschichtliche Bedeutung erhellt aus der Tatsache, dass die Alpinen alle Wanderbewegungen und Kriegsepochen (der Nordiker und Dinarier, der Mongolen und Türken) überdauert haben“ (Drexel 1947: 76).

Als kulturelle nicht demographische Metapher greift Anselm Zurfluh noch 1986 indirekt auf das tradierte oft strapazierte „Rassenbild“ des *Homo alpinus* zurück – als Gegenkonstrukt zum *Homo urbanus* (Zurfluh 1986).

FAZIT

Die wenigen Beispiele aus der jüngeren Anthropologiegeschichte nach 1860 belegen nicht nur die oberflächlich enge Verknüpfung von republikanischem Positivismus und Anthropologie, von Nation und Rasse, sondern lassen den naturwissenschaftlichen Rassebegriff als biologistisches Element einer imagologischen bricolage verstehen. Quatrefages Rassenbild der Preußen war zwar kurzlebiger als *Homo alpinus*, entstammt aber demselben Methodenmosaik und basiert ebenfalls auf der Annahme, rassentypische Merkmale hätten Jahrtausende unverändert überstanden und bräuchten bloß in der rezenten Bevölkerung empirisch nachgewiesen zu werden. Einzelne linguistische, historische oder morphologische

7 Keller-Tarnuzzer, K.: Thurgauer Zeitung 1936; zit. nach Weber (1939: 418).

Rassenelemente ließen sich bei Reihenuntersuchungen herausschälen. Rasse und Volk wurden zwar nicht gleichgesetzt, doch galt das Volk im angestammten Lebensraum, die Nation, als Konglomerat stabiler Rassen. Damit glaubte die Anthropologie den Schlüssel zur Nationalgeschichte gefunden zu haben. Indem die Anthropologen dabei mit unterschiedlichen Methodensplittern und Ergebnisbruchstücken immer neue imagologische Bilder legten, die trotz kurzzeitig hohem biologistischem Erklärungspotential mehr oder weniger schnell verblassten, arbeiteten sie als imagologische Bastler. Die skizzierten Bastelarbeiten zeigen, wie schwierig es die kritische Anthropologie heute hat, mit einem derart imagologisch aufgeladenen, genderartigen Begriff wie „Rasse" zu operieren (Leys 1986).

Literatur

Ammon, O. (1895): Die Gesellschaftsordnung und ihre natürlichen Grundlagen – Entwurf einer Sozial-Anthropologie zum Gebrauch für alle Gebildeten, die sich mit sozialen Fragen befassen. Fischer, Jena.

Ammon, O. (1899): Zur Anthropologie der Badener. Fischer, Jena.

Baer, K. E. v. (1859): Über den Schädelbau der Rhätischen Romanen. Bulletin de l'Academie des Sciences de St.-Pétersbourg 1: 38-59.

Baer, K. de (1860): La Forme du crâne des Romans Rhétiques. Bulletins de la Société d'Anthropologie de Paris 1: 80-82.

Bandi, H.-G. & Zimmermann, K. (1980): Pfahlbauromantik des 19. Jahrhunderts – Romantisme des habitations lacustres au 19e siècle. Zürich 1980.

Broca, P. (1859): Recherches sur l'éthnologie de la France. Bulletins de la société d'anthropologie de Paris 1: 6-14.

Broca, P. (1868): Les crânes des Eyzies et la théorie esthonienne. Bulletin de la Société d'Anthropologie de Paris 3 (2eme série): 454-510.

Drexel, A. (1947): Die Völker der Erde – Teil 1: Mensch und Rasse der Jetztzeit. Albisser, Zürich.

Frizzi, E. (1907): Über den sogenannten „Homo alpinus". Korrespondenzblatt der Deutschen Anthropologischen Gesellschaft 38: 1-4.

Frizzi, E. (1909): Ein Beitrag zur Anthropologie des „Homo alpinus tirolensis". Mitteilungen der Anthropologischen Gesellschaft in Wien 9 (Folge 3): 1-65.

Gugerli, D. & Speich, D. (2002): Topographien der Nation – Politik, kartographische Ordnung und Landschaft im 19. Jahrhundert. Chronos Verlag, Zürich.

His, W.(1864): Vortrag über die Bevölkerung des rhätischen Gebietes. Verhandlungen der Schweizerischen Naturforschenden Gesellschaft 48: 441-463.

Kollmann, J. (1881): Die statistischen Erhebungen über die Farbe der Augen, der Haare und der Haut in den Schulen der Schweiz. Denkschrift der Schweizerischen Gesellschaft für die gesammten Naturwissenschaften 27: 1-42.

Kollmann, J. (1892): Die Menschenrassen Europas und die Frage nach der Herkunft der Arier. Correspondenzblatt der deutschen Gesellschaft für Anthropologie 23: 102-106.

Kollmann, J.(1894): Das Schweizersbild bei Schaffhausen und Pygmäen in Europa. Zeitschrift für Ethnologie 26: 189-254.

Kreis, Georg (1989): Der „homo alpinus helveticus". Zum schweizerischen Rassediskurs der 30er Jahre. In: Marchal, G. P. & Mattioli, A. (Hrsg.): Erfundene Schweiz Konstruktionen nationaler Identität - Suisse imaginée Bricolage d'une identité nationale. (Clio Lucernensis 1). Chronos Verlag, Zürich, S. 175-190.

Langeau, G. (1871): Sur l'ethologie des populations du nord-est de l'Allemagne. Bulletins de la Société d'Anthropologie de Paris 5 (2 eme série): 196-202.

Lévi-Strauss, C. (1973): Das wilde Denken. (suhrkamp taschenbuch, wissenschaft 14). Suhrkamp, Frankfurt/M.

Leys, S. N. (1986): Race and Gender: The role of Analogy in Science. Isis 77: 261-277.

Marchal, G. P. (1989): Das „Schweizeralpenland“: eine imagologische Bastelei. In: Marchal, G. P. & Mattioli, A., (Hrsg.): Erfundene Schweiz. Konstruktionen nationaler Identität - Suisse imaginée Bricolage d'une identité nationale. Chronos Verlag, Zürich, S. 37-49.

Martin, R. (1896): Ziele und Methoden einer Rassenkunde der Schweiz. Schweizerisches Archiv für Volkskunde 1/1: 7.

Matiegka, H. (1891): Crania Bohemica I Theil – Böhmens Schädel aus dem VI. bis XII. Jahrhundert. F. Haerpfer in Comm., Prag.

Ottow, B. (1963): Ein Briefwechsel zwischen Anders Adolf Retzius und Karl Ernst von Baer. Bidrag till kungl. Svenska Vetenskaps Akademiens Historia. Almqvist & Wiksell, Stockholm.

Pittard, E. (1906): Geographisches Lexikon der Schweiz, Bd. IV Plessur- Schweiz. Stichwort Schweiz Anthropologie. Attinger, Neuenburg, S. 763-770.

Quatrefages (de Bréau), J. L. A. (1871a): La Race Prussienne. Revue des deux mondes 91: 647-669.

Quatrefages (de Bréau), J. L. A. (1871b): La Race Prussienne considérée au point de vue ethnographique, suivi de considérations sur le bombardement du Muséum d'Histoire naturelle en janvier 1871. Libraire Hachette, Paris.

Rochet C. (1871): Communication sur le type prussien. Bulletins de la Société d'Anthropologie de Paris 6 (2eme série): 75.

Rütimeyer, L. & His, W. (1864): CRANIA HELVETICA – Sammlung schweizerischer Schädelformen. Georg, Basel, Genf.

Schaafhausen, H. (1889): Die alten Völker Europas. Gaea – Natur und Leben 25: 65-72.

Schmutz, H.-K. (1983): Die Gründung des Zürcher Lehrstuhles für Anthropologie. Gesnerus 40: 167-173.

Schmutz, H.-K. (2001a): Schokolade und Messzirkel – Zur Steuerung rassenhygienischer Forschungsprojekte an der Universität Zürich in den zwanziger und dreissiger Jahren. Verh. Gesch. Theorie Biol. 7: 305-317.

Schmutz, H.-K. (2001b): Propagation and management of eugenic research programs in the twenties and thirties at the University of Zurich: A historical case study (in Russian), In: Russian-German Links in Biology and Medicine St.Petersburg, S. 123-131.

Steub, L. (1843): Ueber die Urbewohner Rätiens und ihren Zusammenhang mit den Etruskern. Verl. D. Lit.-Artist. Anst., München.

Tort, P. (1989): La raison classificatoire. Ed. du Seuil, Paris.

Verneau, R. (1890): Les Races humaines. Paris.

Virchow, R. (1872): Über die Methode der wissenschaftlichen Anthropologie – Eine Antwort an Herrn de Quatrefages. Zeitschrift für Ethnologie 4: 300-320.

Virchow, R. (1889/1902): Bemerkungen über die Klassifikation der prähistorischen Funde in der Oberlausitz. Jahreshefte der Gesellschaft für Anthropologie und Urgeschichte der Oberlausitz 1: 1-10.

Weber, H. (1939): Die rassische Zusammensetzung des Schweizervolkes. Schweizerische Rundschau, 1939: 418.

Zurfluh, A. (1986): Gibt es den homo alpinus? Eine demographisch-kulturelle Fallstudie am Beispiel Uris (Schweiz). Itinera 5/6: 232-282.

Michal Šimůnek

„BIOTYPOLOGIE“

DER TSCHECHISCHE BEITRAG ZUR KONSTITUTIONSWISSENSCHAFT DER 30ER UND 40ER JAHRE DES 20. JAHRHUNDERTS[1]

Die akuten sozialen Probleme am Ende der 20er und zu Beginn der 30er Jahre des 20. Jahrhunderts (die große Wirtschaftskrise) auf der einen und die fortschreitende Rationalisierung der industriellen Großproduktion auf der anderen Seite standen im Hintergrund der Bemühungen um die intensive Anwendung der Kenntnisse ausgewählter biologischer Disziplinen (Verunáč 1930; Albert 1933a). In den Mittelpunkt der Aufmerksamkeit rückte in erster Linie die als „biologisch“ aufgefasste und bedingte Fähigkeit des Menschen, seine Arbeitsleistung und damit auch seine wirtschaftliche Produktivität zu steigern (Wells 1932: 35-51).

Vor allem die richtige Auswahl (Auslese) der Facharbeiter für verschiedene und unterschiedlich anstrengende Arbeiten schien damals das zentrale Problem zu sein. Die Umwandlung der Kriterien dieser Auswahl (Auslese) gemäß „biologischer Prinzipien“ sollte eng mit der Arbeitsmedizin verknüpft sein, in welcher die Anwendung biologischer Kenntnisse gleichzeitig als Ausgangspunkt für Eingriffe vorbeugender Art zur Minderung des Krankenstands und der Fehlzeiten galt. Im Zusammenhang mit den Änderungen des Epidemiegesetzes aus dem Jahre 1913 brachte diese Erwartungen im Jahre 1935 z. B. der zuständige Abteilungsleiter des tschechoslowakischen Ministeriums für öffentliche Gesundheit und Körpererziehung [Ministerstvo veřejného zdravotnictví a tělesné výchovy] deutlich zum Ausdruck: „Es kann nicht bestritten werden, dass wir am Anfang neuer Richtungen stehen. Bislang können wir die Wirkung der biologischen Vorbeugung nicht abschätzen. Es gibt wenige Mittel und diese sind noch nicht vollständig erprobt“ (Říha 1935: 176).[2]

Es ist festzustellen, dass dieser langfristige Trend zu jener Zeit für überwiegend modern und progressiv gehalten wurde und dass sich damals nur wenige dessen bewusst waren – oder es zugaben –, dass die Biologie damit nicht mehr eine nur rein theoretische Angelegenheit war bzw. welchen Einfluss diese Verbindung auf die eigentliche Integrität der biologischen Forschung haben könnte.

Die Anthropologie als eine der etabliertesten Lebenswissenschaften mit ihrer durchdachten Methodologie und vor allem als eine Wissenschaft, in deren Mitte

1 Der Beitrag entstand im Rahmen des Projektes GA CR 401/03/H155.

2 Vgl. auch „Sborník VIII. konference preventivního lékařství“ [Sammelband der 8. Konferenz der präventiven Medizin]. In: Časopis Lékařů Českých 77, 1938, Nr. 10: 283-344 und weiter auch Mentl (1939).

der Mensch als solcher steht, spielte in diesem Prozess eine zentrale Rolle.[3] In Anknüpfung an ihre rasche und autonome Entwicklung, die im ganzen 19. Jahrhundert verlief, sollte sie vor allem einen analytischen Apparat für das weitere Studium der physischen Konstitution bzw. der einzelnen Konstitutionstypen des Menschen liefern. In den 30er Jahren geriet jedoch das Paradigma der klassischen physischen Anthropologie in Konflikt und zwar vor allem mit den neuesten Kenntnissen im Bereich der Vererbungslehre (Genetik). Die genetischen Voraussetzungen bzw. die „Erbkomponente", wenn man die zeitgenössischen Bezeichnungen verwenden will, galten in den Bemühungen um eine praktische Anwendung zunehmend als Schlüsselkomponente, wofür sich schon um die Jahrhundertwende des 19. zum 20. Jahrhundert in erster Linie Anhänger der eugenischen Bewegung einsetzten (Ludmerer 1969, 1972; Kevles 1985; Paul 1995). Aufgrund der Diversifizierung der neuen Kenntnisse der experimentellen Genetik wurde die Gültigkeit der bisherigen anthropologischen Methodologie und in Ausnahmefällen sogar die eigentliche Stichhaltigkeit der Anthropologie in Frage gestellt:

> „In fact, what the anthropologist has done has been to take a very crude eighteenth century notion which was originally offered as no more than an arbitrary convenience, and having erected a tremendous terminology and methodology about it, has deceived himself in the belief that he was dealing with an objective reality" (Montagu 1941: 245; vgl. auch Dunn 1965: 184-208; Sapp 2003: 117-154; Sapp 1987: 32-54).

Die Neigung zum genetischen Determinismus wurde ganz im Gegenteil auch im Zusammenhang mit der praktischen Anwendung als ein erwünschtes *novum* verstanden, denn eine Auswahl (Auslese) der Leistungsfähigen würde sich damit auf die Ebene der Erbanlagen (Gene) verschieben und sich zumindest vermeintlich einer neuen Möglichkeit der typologischen Auswahl nach genetischen Prinzipien öffnen. Die Auffassung der sog. natürlichen Ungleichheit (natural inequality) als eines wissenschaftlichen Problems verschob sich damit allmählich aus einem rein theoretischen neo-darwinistischen Rahmen in die alltägliche Praxis. Darauf wies z. B. bereits 1909 der tschechische Philosoph und Historiker der Naturwissenschaften, Emanuel Rádl (1873-1942), in seiner Analyse der Entwicklungstheorien kritisch hin:

> „Seine [Darwins, d. Verf.] Lehre über die individuelle Verschiedenheit der Menschen, Tiere und Pflanzen, die Erblehre, bestritt, obgleich unbewusst, den Gedanken der Gleichheit unter den Menschen, indem sie den alten Glauben an die äußere Ungleichheit durch das Konzept der inneren, angeborenen, erblichen Ungleichheit ersetzte" (Rádl 1909: 380).

Unter dem Einfluss der politischen Entwicklung in Europa, für die seit dem Anfang der 30er Jahre vor allem die Neigung zu autoritären oder totalitären politischen Systemen charakteristisch war, begann die Gefährdung der Unabhängigkeit der einzelnen wissenschaftlichen Disziplinen höchst aktuell zu werden. Die Machtübernahme in Deutschland durch die Nationalsozialisten Anfang 1933 bedeutete eine qualitativ neue und ideologisch eindeutig bedingte Polarisierung

3 Zur Geschichte der Anthropologie im Allgemeinen siehe z. B. Spencer (1997) und zur Geschichte der biologischen Anthropologie in Deutschland am aktuellsten Hoßfeld (2005).

im Verständnis der Bedeutung und Mission der Wissenschaft in der modernen industriellen Gesellschaft (Rabkin & Mirskaya 2003; Gordin et al. 2001). Diese wurde nun allmählich in „totalitäre“ und „demokratische“ bzw. „reaktionäre“ und „fortschrittliche“ unterschieden, was mitten im Krieg im Jahre 1942 ein langjähriger Chefredakteur der wissenschaftlichen Rubrik der *New York Times*, Waldemar Kaempffert (1874-1956), signifikant zum Ausdruck brachte:

> „Back of the ideologies of the dictators, back of the professional pliancy, is something more than political expediency, something more than blind obedience [...] To say that the dictators emerged because science and technology had taken possession of society and stamped it with a pattern utterly different from that which the égalitarians of the eighteenth century knew is an over-simplification. There are psychic factors that cannot be ignored – inner drives, national traditions, habits of life. Yet if the dictators are to be overthrown, if democracy is to be preserved, the part that science and technology played in the rise of democracy cannot be ignored. Research produces not only change within the science itself but social change. The democratic method is to adapt social change to technological change. The dictators are trying to do the contrary“ (Kaempffert 1941; vgl. auch Kaempffert 1939a, 1939b).

Dabei handelte es sich bei weitem selbstverständlich nicht nur um die Humanwissenschaften. Charakteristisch war im Gegenteil ein anhaltendes Interesse der totalitären Diktaturen und deren politischer Repräsentanten an ausgewählten naturwissenschaftlichen Fachrichtungen, die dem ideologisch bestimmten Kriterium der „Modernität“ Rechnung tragen konnten (Physik, Thermodynamik, Genetik, Ethologie usw.) (Deichmann 1996; Kater 2001). Vor allem dank der offiziellen Ideologie des Nationalsozialismus, dessen Grundlage gerade die Überzeugung von der angeborenen, d. h. also genetisch determinierten Ungleichheit und Unabänderlichkeit der einzelnen menschlichen „Rassen“ war, und der daran anknüpfenden durchdachten Propaganda wurden Begriffe wie „das Leben“, „der Kampf ums Leben“, „die Sippe“ oder „die Vererbung“ im Einklang mit dem von den Nazis promulgierten „wissenschaftlichen Weltbild“ zum Bestandteil des politischen Programms mit dem Ziel, diese für ganz konkrete politische – und verbrecherische – Ziele zu instrumentalisieren.[4] Im Falle des Nationalsozialismus stand dabei an erster Stelle Segregation aufgrund rassischer und gesundheitlicher Kriterien und soziale und politische Ausgrenzung, was im Falle der einzelnen, von Nazis als „minderwertig“ bezeichneten und geltenden Bevölkerungsgruppen besonders markant zum Ausdruck kam (Burleigh & Wippermann 1991; Schmuhl 2003).

Trotz der zunehmenden Proteste in der internationalen *scientific community* waren jedoch in der zweiten Hälfte der 1930er Jahre Unstimmigkeiten darüber spürbar, inwieweit die von dem NS-Regime protegierten Fachrichtungen, wie etwa gerade die Anthropologie und die Vererbungslehre, ihre Integrität bewahren könnten bzw. was in diesen Fachrichtungen als „nationalsozialistisch“ gelten sollte und was nicht. Diese wahrhaft schizophrene Situation wurde in dem Moment dringlicher, als der NS-Staat kompromisslos von „Worten zu Taten“ im Bereich des Gesundheitswesens überging und das Programm der Zwangssterilisie-

4 Vgl. exemplarisch Stengel von Rutkowski (1943).

rungen gemäß des Gesetzes zur Verhütung erbkranken Nachwuchses vom 14. Juli 1933 zu verwirklichen begann bzw. zwei Jahre später (1935) eine besondere sog. Rassengesetzgebung verabschiedete, die vor allem gegen die jüdische Bevölkerung gerichtet war (Essner 2002).

In diesem gespaltenen und durch die politischen Ereignisse der Jahre 1938 und 1939 äußerst radikalisierten Zustand fand zuerst unter den Bedingungen der demokratischen Tschechoslowakei der Zwischenkriegszeit und später auch unter der deutschen Okkupation der böhmischen Länder (Böhmen und Mähren) bzw. angesichts der Unterdrückung tschechischer wissenschaftlicher Institutionen und der Verfolgung ihrer Vertreter ein wichtiger Versuch statt, die gegenwärtigen Kenntnisse über die menschliche Konstitution und über deren genetische Voraussetzungen sowie eine anschließende praktische Anwendung in die selbstständige Disziplin der sog. *Biotypologie* zu integrieren.

Dieses Kapitel der tschechischen Wissenschaftsgeschichte blieb bislang praktisch außer Acht (Janko 1997).[5] Die Ursachen dafür waren vor allem ideologischer Natur und hatten ihre Wurzeln in der Regel in den 50er Jahren des 20. Jahrhunderts, als im Rahmen des „Kampfes gegen die bourgeois Pseudowissenschaften in der Biologie" das Schema „Genetiker-Eugeniker-Rassist-Nationalsozialist" pauschal im Grunde an alle praktisch orientierten anthropometrischen oder genetischen Populationsforschungen angelegt wurde. Auch aus diesem Grund ist das Hauptziel dieser kurzen und eher informativen Studie in erster Linie die Bemühung, nicht nur auf die unterschiedlichen Ausgangspunkte hinzuweisen, sondern vor allem in einer kritischen Art und Weise die Überlegungen und die Handhabung der Expertenkenntnisse auf dem Gebiet der Erforschung der menschlichen Konstitution und Vererbung aufzuzeigen. In der Zeit des Nationalsozialismus kontrollierte und manipulierte das NS-Regime die Wissenschaftler und instrumentalisierte sie politisch durch seine offizielle Rassendoktrin für einen qualitativ neuen und von allen bisherigen Erfahrungen abweichenden *Modus operandi* der Bevölkerungs-, Gesundheits- und Sozialpolitik, der in seinen praktischen Auswirkungen allmählich in vielen Fällen in eine „tödliche Wissenschaft", um den Begriff vom deutschen Genetiker Benno Müller-Hill zu verwenden, mündete (Müller-Hill 1989). Zugleich handelt es sich aber auch um den ersten Versuch überhaupt, die wichtigsten Bemühungen um die Einführung einer systematisierten biotypologischen Herangehensweise in die existierenden biomedizinischen Disziplinen sowie in die breite Praxis möglichst übersichtlich zu skizzieren.[6]

5 Von großer Bedeutung sind auch die biographischen Skizzen zu den einzelnen Protagonisten der biotypologischen Schule wie z. B. Strouhal (1995).

6 Die relevanten Quellenmaterialien stammen sowohl aus ausgewählten böhmischen als auch mährischen Archiven. Die wichtigsten von ihnen sind: Archiv der Akademie der Wissenschaften in Prag, Archiv der Karls-Universität in Prag, Nationales Archiv in Prag, Archiv der genetischen Abteilung des Mährischen Landesmuseums in Brno und Archiv der Fabrik Svit A.G. in Zlín. Was die zeitgenössische Fachpresse betrifft, wurden vor allem *Časopis lékařů českých* [Zeitschrift der tschechischen Ärzte], *Věda a život* [Wissenschaft und Leben], *Vesmír* [Kosmos], *Československá nemocnice* [Tschechoslowakisches Krankenhaus] und *Věstník lékařů českých* [Amtsblatt der tschechischen Ärzte] benutzt.

INSTITUTIONALISIERUNG

Der Anfang der Bestrebungen um die praktische Anwendung der Kenntnisse aus dem Gebiet der menschlichen Konstitution hängt im tschechischen (tschechoslowakischen) Falle mit dem Aufbau der Gesundheits- und Sozialverwaltung eines Schuhkonzerns zusammen, der im mährischen Zlín entstand und dessen Gründer Tomáš Baťa sen. (1876-1932) war (Pokluda 2004; Abb. 1). Die ursprünglich regionale Schuhfabrik wurde während der Kriegskonjunktur in den Jahren 1914 bis 1918 zu einem der Schlüsselunternehmen auf ihrem Gebiet. Nach einer kurzen Unsicherheit in der Zeit nach dem Krieg wurden während der wirtschaftlichen Belebung und des Wachstums in der zweiten Hälfte der 20er Jahre allmählich die Voraussetzungen für die Entstehung eines modernen Wirtschaftskonzerns geschaffen. Bei seinem Aufbau wurde Baťa sen. vor allem in den Vereinigten Staaten und in Westeuropa inspiriert. In die Produktion wurden die damals modernsten Methoden der Steuerung, des Betriebsmanagements und der modernen großindustriellen Organisation eingeführt und weiter präzisiert. Zugleich wurde auch das Produktsortiment erweitert. Es sollten nicht nur neue strategische Bereiche und mit der Schuhindustrie verwandte Industriezweige, wie etwa die Gummiindustrie, in den Konzern eingegliedert werden, sondern auch ganz neue Sparten, beispielsweise die Flugzeugproduktion (ebd.: 30). Seit Mitte der 20er Jahre expandierte Baťas Konzern auch auf weitere ausländische Märkte und zu Beginn der 30er Jahre des 20. Jahrhunderts wurde er auch im Rahmen der Tschechoslowakei wesentlich erweitert (ebd.: 37-44). So beschäftigte z. B. im Jahre 1931 Baťas Unternehmen in der ganzen Tschechoslowakei im Produktions- und Dienstleistungsbereich ungefähr 30.000 Personen (ebd.: 35).

Die Einführung neuer Produktionsmethoden erforderte auch eine neue Herangehensweise an die menschliche Arbeit und Arbeitsleistung. In den Produktionsbetrieben wurde strikt eine disziplinierte und äußerst zweckmäßige Nutzung der Arbeitszeit verlangt – und kontrolliert; außerdem wurde eine möglichst sinnvolle und wirksame Verbindung von Technik und menschlicher Arbeitskraft gesucht, Fehlzeiten wurden nicht toleriert. Die Organisation der Produktion wurde konsequent dezentralisiert und die Verantwortungen, Kontrollierbarkeit und das Konkurrenzdenken des Einzelnen sowie ganzer Arbeitsgruppen klar definiert (ebd.: 26). Eine durchdachte Produktionsorganisation, die neueste Technik, eine konsequente, nahezu filigrane Rationalisierung, die Leistungsfähigkeit der Mitarbeiter und ihre Motivierung zur Effektivität – das alles sollte eindeutig in erster Linie zur Reduzierung der Produktionskosten, und damit zur weiteren Rationalisierung der Produktion führen.

Unter dem Motto „Gebäude – das sind Berge aus Ziegeln und Beton. Maschinen – das ist eine Menge Eisen und Stahl. Belebt werden sie erst durch Menschen“, bemühte sich der Konzerngründer auch um ein qualitativ neues Modell der Sozial- und Gesundheitspflege für seine Mitarbeiter. Während einer relativ kurzen Zeit entstand somit im Zlíner Unternehmen ein Modell, das zu dieser Zeit nicht nur in der Tschechoslowakei, sondern in ganz Europa einmalig war (Mášová 2001; Albert 1933b; siehe Abb. 2). Im Bereich der Gesundheitspflege stellte das

1932 gegründete *Baťa-Krankenhaus* bzw. das seit 1936 gebaute *Baťas Haus der Gesundheit* seinen Pfeiler dar. Unter der Leitung des Krankenhausdirektors und eines Hauptvertreters der Reformkrankenhauspflegebewegung, MUDr. Bohuslav Albert (1890-1952), und des Chefarztes, MUDr. Vojtěch Tolar (1888-?), wurde 1933 in der dortigen *Sozial-Gesundheitlichen Abteilung* eine regelmäßige und durchgehende Erfassung des Gesundheitszustands großer Zahlen von Mitarbeitern der Baťas-Werke in Zlín begonnen (Krajník 1936: 26).[7] Diese stand am Anfang der Bestrebungen um eine neue, praxisorientierte, zentral organisierte und systematische Klassifizierung der Arbeiter, die auf den neuesten Kenntnissen der menschlichen Konstitutionslehre basieren sollte (Krajník 1936: 27; Mentl 1939: 268f).

Abb. 1: Zlín in den 1930er Jahren.

Bereits 1933 wurde hier ein *Zentrales Gesundheitsregister* mit dem Ziel errichtet, alle eine bestimmte Person betreffenden Gesundheitsangaben möglichst effektiv zu verwalten; es war

> „[…] eine Grundlage, ein Zentrum, in welchem alles gesammelt wird, was über die Personen der Mitarbeiter, über deren Gesundheit, Arbeit, Familien- und Wohnungsverhältnisse usw. bekannt ist. Der Gesundheitseintrag soll ständig um die Zusammenfassung aller Kenntnisse über jeden Mitarbeiter ergänzt werden. Die Auswahl und Arbeitseinstufung werden im Register aufgrund einer gründlichen ärztlichen Gesamtuntersuchung erwägt, die Entscheidung ba-

7 Zur Person Alberts vgl. Mášová (1998) und Bakala (2002).

siert auf einer umfangreichen Familien- und persönlichen Anamnese, nicht nur einer ärztlichen, sondern auch einer psychischen und sozialen [...]“ (Krajník 1936: 26f.; vgl. Tolar 1939-1940).

Ende 1939 wurden in dem Register ca. 70.000 Einträge erfasst, wobei es insbesondere zu einem Zuwachs kam, nachdem im Krankenhaus in Zlín die Methode der sog. indirekten Röntgenfotografie eingeführt wurde, welche „[...] der Ermöglichung umfangreicher laufender Untersuchungen und der Einführung einer allgemeinen Röntgenuntersuchung der Brustorgane“ (Tolar & Pejša 1940: 1940) diente.[8] Was die Anwendung der entstehenden Biotypologie anbelangt, nahm ihre Bedeutung zweifellos zu, denn gerade „[...] für die Anthropologie und Konstitutionslehre bietet sich hier dank der Aufnahmen des ganzen Menschen die Möglichkeit eines objektiven laufenden Studiums der Struktur des menschlichen Körpers und des Skelettes an“ (Krajník 1938a: 14). Mit anderen Worten brachte dasselbe im Jahre 1938 auch Krajník zum Ausdruck:

> „Die Biotypologie hat nicht nur eine theoretische, sondern auch eine praktische Bedeutung. Sie ermöglicht es uns, normale und krankhafte Zustände der Menschen besser als zuvor zu beobachten. Zahlreiche Krankheiten können in ihrer Bedeutung für den gesamten Gesundheitszustand besser beurteilt werden und es ist bis zu einem gewissen Grad möglich, diesen vorzubeugen und sie individuell zu behandeln. Die Erforschung der Konstitution kann ebenfalls einen guten Anhaltspunkt für die Beurteilung der Fähigkeit zu einer bestimmten Arbeit darstellen. Damit gerät die Biotypologie in Berührung mit der Psychotechnik und stellt sie auf die breite Basis der Gesamtforschung der menschlichen Persönlichkeit. Dies hat Bedeutung für alle Zweige der menschlichen Arbeit sowie für das tägliche Leben. Die Biotypologie könnte es ermöglichen, dass die Menschen nach ihren eigenartigen körperlichen Eigenschaften und geistigen Fähigkeiten solche Arbeit bekommen, welcher sie sich am besten annehmen können“ (Krajník 1938b).

Aus einer rein fachlichen Sicht war dabei die Tatsache am wichtigsten, dass mit diesen Methoden eine große und repräsentative Menge an vergleichendem Material „[...] zur Erfassung spezieller anthropologischer Merkmale und zur Bestimmung der Persönlichkeit des Untersuchten im Sinne körperlicher und geistiger Fähigkeiten bei einer allgemeinen Beurteilung eines Einzelnen“ (Krajník 1938a: 14) beschafft werden konnte (Roubal & Pachner 1941; Pachner 1942).

Wie bereits angedeutet, sollte das *Zentrale Gesundheitsregister* möglichst vollständige gesundheitliche Einträge über die Gesundheit und Krankheit des Klienten (Arbeiters) beinhalten. Es handelte sich vor allem um die Einträge über eine klinische Gesamtuntersuchung des Klienten, Einträge über den Nerven- und geistigen Zustand des Klienten und Familieneinträge. Insgesamt war das Register in fünf Gruppen (AA, A, B, C, D) geteilt, die gleichzeitig den verschiedenen Graden der für die Produktion erforderlichen „Tüchtigkeit“ entsprachen, wobei im gesamten betrachteten Zeitraum ständig an deren Verbesserung gearbeitet wurde.[9]

8 Vgl. ferner Krajník (1938a) und die Angaben zum sog. *Gesundheitlichen Index* [Zdravotní matrika], der den Bestand des Ministeriums für Sozial- und Gesundheitsverwaltung [Ministerstvo sociální a zdravotní správy] im Nationalen Archiv in Prag enthält: NA Praha, MSZS, K. 55, Beirat des Ministeriums – Verschiedenes, 1940-42.

9 PA Svit Zlín, II/1, 36, internes Material - Muster für die Karteikarten, 1941.

Dazu trug insbesondere die Errichtung des ersten eigenständigen *Biotypologischen Laboratoriums* in Zlín 1938 bei (Tolar 1940; Kol. 1940; Albert 1942).

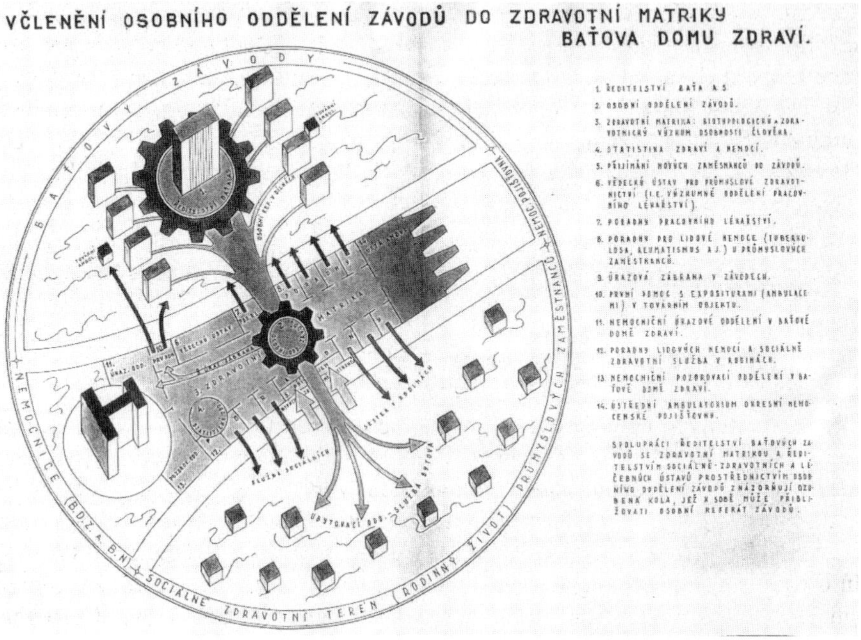

Abb. 2: Entwurf des Verlaufs der gesundheitlichen Auslese innerhalb des Bat'a-Konzerns (Ende 1930er Jahre).

Gesundheitliche Einträge und die abgeleitete Klassifizierung stellten neben einer psychotechnischen Prüfung zweifellos eine der wichtigsten Informationen für die Bewerbungsgespräche mit neuen Mitarbeitern dar. Kurz gesagt:

> „Welchen Einfluss hat diese gesundheitliche Klassifizierung auf die Einstellung eines neuen Mitarbeiters? In der Praxis sieht es so aus, dass wir AA und A, B nach einer ärztlichen Untersuchung einstellen, wenn der Bewerber in der Lage sein wird, die Arbeit, welche er verlangt, auszuüben, und unter der Bedingung einer periodischen ärztlichen Kontrolluntersuchung. C und D werden nicht zur Einstellung empfohlen und hängen ausschließlich vom Gutachten des Arztes ab."[10]

Daneben war das *Zentrale Gesundheitsregister* auch mit den einzelnen Krankenhausabteilungen, dem öffentlichen Gesundheitsdienst und den Sozial- und Gesundheitsversicherungsanstalten flexibel verbunden und erhielt damit eine unübersehbare Stellung bei der Durchführung von präventiv-prophylaktischen Maßnahmen.

10 PA Svit Zlín, II/1, 36, internes Material - Muster für die Karteikarten, 1941.

Der quantitative Zuwachs der Befunde im *Baťa-Krankenhaus* in Zlín führte allmählich nicht nur zum Bedarf deren systematischer Verarbeitung, sondern auch zum Synthetisieren und zur Bewertung der in der Praxis gewonnenen Erkenntnisse. Vom 14. bis 15. November 1936 veranstaltete deshalb das *Baťa-Krankenhaus* in Zlín unter der Schirmherrschaft des Oberbürgermeisters und eines engen Mitarbeiters von Baťa sen., Ing. Dominik Čipera (1893-1963), die *I. ärztliche Tagung über die menschliche Konstitution*, die am Anfang der Bemühungen um eine Institutionalisierung der biotypologischen Forschung stand (Krajník 1936: 27). Der Hauptzweck der Tagung war die Vorstellung der Forschung und der Lehre über die menschliche Konstitution, die

> „[...] im Grunde eine Lehre über die menschliche Persönlichkeit ist, indem sie die Variabilität ihrer körperlichen und geistigen Eigenschaften sowie die gegenseitigen Beziehungen zwischen den Funktionen der einzelnen Organe und schließlich auch die Beziehungen zwischen dem Körper, der Seele und der Umwelt erforscht. Sie bemüht sich auch aufgrund einer genetischen und soziologischen Forschung die Entstehung einer unendlichen Reihe der körperlichen und geistigen Variationen jedes Einzelnen zu erklären“ (ebd.).

Die an die Biotypologie gestellten Ansprüche waren dabei keinesfalls gering; man setzte voraus, dass sie in der nächsten Zukunft in der Lage sein werde, „[...] beim menschlichen Individuum seinen biologischen Wert für den Fall einer Erkrankung und seinen sozialen Wert für das praktische Leben festzulegen“ (ebd.) oder sogar „das Wesen der menschlichen Persönlichkeit zu erläutern“ (Krajník 1938b: 144). In diesem Zusammenhang erscheint ziemlich bizarr auch die spätere Zuordnung einzelner bedeutender historischer Persönlichkeiten wie z. B. Tasso, Comenius, Savonarola, Darwin, Copernicus, Leibniz oder Luther zu den einzelnen Konstitutionstypen sowie der Versuch „[...] aufgrund ihrer Konstitutionsgrundlage ihre Charaktermerkmale, die Art der Lösung bestimmter Probleme und ihre Gesamteinstellung zur Umwelt zu erklären, soweit sie von ihrer Individualität abhängig ist“ (Krajník 1942: 10).

Neue Ausmaße sollte vor allem der ärztliche Bereich erlangen, in welchem die detaillierteren Kenntnisse der menschlichen Konstitution zur Erleichterung der Gesamtbeurteilung des Organismus, der Genese einzelner Erkrankungen sowie zur Vertiefung etwaiger vorbeugender Maßnahmen beitragen sollte: „Aufgrund einer besseren Einsicht in die Individualität des Kranken kann ihn der Arzt besser verstehen und damit auch wirksamer behandeln“ (Krajník 1936: 27, 30). Insbesondere der zuletzt genannte Aspekt wurde für wichtig gehalten:

> „Heute jedoch setzt sich die Überzeugung durch, dass ein vereinigender Gedanke [zwischen der kurativen und präventiven Medizin, d. Verf.] fehlt, der auch die wissenschaftliche Grundlage unserer Bemühungen und die Anwendung dieser Erkenntnisse in eine Idee und eine Praxis vereinen würde. Wir bemühen uns um einen Übergang in eine neue Zeit der Medizin aus der morphologisch-organischen in die biologisch-soziale Epoche. So wie woanders verlassen wir auch hier das statische Prinzip und bemühen uns um die Dynamik. Wir kehren zum Menschen als einer biologischen Einheit und zur Familie und der Arbeitsgemeinde als einer sozialen Einheit zurück“ (ebd.: 28).

Die Bemühungen um die Institutionalisierung und das Etablieren der Biotypologie machten außerdem ihren interdisziplinären Charakter deutlich, der weit über eine enge medizinische oder biomedizinische Dimension hinausging. Im Bereich der Humanwissenschaften sollten biotypologische Erkenntnisse hauptsächlich die Soziologie, Psychologie und Pädagogik eng berühren (ebd.: 27).

Ein praktisches Ergebnis der ersten Tagung in Zlín im Jahre 1936 war die Errichtung eines Vorbereitungsausschusses für die Gründung einer eigenständigen tschechoslowakischen Organisation für die biotypologische Forschung.[11] Dies war schließlich die *Tschechoslowakische biotypologische Gesellschaft* (ČSB), die *de facto* mit der ersten Hauptversammlung am 27. April 1937 im Gebäude des *Purkyně-Instituts* im Prager Stadtteil Albertov ins Leben gerufen wurde.[12] Die Mission der ČSB wurde sehr breit festgelegt:

> „[...] die Erforschung der menschlichen Gesellschaft, Studium der menschlichen Konstitution oder Biotypologie. Die Gesellschaft [ČBS, d. Verf.] studiert wissenschaftlich menschliche Konstitutionstypen aus einer genetischen, morphologischen, physiologischen, pathologischen, psychologischen, psychiatrischen, soziologischen Sicht sowie aus der Sicht weiterer Fachrichtungen und wendet ihre Erkenntnisse in verschiedenen Bereichen der menschlichen Tätigkeit an. Diese Anwendung bezieht sich auf die Beurteilung der normalen sowie der pathologischen Zustände der Menschen, auf therapeutische, eugenische, pädagogische Bemühungen, auf die medizinische Vorbeugung, die Kriminologie, die Berufswahl sowie eine rationale Organisation der menschlichen Arbeit. Ihr Studium lehnt die Gesellschaft an eine allseitige Forschung der Vererbung an, und sie soll auch zu einem Zentrum der genetischen Arbeit bei uns werden. Die Gesellschaft wird auch die theoretische und experimentelle Arbeit der biologischen Disziplinen vielseitig berücksichtigen, wenn diese mit der Lösung des Problems der Konstitution von Tier- und Pflanzenorganen verbunden sind."[13]

Die fachliche Arbeit spiegelte sich unmittelbar und praktisch in der Errichtung einer ständigen Kommission für die Ausarbeitung der tschechischen biotypologischen und genetischen Nomenklatur wider, an deren Spitze MUDr. Jan Šebek (1895-1959), ein außerordentlicher Professor für Neurologie an der medizinischen Fakultät der Karls-Universität in Prag und seit 1935 Direktor des Prager *Instituts für die Kinderforschung*, stand (ebd.).

Organisationstechnisch wurde die ČSB von einem Verwaltungsausschuss geleitet, der insgesamt fünf Mitglieder und mehrere stellvertretende Mitglieder hatte.[14] Seine bedeutendsten Mitglieder waren Tolar als Interimsvorsitzender, MUDr. Stanislav Mentl (1894-1981), ordentlicher Professor für Innere Medizin an der medizinischen Fakultät der Karls-Universität in Prag, als stellvertretender Vorsitzender und Dozent MUDr. et RNDr. Bohumil Krajník (1895-1966), Dozent für allgemeine Biologie an der medizinischen Fakultät der Masaryk-Universität in

11 „O lidské konstituci ve Zlíně" [Über die menschliche Konstitution in Zlín]. In: *Časopis Lékařů Českých* 75, 1936, Nr. 43: 1343.

12 „Pozvánka na valnou hromadu dne 27. dubna 1937" [Einladung zur Hauptversammlung am 27. April 1937]. In: *Československá Nemocnice* 7, 1937, Nr. 4: 100 und Nr. 15: 475. Weiterhin vgl. auch „Oznámení" [Benachrichtigung]. In: *Časopis Lékařů Českých* 18, 1937, Nr. 18: 575.

13 „Oznámení" [Benachrichtigung]. In: *Časopis Lékařů Českých* 76, 1937, Nr. 18: 575. Vgl. auch Krajník (1944a).

14 Ebd.

Brno bzw. der Karls-Universität in Prag, als Geschäftsführer.[15] Zu weiteren Hauptakteuren der ersten Phase der tschechoslowakischen Biotypologie zählten ebenfalls MUDr. Emil Petráček (1891-1951), damals Dozent für Pathologie und Therapie von Haut- und Geschlechtskrankheiten an der medizinischen Fakultät der Karls-Universität in Prag, oder MUDr. Vilém Hons (1890-1969), Professor für Physiologie an derselben Fakultät (Svobodný & Hlaváčková 1993, díl II: 222f., díl I: 225f). Allgemein lassen sich die Mitglieder und Anhänger der ČSB auf der einen Seite als Vertreter der medizinischen akademischen Elite der Tschechoslowakei in der Zwischenkriegszeit, auf der anderen Seite als die bedeutendsten Vertreter der Reform der praktischen Krankenhauspflege charakterisieren; ihre politische Ausrichtung war mannigfaltig, wobei eine eher rechtsgerichtete Orientierung überwog.[16]

In den Jahren 1936 bis 1938 begann die ČSB ihre Tätigkeit in erster Linie unter der breiteren tschechoslowakischen Fachöffentlichkeit zu entfalten. Bereits für Ende 1937 wurde die *II. ärztliche Tagung über die menschliche Konstitution* geplant, die wieder in Zlín stattfinden und die eine Fortsetzung „[...] der Arbeit der vorjährigen Tagung über Konstitutionstypen und die Anwendung der Konstitutionslehre in anderen Bereichen der ärztlichen Praxis"[17] darstellen sollte. Die Tagung fand aber nicht statt, denn inzwischen wurde die Absicht angekündigt, Anfang 1938 einen *Slawischen Ärzte-Kongress* zu organisieren, auf dem die meisten aktiven ČSB-Mitglieder auftreten sollten (ebd.). Schließlich fand im November 1937 in Zusammenarbeit mit dem *Wissenschaftlichen Verein für das nordöstliche mährisch-schlesische Land* [Vědecký spolek pro zemi Moravsko-slezskou] zumindest eine mehrtägige Arbeitssitzung in Zlín statt.[18] Die Veranstaltung der zweiten Arbeitstagung über die menschliche Konstitution wurde inzwischen auf Anfang November 1938 verschoben.[19]

In einer relativ kurzen Zeit knüpfte die ČSB ebenfalls eine enge Zusammenarbeit mit ausgewählten zentralen staatlichen Institutionen an, in erster Linie mit dem Ministerium für Schulwesen und Volksaufklärung und dem Ministerium für öffentliche Gesundheit und Körpererziehung; ihre Vertreter nahmen auch an den Gesprächen bei den Hauptversammlungen der Gesellschaft teil.[20]

Sehr wichtig und unübersehbar war die Eingliederung der ČSB in die internationale *scientific community*. Dies war eindeutig, denn die ČSB etablierte sich als eine Niederlassung der französischen *Société de Biotypologie* unter dem offiziel-

15 Ebd. Zu den Biographien vgl. Prokopec (1994); Svobodný & Hlaváčková (1993), díl II: 171f.; Strouhal (1966); Strouhal (1995); Tomeš (1999) II. díl: 282.

16 Während der Herbst-Krise 1938 wurde Mentl z. B. für kurze Zeit der tschechoslowakische Minister für öffentliches Gesundheitswesen und körperliche Erziehung.

17 „Oznámení" [Benachrichtigung]. In: *Časopis Lékařů Českých* 76, 1937, Nr. 29: 1400.

18 „Oznámení" [Benachrichtigung]. In: *Časopis Lékařů Českých* 76, 1937, Nr. 15: 475.

19 „Oznámení" [Benachrichtigung]. In: *Věstník Lékařů Českých* 38, Nr. 28-9: 1128.

20 Pozvánka na valnou hromadu dne 27. dubna 1937" [Einladung zur Hauptversammlung am 27. April 1937]. In: *Československá Nemocnice* 7, 1937, Nr. 4: 100 und Nr. 15: 475. Weiterhin vgl. auch „Oznámení" [Benachrichtigung]. In: *Časopis Lékařů Českých* 18, 1937, Nr. 18: 575.

len Namen *Societé Tchéchoslovaque de Biotypologie, affiliée á la Societé Francaise de Biotypologie*. Die französische Gesellschaft wurde im Jahre 1932 in Paris vom Professor für Psychiatrie, Dr. Édouard Toulouse (1865-1947), und Professor für Pharmakologie, Dr. Henri E. A. Laugier (1888-1973), gegründet (Laugier et al. 1934a). Ihr bedeutendstes Presseorgan war seit 1932 die Zeitschrift *Biotypologie* (Laugier et al. 1934; Laugier & Weinberg 1938; Amédée & Schneider 1989; Schneider 1990). Zu den Hauptgegenständen des Studiums französischer Biotypologen zählten in dieser Zeit in erster Linie die Konstitutionsforschung und die Berufswahl, das Verhältnis der Biotypologie zur Klassifizierung der Schüler, das Studium der körperlichen Konstitution, des physiologischen Wachstums und Alters, das Studium des arteriellen Drucks und die Untersuchung des biologischen Zustands der Unterernährung (Krajník 1937a). Was die praktischen Schritte anbelangt, so sollen hier beispielhaft die Errichtung des Labors *Laboratoire du Travail des Chemins de fer de l'État* 1933 genannt werden, in welchem Laugier mithilfe von biotypologischen Methoden die Auswahl und die professionelle Ausrichtung der Bahnmitarbeiter steuerte und welches auch nach dem Krieg den Betrieb fortführte, oder die Erforschung der Muskulatur der Athleten bei den *IX. Olympischen Spielen* in Berlin im Jahre 1936. Vor der Okkupation der restlichen Tschechoslowakei bestätigte Laugier die enge Beziehung beider Gesellschaften mit seinem persönlichen Besuch der Tschechoslowakei im Mai 1937, als er auf Einladung der ČBS und mit Unterstützung des *Institut francaise de Ernest Denise* sowie des *Vereins böhmischer Ärzte* [Spolek lékařů českých] in Prag Vorträge zu den Themen „La biotypologie et la medicine" und „La Connaissance de l´homme et ses applications socials" hielt.[21] Einen Monat später kam nach Prag ein weiterer Vertreter der französischen Biotypologie, Professor Dr. Pierre Garanger (?-?), welcher hier über die Sigaudsche Typologie lehrte (Krajník 1937b).

ZWISCHEN WISSENSCHAFT UND POLITIK

Die zunehmende internationale und innerstaatliche Spannung in den Jahren 1937 bis 1938 kam unter anderem auch bei der Dynamisierung der Gedanken über die Lösung der sog. Bevölkerungsfrage zum Ausdruck, welche für den tschechoslowakischen Staat in der unmittelbaren Zukunft eine vitale Bedeutung erlangen sollte (Procházka 1935; Sekla 1935; Chura 1937; Bělehrádek 1937). Unter dem Motto der Erhaltung und Erhöhung der sog. biologischen Tüchtigkeit der Nation nahmen daran auch die Anhänger der biotypologischen Forschung teil:

> „Denn das [sic] größte Reichtum eines Staates sind nicht Immobilien, sondern der Mensch. Es wird oft vergessen, dass der Wert und die Bedeutung eines Staates durch die Leistungsfähigkeit seiner Bevölkerung bestimmt sind. […] Um die Wehrhaftigkeit unseres Staates zu erhöhen, dazu muss das Problem in seiner Komplexität gelöst werden. Dieses Problem hat meh-

21 „Oznámení" [Benachrichtigung]. In: *Časopis Lékařů Českých* 76, 1937, Nr. 20: 637 und Krajník (1937a). Laugier war in der Tschechoslowakei (Prag) bereits im Jahre 1934 Teilnehmer am 8. Internationalen Kongress für Psychotechnik.

rere Seiten: vor allem eine staatsmännische, daraus ergibt sich eine militärische und dazu kommen die wirtschaftliche, finanzielle, bevölkerungstechnische, gesundheitliche Seite usw.“ (Krajník 1938a: 6).

Es besteht kein Zweifel, dass die exaltierte Zeit zu einer offensichtlichen Politisierung der Wissenschaft führte, welche auch die Biotypologie nicht vermeiden konnte:

„Die Situation der internationalen Politik ist eine solche, dass wir in der Tschechoslowakei für die Erhöhung der Wehrhaftigkeit des Staates sorgen müssen, selbst wenn wir Masaryks Humanitätsprinzipien nicht aufgeben. Ansichten auf den Bedarf der Armee, auf die Notwendigkeit, die Wehrhaftigkeit des Staates zu erhöhen und die Form eines künftigen Krieges haben sich bei uns in den letzten Jahren wesentlich geändert. [...] Die Armee eines kleinen Staates muss die beste Ausrüstung haben und von den Fähigsten geführt werden. Die Armee unserer Republik muss sich in ihrer Ideologie von den Armeen der Staaten unterscheiden, in welchen es andere politische Regime gibt, aber sie muss mindestens genauso gut oder noch besser aufgebaut sein. Man kann behaupten, dass es paradox erscheint, dass eine auf einer wissenschaftlichen Grundlage aufgebaute Armee der Hauptschutz eines realen Pazifismus ist. Damit soll nicht gesagt werden, dass wir mit einer technisch vollkommenen Ausrüstung und Ausbildung auskommen; die moralische Seite ist ein gleichwertiger Bestandteil. Damit die Armee leistungsfähiger wird, müssen mehr als bis jetzt die Menschen berücksichtigt werden, aus welchen sie zusammengesetzt ist. Jeder Einzelne, also auch ein Soldat, ist bis zu einem gewissen Grad ein eigenartiges Wesen und dieser Eigenart muss Rechnung getragen werden. Es ist nötig, die Grundlagen der menschlichen Persönlichkeit zu kennen, verschiedene Typen von Menschen unterscheiden zu können und zu verstehen, worin die Unterschiede in ihren körperlichen und geistigen Eigenschaften beruhen und diese Unterschiede für den militärischen Dienst sowie für die Verteidigung allgemein nutzen zu können. Es ist auch nötig, sich immer dessen bewusst zu sein, dass der Begriff der Wehrhaftigkeit des Staates nicht nur die Armee einschließt, sondern dass es sich um einen viel breiteren Begriff handelt, der die Qualität der gesamten Bevölkerung einbezieht. Heute ist es nicht mehr möglich, angesichts der gesamten Widerstandsfähigkeit des Staates sowie angesichts der möglichen erlittenen Schäden in einem künftigen Krieg aus Sicht der Wehrhaftigkeit Soldaten und Nichtsoldaten voneinander zu trennen“ (ebd.: 5).

Neben den Gesprächen über die Gründung der ČSB wurden deshalb ihre Vertreter als Mitglieder der *Kommission zur wissenschaftlichen Lösung der mit der Bevölkerungspolitik zusammenhängenden Fragen* [Komise pro vědecké řešení otázek populační politiky] eingeladen, die im Rahmen der *Abteilung für Wehrgesundheitsdienst des Wissenschaftlich-militärischen Institutes* [Odbor pro branné zdravotnictví Vědeckého ústavu vojenského] in Prag bestellt wurde (Krajník 1937c). In Zusammenarbeit mit weiteren Fachgesellschaften, wie z. B. der *Tschechoslowakischen Eugenischen Gesellschaft* [Československá eugenická společnost] und ihren Vertretern MUDr. Jan Bělehrádek (1896-1980), Professor für allgemeine Biologie an der Medizinischen Fakultät der Karls-Universität in Prag, und seinen Mitarbeitern Dozent MUDr. Vladimír Bergauer (1898-1942) und MUDr. Karel Plaňanský (1904-1998) sowie mit den führenden tschechoslowakischen Statistikern, wie z. B. dem Vizepräsidenten des *Staatlichen statistischen Amtes* [Státní úřad statistický] in Prag Dozent PhDr. Antonín Boháč (1882-1950), wurde ein Versuch unternommen, „[...] das Bevölkerungsproblem auf dem Gebiet unseres

Staates [der Tschechoslowakei, d. Verf.] in seinem gesamten Umfang zu erforschen" (ebd.).

Im Rahmen des auf diese Art und Weise festgelegten Forschungsprogramms war für das Studium der rein biotypologischen Problematik, nämlich der „Erforschung der menschlichen Konstitution und der Wehrtüchtigkeit" [Výzkum lidské konstituce a brannosti], Krajník zuständig (ebd.). Man kann annehmen, dass ihr Hauptbeweis auf den Konstitutionsvoraussetzungen der körperlichen Leistungsfähigkeit basieren sollte. Die Wichtigkeit dieser Zusammenarbeit zwischen den zivilen akademischen und den militärischen Stellen wurde besonders hervorgehoben und es wurde auf ihre gravierende Bedeutung und ihren beidseitigen Beitrag hingewiesen (ebd.). Unter allen beteiligten Experten herrschte unabhängig von äußeren politischen Umständen oder ihrer eigenen politischen Orientierung eine mehr oder minder klare Übereinstimmung über die Wichtigkeit und Bedeutung „[…] dieser Forschung aus wissenschaftlicher und praktischer Sicht" (Krajník 1942: 10).

Krajník schlug in dieser Arbeit vor, dass die Biotypologie die bei der Musterung der Wehrpflichtigen angewandten Methoden ergänzen bzw. erweitern sollte (Tolar 1939-1940). Gleichzeitig versprach er sich auch, dass die Militärverwaltung nun die Möglichkeit hätte, ein großzügiges Programm der biotypologischen Forschung aufzubauen, die in einzelnen Etappen durchgeführt werden könnte. Damit sollte neben der eigentlichen Vorbereitung zur Verteidigung des Staates ebenfalls ein Fortschritt in der biotypologischen Forschung erreicht werden. Sie umfasste in erster Linie folgende Bereiche:

a) Feststellung der persönlichen sowie Familienanamnese, unterstützt mit Angaben zu Verwandten sowie amtlichen Angaben;
b) Systematische Untersuchung des gesamten Gesundheitszustandes gemäß geläufigen klinischen Grundsätzen;
c) Gründliche anthropometrische Untersuchung mit einigen wichtigen Konstitutionsindizes;
d) Fotografische Aufnahme der untersuchten Person, des ganzen Körpers *en face* und in Seitenansicht, evtl. auch vom Kopf aus einer kleineren Entfernung;
e) Feststellung des Charakters und Temperaments aufgrund von subjektiven Aussagen der untersuchten Personen;
f) Gründliche objektive psychologische Erforschung des Charakters und Temperaments;
g) Spezielle Laboruntersuchung (Blutgruppe, Mikro-Kapillaroskopie, Blutzucker, Hormontests);
h) Genealogische Untersuchung;
i) Untersuchung mancher normalen und pathologischen erblichen Eigenschaften (ebd.).

Die Bedeutung der Anwendung biotypologischer Erkenntnisse sollte vor allem auf Folgendem beruhen:

a) Ausmusterung einzelner „abweichender" Personen (sog. dysplastischer Typen) aus dem Wehrdienst;
b) Feststellung der Anlagen zu bestimmten Erkrankungen bei Soldaten im aktiven Dienst, vorbeugende Maßnahmen gegen solche Erkrankungen und deren individualisierte Behandlung;
c) Bestimmung einer speziellen Arbeitsaufgabe bei jedem Soldaten gemäß seiner Konstitution;
d) Auswahl einzelner geeigneter Personen unter den Reservisten und der Zivilbevölkerung für spezielle Verteidigungsaufgaben.

Dies sollte noch durch die Erforschung der sog. nichtfertigen Konstitution bei jungen Menschen ergänzt werden, bevor sie zur Musterung kämen, die in engster Zusammenarbeit mit der Gesundheitssektion der Militärverwaltung durchgeführt würde (Krajník 1938a).

Infolge der tiefen politischen Krise im Herbst 1938, die zur Abtrennung der Grenzgebiete und Okkupation der restlichen böhmischen Länder im März 1939 führte, wurden jedoch all diese Aktivitäten irrelevant. Auch die für April 1939 geplante *II. wissenschaftliche Arbeitstagung* der ČSB musste abgesagt werden, obwohl auch schon die ausländischen Gäste (Pende) eingeladen worden waren.[22]

Während noch im Sommer 1939 eine weitere Tätigkeit und eine sehr eingeschränkte Zusammenarbeit tschechischer und deutscher akademischer Arbeitsstätten zumindest teilweise vorstellbar war, wurde diese nach dem brutalen Eingriff der Okkupationsmacht gegen das tschechische Hochschulwesen Mitte November 1939 verhindert oder gar völlig ausgeschlossen (Svobodný 1990, 1994). Dies betraf natürlich nicht nur Geisteswissenschaften, sondern auch eine ganze Reihe biomedizinischer Disziplinen. Sollte für die unklare Zukunft zumindest eine bestimmte Kontinuität der Forschung und eine minimale wissenschaftliche Arbeit gesichert werden, so mussten unter den neuen Bedingungen andere Möglichkeiten gesucht werden, als die offizielle Okkupationspolitik im Bereich der Wissenschaftspolitik ermöglichte. In dem inzwischen gegründeten Protektorat Böhmen und Mähren (im Folgenden nur Protektorat) gewannen daher besonders die wesentlich eingeschränkten Fachgesellschaften an Bedeutung, die von der Bildungs- und Forschungsinfrastruktur der Universitäten und Hochschulen völlig abgeschnitten wurden, sich aber nichtsdestotrotz noch einen formalen legalen Status erhielten.[23]

22 A UK Praha, LF, Karton 410, Schreiben der ČBS an „Instituto di Cultura Italiana" in Prag, 11. Februar 1939, Abschrift. Vgl. auch „Oznámení - Česká společnost biotypologická" [Benachrichtigung - Tschechische biotypologische Gesellschaft]. In: *Časopis Lékařů Českých* 79, 1939, Nr. 11: 280 und Nr. 12: 302.

23 Neben der ČBS gab es im Protektorat nach 1939 noch andere Fachgesellschaften, deren Tätigkeit im Jahre 1939 von den deutschen Behörden bewilligt wurde. Es waren: *Verband der tschechischen Ärzte in Prag* [Spolek lékařů českých], *Tschechische Gesellschaft für Hygiene und soziale Medizin* [Česká společnost pro hygienu a sociální lékařství], *Tschechische Gesellschaft für Kinderheilkunde* [Česká pediatrická společnost], *Tschechische Gesellschaft für Otolaryngologie* [Česká otylaryngologická společnost], *Tschechische Gesellschaft für Kardiologie* [Česká kardiologická společnost], *Tschechische Gesellschaft für Gynäkologie*

Gleichzeitig kam es aber im Protektorat gerade im Bereich der Lebenswissenschaften und deren „praktischen“ Anwendungen zu einer allmählichen Transformation der Lehre und Forschung und einem deutlichen Aufstieg der ideologisch am deutlichsten profilierten Bestandteile der SS, insbesondere deren Rassen- und Siedlungshauptamtes (RuSHA-SS), das die Vernichtungsmaßnahmen der Okkupationsmacht vorbereitete. Unter dem Motto „Von der Wissenschaft zur politischen Gegenwartsaufgabe“ wurden im Protektorat (Deutsche Karls-Universität Prag) in erster Linie die sog. *Erb- und Rassenhygiene* und die sog. *Rassenbiologie* zu neuen protegierten Fachrichtungen, die in der ganzen Geschichte der Prager Universität keine Analogie fanden (Šimůnek 2004).

PROGRAMMATIK

Seitdem der Begriff der „konstitutionellen Krankheit“ im alten Sinne durch die vermehrte Einsicht in die Entstehung und das Wesen des Pathologischen überholt war, bildete die Typenforschung die Hauptaufgabe und ihr Ergebnis den wesentlichsten Inhalt der Konstitutionslehre. So wie in der Vorkriegszeit blieb auch während des Krieges das Problem der mangelnden Ausprägung und Unklarheit der Kriterien oder der „primären“ und „sekundären Aspekte“, nach welchen eine einheitliche Typologie und anschließend auch eine verbindliche typologische Klassifizierung des Menschen aufgebaut werden sollten:

> „Es gelingt uns nämlich in der Praxis nicht immer, dieses oder jenes Konstitutionsmodel zu erkennen, oft, sogar ganz oft handelt es sich um Mischtypen, bei welchen keine Schlussfolgerungen für die Prophylaxe und Behandlung gezogen werden können. [...] Aber trotz allen gemeinsamen Schwierigkeiten ist der Nutzen aus den Konstitutionsfortschritten ganz deutlich und es gilt daher, der weiteren Forschung in dieser Richtung viel Erfolg zu wünschen“ (Trnka 1945).

Debatten über dieses zentrale Problem der modernen Biotypologie kehrten in verschiedenen Variationen und mit verschiedener Intensität immer wieder zurück und wurden zum Thema vieler Beiträge und Debatten bei den Mitgliederversammlungen der ČBS (Tolar 1939-1940: 229, 231). Schrittweise wurden Klassifikationen und Charaktertypologien von antiken Klassikern wie Hippokrates oder Galen bis hin zu den damaligen Zeitgenossen Conrad, Jaensch, Sigaud oder Viola und den jüngsten Forschern wie Pende oder Jung behandelt und diskutiert (Krajník 1938b: 141; Krajník 1942: 6; Krajník 1944b).

Anknüpfend an die traditionelle Trennung zwischen *Psyche* und *Soma* setzten auch die tschechischen Biotypologen voraus, dass „[…] einem bestimmten Kör-

[Česká paediatrická společnost], *Purkyněs Gesellschaft für Studium der Seele und des Nervensystems* [Purkyňova společnost pro studium duše a nervstva], *Gesellschaft für Endokrinologie* [Endokrinologická společnost], *Tschechische eugenische Gesellschaft* [Česká eugenická společnost] und *Gesellschaft für orthopedische Chirurgie und Traumatologie* [Společnost pro ortopedickou chirurgii a traumatologii].

peraufbau auch ein bestimmter geistiger Aufbau entspricht" (Krajník 1938b: 142; Krajník 1942: 6). Anders gesagt, dass

> „[…] die menschlichen Typen keine leeren und künstlich einseitig abstrahierten Konstruktionen sind, sondern tatsächlich in der Erfahrung bestehen. Am wichtigsten sind jedoch diejenigen Klassifikationen, die bemüht sind, solche typischen Merkmale festzuhalten, die eine untrennbare Einheit des Körpers und der Seele, des Aufbaus des Körpers und des Charakters darstellen. Eine Typologie, die den Körper und die geistigen Erscheinungen als zwei Seiten einer unlöslichen Einheit betrachtet und die dem Verständnis für diesen gesetzmäßigen Zusammenhang nahe kommt, dies ist die Typologie, die wir am meisten benötigen und aus welcher wir auch praktisch in vielerlei Hinsicht schöpfen können" (Krajník 1942: *Jak se projevují*: 2).

Betont wurde daher vor allem die Einheit der Konstitutionskenntnisse, die unbedingt für synthetisch und grundsätzlich holistisch gehalten wurden (Krajník 1944b, 1938b; Tardy 1944). Die moderne Biotypologie sollte menschliche Typen aufgrund der Erforschung der Beziehungen zwischen den Form- und Tätigkeitsmerkmalen sowie den geistigen und krankhaften Merkmalen untersuchen (Krajník 1938b). Im Gegensatz zur Zeit der Antike (Hippokrates) wurden aber natürlich große Unterschiede beispielsweise im Bereich der anatomischen oder genetischen Kenntnisse vorgefunden (ebd.).

Wenn wir die einzelnen Argumente *Pro* und *Contra* näher betrachten, stellen wir fest, dass unter den tschechischen Biotypologen schließlich die meisten Anhänger die Typologie des deutschen Psychiatrieprofessors Dr. med. Ernst Kretschmer (1888-1964) fand, die zu Beginn der 1920er Jahre von den Erscheinungen ausgewählter geistiger Erkrankungen bei einzelnen somatischen Typen abgeleitet war (Kretschmer 1921; Krajník 1944b; Vondráček 1940; Mentl 1943; Matějka 1945; Janota 1945; Kratina 1942). Sein Verdienst sollte nach den tschechischen Biotypologen nicht „[…] in der Entdeckung dieser Typen" bestehen,

> „denn diese decken sich größtenteils mit den Typen nach Sigaud, Kretschmers Schule bearbeitete jedoch diese Typen gründlich aus anthropometrischer Sicht und zeigte, dass sie durch bestimmte geistige Eigenschaften charakterisiert werden und dass sie in einem bestimmten Prozentbereich zu bestimmten geistigen Erkrankungen (Psychosen) neigen" (Krajník1938b; siehe Abb.3).

Mit Krajníks Worten sollte die Kretschmersche Typologie vor allem folgendes darstellen:

> „[…] eine kontinuierliche Variationsreihe; während es körperlich einen Übergang vom länglichen Randtyp über einen symmetrisch gebauten Menschen bis hin zu einem stämmigen Menschen gibt, gibt es einen Übergang zwischen geistigen Varianten in zwei Richtungen, erstens zwischen einem schizothymen und einem zyklothymen Charakter, zweitens in der sowohl schizothymen als auch zyklothymen Reihe von normalen Menschen über Personen, die der Normgrenze nahe kommen bis hin zu geistig abnormalen Menschen" (Krajník 1942: 2ff., 6ff).

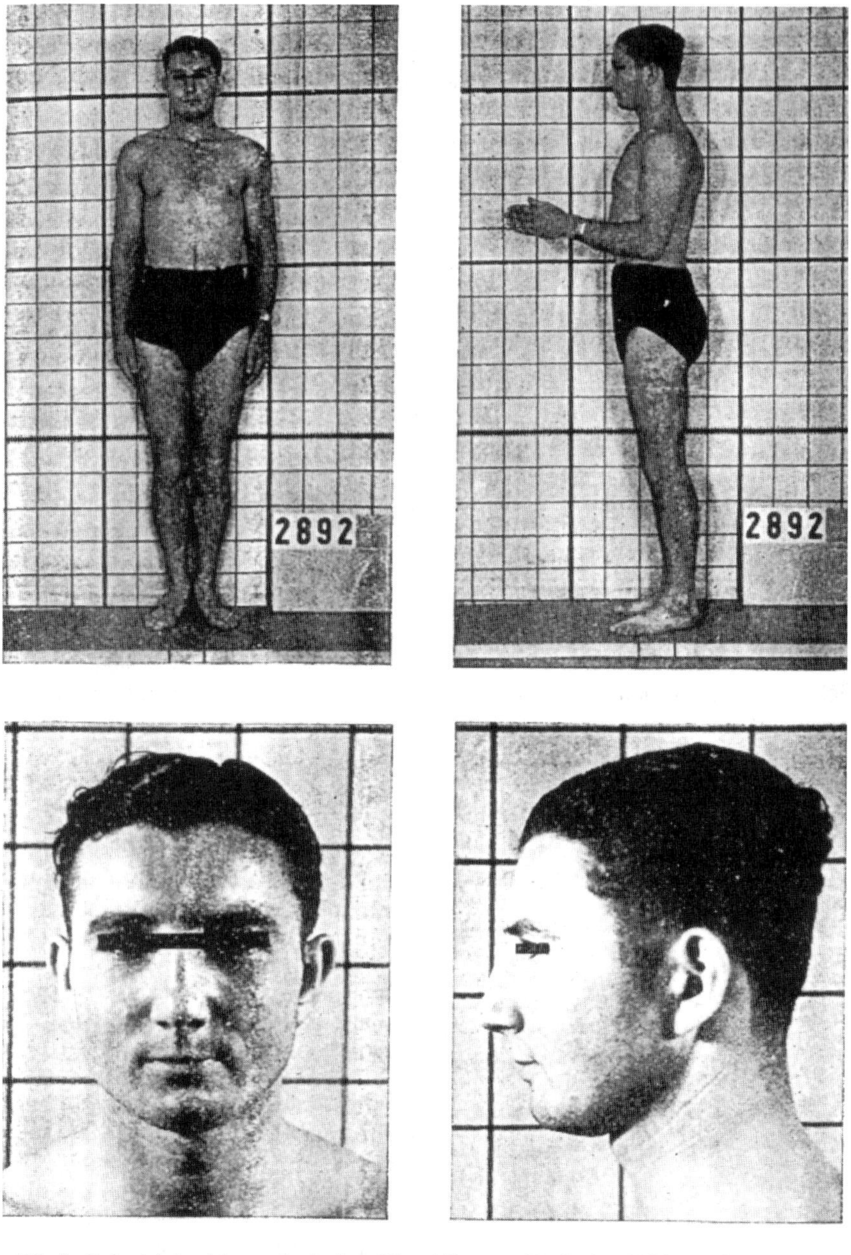

Abb. 3: Beispiel der biotypologischen Klassifikation (Ende der 1930er Jahre).

Bei den theoretischen Debatten kam eine ganze Reihe von Gesichtspunkten von ausschließlich ärztlichen, konkret klinischen, bis hin zu biologisch-theoretischen zur Geltung (Krajník 1936: 29). In ärztlicher Hinsicht ging es vor allem um Re-

PLATNOST

aktionen auf eine übertriebene Spezialisierung in der damaligen Medizin. Sie führten zu einem vereinenden Prinzip von der Auffassung des menschlichen Körpers und einer neuen, konkreteren Bestimmung des Begriffs der Konstitution (ebd.). In theoretisch-biologischer Hinsicht wurde dagegen auf den Bedarf hingewiesen, möglichst kausale Bindungen und Verhältnisse zu berücksichtigen:

> „[…] der Begriff Konstitution kann auf jeden Organismus bezogen werden, so dass der Mensch, da er in das Reich der Lebewesen gehört, unter den anderen Lebewesen keine Ausnahme in dem Sinne darstellt, dass für ihn allgemeine Gesetzmäßigkeiten nicht gelten würden, die für das Entstehen, die Entwicklung und den Untergang einzelner Organismen und ganzer Populationen im Tier- und Pflanzenreich gelten“ (ebd.: 30).

Zwischen diesen beiden „Richtungen“ gab es im tschechischen Fall eine bestimmte Spannung, und es gelang ihnen nicht immer, eine gemeinsame Sprache zu finden, was – angesichts des festgelegten synthetischen Charakters der Biotypologie – als etwas problematisch angesehen werden muss.

Im medizinischen Bereich zeigte sich ein ausgeprägtes und wiederholtes Interesse am Studium der Beziehungen der einzelnen Konstitutionstypen und der einzelnen physiologischen Besonderheiten, wovon bisher nur sehr wenig bekannt gewesen war. Daher gab es z. B. eine ganze Reihe von Beiträgen, die sich ausschließlich mit den Gemeinsamkeiten und Unterschieden zwischen der weiblichen und männlichen Konstitution befassten.[24] In diesem Zusammenhang wurde ebenfalls das Vorkommen ausgewählter Krankheiten bei den einzelnen Konstitutionstypen untersucht oder überlegt, ob die Gewichtszunahme graziler Frauen nach der Geburt oder nach den Wechseljahren eine Änderung ihrer Konstitution darstellt (Hynie 1943a, 1943b). Mehrere Gynäkologen unter den Biotypologen waren wiederum daran interessiert, ob Konstitutionserscheinungen durch endokrine Aktivität verursacht werden können, denn diese Aktivität sollte alle Gestationsvorgänge steuern.

Die Anerkennung einer einheitlichen typologischen Klassifikation wurde hauptsächlich durch die unterschiedliche und oft auch nicht eindeutige Interpretation der Bedeutung der ontogenetischen Entwicklung des Organismus sowie der Wachstumsfaktoren erschwert (Krajník 1942: 4; 1944b: 1358). Hier argumentierten die Biotypologen vor allem mit dem einheitlichen Plan der Entwicklung eines Einzelnen im Einklang mit der gesamten Phylogenese oder der sog. biogenetischen Gesetzmäßigkeit (Krajník 1944b: 1355f.):

> „Der Urmensch erreichte Reife auf einer Stufe, die ungefähr der eines Kindes des heutigen Kulturmenschen entspricht. Der Naturmensch reift auf einer Stufe, die der heutigen Pubertät der Jugendlichen entspricht. Der Kulturmensch reift, indem er sich noch weit über die Stufe der jugendlichen Pubertät hinaus entwickelt und auf eine dritte, endgültige Reife zusteuert. Je mehr Stufen aufeinander geschichtet sind, desto mehr treten die vorherigen Stufen in die Zeit der Jugend und der frühen Kindheit zurück. Sie sinken immer mehr unter die Oberfläche eines bewussten Lebens und wirken nur noch aus der Tiefe durch neue Schichten bis zur Oberfläche. In der heutigen Pubertät sind gemäß einer geläufigen Auffassung noch Reste des früheren Heranwachsens insbesondere in biologischer Hinsicht bemerkbar, aber in der

24 „Oznámení ČSB“ [Benachrichtigung ČSB]. In: *Časopis Lékařů Českých* 83, 1944, Nr. 44: 1337 und Synopsis des Vortrages von Robert Matějka (1945).

kindlichen Pubertät dringen sie nur noch schwach in erkennbare Oberflächenformen durch“ (ebd.: 1357).

Seit der Geburt bis zum Formen der eigenen Persönlichkeit in der Zeit der Reife handelte es sich daher in einer solchen Auffassung um einen dynamischen Prozess, für welchen ein großes Maß an Komplexität und innerer Vernetzung charakteristisch war, wobei der „Sinn“ auch genetisch für eindeutig gehalten wurde: „Der Sinn des ganzen Systems dieser aus der Phylogenese vererbten Reifestufen ist die Entwicklung hinauf, zu einem körperlich und geistig reifen, erwachsenen Individuum“ (ebd.: 1358). Mit dem Postulieren sog. biogenetischer Stadien wurde die Vererbung in der Bedeutung der genetischen Determinanz zu einem der grundlegenden Ausgangspunkte für die Definition nicht nur des Typs, sondern der ganzen Typologie: „Wir müssen auf der Meinung bestehen, dass der Konstitutionstyp vom Anfang der ontogenetischen Entwicklung durch eine bestimmte Konstellation der Gene definiert ist, auch wenn dieser nicht gleich phenotypisch erkennbar ist“ (ebd.: 1355, 1358). Eine direkte Anknüpfung der Biotypologie an die grundlegende biologische Forschung im Bereich der Vererbung (Genetik), bei der es sich vor allem um „[...] den Aufbau, die erblich fundierte Struktur der Organismen in körperlicher und geistiger Sicht“ handeln sollte, erschien unentbehrlich (Krajník 1938b). Ein modernes, d. h. ausschließlich auf Mendelschen Regeln aufgebautes Vererbungsparadigma sollte daher zur „Grundlage“ für alle biotypologischen Aktivitäten der Zukunft werden: „Erst die Genetik stellte die Konstitutionslehre auf die richtige Basis. Der Konstitutionstyp jedes Einzelnen, sowohl eines Menschen als auch eines Tieres, ist genotypisch bedingt“ (Křiženecký 1943a). Und Krajník an einer anderen Stelle:

> „[…] während wir die Entstehung normaler menschlicher Konstitutionstypen aufgrund des heutigen Kenntnisstandes für die Anwendung verschiedener Entwicklungstendenzen halten können, die mit ontogenetischen Phasen eng verknüpft sind, ist die Frage nach dem genetischen Mechanismus dieser Tendenzen immer noch offen. [...] Die Zukunft wird zeigen, wie man bei der Entstehung der Typen das Zusammenspiel des Genotyps und Phenotyps betrachten soll. Die Bedeutung dieser Forschung für die Medizin wird dann immer größer und größer” (Krajník 1944b: 1379).

Gleichzeitig nahm damit die Überzeugung über eine fatale erbliche Vorbestimmung einzelner Typen zu (Krajník 1943): „Es zeigt sich immer deutlicher, dass bestimmte genetische Prinzipien die äußere Form des Körpers und gleichzeitig die Qualität physiologischer Reaktionen und die psychische Struktur jedes Einzelnen bestimmen“ (Krajník 1944b: 1355). Anders gesagt: „Der Körper und die Seele sind voneinander abhängig und diese vielfache Abhängigkeit ist durch die Erbmasse bedingt“ (Krajník 1938b: 144). Dies hatte zur Folge, dass bei den einzelnen Typen Erbanlagen zu bestimmten Erkrankungen postuliert wurden. Bei den Pyknikern waren es beispielsweise hauptsächlich Stoffwechselerkrankungen (Übergewicht, Diabetes, Gicht, Gelenkerkrankungen, Gallenerkrankungen usw.), bei den Leptosomen wiederum Störungen der Magenfunktionen oder Schilddrüsenstörungen und bei den Asthenikern in erster Linie eine Prädisposition zur Tuberkulose (Krajník, 1942: 10; Sekla 1935: 108). Selbstverständlich wurden auch wichtige Folgen für die Praxis erwartet, besonders im Bereich der Vorbeugung und Therapie; so sollte die Bedeutung der Variationsstatistik und genealogischer Studien zunehmen (Kříženecký 1943b).

Diese eindeutigen reduktionistischen Schlussfolgerungen blieben unter den tschechischen Biotypologen jedoch nicht unbeachtet. Für alle Reaktionen sei hier zumindest ein zutreffendes Zitat von Hons aus dem Jahre 1943 (!) angeführt:

> „Eine oberflächliche und dogmatische Auffassung der Typologie kann leicht eine Vorstellung von der Unterwerfung des menschlichen Lebens einem unerbittlichen Fatum schaffen. Wenn die wissenschaftliche Erkenntnis tatsächlich eine absolute Determinierung der individuellen Konstitution lediglich durch ein Mosaik der verdünnten Anlagen (statisch) beweisen würde, wäre der Glaube an die Verbesserung des Menschen unsinnig und jede Bemühung um die Verbesserung körperlicher und geistiger Mängel albern. Ärzte, Pädagogen, Soziologen und Moralisten müssten sich dann nur auf die Feststellung und Klassifizierung von Konstitutionstypen konzentrieren, nach welchen irgendeine Instanz über die Betätigung des Einzelnen entscheiden würde. [...] Die Fatalität der genetisch veranlagten Konstitution überwindet auch ein naturwissenschaftlich ungebildeter Mensch mit einer Kraft, die aus seiner eigenen Natur entspringt."[25]

LITERATUR

Albert, B. (1933a): Racionalisace a normalisace v nemocnicích [Rationalisierung und Normalisierung in den Krankenhäusern]. Československá Nemocnice 1/2: 54-56.

Albert, B. (1933b): Reforma nemocnice se zřením na preventivní a sociální medicinu [Die Reform des Krankenhauswesens mit Hinsicht auf die die präventive und soziale Medizin]. *Československá* Nemocnice 3/2: 27-32.

Albert, B. (1942): Předpoklady pro budování sociálně-zdravotního a léčebného ústavnictví [Die Voraussetzungen für den Aufbau der sozial-gesundheitlichen Heilwesens]. Zlín.

Amédée, É. & Schneider, W. H. (1989): Henri Laugier: The Science of the Work and the Workings of Science. Cahiers pour l´histoire du CNRS 5: 7-20.

Bakala, J. (2002): 75 let Baťovy nemocnice [75 Jahre des Baťas Krankenhaus]. In: Bakala, J. (Hrsg.): Baťova Nemocnice ve Zlíně 1927-2002 [Baťas Krankenhaus in Zlín]. Baťova krajská nemocnice, Zlín, S. 15-29.

Bělehrádek, J. (1937): Populační politika s hlediska lékařského [Bevölkerungspolitik vom medizinischen Blickwinkel]. Vojenský ústav vědecký, Praha.

Burleigh, M. & Wippermann, W. (1991): The Racial State: Germany, 1933-1945. Cambridge University Press, Cambridge.

Chura, A. J. (1937): Je také u nás zapotřebí populační politiky? [Ist die Bevölkerungspolitik auch bei uns erforderlich?]. Venkov 32, 14. Februar 1937: 3.

Deichmann, U. (1996): Biologists under Hitler. Harvard University Press, Cambridge/Ma, London.

Dunn, Leslie C. (1965): A Short History of Genetics: The Development of Some of the Main Lines of Thought: 1864-1939. McGraw-Hill Book Company, New York.

Essner, C. (2002): Die „Nürnberger Gesetze" oder die Verwaltung des Rassenwahns 1933-1944. Schöningh, Paderborn.

25 Kommentar von Vilém Hons, in: *Časopis Lékařů Českých* 83, 1944, č. 36: 1098-9.

Gordin, M., Grunden, W., Walker, M. & Wang, Z. (2001): „Ideologische korrekte Wissenschaft“: Franzözische Revolution, Sowjetunion, Nationalsozialismus, Japan im Zweiten Weltkrieg, McCarthy-Ära, Volksrepublik China. In: Hoßfeld, U. & Brömer, R. (Hrsg.): Darwinismus und/als Ideologie. (Verhandlungen zur Geschichte und Theorie der Biologie 6), VWB, Berlin, S. 29-71.

Hoßfeld, U. (2005): Geschichte der biologischen Anthropologie in Deutschland: Von den Anfängen bis in die Nachkriegszeit. Franz Steiner, Stuttgart.

Hynie, J. (1943a): O sexuální konstituci [Über sexuelle Konstitution]. Časopis Lékařů Českých 79/27-8: 599-600.

Hynie, J. (1943b): Rozdíly mezi mužem a ženou [Unterschiede zwischen dem Manne und der Frau]. Časopis Lékařů Českých 82/41: 1209.

Janko, J. (1997): Vědy o životě v českých zemích 1750-1950 [Lebenswissenschaften in den böhmischen Ländern 1750-1950]. Proceedings in the History of the Academy of Sciences 12 B.

Janota, O. (1945): O charakterových typech s hlediska psychiatrického [Über die charakterologischen Typen vom psychiatrischen Standpunkt]. Časopis Lékařů Českých 84/8: 226-231.

Kaempffert, W. (1939a [Editorial Notes]): The Voice of Science. Nature 144/3645: 455.

Kaempffert, W. (1939b [Editorial Notes]): Physical Anthropology and Problems of Modern Society. Nature 144/3654: 797-799.

Kaempffert, W. (1941): Science in the Totalitarian State. Foreign Policy 19/2: 438-439.

Kater, M. H. (2001): Das „Ahnenerbe“ der SS 1935-1945: Ein Beitrag zur Kulturpolitik des Dritten Reiches. (Studien zur Zeitgeschichte 6). R. Oldenbourg Verlag, München.

Kevles, D. J. (1985): In the Name of Eugenics: Genetics and the Uses of Human Heredity. Knopf, New York.

Kol. (1940): Jak pečuje Baťova nemocnice o zdraví průmyslové spolupracovníků, občanů města Zlína a kraje [Wie pflegt das Baťas Krankenhaus um die Gesundheit der industriellen Arbeiter, der Bewohner der Stadt Zlín und dessen Bezirk]. Lidová zdravotnická knihovna Baťovy služby, Nr. 8: 9.

Krajník, B. (1936): Lékařský sjezd o výzkumu lidské konstituce, konaný ve Zlíně v listopadu 1936 [Ärztliche, im November 1936 in Zlin stattgefundene Tagung über die Erforschung der Konstitution beim Menschen]. Biologické Listy 33/1: 26.

Krajník, B. (1937a): Prof. Dr. Henri Laugier hostem Čsl. Společnosti biotypologické [Prof. Dr. Henri Laugier als Gast der Tsch. Biotypologischen Gesellschaft]. Časopis Lékařů Českých 76/20: 634.

Krajník, B. (1937b): Návštěva prof. dr. Pierra Garangera [Besuch von Prof. Dr. Pierre Garanger]. Časopis Lékařů Českých 76/22: 953-954.

Krajník, B. (1937c): Komise pro vědecké řešení otázek populační politiky při Odboru pro branné zpravodajství Vědeckého ústavu vojenského v Praze [Kommission zur wissenschaftlichen Lösung der mit der Bevölkerungspolitik zusammenhängenden Fragen in Prag]. Časopis Lékařů Českých 76/5: 159.

Krajník, B. (1938a): Biotypologický výzkum a brannost státu [L´étude des types humains et son importance pour la défense nationale]. Vojenský ústav vědecký, Praha.

Krajník, B. (1938b): O lidských typech [Über die menschlichen Typen]. Věda a život 4/4: 141-153.

Krajník, B. (1942): Jak se projevují různé typy lidí [Wie setzen sich die verschiedenen Menschentypen durch]. Vesmír 21/ 1: 1-10.

Krajník, B. (1943): Genetické základy konstitučních typů [Genetische Grundlagen der Konstitutionstypen]. Časopis Lékařů Českých 82/20: 563, 82/21: 589, 82/22: 605-611.

Krajník, B. (1944a): Prof. dr. Stanislav Mentl a Česká společnost biotypologická [Prof. Dr. Stanislav Mentl und die Tschechische biotypologische Gesellschaft]. Časopis Lékařů Českých 83/45: 364-365.

Krajník, B. (1944b): Základní pojetí a genetická analysa konstitučních lidských typů [Grundlegende Auffassung und genetische Analyse der Konstitutionstypen beim Menschen]. Časopis Lékařů Českých 83/45-46: 1355-1380.

Kratina, F. (1942): Typ a typologie: Úvod do typologie [Typ und Typologie: Einführung in die Typologie]. Ústřední učitelské nakladatelství a knihkupectví, Brno.

Kretschmer, E. (1921): Körperbau und Charakter: Untersuchungen zum Konstitutionsproblem und Lehre von den Temperamenten. Julius Springer, Berlin.

Kříženecký, J. (1943a): Vývojově genetická analysa znaků a jejich klasifikace [Entwicklungsgenetische Analyse der Mermalen und ihre Klassifikation]. Časopis Lékařů Českých 82/9: 248 82/14: 395.

Kříženecký, J. (1943b): Pokus o genealogické vysvětlení konstitučních typů [Versuch um die genealogische Erklärung der Konstitutionstypen]. Časopis Lékařů Českých 82/26: 745.

Laugier, H., Toulouse, É. & Weinberg, D. (1934a): Biotypologie et aptitudes scolaires. Biotypologie T II.

Laugier, H., Toulouse, É. & Weinberg, D. (1934b): Biotypologie et aptitudes scolaires: Enquęte sur un groupe d'écoliers parisiens. Conservatoire national des arts et métiers, Paris.

Laugier, H. & Weinberg, D. (1938): Fiche biotypologique pour l'étude des professions. Publication du Travail Humain, Série A, No. 10, Paris.

Ludmerer, K. (1969): American Geneticists and the Eugenics Movement: 1905-1935. Journal of History of Biology 2: 337-362.

Ludmerer, K. (1972): Genetics and American Society: A Historical Appraisal. Johns Hopkins University Press, Baltimore.

Mášová, H. (1998): Účelností k vyšší humanitě: Lékař a organizátor Bohuslav Albert [Bohuslav Albert – Arzt, Organisator und Reformator des Krankenhauswesens für dessen höhere Effektivität]. Dějiny věd a techniky 30/1: 1-23.

Mášová, H. (2001): Nemocnice v průmyslových centrech Československé republiky [Hospitals in the Industrial Centres of the Czechoslovak Republic (1918-1939)]. Dějiny věd a techniky 34/1: 63-89.

Matějka, R. (1945): Příspěvek k řešení problému ženské konstituce [Beitrag zur Lösung des Problems der weiblichen Konstitution]. Časopis Lékařů Českých 84/9: 286-289.

Mentl, S. (1939): O konstituční léčbě [La thérapeutique constitutionelle]. In: O lidské konstituci [La constitution humaine]. Mladá generace čsl. lékařů, Praha, S. 268-280.

Mentl, S. (1943): Arthropatická konstituce s hlediska dnešní biotypologie a kliniky [Arthropatische Konstitution vom Standpunkt der heutigen Biotypologie und Klinik]. Časopis Lékařů Českých 82/21: 584-589, 82/22: 605-611.

Montagu, A. (1941): Race in the Light of Genetics. Journal of Heredity 31: 245.

Müller-Hill, B. (1989): Tödliche Wissenschaft: Die Aussonderung von Juden, Zigeunern und Geisteskranken 1933-1945. Verlag Volk und Gesundheit, Berlin.

Pachner, P. (1942): Statistické zpracování výškových a váhových měr 29606 osob, vyšetřených ve Zdravotní matrice zaměstanancû firmy Baťa a. s. ve Zlíně [Statistische Bearbeitung der Größen- und Gewichtsangaben von 29606 in dem Gesundheitsregister der Firma Baťa A. G. in Zlín untersuchten Personen]. Sonderabdruck.

Paul, D. B. (1995): Controlling Human Heredity: 1865 to the Present. Humanity Books,New York.

Pokluda, Z. (2004): From Zlin Into the World – The Story of Tomáš Bata. Nadace Tomáše Bati, Zlín.

Procházka, L. (1935): Populační starosti [Bevölkerungspolitische Sorgen]. Přítomnost 13/27: 583-585.

Prokopec, M. (1994): Stanislav Mentl – antropolog [Stanislav Mentl – der Anthropologe]. Vesmír 73/10: 557.

Rabkin, Y. M. & Mirskaya, E. Z. (2003): Science and Totalitarianism: Lessons for the Twenty-First Century. In: Walker, Mark (Hrsg.): Science and Ideology: A Comparative History. Routledge, London, New York, S. 17-34.

Rádl, E. (1909): Dějiny vývojových theorií v biologii XIX. století [Geschichte der Entwicklungstheorien in der Biologie des XIX. Jahrhunderts]. J. Laichter, Praha.

Říha, J. (1935): K debatě o reformě epidemického zákona z r. 1913 č. 6. ř. z. [Zur Debatte über die Reform des epidemischen Gesetzes Nr. 6 des Reichsgesetzbuches aus dem Jahre 1913]. Československá Nemocnice 5/8: 176.

Roubal, J. & Pachner, P. (1941): Ruce pracovníků [Die Hände der Arbeiter]. Časopis Lékařů Českých 80/č. 10: 1360.

Sapp, J. (1987): Beyond the Gene: Cytoplasmatic Inheritance and the Struggle for Authority in Genetics. Oxford University Press, New York, Oxford.

Sapp, J. (2003): Genesis: The Evolution of Biology. Oxford University Press, Oxford.

Schmuhl, H.-W. (Hrsg., 2003): Rassenforschung an Kaiser-Wilhelm-Instituten vor und nach 1933. (Geschichte der Kaiser-Wilhelm-Gesellschaft im Nationalsozialismus 4). Wallstein Verlag, Göttingen.

Schneider, W. H. (1990): Quality and Quantity: The Quest for Biological Regeneration in Twentieth-Century France. Cambridge University Press, Cambridge.

Sekla, B. (1935): Berlínský Kongres pro populační vědu [Kongreß für Bevölkerungspolitik in Berlin]. Národní Osvobození 15, 3. September 1935: 3.

Šimůnek, M. (2004): Ein neues Fach: Die Erb- und Rassenhygiene an der Medizinischen Fakultät der Deutschen Karls-Universität Prag 1939-1945. In: Kostlán, A. (Hrsg.): Wissenschaft in den böhmischen Ländern 1939-1945.(Studies in the History of Sciences and Humanities 9). Praha, S.190-316.

Spencer, F. (1997): History of Physical Anthropology. Garland Publishing Inc., New York, London.

Stengel von Rutkowski, L. (Hrsg., 1943): Das natugesetzliche Weltbild der Gegenwart. Nordlandverlag, Berlin.

Strouhal, E. (1966): Odešel profesor Krajník [Ableben von Professor Krajník]. Anthropologie 4/3: 102-105.

Strouhal, E. (1995): 100 let od narození profesora MUDr. RNDr. Bohumila Krajníka [100 Jahre seit dem Geburt von Professor MUDr. RNDr. Bohumil Krajník]. Acta Universitatis Carolinae - Historia Universitatis Carolinae Pragensis 35/ 1-2: 89-98.

Strouhal, E. (2004): Československý antropolog a pediatr J. A. Valšík [Der tschechoslowakische Anthropologe und Kinderarzt J. A. Valšík]. Dějiny věd a techniky 37/ 4: 77-91.

Svobodný, P. & Hlaváčková, L. & ADAMEC, L. (1988): *Biografický slovník pražské lékařské fakulty 1348-1939* [Biographisches Lexikon Prager Medizinischen Fakultät 1348-1939] - díl I. [Band I.]. Karolinum, Praha.

Svobodný, P. & Hlaváčková, L. (1993): *Biografický slovník pražské lékařské fakulty 1348-1939* [Biographisches Lexikon Prager Medizinischen Fakultät 1348-1939] - díl II. [Band II.]. Karolinum, Praha.

Svobodný, P. (1990): Lékařská fakulta 1918-1945 [Medizinische Fakultät 1918-1945]. In: Kavka, F. & Petráň J. (Hrsg.): Dějiny Univerzity Karlovy - IV. díl [Geschichte der Karls-Universität - Band IV.]. Karolinum, Praha, S. 116-119.

Svobodný, P. (1994): Důsledky 17. listopadu 1939 pro české lékařské fakulty [Die Folgen des 17. Novembers 1939 für die tschechischen medizinischen Fakultäten]. Časopis Lékařů Českých 133/8: 245-248.

Tardy, V. (1944): Vztah těla a duše z hlediska psychologického a filosofického [Die Beziehung vom Körper und Geist aus psychologischer und philosophischer Perspektive]. Časopis Lékařů Českých 83/44: 1337.

Tolar, V. (1939-1940): Biotypologický výzkum a jeho význam v průmyslovém zdravotnictví [Biotypologische Forschung und ihre Bedetung für industrielles Gesundheitswesen]. In: ŘÍHA, Jiří & Řibřid, Adolf (Hrsg.): Medizinisches Jahrbuch für das Protektorat Böhmen und Mähren - XI. Jahrgang, Praha, S. 232.

Tolar, V. & Pejša, V. (1940): Naše zkušenosti s nepřímou (štítovou) roentgenovou fotografií hrudních orgánů podle M. de Abreu při řadových prohlídkách [Unsere Erfahrungen mit der indirekten (Schild) Röntgenphotographie der inneren Organen nach M. de Abreu bei den Reihenuntersuchungen]. Sonderabdruck.

Tolar, V. (1940): Některé naléhavé problémy biotypologického výzkumu [Einige dringende Probleme der biotypologischen Forschung]. Časopis Lékařů Českých 79/6: 117, 120.

Tomeš, J. (1999): *Český biografický slovník XX. století* [Tschechisches Biographisches Lexikon des XX. Jahrhunderts] - díl I.-III. [Band I.-III], Praha.

Trnka, T. (1945): Potřeba jednotné typologie: Zásadní řešení problému biotypologického [Die Notwendigkeit einer einheitlichen Typologie: Grundlegende Lösung des Problems der Biotypologie]. Časopis Lékařů Českých 84/17: 594-597.

Verunáč, V. (1930): Racionalisace, vědecká organisace a otázka sociální: Vývoj, rozsah, sociální důsledky racionalisace [Rationalisierung, wissenschaftliche Organisation und soziale Frage: Entwicklung, Umfang, soziale Folgen der Rationalisierung]. Sociální ústav RČS, Praha.

Vondráček, V. (1940): Konstituce a therapie a konstituční therapie [Konstitution und Therapie und konstitutionelle Therapie]. Časopis Lékařů Českých 79/10: 209-213.

Wells, H. G. (1932): Práce, blahobyt a štěstí lidstva - I. díl [Arbeit, Wohlstand und das Glück der Menschheit - I. Band]. F. Strnad, Praha.

Stefan Wogawa, Uwe Hoßfeld & Olaf Breidbach

„SIE IST EINE RASSENFRAGE". ERNST HAECKEL UND DER ANTISEMITISMUS

EINLEITUNG

Der Soziologe Detlev Claussen identifiziert die Zeit nach der Gründung des Deutschen Kaiserreiches als Periode heftiger antisemitischer Agitation, der Begriff „Antisemitismus" habe sich damals als Schlagwort entwickelt und sei durch eine Massenpresse verbreitet worden (Claussen 1994: 63). Die antisemitische Agitation setzte mit voller Kraft auch an den Universitäten ein und habe dort, so Claussen weiter, das Klima bis in die Zeit des Nationalsozialismus hinein vergiftet, in der sie endgültig kulminierte.

Dass unter den Ideologien, die im letzten Drittel des 19. Jahrhunderts die Massen mobilisierten, der Antisemitismus eine wichtige Rolle spielte, sieht auch der Historiker Hans-Peter Ullmann (Ullmann 1995: 133). Er charakterisiert die Weiterentwicklung des alten christlichen Antijudaismus als einen nach-emanzipatorischen, antimodernen Reflex. Neu sei gewesen, dass sich Vorurteile mit naturwissenschaftlichen Rassentheorien und völkischem Denken verbanden. Damit erlangten sie als „Rassenantisemitismus" eine neue Qualität (ebd.: 134). Die Umdeutung der religiösen Überzeugungen der Juden in anthropologische Eigenschaften begann freilich schon in der Periode der Aufklärung. In dieser Umdeutungsperspektive entwickelten sich Anschauungen von einer „jüdischen Rasse" mit spezifischen „Rasseneigenschaften". Dieser „jüdischen Rasse" wurde eine unaufhebbare Andersartigkeit und Minderwertigkeit unterstellt (vgl. u. a. Ley 2003: 13; Lill & Mußner 1995: 190).[1]

Seit den Büchern von Daniel Gasman (1971, 1998)[2] gilt der deutsche Biologe Ernst Haeckel (1834-1919) auch als Vordenker des Antisemitismus, von dessen Anschauungen es einen direkten Weg in die rassenideologische Vernichtungspraxis des Nationalsozialismus gebe (Hoßfeld 2006).

Der vorliegende Aufsatz versucht nun, die Stellung Haeckels zum Antisemitismus näher zu untersuchen und die Argumentation Gasmans näher zu hinterfragen.

1 Weiterführend vgl. auch Becker (1990); Poliakov (1993); Poliakov et al. (1992); Cavalli-Sforza & Cavalli-Sforza (1994).

2 Siehe ebenso Kühl (1997); Schafft (2004); Weikart (2005).

HAECKELS INTERVIEW ZUM ANTISEMITISMUS

Schlüsselaussagen zu Ernst Haeckels Verhältnis zum Antisemitismus finden sich in einem Interview, das er 1893 dem österreichischen Schriftsteller Hermann Bahr (1863-1934) gab. Es ist in der Haeckel-Forschung bisher kaum beachtet worden. Das Interview wurde wegen seiner Bedeutung im Anhang vollständig abgedruckt.

Bahr gehörte zu den literarischen Vertretern des „Jungen Wien". Er hatte in Wien, Graz, Czernowitz und Berlin Nationalökonomie, Jura, Klassische Philologie und Philosophie studiert, das Studium aber 1887 abgebrochen, um sich ganz der Schriftstellerei zu widmen. Für Bahr waren radikale künstlerische wie politische Wandlungen typisch. Als Künstler vertrat er die Maxime, stets modern zu sein und wandte sich den jeweils neuesten literarischen Strömungen zu. Politisch verwandelte er sich vom deutsch-nationalen Burschenschaftler zum Sozialisten, wurde später zum Monarchisten und katholischen Verfechter eines föderativen Europa mit Österreich im Zentrum (Biesterfeld 1994; Miklin 1989).[3]

Im Jahr 1893 arbeitete Bahr vor allem journalistisch. Im Januar wurde er Redakteur der „Deutschen Zeitung" in Wien und im Oktober deren Miteigentümer. Schon im Dezember kam es allerdings zum Bruch mit dem Herausgeber Emil Auspitzer und Bahr verließ das Blatt, um eine eigene kulturpolitische Wochenschrift zu gründen (Csáky 1996: XVII). Vorher hatte man ihm den Freiraum für einige Auslandsreisen gegeben, auf denen er eine Reihe von Interviews zum Antisemitismus führte.

„Ich fahre wieder einmal ein bischen in der Welt und horche die Leute aus, was sie meinen und sagen. Ich will sie jetzt über den Antisemitismus vernehmen", leitete Bahr die Buchausgabe seiner Interview-Serie ein (Bahr 1894: 1). Sie wurden zunächst in der „Deutschen Zeitung" abgedruckt (ebd.: letzte Druckseite).[4] Er wolle nichts widerlegen, so Bahr. Das sei tausendmal geschehen und immer vergeblich:

> „Ich frage einfach, mit welchen Empfindungen und welchen Antworten sich die Gebildeten der verschiedenen Nationen zu dieser Erscheinung im Volke stellen. Vielleicht giebt das für später einmal von der Verfassung des Geistes um 1893 ein ganz kurioses Dokument" (Bahr 1894: 4).

Zu den Interviewten gehörte auch Ernst Haeckel.

Aus Bahrs „Skizzenbuch" der Jahre 1884 bis 1889 geht hervor, dass er Haeckels *Natürliche Schöpfungsgeschichte* (und zwar die 3. Auflage von 1872) gelesen hatte, als er sich mit Untersuchungen zur Stellung des Menschen in der Natur

3 In der jüdischen Wochenzeitung „Die Welt" äußerte Bahr 1897, er habe lange Zeit ein gewisses Misstrauen gegen den Zionismus gehabt, da der ihm als ein jüdischer Chauvinismus geschildert worden sei, während sein Wunsch darin bestehe, aus den Nationalitäten „[...] den europäischen Menschen entstehen zu sehen." Seine Ansichten über den Zionismus seien inzwischen anders – jedoch nicht in politischer Hinsicht, da er sich um politische Dinge nicht kümmere –, „[...] aber als Künstler kann ich mich der idealen Schönheit nicht erwehren, die er hat" (Bahr 1897: 8f).

4 Michael Brenner schreibt irrtümlich, die Interviews seien für die „Neue Freie Presse" (Wien) geschrieben worden (Brenner 2002: 25).

beschäftigte (Csáky 1994). Auch Jahre nach dem Interview widmete Bahr sich Haeckel und dessen Schriften.[5] Eine besonders intensive Lektüre fiel in die Zeit, in der sich Bahr für eine Weltanschauung in Form eines pantheistischen Diesseitskultes einsetzte. Anregungen holte er sich in den Schriften des Soziologen Auguste Comte, der Philosophen Arthur Schopenhauer und Friedrich Nietzsche, des US-amerikanischen Dichters Walt Whitman, des Schriftsteller Wilhelm Bölsche und eben Haeckels (Farkas 1987: 20).[6]

In dem Interview, das in Haeckels Wohnhaus in Jena geführt wurde, zeigte sich der berühmte Biologe dem Antisemitismus gegenüber ausdrücklich aufgeschlossen. Er sei auf der einen Seite zwar „[...] seit Jahren mit vielen Juden befreundet, die ich innig verehre und schätze – es sind ganz wunderbare, prächtige Menschen [...]" (Bahr 1894: 65). Andererseits seien, so Haeckel weiter, „[...] gerade einige meiner besten und intelligentesten Schüler sehr heftige Antisemiten [...]" (ebd.: 66).[7] Daraus zog Haeckel die Schlussfolgerung: „Ich mag überhaupt nicht glauben, alle meine Anschauungen sträuben sich dagegen, daß eine so mächtige, lange und große Bewegung ohne gute Gründe möglich sein sollte" (ebd.). Das Religiöse und das Soziale sei hinsichtlich der Fremdheit der Juden von geringer Bedeutung. Für Haeckel stand fest: „Es ist eine Rassenfrage" (ebd.). Er sah im Antisemitismus sogar eine besondere Leistung, da diese Strömung die Forderung nach bedingungsloser Assimilation der Juden auf die Tagesordnung gebracht habe:

> „Ich halte es für ein Verdienst des Antisemitismus, daß in den Deutschen und in den Juden die Überzeugung erwacht: die Juden müssen ihre Sonderart aufgeben und zu vollwertigen Deutschen in Sitten, Gebräuchen und Gefühlen werden" (ebd. 68).[8]

5 So vermerkte Bahr am 13.5.1901 in seinem „Kalender", Haeckel habe „[...] die sog. Strohlinge oder Radiolarien entdeckt, ganz winzige Thiere am Grunde des Meeres [...]" (wobei Haeckel allerdings die Radiolarien als „Strahlinge" bezeichnete) (Csáky 1997: 27). Im November 1904 schrieb er im Skizzenbuch in einem Abschnitt über „Laster" auch über das „biogenetische Grundgesetz", das Fritz Müller erkannt und dann Haeckel formuliert habe. Bahr fasste es so zusammen: „Wir laufen also durch alle Personen durch, von denen wir stammen" (Csáky 2000: 334).

6 Im Juli 1907 notierte Bahr in seinem Tagebuch, während der Naturforscherversammlung 1863 in Stettin habe Haeckel am 19.9., genau zwei Monate nach seiner (Bahrs) Geburt, „[...] jugendlich schön und turnerisch stark, zum ersten Mal öffentlich über den Darwinismus verkündet" (Csáky 2003: 204). Wenige Tage später zeichnete er auf, Haeckel lasse sich einen „Kämpen" nennen und habe „[...] etwas vom Sprecher eines Gesangs- oder Turnvereins" (ebd.: 205). Am 16.7. begann Bahr, Haeckels „Gemeinverständliche Vorträge" zu lesen und kaufte für 10 Mark „Aus Insulinde", im August beschäftigte er sich dann mit der „Anthropogenie" (ebd.: 206ff).

7 So z. B. Willibald Hentschel, Ludwig Plate oder Georges Vacher de Lapouge. Auch eine seiner Geliebten, Frida von Uslar-Gleichen, war antisemitisch eingestellt. So heißt es bspw. in einer Tagebuchnotiz vom 13. Mai 1901: „Denk Dir, d. Hamburger Dame ist Jüdin! Sie sieht gar nicht so aus, auch nicht sehr distinguirt, aber eher wie eine Französin, als wie eine Jüdin! Mir ist's eine heilsam Lection! Ich habe eine große Antipathie gegen Juden – und hätte ich's vorher gewußt, ich würde nicht mit ihr gefahren u. gegangen sein" (Elsner 2000, Bd. 2: 660).

8 Im Interview hatte Haeckel zur Assimilationsbereitschaft der Juden betont, diese müsse, „[...] wer national fühlt und denkt, von ihnen verlangen" (ebd.: 67).

Diesen Assimilationsprozess traute Haeckel freilich nur einem Teil der Juden zu. Bei den anderen ging er offenbar von einer Konstanz ihrer vermeintlichen „Rassenmerkmale" aus. Denn gleichzeitig mit dem Assimilationsprozess gelte es, „[...] das Eindringen immer neuer und oft sittlich bedenklicher Elemente aus dem Osten [...]" zu erschweren – auch „[...] im Interesse der vielen ausgezeichneten, rechtschaffenen und ehrenwerten Juden [...]" (ebd.: 68). Gegenüber einwandernden Juden aus Osteuropa forderte Haeckel Härte:

> „Hier kann falsche Humanität nur schaden, und ich denke, dass man sich gegen die russischen Juden energisch schützen sollte, nicht weil sie Juden, sondern weil sie mit unserer Gesittung unerträglich sind [...]" (ebd.).

Er habe im vorigen Jahre auf dem Schiff nach England russische Auswanderer gesehen, „[...] von ihrem Schmutz und von ihrer Gemeinheit macht man sich gar keinen Begriff" (ebd.: 69).[9] Gerade die russischen Auswanderer flohen nicht selten aus nackter Todesangst. Die Politik des zaristischen Russland war immer judenfeindlich, Pogrome wurden geduldet, wenn nicht gar unterstützt (Ley 2003: 108). Dennoch wurde gegen die „Ostjuden" in der deutschen Öffentlichkeit heftig polemisiert. Wohl nicht zufällig berichtete die zweimal pro Woche erscheinende Zeitung „Der Israelit" (Organ der orthodoxen Juden in Deutschland) ihren Lesern im Herbst 1894 auch über einen amtlichen Bericht, der auf Verlangen des englischen Parlaments vom Londoner Handelsamt angefertigt wurde. Im „Israelit" wurde aus dem Bericht zitiert, die jüdisch russisch-polnischen Einwanderer seien „[...] im Ganzen eine friedliche gesetzestreue Gesellschaft". Während der Anteil der aus Osteuropa eingewanderten Juden an den Einwohnern im Osten Londons bei 18 Prozent liege, seien sie am „Pauperismus" – dem verelendeten Teil der Stadtbevölkerung – nur mit 0,67 Prozent beteiligt.[10]

RÜCKBLICK: DER „BERLINER ANTISEMITISMUSSTREIT"

Um Haeckels Position zum Antisemitismus besser einordnen zu können, soll auf Ereignisse eingegangen werden, die einige Jahre früher zu einem ersten Höhepunkt des Antisemitismus in Deutschland geführt hatten. Der Althistoriker Heinrich von Treitschke löste mit seinem Aufsatz „Unsere Aussichten" 1879 den „Berliner Antisemitismusstreit" aus. In seinem Text, der sich auf den ersten Seiten mit dem Verhältnis zwischen Deutschland und Russland beschäftigt, findet sich der berüchtigte Ausspruch:

> „Bis in die Kreise der höchsten Bildung hinauf, unter Männern, die jeden Gedanken kirchlicher Unduldsamkeit oder nationalen Hochmuths mit Abscheu von sich weisen würden, ertönt es heute wie aus einem Munde: die Juden sind unser Unglück!" (Treitschke 1879: 575).

9 Haeckel war 1892 nach England gereist, um im Herbst den ihm bereits bekannten „Challenger"-Forscher John Murray bei Tiefseeforschungen an der schottischen Küste zu begleiten (Bölsche 1909: 192).

10 Die russischen Juden in London. In: Der Israelit, Heft 82-83/1894, S. 1549f., hier S. 1550.

Auch Treitschke verlangte in seinem Aufsatz von den Juden die bedingungslose Einordnung in die deutsche Kultur:

> „Was wir von unseren israelitischen Mitbürgern zu fordern haben, ist einfach: sie sollen Deutsche werden, sich schlicht und recht als Deutsche fühlen – unbeschadet ihres Glaubens und ihrer alten heiligen Erinnerungen, die uns Allen ehrwürdig sind; denn wir wollen nicht, daß auf die Jahrtausende germanischer Gesittung ein Zeitalter deutsch-jüdischer Mischcultur folge“ (ebd. 573).

Es ging in der folgenden Auseinandersetzung um nichts weniger als die politische Kultur in Deutschland, wobei liberale und nationalchauvinistische Weltbilder heftig aufeinander prallten (Krieger 2002: 90). Treitschke trat dabei stets auch für eine kulturell-ideologische Geschlossenheit Deutschlands ein. Der Historiker Karsten Krieger identifiziert bei ihm eine Art „Technik des Antisemitismus“:

> „Er beförderte gesellschaftliche Vorurteile, stilisierte einzelne Juden [...] zum *pars pro toto* für den Geist des gesamten Judentums und distanzierte sich von dem Vorwurf, Antisemit zu sein, indem er stets einzelne Juden von seinen Beschuldigungen ausnahm, um gegenüber der Gesamtheit desto härtere Vorwürfe zu erheben“ (ebd.: 91; Hervorhebung im Original).

Der Historiker Peter Pulzer hingegen verweist auf die engen Beziehungen zwischen Antisemitismus und Nationalismus bei Treitschke. Dessen Hauptverdienst um den Antisemitismus sei es gewesen „[...] jenen groben, anmaßenden, aggressiven Nationalstolz zu verbreiten, der in der deutschen Atmosphäre zu dem Emotionenkomplex gehörte, mit dem der Antisemitismus verbunden war“ (Pulzer 2004: 264).

Eine Kontroverse entspann sich zwischen Treitschke und dem Althistoriker Theodor Mommsen, der den Antisemitismus in einem Artikel als „Missgeburt des nationalen Gefühls“ bezeichnete (zitiert nach Krieger 2002: 94). Mommsen forderte Treitschke schließlich auf, sich von einer antisemitischen „Studentenpetition“ zu distanzieren. Dem kam Treitschke nach, womit er in den Augen der Öffentlichkeit den Antisemitismusstreit verloren hatte.[11]

Langfristig jedoch trug die Verknüpfung von Nationalismus und Antisemitismus trotz der Niederlage Treitschkes Früchte und erreichte große Teile des Bürgertums. Dabei war die Verbreitung antisemitisch ausgerichteter, nationalchauvinistischer Überlegenheitsgefühle kein Merkmal konservativer Politiker und Intellektueller allein, auch Liberale oder Sozialdemokraten wie der Nationalöko-

11 In der Auseinandersetzung nahmen im Januar 1881 auch die Wahlmänner der vier Berliner Landtagswahlkreise Stellung. Rudolf Virchow, zunächst Haeckels akademischer Lehrer, dann sein erbitterter wissenschaftlicher wie weltanschaulicher Gegner, sprach als Hauptredner auf der Versammlung. Er wies den Antisemitismus zurück, denn diese „[...] Bewegung tastet an unser staatliches und gesellschaftliches Leben [...]“; es sei zudem eine „[...] Bewegung, die uns vor Europa erniedrigt [...]“. In Virchows Rede wird die vermeintliche „Rassenfrage“ klar abgelehnt, es gehe schlicht um Fragen des Rechts, insbesondere der Gleichbehandlung und der Religionsfreiheit, legte er dar. Die Rede ist abgedruckt in: Die Verurtheilung der antisemitischen Bewegung durch die Wahlmänner von Berlin. Bericht über die allgemeine Versammlung der Wahlmänner aus den vier Berliner Landtags-Wahlkreisen am 12. Januar 1881 im oberen Saale der Reichshallen. Barthel, Berlin 1881, S. 4, 6. Vgl. weiterführend Kümmel (1968).

nom und Philosoph Eugen Dühring leisteten ihren Beitrag. Gerade 1893, im Jahr von Bahrs Interviews, zogen 16 Abgeordnete der „Antisemitischen Partei“ in den Reichstag ein, daneben einige weitere „unabhängige Antisemiten“. Die „Antisemitische Partei“ beschloss auf ihrem Parteitag im September 1899, im 20. Jahrhundert müsse die dann zur „Weltfrage“ gewordene „Judenfrage“ von den Völkern gemeinsam „[...] durch völlige Absonderung und (wenn die Notwehr es gebietet) schließliche Vernichtung des Judenvolkes gelöst werden“ (zitiert nach Görtemaker 1994: 273).

Auch bei Haeckel findet sich dieser nationalistisch motivierte Antisemitismus. Er stellte im Interview seine Differenz zu Mommsen, mit dem Bahr auch gesprochen hatte, ausdrücklich fest. Bei Haeckel finden sich zudem einige von Treitschkes Argumentationsfiguren wieder. Gleichzeitig distanzierte sich Haeckel von gewissen Ausprägungen des Antisemitismus, die er gegenüber Bahr als „Ahlwardtismus“ bezeichnete. Der antisemitische Abgeordnete Hermann Ahlwardt, von Beruf Rektor, war im Wahlkreis Frankfurt/Oder 1890 und 1893 in den Reichstag gewählt worden. Zudem hatte es Diskussionen darüber gegeben, Ahlwardt nur als Hospitant in die antisemitische Reichstagsfraktion aufzunehmen und hatte seinen Antrag auf Mitgliedschaft in der DSRP zunächst offen gelassen (Jahr 2003). Er behauptete in einer 1892 erschienenen Schrift:

> „Das Judenthum baut sich gegenwärtig auf den Ruinen des deutschen Wohlstandes, der deutschen Freiheit und Tugend einen Tempel der Weltherrschaft, zu dem wir Deutschen die Bausteine willig herbeitragen“ (Ahlwardt 1892: 3).[12]

In den jüdischen Gemeinden in Deutschland verliefen die Reaktionen auf die Wellen antisemitischer Propaganda ganz unterschiedlich. Im Sommer 1893 bildete sich der „Central-Verein deutscher Staatsbürger jüdischen Glaubens“, der sich klar zur Assimilation bekannte und zu dessen Grundsätzen die Aussage gehörte:

> „Unser Glaube und unsere Moral beruht nicht auf den Lehren vergangener Jahrhunderte, sondern auf den Anschauungen, die wir einer modernen, nationalen Erziehung verdanken.“

Von orthodoxen Juden wurde die Vereinigung deshalb heftig kritisiert.[13] Andererseits waren es gerade Mitglieder des „Central-Vereins“, die sich dagegen wandten, dass es sich bei der „jüdischen Frage“ überhaupt um eine „Rassenfrage“ handle. Das zeigt sich in der Kontroverse von Reformjuden mit dem Anthropologen und Ethnographen Heinrich Driesmans, der 1902 in der von ihm herausgegebenen Zeitschrift „Ernstes Wollen“ über „typische Rassenmerkmale“ der Juden geschrieben hatte, ohne ihnen dabei eine Minderwertigkeit zu unterstellen. Der Rabbiner einer Hamburger Reformgemeinde antwortete in einem Leserbrief, den

12 Der Titel des Buches von Hermann Ahlwardt („Neue Enthüllungen: Judenflinten“) bezieht sich auf den antisemitisch motivierten Vorwurf, Gewehre der Firma Loewe (Berlin), die in der preußischen Armee eingesetzt wurden, seien unbrauchbar. Er wurde so vehement in antisemitischen Zeitungen in Deutschland vorgebracht und von der französischen Presse aufgegriffen, dass die preußische Kriegsverwaltung öffentlich mehrfach widersprach. Vgl. Die Judenflinte. In: Der Israelit, Heft 101/1893: 1918.

13 Vgl. Ein Vorschlag zur Güte. In: Der Israelit Heft 41/1894: 747f., hier S. 747. Dort findet sich auch das Zitat aus den Grundsätzen des „Central-Vereins“.

das „Ernste Wollen" abdruckte, es gebe ebenso wenig eine jüdische Nationalität oder Rasse, wie es eine katholische gebe und löste damit eine Gegenreaktion Driesmans aus; der Streit wurde anschließend in der reformorientierten „Allgemeinen Zeitung des Judentums" fortgesetzt, wo Driesmans sich seinerseits in einem Leserbrief auf neueste anthropologische Forschungsmethoden berief, die seine Sicht unterstützten.[14]

Orthodoxe Juden wehrten sich vor allem gegen die behauptete Minderwertigkeit der „jüdischen Rassenmerkmale". J. Lewy schrieb dazu 1904:

> „Die Antisemiten halten sie kurzweg nach jeder Richtung hin für so minderwertig, daß sie die Juden nicht so sehr ihres abweichenden Glaubensbekenntnisses, als vielmehr ihrer unverbesserlichen Rasseneigentümlichkeiten wegen bekämpfen zu müssen vorgeben" (Lewy 1904: 577).

Dabei bezogen Juden auch gegen den wissenschaftlich verbrämten Antisemitismus Stellung. Der Rabbiner Heinz Galandauer äußerte sich schon 1893:

> „Um aber für die verwerfliche Abneigung gegen alles, was von anderer Herkunft ist, einen scheinbaren Grund anzugeben, hüllt man sich in den Mantel der Wissenschaft und gibt vor, völkerpsychologische Studien zu treiben, indem man der semitischen Race Eigenheiten schändlicher Art, Charaktergrundzüge von niedriger Gesinnung von ihrem Ursprung her andichtet, die sie vermöge ihrer natürlichen psychologischen Beschaffenheit und ihrem ganzen Wesen nach nie ablegen kann und deren sie sich unmöglich je zu entäußern mag" (Galandauer 1893: 1820).[15]

Auch Haeckels Stellungnahme zum Antisemitismus wurde in jüdischen Zeitungen kritisiert (Brücher 1936: 118).

DIE „WELTRÄTHSEL": JESUS ALS „ARIER"?

Ein weiterer Hinweis auf antisemitische Vorurteile findet sich in Haeckels „Welträthseln". Dort heißt es innerhalb einer polemischen Auseinandersetzung mit dem christlichen Mythos der „jungfräulichen Geburt":

> „Die Angaben der alten apokryphen Schriften, daß der römische Hauptmann Pandera oder Pantheras der wahre Vater von Christus gewesen, erscheint um so glaubhafter, wenn man von streng anthropologischen Gesichtspunkten aus die Person Christi kritisch prüft. Gewöhnlich wird derselbe als reiner Jude betrachtet. Allein gerade die Charakter-Züge, die seine hohe und edle Persönlichkeit auszeichnen und welche seiner ‚Religion der Liebe' den Stempel aufdrücken, sind entschieden nicht semitisch; vielmehr erscheinen sie als Grundzüge der höheren arischen Rasse und vor allem ihres edelsten Zweiges, der Hellenen" (Haeckel 1903: 132).[16]

14 Vgl. Zur jüdischen Rassenfrage. In: Die Welt, Heft 50/1902: 5f.

15 Galandauer kritisierte: „es genügt, dass der Andere anders ist, um ihm sein Recht abzustreiten" (ebd.). Der Artikel wurde in *Der Israelit*, Hefte 7, 12-16 und 18/1894 fortgesetzt.

16 Bereits einige Seiten vorher hatte Haeckel geschrieben: „Christus selbst, der edle, ganz von Menschenliebe erfüllte Prophet und Schwärmer, stand tief unter dem Niveau der klassischen Kulturbildung; er kannte nur jüdische Tradition; er hat selbst keine einzige Zeile hinterlassen" (ebd.: 125). Die Panthera-Legende geht wahrscheinlich auf den antiken Philosophen Kelsos (Celsus) zurück, der im Jahre 178 in einer Streitschrift einen Juden sagen lässt, der eigentli-

Die Darlegung, welche Charakterzüge aus anthropologischer Sicht überhaupt „entschieden semitisch“ seien, blieb Haeckel schuldig. Er deutete dafür den Namen „Pandera“ sogleich „[...] unzweifelhaft auf hellenistischen Ursprung [...]“ – denn in einer Handschrift werde er sogar „Pandora“ geschrieben und das sei in der griechischen Sage die erste, von Gott Vulkan aus Erde gebildete Frau gewesen (Haeckel 1903: 132).

Bereits in der zeitgenössischen Auseinandersetzung wurde Haeckel wegen dieser Textstelle kritisiert, freilich vor allem hinsichtlich der antichristlichen Tendenz seiner Aussage. Er habe „eine alte Schmählegende von der Abstammung Jesu“ vorgebracht, die von Gelehrten längst aufgegeben worden sei, schrieb 1907 der Theologe Joseph Engert (Engert 1907: 317). Engert, der Haeckel bei aller weltanschaulichen Differenz immerhin Ehrlichkeit und Idealismus zubilligte, zitierte anschließend einen Autor A. Müller: „Das anthropologische Interesse Haeckels entschuldigt eine solche Frivolität nicht [...]“ (ebd.: 318).

Auch jüdische Intellektuelle waren aufmerksam geworden. Julius Lewkowitz kam 1904 in einem Aufsatz in der „Monatsschrift für Geschichte und Wissenschaft des Judentums“ angesichts der Haeckelschen „Beweisführung“ zu folgendem Fazit: „Also, weil Pandora nach der griechischen Sage die erste Frau ist, ist Pandera, der römische Hauptmann, Hellene!“ (Lewkowitz 1904: 267).[17]

Es darf dabei nicht übersehen werden, dass sich Haeckels Angriff zunächst gegen das Christentum richtete. Daneben ließ er jedoch erkennen, dass er die Juden zur Zeit des Religionsstifters Jesus insgesamt für kulturell weniger entwickelt hielt als die „arischen“ Griechen. Diese Sicht korrespondiert mit Haeckels Darstellung in späteren Auflagen seiner „Natürlichen Schöpfungsgeschichte“. Als zehnte und höchstentwickelte Menschenart bezeichnete Haeckel schon in deren erster Auflage 1868 den „kaukasischen Menschen“ (*Homo caucasicus*, von Haeckel auch iranischer oder weißer Mensch genannt). Er unterteilte ihn in zwei „Abarten“: den semitischen (oder südlichen) Zweig und den indogermanischen (oder nördlichen) Zweig (Haeckel 1868: 513). Eine weitere Bewertung dieser Abarten nahm er damals noch nicht vor. In späteren Auflagen benannte Haeckel den kaukasischen Menschen nicht nur in den „mittelländischen“ (*Homo mediterraneus*) um. Er betonte nun auch, dass innerhalb dieser Art, „[...] die indogermanische Rasse [...] alle übrigen Menschenrassen in der geistigen Entwicklung weit überflügelt hat“ (Haeckel 1902: 752).[18]

che Vater von Jesus sei ein Soldat namens Panthera gewesen und seine Mutter sei von ihrem Mann wegen Ehebruchs verstoßen worden. Die Legende tauchte dann in unterschiedlichen Varianten in rabbinischen und mittelalterlichen Texten auf, mit denen meist auf heftige christliche Angriffe auf das Judentum reagiert wurde (Heiligenthal 1992: 43).

17 Lewkowitz warf Haeckel außerdem vor, in den „Welträtseln“ Glaube und Kirche generell zu verwechseln: „Der Zorn über die katholische Kirche, die ihren wissenschaftsfeindlichen Standpunkt durch den Hinweis begründet, dass die Lehren der Wissenschaft den Lehren der Bibel widersprechen“, habe sein Urteil bestimmt (ebd.: 264).

18 Bei einer Auflagenhöhe der „Welträtsel“ von 400.000 Exemplaren im deutschsprachigen Raum verbreitete Haeckel seine Ansicht jedenfalls nicht nur unter den Mitgliedern des 1906 gegründeten Deutschen Monistenbundes. Die Berliner Ortsgruppe des Monistenbundes hatte

Mit der Behauptung, Jesus sei kein Jude, sondern Arier gewesen[19], traf Haeckel sich direkt mit einer Argumentationsfigur explizit antisemitischer Autoren, von denen der bekannteste Houston Stewart Chamberlain war, der in seinen „Grundlagen des 19. Jahrhunderts" diese Annahme formulierte.

Der These Gasmanns zur Folge reiht sich Haeckel in dieses Denken aber nicht einfach ein, sondern wäre hier als direkter Vordenker des Nationalsozialismus zu bewerten (s. o.). Allerdings kam selbst der Nationalsozialist Heinz Brücher, der Haeckel als „deutschen Biologen" für den Nationalsozialismus in seiner „Erbbiographie" zu vereinnahmen suchte, zu einer vorsichtigeren Bewertung (Hoßfeld 2005a). Brücher, als „Kulturbiologe" auch einer der Protagonisten einer biologisch orientierten „Rassenkunde" an der Universität Jena, kam 1934 unter Bezug auf das Interview Bahrs mit Haeckel zu dem Schluss, dass Haeckel „engstirniger Judenhaß" fremd gewesen sei (Brücher 1936: 117). Da Haeckel sich gegenüber Bahr jedoch zur „Rassenfrage" bekannt hatte, ging Brücher dennoch davon aus, „[...] daß Haeckel allen Vernebelungsversuchen seiner Zeit zum Trotz die Judenfrage klar erkannt hatte" (ebd.: 118).[20]

Die von Haeckel geforderte Assimilation der Juden war im Nationalsozialismus gerade nicht gewollt. Der antisemitische Publizist Wilhelm Stapel betonte diesbezüglich in der von ihm herausgegebenen Zeitschrift „Deutsches Volkstum" im Mai 1933, dass man in Deutschland einen anderen Weg gehen werde, als es im faschistischen Italien der Fall sei. In Italien habe man die Juden vor die Frage gestellt, ob sie italienische Nationalisten sein wollen oder nicht, „Italien hat seine Judenfrage nach dem Prinzip der Assimilation gelöst" (Stapel 1933: 479). In Italien sei aber die Zahl der Juden und deren Bedeutung nicht groß, zudem falle „[...] bei dem mediterranen Typ des Italieners die Assimilation der Juden leichter [...] als bei dem mehr nordisch bestimmten Typ des Deutschen [...]", denn „[...] der körperliche und seelische Habitus des Italieners setzt der jüdischen Assimilation im allgemeinen nicht so große Schwierigkeiten entgegen wie der des Deutschen" (ebd.: 478). Deshalb bleibe „[...] uns Deutschen nur der Weg der völkischen Abgrenzung." Stapel führte weiter aus: „Die Judenfrage in Deutschland [...] ist nur zu lösen durch eine Ausgliederung und Verselbständigung des Judentums im deutschen Lebensraum" (ebd.: 480).[21]

den Beschluss gefasst, von ihren Mitgliedern nach zweijähriger Zugehörigkeit nicht nur den Kirchenaustritt, sondern auch den Austritt aus dem Judentum zu verlangen (Lewkowitz 1921: Sp. 1).

19 So auch später der Jenenser Theologe Walter Grundmann – vgl. weiterführend Hoßfeld et al. (2005).

20 Zu Brücher, dem NS-Haeckel-Biographen, vgl. weiterführend Hoßfeld (1999a, 2002); Hoßfeld & Thornström (2002, 2004).

21 In der Zeitschrift *Deutsches Volkstum* sprach sich Mitherausgeber Albrecht Günther kurz darauf strikt dagegen aus, das „[...] nationalsozialistische Lebenselement zu verwissenschaftlichen [...]", denn der Nationalsozialismus sei „[...] ursprünglich und wesensmäßig eine Volksbewegung". Als politische Bundesgenossen werden von Günther die Biologen Jacob von Uexküll und Edgar Dacqué genannt, nicht aber Haeckel (wobei Uexküll und Dacqué im Jahr 1933 noch lebten) (Günther 1933: 766).

ANTISEMITISMUS BEI HAECKEL-SCHÜLERN

Haeckel hatte sich in dem Interview mit Hermann Bahr auf einige seiner Schüler bezogen, die heftige Antisemiten seien. Dazu gehörten zweifellos Ludwig Plate und Willibald Hentschel. Hentschel (1858-1945) und der von ihm 1911 gegründete „Mittgartbund" planten die Errichtung von „Kolonien", in denen die Zucht „arischer Menschen" vorgenommen werden sollte (Hentschel 1910, 1911, 1927; Löwenberg 1978). Aus dem „Mittgartbund" ging 1924 auch der „Artamanenbund" hervor, zu dessen Mitgliedern Männer gehörten, die später in der NSDAP und der SS Karriere machten (Hoßfeld & Breidbach 2005: 3; Sünner 1999: 24ff).

In Jena hatte sich der Chauvinismus der Kriegsjahre 1914 bis 1918 besonders stark in pseudowissenschaftlichen Modeströmungen als Vorboten späterer rassenanthropologischer und eugenischer Bewegungen entladen (Hoßfeld 2005b). Unter Berufung auf Haeckel und seinen Nachfolger Plate, Mitbegründer des „Archivs für Rassen- und Gesellschaftsbiologie", erfuhren sie unter Intellektuellen weit über die Saalestadt hinaus Verbreitung und politische Relevanz (vgl. u. a. Sandmann 1990; Shipman 1994; Thomann & Kümmel 1995; Engels 1995; Hoßfeld 1998, 1999b; Kaupen-Haas & Saller 1999).

Plate rechtfertigte Anfang Mai 1923 in seinen Kollegs die soziale Ungleichheit und den Antisemitismus und forderte seine Studenten auf, militärischen Organisationen beizutreten (Levit & Hoßfeld 2006). Rückblickend betonte er 1935, er habe „politisch immer rechts gestanden" und sei als langjähriger Vorsitzender der Jenaer Ortsgruppe des Alldeutschen Verbandes stets für „nationale" Ziele eingetreten (Plate 1935: 86f). Und das dürfte für einen Großteil seiner Jenaer Kollegen selbst dann zutreffen, wenn sie Plates geistiger Militanz, seiner alldeutschen Gesinnung und seinem rassisch ausgerichteten Antisemitismus eher fern standen. Antisemitisch aber dachten bereits viele von ihnen. Die Jenaer Kliniker hatten schon Ende 1922 beschlossen, die ersten vier Bänke ihres Auditoriums „Ariern" vorzubehalten, was zu einer erregten Landtagsdebatte führte (Schmidt et al. 1983: 264; vgl. auch Hammerstein 1995; Hoßfeld et al. 2003). Schon 1896 hatte es einen durch Jenaer Medizinstudenten ausgelösten antisemitischen Vorfall gegeben. Am schwarzen Brett der Großherzoglichen Anatomie fand sich ein Aushang mit einem Auszug der Statuten des „Medizinischen Vereins", einer wissenschaftlichen Studentenvereinigung. Einer der Paragraphen lautete: „Mitglied des Vereins kann jeder werden, welcher der mosaischen Religion nicht angehört." Der Prorektor Professor Linck wies den Verein an, den Aushang zu entfernen.[22]

Im Gegensatz zu vielen seiner Kollegen verheimlichte Plate seinen Antisemitismus in der Öffentlichkeit nicht. Seine antisemitischen Gedanken postulierte er weniger in seinen Schriften als vielmehr in seinen Vorlesungen, was ihm studentische und kollegiale Kritik und sogar ein dienstliches „Verfahren" an der Universität einbrachte:

22 Zitiert nach: Im deutschen Reich, Heft 10/1896: 528.

„[…] hat neuerdings wie früher schon in den Vorlesungen aus seinem Fache sich in absprechender Weise über die Staatsumwälzung von 1918 und die republikanische Staatsform geäußert. Ferner hat er bei derselben nach uns gemachten Mitteilungen verschiedentlich zur Judenfrage Stellung genommen und dabei Behauptungen aufgestellt, die abgesehen von ihrer Haltlosigkeit, auf die jüdischen Staatsbürger verletzend wirken."[23]

Weiter liest man:

„daß die Plate'schen Vorlesungen eine Quelle jener Verhetzung junger Menschen darstellen, die für unser Vaterland so unglückliche Folgen gezeitigt hat […] sorgfältig gehütete Freiheit der Lehre wird von Professor Plate gröblich mißbraucht."[24]

Der Große Senat wies in einer Sitzung am 20. Januar 1923 dann darauf hin, dass er mit Entschließung vom 31. Januar 1920 politische Betätigung im Hörsaal missbilligt habe.[25] Das Verfahren zog sich ohne größere Konsequenzen für Plate noch bis 1924 hin. Zu ergänzen ist an dieser Stelle, dass fast ein Jahr später (7. Juli 1925) die NSDAP-Fraktion im Thüringer Landtag einen Antrag stellte, der dem Tenor Plates entsprach und vorsah, Juden als Lehrer[26] nicht mehr in den Landesdienst einzustellen:

„Die Juden als eine fremdblütige, der deutschen seelisch und geistig entgegengesetzte, feindliche Rasse, sind außer Stande deutsches Fühlen und Denken, Wollen und Handeln zu verstehen […]."[27]

Diese Meldung brachte ein breites nationales sowie internationales Presseecho hervor, zumal man zum Schaden der Universität vermeldet hatte:

„Die Landesuniversität Jena ist für ausländische Juden gesperrt. Als Jude im Sinne dieses Gesetzes gilt jeder Ausländer, der nicht den notariellen Nachweis erbringt, daß seine beiden Eltern und sämtliche vier Großeltern sich zur christlichen Religion bekennen und bekannten."[28]

Obwohl der Rektor diese Nachricht dementierte: „Die durch die Presse veröffentlichte Nachricht […] entbehrt jeder tatsächlichen Grundlage", protestierte daraufhin dennoch die Fraktion Deutschvölkischer Freiheitsbewegung im Landtag: „Diese amtliche Benachrichtigung […] ist nichts anderes als eine indirekte Einladung der ausländischen Juden zum Studium an der Universität Jena."[29] Im Jahre 1935 betonte Plate dann nochmals, dass er politisch immer rechts gestanden habe und als langjähriger Vorsitzender der Ortsgruppe Jena des Alldeutschen Verbandes stets für nationalistische Ziele eingetreten sei (Plate 1935). Zwei Jahre später,

23 Vgl. Thüringisches Hauptstaatsarchiv Weimar [ThHStAW], PA Ludwig Plate, Nr. 23373. Best. Volksbildung, Brief von Wuttig an ThVBM vom 11. Januar 1923.

24 Ebd.

25 Ebd., Brief von Bauch vom 1. Februar 1923.

26 Vgl. dazu die Schrift Bernhard Breslauer (Hg.): Die Zurücksetzung der Juden an den Universitäten Deutschlands. Denkschrift im Auftrag des Verbandes der Deutschen Juden, Berlin 1911.

27 Vgl. ThHStAW, Best. C 196, Notiz vom 11. August 1925.

28 Deutsche Zeitung Nr. 468 B vom 6. Oktober 1925 sowie das Algemeen Handelsblad vom 29. Juli 1925.

29 ThHStAW, Best. C 196, „Kleine Anfrage" vom 14. Oktober 1925 der Fraktion Deutschvölkischer Freiheitsbewegung an den Landtag.

am 8. Juni 1937, teilte Plate dann dem Reichskultusministerium in einem Schreiben mit:

„[...] bin ich vom Rektor der Universität Sofia aufgefordert worden, dort 2 Vorträge vor der medizinischen Fakultät zu halten. Ich würde in dem 1. Vortrag die allgemeine Bedeutung der Vererbungslehre und in dem 2. die medizinische Bedeutung der Vererbungslehre und der Rassenhygiene behandeln. In beiden Vorträgen bietet sich natürlich viel Gelegenheit, für die Ziele des Nationalsozialismus einzutreten“[30]

– ein Beispiel aus Plates letztem Lebensjahr, das seine geistige Grundhaltung nochmals belegt.[31]

Gipfelpunkte des völkisch-rassistischen Antisemitismus an der Salana (Hoßfeld 1999c, 2004; Stutz & Hoßfeld 2004) waren die von dem Historiker Günther Franz zur ideologischen Rechtfertigung des Novemberpogroms 1938 organisierte und von ihm mit dem Vortrag „Die Judenfrage in der deutschen Geistesgeschichte“ eröffnete Ringvorlesung „Deutschtum und Judentum“ 1938 (Werner 1997: 13) und die von Theodor Scheffer (Pädagogisch-politisches Seminar) organisierte Gemeinschaftsvorlesung über „Die Judenfrage“ im Sommersemester 1943:

„Es ist für uns nicht damit abgetan, daß wir die Judenfrage im Reich weitgehend gelöst haben. Sie ist eine Weltfrage, mit der dieser Krieg und seine immer heftiger werdenden Kämpfe zusammenhängen.“[32]

An der Vortragsreihe von zehn Abenden, beginnend mit dem 20. Mai 1943, hatten sich folgende Referenten beteiligt: Geschichte der Judenbekämpfung (Scheffer), Das rassische Bild des Judentums (Heberer), Das bevölkerungspolitische Problem (Astel), Die Juden in den einzelnen Ländern (von Leers), Die Juden im literarischen Leben unseres Volkes (Wesle), Das Judentum in der deutschen Kultur und Kunst (Ziegler), Jüdische und germanische Musik mit Beispielen auf Schallplatten (zur Nedden), Die Juden in der Wirtschaft (Kretzschmann), Die Juden in der Politik (Kretzschmann), Beschluß (Scheffer).[33]

Am Ende der 1940er Jahre hatte sich auch Victor Franz, Direktor des Ernst-Haeckel-Hauses, in einem etwas naiven Grundtenor über den Antisemitismus (Kreft & Hoßfeld 2005) in seiner Autobiographie wie folgt geäußert:

„Antisemitismus beruht oft nicht auf einzelnen Erlebnissen, sondern primär wohl in der Regel auf instinktiver Antipathie. Zu tadeln ist er daher so wenig wie jede andere spontane Gefühlserregung, sondern glücklich ist, wer spontane Gefühlserregungen hat, und unsere Antipathie gegenüber dem Juden ist ebenso wünschenswert wie ein zielsicherer Instinkt in der Gatten-

30 ThHStAW, PA Ludwig Plate, Nr. 23373. Best. Volksbildung, Brief von Bauch vom 1. Februar 1923.

31 Weitere Beispiele sind die unter der Mitherausgeberschaft von Plate in der Zeitschrift Archiv für Rassen- und Gesellschafts-Biologie erschienenen rassenhygienischen Publikationen bzw. seine Rolle bei der Berufung des „Rasse-Günther“. Der jüdische Genetiker und spätere Emigrant Richard Goldschmidt hat Plate als „Pan-Germanisten“ bezeichnet (Goldschmidt 1959).

32 Universitätsarchiv Jena [UAJ], Best. BA, Nr. 2120 (Auszug aus dem Text auf dem Einladungsposter).

33 Ebd.; eine gedruckte Schrift, als „Extrakt dieser Veranstaltung“, konnte nicht nachgewiesen werden.

oder in der Berufswahl [...] Aber wünschenswert bleibt, daß das tiefe Bewußtsein des Nicht-Zusammenpassens wach bleibt.“[34]

Sofern belegbar, hielt sich Franz in seinen Vorlesungen – im Gegensatz zu Plate – aber von solchen Stellungnahmen vor den Studenten zurück.[35] In seiner Rede zu Haeckels 100. Geburtstag am 16. Februar 1934 vermied es Franz, Haeckel für den Nationalsozialismus zu vereinnahmen (Franz 1934).

Es gab aber auch Schüler Haeckels, die eine entgegengesetzte Position einnahmen. Hans Driesch etwa, der 1889 bei Haeckel promoviert wurde, entwarf als Philosoph sittliche Forderungen, zu denen die Beseitigung des Antisemitismus gehörte. Otto Lehmann, ein ebenfalls bei Haeckel promovierter Biologe, leitete ab 1899 das Altonaer Museum und ließ dort in der volkskundlichen Abteilung eine Synagoge nachbauen, um die große Bedeutung der Juden für die Stadt Altona zu würdigen (Jahn 2000: 811; Claasen 2001: 90).

FAZIT

Fraglos handelte es sich bei Haeckel um einen völkischen Nationalisten. Sein enger Mitarbeiter und Biograph Heinrich Schmidt hob 1934 hervor: „Daß Haeckel mit Begeisterung dem Deutschen Flottenverein, der Kolonialgesellschaft und dem Verein für das Deutschtum im Auslande angehörte, war für ihn selbstverständlich“ (Schmidt 1934: 76). Schon 1882 erklärte Haeckel in den *Indischen Reisebriefen*:

> „Hätte Deutschland, dem Beispiele des stammverwandten England folgend, rechtzeitig Kolonien gegründet, wie anders könnte der veredelnde Einfluß der deutschen Kultur sich in der Welt geltend machen; wie viel größer würde unser Vaterland dastehen!“ (Haeckel 1922: 186).

Er traf auf einer Tropenreise 1900 in Singapur deutsche Soldaten, die auf der Fahrt zum Kriegseinsatz in China hier Station machen. Er besuchte ihr Transportschiff *„Palatia“*, dessen erster Offizier, in Jena Mitglied der Geographischen Gesellschaft, erzählte ihm, bei der Fahrt durch das Rote Meer seien einige Heizer und Stewards der Hitze zum Opfer gefallen. Für Haeckel war das ein Skandal, denn

> „[...] auf den Dampfern aller anderen Nationen, welche in den Tropen fahren, werden diese beiden Arbeiterklassen durch farbige Menschenrassen vertreten, die sich zu diesen schweren Diensten viel besser eignen“ (Haeckel 1923: 31).

Dem unter dem Pseudonym Lector schreibenden Autor der jüdischen Monatsschrift „Ost und West“ galt Haeckel in einer 1920 veröffentlichten Einschätzung zu Recht „[...] in politischer Beziehung alldeutsch-völkisch“ (Lector 1920: Sp. 263).

34 Vgl. Archiv des Ernst-Haeckel-Hauses [EHH], Best. Z, Autobiographie Victor Franz, Nachlaß Franz, S. 113.

35 Vgl. Nachlaß Heinz Benedix, Herbarium Haussknecht Jena.

Die Vermischung von Naturwissenschaft und Politik kulminierte bei Haeckel, der wie kaum ein anderer für eine „Politisierung der Biologie“ (Hoßfeld & Breidbach 2005) stand – obwohl er sich selbst als unpolitisch sah – schließlich im Sozialdarwinismus. Der Antisemitismus spielte eine geringe Rolle. Das Thema tauchte in Haeckels wissenschaftlichen Schriften nicht auf, in den populären *Welträthseln*, wie exemplarisch gezeigt, nur punktuell. Haeckel bekannte sich zu einem nationalistischen Antisemitismus, der die Phase des Übergangs vom christlichen Antijudaismus zum Rassenantisemitismus markierte. Doch für ihn stand dieser Antisemitismus keineswegs im Zentrum seiner Anschauungen. Er war mit seinem Interview von 1893 eher Seismograph der Stimmung in weiten Teilen des Bürgertums und nicht der Katalysator der antisemitischen Bewegung, wenn man auch die wachsende Deutungsmacht des Naturwissenschaftlers im Allgemeinen und Haeckels im Besonderen als gesellschaftspolitische Autorität nicht unterschätzten darf. Doch Haeckel war in seiner Einordnung der „Judenfrage“ als „Rassenfrage“ nicht einmal konsequent. Er ging nicht von einem unaufhebbaren Unterschied aus, vielmehr hielt er die antisemitisch motivierte „Judenfrage“ durch Assimilation zumindest für einem Teil der deutschen Juden für lösbar.

Ein antisemitischer „Vordenker“ des Nationalsozialismus war er nicht.

ANHANG – INTERVIEW[36]

9. Ernst Häckel

Ich wohne im „Bären“, wo einst Luther gehaust und voriges Jahr Bismarck das Vermächtnis an die Deutschen gesprochen hat: „Es ist ein gefährliches Experiment, heutzutage im Zentrum von Europa absolutistischen Velleitäten zuzustreben .. [sic!] Was wir für die Zukunft erstreben müssen, ist eine Kräftigung der politischen Überzeugung in der öffentlichen Meinung und im Parlament.“ Jetzt ist es, wo damals Begeisterung jauchzte, ganz einsam, still und lauschig. Draußen winken winzige Blüten, während ich mich an dem hellen, kühlen, sanften Pisporter behaglich von der Reise erquicke, und eine braune Büste glänzt von der grauen Mauer, und ich zerbreche mir den Kopf, ob der Bronzierte einer der großen Studenten oder ein Lehrer oder welcher Dichter es sein mag. Es ist aber Herr Friedrich Gottlob Schulze, der „Gründer der landwirtschaftlichen Lehranstalten in Jena“. So kann man immer wieder was lernen.

Ich verlange einen Wagen. Aber „s’giebt heut keine Droschken mehr; die Studenten sind über Land gefahren.“ So schlendere ich langsam durch die Stadt nach der Bergstraße draußen am Ende, wo sein Haus steht.

Ich möchte einmal mit Maurice Barrès, dem klugen Virtuosen der „Enthusiasmen“, da gehen, in Plaudern und Schauen durch diese engen, nüchternen Gassen, wo kaum an den trockenen und verschlafenen Häusern einmal ein paar Winkel, Schnörkel, Spitzen sich regen und die dürftige Gotik selbst der fahlen Kirche nicht wirkt. Da wurde, als harte Not das Vaterland schlug, der heilige Eifer

36 Bahr (1894: 62-69).

der Burschenschaft geboren. Welche Menschen, die ohne Reiz und Hilfe von außen die mächtigsten Gefühle aus sich selbst erschufen! Welche Helden! Welche Künstler! Sie hatten nichts von unseren Apparaten der Gesinnung.

Ich weiß nicht, ob die Studenten von heute hier ihnen gleichen. Die wenigen, die nicht über Land gefahren sind, sehen mir nicht danach aus. Sie sind geschniegelt und wunderlich geleckt, mit der gravitätischen Politesse des wackeren Famulus Wagner, der ja doch heute auch lieber Regierungsreferendar würde, und gleich an dem peinlichen Scheitel, der schimmert, am gleißenden Schlipse kann man es merken, daß sie „ein Feind von allem Rohen" sind.

Rechte Enkel der Burschenschaft sind vielleicht nur noch unter den Professoren. Ernst Häckel ist einer an Schwung, Mut und Treue zur Freiheit. Man denke nur, wie zornig und verwegen er das letzte Jahr, als der Minister von Zedlitz-Trütschler „die Volksschule der wissenschaftlichen Pädagogik und mit gebundenen Händen der papistischen Hierarchie zu überliefern" versuchte, gegen die „Weltanschauung des neuen Kurses"* trat, der sich doch gegen jede Einrede immer gleich mit gendarmischen Argumenten: mit Prozessen ob beleidigter Majestät verwahrte.

Junge Birken schimmern um das stille Haus, das schlicht und edel, wie man im Geiste des Schinkel baut, auf einem Hügel ragt. Der Gärtner schafft in den Beeten. Eine feierliche, gute Ruhe ist rings.

Er liegt – vor einem großen Tische mit Büchern und Schriften, Katalogen, seine „Schöpfungsgeschichte" und meine Interviews der Deutschen Zeitung verträglich beisammen – auf einem langen, schwarzen Sofa. Er hat sich auf der Reise, aus Italien heim, den Fuß verstaucht, und es schmerzt, wie er sich regt. Das Zimmer ist breit und weit und frei, man fühlt sich wie in einem hellen Walde, wo die sauberen Stämme nicht drängen; weiße Blüten rühren ans Fenster.

Er hat gar nichts vom Professor und gar nichts von den „grimmigen Gesichtern der Gelehrten", die Schiller einst in Jena fand. Er ist ganz Kraft, Freiheit und Freude. Für einen Wanderer, Turner, Jäger möchte man ihn nehmen, für einen Plein-air-Menschen froher That, Lust, Gesundheit und Güte verklärt ihn. So mochte Nietzsche jene letzte Heiterkeit träumen und mir fällt der Rembrandt-Deutsche ein, wenn er von seinem „starken und milden Helden" spricht – und wunderlich in so deutschester Mitte – ein französisches Liedchen will mir nicht weichen, das ich jüngst gefangen:

„Jeune, j'étais trop sage,
Et voulais tout savoir ;
Je ne veux à mon age
Que badinage, "

Er giebt seine Meinungen und Gründe mit lustigem Eifer her, wie ein Sammler seine Schätze zeigt, behände immer weiter, weil er es gar nicht erwarten kann, und dann doch immer noch ein zweites und drittes Mal, damit man es gründlicher prüfen und recht von allen Seiten erkennen möge.

„Ich werde Ihnen ja natürlich nichts Neues sagen. Wer könnte das in dieser tausendfach erörterten Frage? Aber ich habe wenigstens die vollkommene Unbefangenheit für mich. Auf der einen Seite bin ich seit Jahren mit vielen Juden befreundet, die ich innig verehre und schätze – es sind ganz wunderbare, prächtige Menschen –

darum können die üblichen Schmähungen auf die Juden bei mir nicht verfangen, weil ich es besser erfahren habe. Auf der anderen Seite sind gerade einige meiner besten und intelligentesten Schüler Antisemiten, so daß ich mir, auch wieder aus eigener Erfahrung, sagen muss: mit den Phrasen von Unbildung und Rohheit kommt man da nicht aus, und Mommsen nicht beistimmen kann, der den Antisemitismus für eine Verirrung und Krankheit erklärt. Ich mag überhaupt nicht glauben, alle meine Anschauungen sträuben sich dagegen, daß eine so mächtige, lange und große Bewegung ohne gute Gründe möglich sein sollte. Ich möchte mich eher zu den Meinungen Schmollers neigen, der sie ganz richtig als eine nationale Frage nimmt – das hat mir sehr gefallen. Das Religiöse und Soziale scheint mir dabei von geringer Bedeutung. Sie ist eine Rassenfrage. Es kann gar nicht geleugnet werden, daß wir in manchen Dingen die Juden als fremd und sie sich selber als Fremde fühlen – das soll gar kein Vorwurf gegen sie sein: es ist bei ihrer Vergangenheit, wie die Verhältnisse geschichtlich nun einmal wurden, gar nicht anders möglich. Das muß nun natürlich in einer Zeit, wo das Nationale so mächtig ist, zu Konflikten führen, und ich glaube, diese Macht des Nationalen, die man von einem höheren, kosmopolitischen Idealismus aus vielleicht beklagen mag, wird in der nächsten Zeit eher noch wachsen. Ich habe es jetzt wieder in Italien gesehen – wenn ich denke, im Jahre 1859, vor Garibaldi, ja, da fiel es doch einem Sicilianer gar nicht ein, sich als Italiener zu fühlen. Nur im Norden begann man, national zu empfinden. Und so in allen Ländern. Der Kosmopolitismus ist noch fern. Vorderhand ist das nationale Gefühl noch überall im Wachsen, im Erstarken ..."

„Außer in Frankreich ... besonders in Paris. Da will gerade die Jugend vom Nationalen nichts mehr wissen, und der richtige Moderne denkt ganz kosmopolitisch."

„Das ist aber doch schließlich nur eine einzige Stadt. Sonst steht alles heute, mehr als je im Zeichen des Nationalen. Und da wird denn der Antisemitismus ganz begreiflich – natürlich nicht die antisemitische Hetze, die jeder beklagen und verdammen muß; dem Ahlwardtismus kann doch ein anständiger und gebildeter Mensch nicht anhängen; aber es wird begreiflich, daß man die fremde Art der Juden im Volke nicht länger dulden, das spezifisch Jüdische von ihnen nehmen und sie zu deutschen Gewohnheiten und Sitten erziehen will, bis sie dem Volke, in welchem, mit welchem sie leben, in allen Punkten gleichen. Das ist der berechtigte Sinn des Antisemitismus, daß die Juden von ihren Besonderheiten lassen und sich mit uns völlig verschmelzen sollen – das muß, wer national fühlt und denkt, von ihnen verlangen."

„Aber meinen Sie nicht, daß durch die antisemitische Bewegung gerade diese innige Verschmelzung, die jeder Einsichtige wünschen muß, eher verzögert als gefördert wird?"

„Jede Bewegung hat eben ihre Verdienste und ihre Gefahren. Ich halte es für ein Verdienst des Antisemitismus, daß in den Deutschen und in den Juden die Überzeugung erwacht: die Juden müssen ihre Sonderart aufgeben und zu vollkommenen Deutschen in Sitten, Gebräuchen und Gefühlen werden. Das muß unnachgiebig erstrebt und es muß verhindert werden, daß das Eindringen immer neuer und oft sittlich bedenklicher Elemente aus dem Osten den Prozeß ihrer Erziehung zu Deutschen stört. Gerade im Interesse der vielen ausgezeichneten, rechtschaffenen und ehrenwerten Juden, die wir haben, möchte ich an gewisse Erschwerungen der jüdischen Einwanderung aus dem Osten denken, und ich frage, ob nicht den anständigen und gesitteten Juden selber, die sich ehrlich als Deutsche bekennen, diese erbärmliche Gesellschaft sehr unerwünscht sein muß, die gegen sie nur Mißtrauen erweckt und ihre gänzliche Aufnahme in unser Volk verzögert. Hier kann falsche Humanität nur schaden, und ich denke, daß man sich gegen die russischen Juden energisch schützen sollte, nicht weil sie Juden, sondern weil sie mit unserer Gesittung unverträglich sind – wie man sich in Californien gegen Chinesen schützt; mit der idealen Liebe für „alles, was Menschenantlitz trägt", kommt man eben leider praktisch nicht aus. Ich habe voriges Jahr auf dem Schiffe, das mich nach England führte, solche russische Auswanderer gesehen; von ihrem Schmutze und ihrer Gemeinheit macht man sich gar keinen Begriff, und die Engländer hatten ganz recht, sie einfach nicht in ihr Land zu lassen. Gerade im Interesse der gebildeten Juden, gegen die solche unsaubere Elemente nur den Haß und die Erbitterung schüren – ich betone das ausdrücklich, weil ich diese geläuterten und vornehmen Juden für wichtige Faktoren der deutschen Kultur halte: denn das soll ihnen nicht vergessen werden, daß sie immer für die Aufklärung und Freiheit tapfer gegen die Reaktion gestanden sind, verläßliche Streiter, so oft es gegen die Dunkelmänner gilt, und gerade in den Gefahren dieser schlimmen Zeit, wo überall wieder der Papismus sich mächtig regt, können wir ihren bewährten Mut nicht missen.

* Siehe den berühmt gewordenen Aufsatz im März-Hefte der freien Bühne von 1892.

LITERATUR

Ahlwardt, H. (1892): Neue Enthüllungen: Judenflinten. Glöß, Dresden.

Bahr, H. (1894): Der Antisemitismus. Ein internationales Interview. Fischer, Berlin.

Bahr, H. (1897): Christen über die Judenfrage. Die Welt, Heft 25/1897: 8-9.

Becker, P. E. (1990): Sozialdarwinismus, Rassismus, Antisemitismus und Völkischer Gedanke. Wege ins Dritte Reich, Teil II. Thieme, Stuttgart, New York.

Biesterfeld, W. (1994): Bahr, Hermann. In: Killy, W. (Hrsg.): Deutsche Autoren. Vom Mittelalter bis zur Gegenwart. Bertelsmann-Lexikon-Verlag, Gütersloh/München, S. 125-126.

Bölsche, W. (1909): Ernst Haeckel. Ein Lebensbild (Volksausgabe). Seemann, Berlin.

Brenner, M. (2002): Antisemitismus und moderne jüdische Identität. Wie Klischees und Selbstbilder ineinander greifen. Neue Zürcher Zeitung, 22. Juli 2002: 25-26.

Breslauer; B. (Hrsg., 1911): Die Zurücksetzung der Juden an den Universitäten Deutschlands. Denkschrift im Auftrag des Verbandes der Deutschen Juden. Levy, Berlin 1911.

Brücher, H. (1936): Ernst Haeckels Bluts- und Geistes-Erbe. Eine kulturbiologische Monographie. Lehmann, München.

Cavalli-Sforza, L. & Cavalli-Sforza, F. (1994): Verschieden und doch gleich. Ein Genetiker entzieht dem Rassismus die Grundlage. Droemer, Knaur, München.

Claasen, U. (2001): Ein Rundgang durch die kulturgeschichtlich-volkskundliche Abteilung. In: Hinrichsen, T. (Hrsg.): In Ottos Kopf. Das Altonaer Museum 1901 bis 2001 und das Ausstellungskonzept seines ersten Direktors Otto Lehmann. Dölling & Galitz, Hamburg, München, S. 86-94.

Claussen, D. (1994): Was heisst Rassismus? Wiss. Buchgesellschaft, Darmstadt, S. 63.

Csáky, M. (Hrsg., 1994): Hermann Bahr. Tagebücher, Skizzenbücher, Notizhefte. Bd. 1: 1885-1890. Böhlau, Wien, Köln, Weimar.

Csáky, M. (Hrsg., 1996): Hermann Bahr. Tagebücher, Skizzenbücher, Notizhefte. Bd. 2: 1890-1900. Böhlau, Wien, Köln, Weimar.

Csáky, M. (Hrsg., 1997): Hermann Bahr. Tagebücher, Skizzenbücher, Notizhefte. Bd. 3: 1901-1903. Böhlau, Wien, Köln, Weimar.

Csáky, M. (Hrsg., 2000): Hermann Bahr. Tagebücher, Skizzenbücher, Notizhefte. Bd. 4: 1904-1905. Böhlau, Wien, Köln, Weimar 1996.

Csáky, M. (Hrsg., 2003): Hermann Bahr. Tagebücher, Skizzenbücher, Notizhefte. Bd. 5: 1906-1908. Böhlau, Wien, Köln, Weimar.

Engels, E.-M. (Hrsg., 1995): Die Rezeption von Evolutionstheorien im 19. Jahrhundert. Suhrkamp, Frankfurt/M.

Engert, J. (1907): Der naturalistische Monismus Haeckels auf seine wissenschaftliche Haltbarkeit geprüft. Mayer & Co., Wien.

Farkas, R. (1987): Einführung. In: Hermann Bahr: Prophet der Moderne. Tagebücher 1888-1904. Böhlau, Wien, Graz, Köln, S. 11-23.

Franz, V. (1934): Das heutige geschichtliche Bild von Ernst Haeckel. Rede bei der Gedächtnisfeier der Universität Jena zu Haeckels 100. Geburtstag, in der Aula der Universität Jena gehalten am 16. Februar 1934. Fischer, Jena.

Galandauer, H. (1893): Arische Stammesvorzüge und semitische Racenfehler. Der Israelit, Nr. 97/1893: 1819-1821.

Gasman, D. (1971): The Scientific Origin of National Socialism: Social Darwinism in Ernst Haeckel and the German Monist League. Macdonald, New York, London.

Gasman, D. (1998): Haeckel's Monism and the birth of facist ideology. Lang, Frankfurt/M.

Görtemaker, M. (1994): Deutschland im 19. Jahrhundert. Entwicklungslinien. Bundeszentrale für Politische Bildung, Bonn.

Goldschmidt, R. (1959): Erlebnisse und Begegnungen. Parey, Hamburg.

G.[ünther, A. E.] (1933): Gibt es eine nationalsozialistische Wissenschaft? Deutsches Volkstum, 2. Septemberheft 1933: 761-767.

Haeckel, E. (1868): Natürliche Schöpfungsgeschichte. Gemeinverständliche wissenschaftliche Vorträge über die Entwicklungslehre im Allgemeinen und diejenige von Darwin, Goethe und Lamarck im Besonderen, über die Anwendung derselben auf den Ursprung des Menschen und andere damit zusammenhängende Grundfragen der Naturwissenschaften. Reimer, Berlin.

Haeckel, E. (1902): Natürliche Schöpfungs-Geschichte. Gemeinverständliche wissenschaftliche Vorträge über die Entwicklungs-Lehre, Zweiter Theil: Allgemeine Stammes-Geschichte (Phylogenie und Anthropogenie). 10. Auflage, Reimer, Berlin.

Haeckel, E. (1903): Die Welträthsel. Volksausgabe mit einem Nachworte: Das Glaubensbekenntnis der Reinen Vernunft. Strauß, Bonn.

Haeckel, E. (1922): Indische Reisebriefe. 6. Auflage, Koehler, Berlin.

Haeckel, E. (1923): Aus Insulinde. Malayische Reisebriefe. 3. Auflage, Kröner, Leipzig.

Hammerstein, N. (1995): Antisemitismus und deutsche Universitäten 1871–1933. Campus-Verlag, Frankfurt/M., New York.

Heiligenthal, R. (1992): Der verfälschte Jesus. Eine Kritik moderner Jesusbilder. 2. Auflage, Primus-Verlag, Darmstadt.

Hentschel, W. (1910): Vom aufsteigenden Leben. Eckardt, Leipzig.

Hentschel, W. (1911): Mittgart – Ein Weg zur Erneuerung der germanischen Rasse. Dresden 1911.

Hentschel, W. (1927): Vom Vormenschen zum Indogermanen. Leipzig.

Hoßfeld, U. (1998): Menschliche Erblehre, Rassenpolitik und Rassenkunde (-biologie) an den Universitäten Jena und Tübingen von 1934–45: Ein Vergleich. Verhandlungen zur Geschichte und Theorie der Biologie 1: 361–392.

Hoßfeld, U. (1999a): Die Epilobium-Kontroverse zwischen den Botanikern Ernst Lehmann und Heinz Brücher. Ein Beitrag zur Geschichte der Plasmon-Theorie. Internationale Zeitschrift für Geschichte und Ethik der Naturwissenschaft, Technik und Medizin (NTM), N. S. 7 (3): 140-160.

Hoßfeld, U. (1999b): Haeckelrezeption im Spannungsfeld von Monismus, Sozialdarwinismus und Nationalsozialismus. History and Philosophy of the Life Sciences 21: 195–213.

Hoßfeld, U. (1999c): Die Jenaer Jahre des „Rasse-Günther" von 1930 bis 1935. Zur Gründung des Lehrstuhles für Sozialanthropologie an der Universität Jena. Medizinhistorisches Journal 34/1: 47-103.

Hoßfeld, U. (2002): Von der Haeckel-Forschung zur Pflanzengenetik – Die zwei Karrieren des Botanikers Heinz Brücher (1915-1991). In: Folkerts, M., Kirschner, S. & Kühne, A. (Hrsg.): Pratum floridum. Festschrift für Brigitte Hoppe zum 65. Geburtstag. E. Rauner Verlag, Augsburg, S. 151-172.

Hoßfeld, U. (2004): „Rasse" potenziert: Rassenkunde und Rassenhygiene an der Universität Jena im Dritten Reich. In: Bayer, K., Sparing, F. & Woelck, W. (Hrsg.): Universitäten und Hochschulen im Nationalsozialismus und in der frühen Nachkriegszeit, F. Steiner Verlag, Stuttgart, S. 197-218.

Hoßfeld, U. (2005a): Nationalsozialistische Wissenschaftsinstrumentalisierung: Die Rolle von Karl Astel und Lothar Stengel von Rutkowski bei der Genese des Buches Ernst Haeckels Bluts- und Geistes-Erbe (1936). In: Krauße, E. (Hrsg.): Der Brief als wissenschaftshistorische Quelle. (Ernst-Haeckel-Haus Studien – Monographien zur Geschichte der Biowissenschaften und Medizin 8). VWB, Berlin, S. 171-194.

Hoßfeld, U. (2005b): Geschichte der biologischen Anthropologie in Deutschland. Von den Anfängen bis in die Nachkriegszeit. Franz Steiner Verlag, Stuttgart.

Hoßfeld, U. (2006): „Rasse"-Bilder in Thüringen, 1863-1945. Blätter zur Landeskunde – Nr. 63, Thüringer Landeszentrale für Politische Bildung. Erfurt.

Hoßfeld, U. & Breidbach, O. (2005): Ernst Haeckels Politisierung der Biologie. Thüringen – Blätter zur Landeskunde Nr. 54, hrsg. von der Landeszentrale für politische Bildung Thüringen, Erfurt.

Hoßfeld, U., John, J., Stutz, R. & Lemuth, O. (Hrsg., 2003): „Kämpferische Wissenschaft". Studien zur Universität Jena im Nationalsozialismus. Böhlau, Köln, Weimar, Wien.

Hoßfeld, U., John, J., Stutz, R. & Lemuth, O. (Hrsg., 2005): „Im Dienst an Volk und Vaterland". Die Jenaer Universität in der NS-Zeit. Böhlau, Köln.

Hoßfeld, U. & Thornström, C.-G. (2002): „Rasches Zupacken" – Heinz Brücher und das botanische Sammelkommando der SS nach Rußland 1943. In: Susanne Heim (Hrsg.): Autarkie und Ostexpansion. Pflanzenzucht und Agrarwissenschaft im Nationalsozialismus. Wallstein, Göttingen, S. 119-144.

Hoßfeld, U. & Thornström, C.-G. (2004): Retrospektive einer Botanikerflucht nach dem Ende des Zweiten Weltkrieges: Drei Briefe von Heinz Brücher an Erich Tschermak-Seysenegg (1948-1950). Haussknechtia 10: 267-297.

Jahn, I. (2000): Driesch, Hans A. E. In: Dies. [Hrsg., 2000]: Geschichte der Biologie. Spektrum, Heidelberg, Berlin, S. 811.

Jahr, C. (2003): Reactions to the Antisemitic agitation of the 1890s in Germany. Yearbook Leo Baeck Institute 48: 67-85.

Kaupen-Haas, H. & Saller, C. (Hrsg., 1999): Wissenschaftlicher Rassismus. Analysen einer Kontinuität in den Human- und Naturwissenschaften. Campus-Verlag, Frankfurt/M., New York.

Kreft, G. & Hoßfeld, U. (2005): „Er sah übrigens aus wie ein Gorilla." In der Begegnung mit dem Neurologen Ludwig Edinger wurde der Zoologe Victor Franz zum Antisemiten. In: Kreft, G. (Hrsg.): Deutsch-jüdische Geschichte und Hirnforschung. Ludwig Edingers Neurologisches Institut in Frankfurt am Main. Mabuse-Verlag, Frankfurt/M., S. 347-407.

Krieger, K. (2002): Der Berliner Antisemitismusstreit 1879-1881. Eine Debatte um die Zugehörigkeit der deutschen Juden zur deutschen Nation. In: Benz, W. & Königseder, A. (Hrsg.): Judenfeindschaft als Paradigma. Studien zur Vorurteilsforschung. Saur, Berlin, S. 89-95.

Kühl, S. (1997): Die Internationale der Rassisten. Campus-Verlag, Frankfurt/M., New York.

Kümmel, W. F. (1968): Rudolf Virchow und der Antisemitismus. Medizinhistorisches Journal 3: 165-179.

Lector (1920): Dokumente der Zeit. Ost und West, Heft 9-10/1920: Sp. 256-267.

Levit, G. & Hoßfeld, U. (2006): The Forgotten "Old-Darwinian" Synthesis: The Theoretical System of Ludwig H. Plate (1862-1937). Internationale Zeitschrift für Geschichte und Ethik der Naturwissenschaft, Technik und Medizin (NTM), N.S. 14/1: 9-25.

Lewkowitz, J. (1904): Haeckels Welträtsel und die Religion. Monatsschrift für Geschichte und Wissenschaft des Judentums Nr. 5/1904: 257-267.

Lewkowitz, [J.] (1921): Judentum und Monistenbund. Ost und West, Heft 1-2/1921: Sp. 1-6.

Lewy, J. (1904): Ein Beitrag zur jüdischen Rassenfrage. Im deutschen Reich, Heft 11/1904: 577-582.

Ley, M. (2003): Kleine Geschichte des Antisemitismus. Fink, München.

Lill, R. & F. Mußner (1995): Antisemitismus. In: Staatslexikon, Bd. 1. Herder, Freiburg, Basel, Wien, S. 190-194.

Löwenberg, D. (1978): Willibald Hentschel (1858-1947). Seine Pläne zur Menschenzüchtung, sein Biologismus und Antisemitismus. Diss. med., Mainz.

Miklin, R. (1989): Bahr, Hermann. In: Harenbergs Lexikon der Weltliteratur, Bd. 1. Harenberg Lexikon-Verlag, Dortmund, S. 271-272.

Norbert, E. (Hrsg., 2000): Das ungelöste Welträtsel. Frida von Uslar-Gleichen und Ernst Haeckel. Briefe und Tagebücher 1898-1903, 3 Bde., Wallstein-Verlag, Göttingen.

Plate, L. (1935): Kurze Selbstbiographie. Archiv für Rassen- und Gesellschafts-Biologie 29: 84-87.

Poliakov, L. (1993): Der arische Mythos. Zu den Quellen von Rassismus und Nationalismus. Junius, Hamburg.

Poliakov, L., Delacampagne, C. & Girard, P. (1992): Rassismus. Über Fremdenfeindlichkeit und Rassenwahn. Luchterhand, Hamburg.

Pulzer, P. G. J. (2004): Die Entstehung des politischen Antisemitismus in Deutschland und Österreich 1867 bis 1914. Vandenhoeck & Ruprecht, Göttingen.

Sandmann, J. (1990): Der Bruch mit der humanitären Tradition. Die Biologisierung der Ethik bei Ernst Haeckel und anderen Darwinisten seiner Zeit. Fischer, Stuttgart, New York.

Schafft, G. E. (2004): From Racism to Genocide. Anthropology in the Third Reich. Univ. of Illinois Press, Urbana, Chicago.

Schmidt, H. (1934): Ernst Haeckel. Denkmal eines großen Lebens. Frommann, Jena.

Schmidt, S. u. a. (Hrsg., 1983): Alma mater Jenensis. Geschichte der Universität Jena. Böhlau, Weimar 1983.

Shipman, P. (1994): The Evolution of racism. Human differences and the use and abuse of science. Simon & Schuster, New York.

St.[apel, W.] (1933): Die Juden und das neue Deutschland. Deutsches Volkstum, 2. Maiheft 1933: 478-480.

Stutz, R. & Hoßfeld, U. (2004): Jenaer Profilwandel: von der philosophischen zur rassisch und naturwissenschaftlich „ausgerichteten" Universität in der NS-Zeit. In: Buchholz, W. (Hrsg.): Die Universität Greifswald und die deutsche Hochschullandschaft im 19. und 20. Jahrhundert. (Pallas Athene. Beiträge zur Universitäts- und Wissenschaftsgeschichte, Bd. 10). F. Steiner Verlag, Stuttgart, S. 217-269.

Sünner, R. (1999): Schwarze Sonne. Entfesselung und Mißbrauch der Mythen in Nationalsozialismus und rechter Esoterik. 2. Auflage, Herder, Freiburg, Basel, Wien.

Thomann, K.-O. & Kümmel, W. F. (1995): Naturwissenschaft, Kapital und Weltanschauung. Das Kruppsche Preisausschreiben und der Sozialdarwinismus. Medizinhistorisches Journal 30: 99-143, 205-243, 315-352.

Treitschke, H. v. (1879): Unsere Aussichten. Preußische Jahrbücher 44: 559-576.

Ullmann, H.-P. (1995): Das Deutsche Kaiserreich 1871-1918. (Moderne Deutsche Geschichte, Bd. 7). Suhrkamp, Frankfurt/M.

Werner, M. (1997): Stationen Jenaer Geschichtswissenschaft. In: Ders. (Hrsg.): Identität und Geschichte (Jenaer Beiträge zur Geschichte 1). Böhlau, Weimar 1997, S. 9-26.

Weikart, R. (2005): From Darwin to Hitler: Evolutionary Ethics, Eugenics, and Racism in Germany. Palgrave Macmillan, New York.

750 Stammbaum der semitischen Rasse. XXVIII.

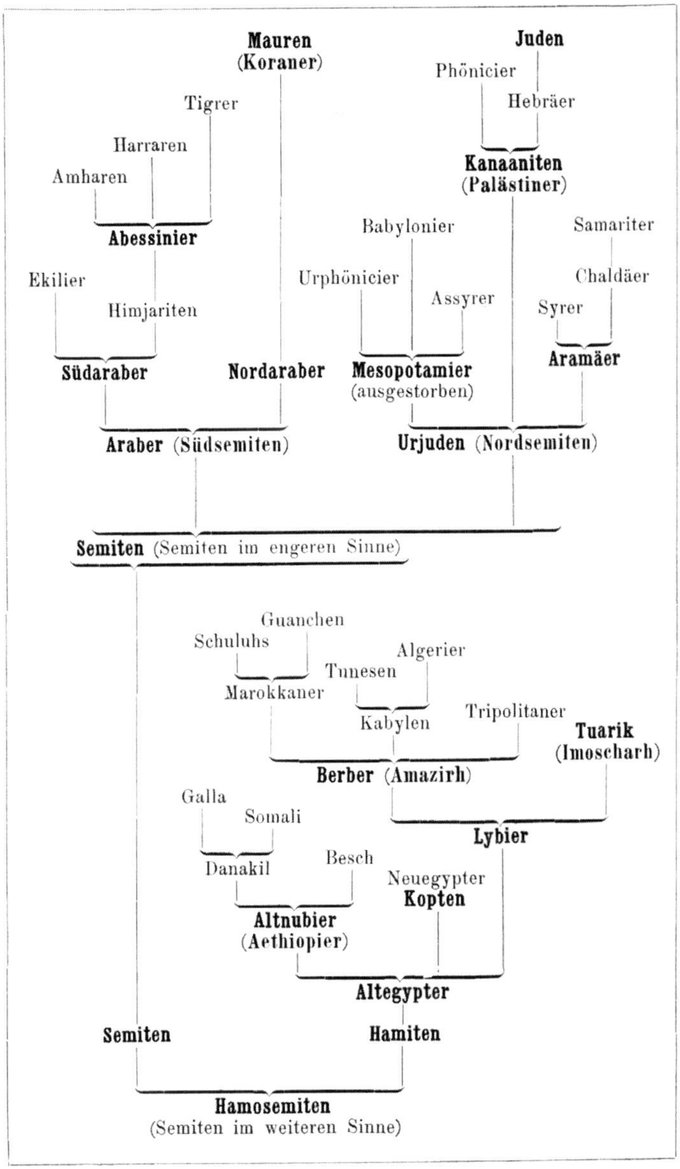

Stammbaum der semitischen Rasse. In: Haeckel, Ernst: Natürliche Schöpfungs-Geschichte. Zweiter Theil, G. Reimer, Berlin 1889, S. 750.

Susanne Zimmermann

RASSENHYGIENE IN FORSCHUNG UND LEHRE AN DER MEDIZINISCHEN FAKULTÄT JENA VOR 1933

Untersuchungen zum Schwerpunkt „Rassenhygiene in Jena" konzentrierten sich bislang auf den Zeitraum 1930-1945. Im Mittelpunkt bisheriger Studien standen vor allem Hans F. K. Günther (1891-1968), Karl Astel (1889-1945) und weitere Angehörige der Medizinischen Fakultät wie die Professoren Jussuf Ibrahim (1877-1953) und Berthold Kihn (1895-1964) sowie Doz. Gerhard Kloos (1906-1988), die sich bei der Durchsetzung NS-rassenhygienischer Forderungen und Ziele, wie Zwangssterilisation und Krankenmord, besonders exponierten (Klee 1986: 302f.; Klee 1989: 425; Masuhr & Aly 1985: 81-106; Friedrich-Schiller-Universität 2000; Zimmermann 1997, 2000, 2002; Zimmermann & Renner 2003). Hans F. K. Günther, 1930 auf eine Professur für Sozialanthropologie an die Mathematisch-naturwissenschaftliche Fakultät, und Karl Astel, im Sommer 1934 auf eine Professur für Menschliche Züchtungslehre und Vererbungsforschung (Menschliche Erbforschung und Rassepolitik) an die Medizinische Fakultät berufen, gelten gemeinhin als *die* Vertreter der rassenhygienischen Lehre und Forschung in Jena (Hoßfeld 1999; Zimmermann 1996). Aktuelle Forschungen belegen jedoch, dass die „Rassenhygiene" bereits lange vor 1930 bzw. 1933 im akademischen Leben der Universität Fuß fassen konnte. So belegt eine Analyse der Vorlesungsverzeichnisse der Universität Jena, dass bereits im Sommersemester 1913 explizit eine Vorlesung unter Verwendung des Terminus „Rassenhygiene" angekündigt wurde. Der außerordentliche Professor für Psychiatrie Wilhelm Strohmayer (1874-1936) kündigte an, wöchentlich eine Stunde über „Vererbung, Degeneration und Rassenhygiene" zu lesen.[1] Bereits vorher, im WS 1911/12, hatte er ein einstündiges Kolleg über „Die Erblichkeit in der Neuro- und Psychopathologie (Klinik, Statistik und Genealogie)" angeboten.[2] Über Inhalte dieser Vorlesungen ist nichts dokumentiert. Wie viele Zuhörer Strohmayer hatte, ist ebenfalls nicht bekannt. Obwohl Strohmayer bis zu seinem krankheitsbedingten Ausscheiden 1933 als Oberarzt an der Jenaer Psychiatrischen Klinik arbeitete und sich regelmäßig am Vorlesungsbetrieb beteiligte, kündigte er keine weiteren Vorlesungen an, deren Titel rassenhygienische Inhalte erkennen lassen. Publizistisch war er jedoch, wie nachfolgend dargestellt wird, auf diesem Gebiet äußerst aktiv und produktiv. In den folgenden elf Jahren fand der Terminus „Rassenhygiene" bzw. „Eugenik" keinen Niederschlag im Vorlesungsverzeichnis der Jenaer Universität. Erst zum Wintersemester 1924/25 kündigte der außerordentliche Profes-

1 Gedrucktes Vorlesungsverzeichnis der Universität, Sommersemester 1913.
2 Gedrucktes Vorlesungsverzeichnis der Universität Jena, Wintersemester 1911/12.

sor für Innere Medizin Julius Grober (1875-1971) für Hörer aller Fakultäten mittwochs eine einstündige Vorlesung zu „Eugenik (Rassenhygiene)“ an.[3] Angekündigt und vermutlich auch gehalten wurde sie dann in allen Wintersemestern von 1925 bis 1932/33 sowie in den Sommersemestern 1925 und 1929.[4] Die Vorlesungsverzeichnisse zeigen weiterhin, dass sich außer Strohmayer und Grober auch andere Mediziner bereits vor 1933 mit Problemen der „Rassenhygiene“, einschließlich der Vererbungslehre beschäftigten, auch wenn in entsprechenden Vorlesungsankündigungen der Terminus „Rassenhygiene“ bzw. „Eugenik“ nicht auftaucht. So hat, beginnend mit dem Sommersemester 1926, der Internist und außerordentliche Professor Hans Simmel (1891-1943) regelmäßig für Hörer aller Fakultäten Kollegs zur „Bedeutung der Vererbung für Gesundheit und Krankheit“ angekündigt.[5] Die für das Sommersemester 1933 geplante Vorlesung „Erbkunde und Vererbung von Krankheiten“ konnte er jedoch nicht mehr halten.[6] Ihm wurde wegen jüdischer Abstammung im April 1933 nach dem „Gesetz zur Wiederherstellung des Berufsbeamtentums vom 7. April 1933“ die Venia legendi entzogen. Bereits im März 1933 hatte er von der Stadt Gera die Kündigung seines Arbeitsverhältnisses als Chefarzt des Städtischen Krankenhauses erhalten und war vorübergehend in „polizeilichen Sicherungs-Gewahrsam“ genommen worden (Grieser 2003: 15f.; Zimmermann 2000: 81f). Eine weitere Vorlesung, sicherlich mit engem Bezug zur Rassenhygiene, bot der außerordentliche Professor für Haut- und Geschlechtskrankheiten Ernst Heinrich Brill (1892-1945) seit dem Wintersemester 1926/27 unter dem Titel „Die Bedeutung der Geschlechtskrankheiten für den Mensch, für das Volk und für den Staat“ an.[7] Diese Vorlesung ist auch in den Verzeichnissen der Wintersemester 1929/30, 1930/31 und 1932/33 nachweisbar. 1933 verließ Brill Jena und wurde Ordinarius an der Rostocker Universität (Miehe 1968: 85-100). Inwieweit die im Sommersemester 1927 durch den außerordentlichen Professor und Oberarzt der Psychiatrischen Klinik Paul Hilpert (1893-1939) angekündigte Vorlesung „Soziale Probleme in der Psychiatrie“ rassenhygienisch ausgerichtet war, ist nicht bekannt, erscheint jedoch naheliegend.[8] Unabhängig von den Lehraktivitäten dieser Mediziner bestanden zudem nach 1930 auch Vorlesungsangebote von Hans F. K. Günther an Hörer aller Fakultäten auf dem Gebiet der Rassenhygiene. Günther las beispielsweise im Sommersemester 1932 über „Gattenwahl, Ehe und Familie vom Standpunkt der Erbgesundheitslehre (Eugenik)“.[9] Nach der Machtübernahme durch die Nationalsozialisten erweiterte Julius Grober sein Vorlesungsangebot in Punkto „Rassenhygiene“. Im Wintersemester 1933/34 kam zu der bislang für Hörer aller Fakultäten gedachten Vorle-

3 Gedrucktes Vorlesungsverzeichnis der Universität Jena Wintersemester 1924/25.
4 Gedruckte Vorlesungsverzeichnisse der Universität Jena vom Sommersemester 1925 bis zum Wintersemester 1932/33.
5 Gedrucktes Vorlesungsverzeichnis der Universität Jena, Sommersemester 1926.
6 Gedrucktes Vorlesungsverzeichnis der Universität Jena, Sommersemester 1933.
7 Gedrucktes Vorlesungsverzeichnis der Universität Jena, Wintersemester 1926/27.
8 Gedrucktes Vorlesungsverzeichnis der Universität Jena, Sommersemester 1927.
9 Gedrucktes Vorlesungsverzeichnis der Universität Jena, Sommersemester 1932.

sung noch eine spezielle Vorlesung „Eugenik für Mediziner“ hinzu.[10] Für dieses Wintersemester ist ein fast inflationäres Angebot rassenhygienisch ausgerichteter Lehrveranstaltungen nachweisbar. Der Psychiater Paul Hilpert kündigte eine Vorlesung über „Vererbung und Auslese (unter besonderer Berücksichtigung ihrer soziologischen Bedeutung)“, der Hygieniker Prof. Rudolf Abel (1868-1956) über „Die Zukunft des deutschen Volkes vom hygienischen Standpunkt gesehen“ und der Privatdozent für Hygiene, Friedrich Wilhelm Bickert zu „Bevölkerungspolitik und Rassenfragen“ an.[11] Das sogenannte Jenaer „Urgestein der Rassenhygiene“, Julius Grober, bot in altbewährter Weise auch im Sommersemester 1934 sowohl „Eugenik für Mediziner“ als auch für Hörer aller Fakultäten seine „Eugenik“-Vorlesung an.[12] Auch als der neuberufene Karl Astel im Wintersemester 1934/35 erstmals eine Vorlesung über „Wesen, Mittel und Wege menschlicher Züchtung“ für Hörer aller Fakultäten ankündigte, ist Julius Grober mit einer Vorlesung „Eugenik für Mediziner“, ebenso wie Paul Hilpert mit einer Vorlesung über „Grundlagen der Erblichkeitslehre und Rassenhygiene mit besonderer Berücksichtigung der Erbpathologie“ im Vorlesungsverzeichnis zu finden.[13] Grober teilte jedoch im Februar 1935 der Universitätsleitung schriftlich mit, dass er „mit Beendigung des jetzigen Semesters“ die „im vaterländischen Sinne“ seit „Rückkehr aus dem Weltkrieg zuerst geheim, dann offen gehaltenen regelmäßigen Kollegs über Rassenhygiene (Eugenik) für Hörer aller Fakultäten nicht mehr ankündigen werde“ (Zimmermann 2000: 33). Der Psychiater Hilpert las hingegen noch bis zum Sommersemester 1936 über „Grundlagen der Erblichkeitslehre und Rassenhygiene mit besonderer Berücksichtigung der Erbpathologie“.[14] Dann übernahm bis zum Sommersemester 1938 der gerade zum Dozenten ernannte Psychiater Rudolf Lemke (1906-1957) diese Vorlesungen.[15] Erst ab dem Wintersemester 1938/39 kündigte nur noch Karl Astel rassenhygienische Vorlesungen an.[16]

Es zeigt sich: „Rassenhygienisch“ ausgerichtete Vorlesungen sind an der Jenaer Universität bereits lange vor 1933 nachweisbar. Bei den Lesenden handelte es sich, sieht man von Günther ab, ausnahmslos um außerordentliche Medizinprofessoren. Ob und inwieweit Ordinarien der Medizinischen Fakultät rassenhygienische Ausführungen in ihre fachspezifischen Kollegs einfließen ließen, ist bislang nicht bekannt. Hinweise auf ihre Haltung zur „Rassenhygiene“ lassen sich jedoch aus ihren Veröffentlichungen entnehmen. Solche Aussagen können beispielsweise auch für die zwei „Pioniere“ der Rassenhygiene in Jena, Julius Grober und Wilhelm Strohmayer, getroffen werden. Grobers Arbeiten, die erste stammt aus dem Jahr 1904 (Grober 1912), sind, kurz zusammengefasst, recht zurückhaltend in Wortwahl und Forderungen. Sie wirken auf den ersten Blick wie eine Sammlung „gutväterlicher Ratschläge“ eines besorgten Hausarztes. Diesen Eindruck muss er

10 Gedrucktes Vorlesungsverzeichnis der Universität Jena, Wintersemester 1933/34.
11 Ebd.
12 Gedrucktes Vorlesungsverzeichnis der Universität Jena, Sommersemester 1934.
13 Gedrucktes Vorlesungsverzeichnis der Universität Jena, Wintersemester 1934/35.
14 Gedrucktes Vorlesungsverzeichnis der Universität Jena, Sommersemester 1936.
15 Gedrucktes Vorlesungsverzeichnis der Universität Jena, Sommersemester 1938.
16 Gedrucktes Vorlesungsverzeichnis der Universität Jena, Wintersemester 1938/39.

dann auch bei den Vertretern der NS-Macht hinterlassen haben. In einem Schreiben des Thüringer Landesärzteführers Otto Klipp vom 26.7.1934 an das Thüringische Volksbildungsministerium wird heftig Kritik an Grober geübt. Er habe zwar seit 1923 die „Eugenik" akademisch vertreten, aber „nicht über Rassenlehre und vor allem nicht über die eigentliche Rassenhygiene" gelesen. Auch sei es vor der „Machtübernahme" zwischen Grober und nationalsozialistischen Studenten zu Differenzen gekommen, da er die „politische Rassenpflege" abgelehnt habe (Zimmermann 2000: 28). Über diese Differenzen ist jedoch nichts Näheres bekannt. Ohne Zweifel trug Grober sicherlich dennoch seinen Teil zur Verbreitung und Akzeptanz rassenhygienischer Ideen und Forderungen bei, bereitete sozusagen das Feld. Seine Bemühungen, die Rassenhygiene als festen Bestandteil in der medizinischen Lehre zu etablieren sind beispielsweise auch im Deutschen Ärzteblatt von 1934 dokumentiert. Grober forderte in dieser Publikation die Errichtung von Rassenhygienischen Lehrstühlen an allen deutschen Medizinischen Fakultäten (Grober 1934). – Dies sicher von der Hoffnung getragen, einen solchen in Jena besetzen zu können. Auch der Psychiater Wilhelm Strohmayer beschränkte sich nicht nur auf gesprochene Worte, sondern beschäftigte sich publizistisch mit rassenhygienischen Fragestellungen. Von 55 Publikationen thematisieren 19 die Rassenhygiene und die Vererbungslehre (Demmler 2003: 105-108). Dies belegt beispielsweise ein Beitrag für einen 1918 erschienenen Sammelband über „Künstliche Fehlgeburt und künstliche Unfruchtbarmachung, ihre Indikationen, Technik und Rechtslage" (Strohmayer 1918). Auf 77 Seiten bezog Strohmayer aus psychiatrischer Sicht Stellung, wann künstliche Fehlgeburten und Unfruchtbarmachungen gerechtfertigt seien. Neben anerkannten medizinischen Indikationen zur operativen Intervention setzte er sich mit der Sterilisierung aus sozialpolitischen oder rassenhygienischen Gründen auseinander (ebd.: 229). Gelobt wurde Amerika, wo in einzelnen Bundesstaaten Sterilisationen aus rassenhygienischen Indikationen bereits legalisiert waren (ebd.: 229f). Mit Blick auf Deutschland meinte Strohmayer: „Sehen wir darin ein gutes Omen für unser Vaterland!" Nach seiner Meinung sollte man: „[...] eigentlich meinen, jeder vernünftige Mensch müsste, sofern er allerdings einige Sachkenntnis hat, davon überzeugt sein, daß die Fortpflanzung geistig und moralisch Entarteter für Rasse und Staat das größte Unglück ist [...]" (ebd.: 230). Wichtig erschien es ihm, auf die finanziellen Belastungen hinzuweisen, denn „Jeder trägt mit an der finanziellen Last, die durch das versäumte Ausmerzen der Minderwertigen erwächst" (ebd.: 231). Geistig Behinderte wurden von ihm, wenig humanistisch, als „Unkraut" bezeichnet und einer Sterilisierung anheim gestellt. Weiter als andere zeitgenössische Rassenhygieniker ging Strohmayer, indem er die Sterilisation von Fürsorgezöglingen forderte, „[...] bei denen keine ausgesprochene Geistesstörung und kein Intelligenzdefekt vorliegt, sondern nur eine psychopathische Konstitution, die allzeit den üppigsten Nährboden für die antisozialen Instinkte darstellt" (ebd.: 238). Er stellte fest: „Diese Schädlinge im zeugungsfrohsten Lebensalter zu sterilisieren, dürfte man m. E. nicht unterlassen" (ebd.). Strohmayer stellte bereits 1918 die Frage: „Ob wohl auch bei uns einmal die Erkenntnis sich Bahn bricht, dass das Recht des Individuums auch auf diesem Gebiete seine Grenzen an dem Wohl der Gesamtheit findet?" (ebd.: 240).

Im zitierten Sammelband, herausgeben vom Berliner Nervenarzt Siegfried Placzek, findet sich ein weiterer Beitrag eines Jenaer Mediziners. Der Ordinarius für Frauenheilkunde und Geburtshilfe und Direktor der Jenaer Frauenklinik, Max Henkel (1870-1941), nahm aus Sicht des Frauenarztes zu Indikationen des Schwangerschaftsabbruches und der Sterilisation Stellung (Henkel 1918). Eine Teilüberschrift seiner Ausführungen lautet „Soziale und eugenische Indikationen". Im Gegensatz zu seinem Jenaer Kollegen Strohmayer bezog er jedoch keine klare, eindeutige Stellung (ebd.: 125f). Dies verwundert allerdings nicht, denn gerade zu dieser Zeit lief gegen ihn ein Dienststrafverfahren. Unter anderem wurde ihm vorgeworfen, im Widerspruch zum geltenden Recht, Sterilisationen aus „eugenischer" Indikation vorgenommen zu haben (Ratz 2003). Dass Henkel jedoch kein rigider Gegner rassenhygienischer Forderungen gewesen sein konnte, zeigt auch der Fakt, dass an der Jenaer Universitätsfrauenklinik bereits vor Inkrafttreten des „Gesetzes zur Verhütung erbkranken Nachwuchses" am 1. Januar 1934 im Jahre 1933 mindestens 14 Frauen sterilisiert wurden. Es handelte sich fast ausnahmslos um Patientinnen der Jenaer Psychiatrischen und Nervenklinik, die letztlich aus rassenhygienischen Gründen, verbrämt mit medizinischen Indikationen, sterilisiert worden waren. Gleichzeitig erfolgte bei mindestens sechs Frauen der Abbruch der Schwangerschaft (Regenspurger 2002: 9). Welchen Widerhall die rassenhygienischen Aktivitäten Jenaer medizinischer Hochschullehrer auf den akademischen Nachwuchs, insbesondere auf Medizinstudenten hatten, ist schwer einzuschätzen. Im Falle Grobers soll es, wie schon beschrieben, aus fachlich-ideologischen Gründen zu Differenzen mit NS-Studenten gekommen sein. Rassenhygienisch ausgelegte Doktorarbeiten sind weder von Grober noch von Strohmayer inaugeriert oder betreut worden. Die zwei bislang bekannten Jenaer medizinischen Dissertationen mit rassenhygienischem Inhalt, die vor 1933 erfolgreich abgeschlossen wurden, oblagen der Betreuung von Professoren, die keine entsprechenden Vorlesungen gehalten hatten. Die eine Dissertation, erstellt von Alfred Rössel, stammt aus dem Jahr 1926 und trägt den Titel „Ein Beitrag zur Frage der Sterilisation geistig Minderwertiger und Schwachsinniger mit Bezug auf einige praktische Fälle" (Rössel 1927). Die Abhandlung sei, so der Doktorand, durch den Gerichtsmediziner Ernst Giese (1865-1956) angeregt worden (ebd.: Vorwort). Dies verwundert, denn Ernst Giese scheint bis 1918, wie seine Haltung während des bereits erwähnten Prozesses gegen Max Henkel belegt, keinesfalls ein Verfechter der Sterilisation aus rassenhygienischen Gründen gewesen zu sein (Giese 1918). Wann ein derartiger Sinneswandel einsetzte und er eine Arbeit unterstützte, die mit dem Fazit endete, „Es sind genug der Worte über die Notwendigkeit der Sterilisation gewechselt worden, nun müssen Taten folgen", ist nicht bekannt (Rössel 1927: 26). Die andere Dissertationsschrift mit dem Titel „Die Unfruchtbarmachung Schwachsinniger aus rassenhygienischen Gründen" stammt aus dem Jahr 1930. Sie wurde verfasst von Margarete Hielscher (1899-1985), tätig als Ärztin an den Thüringer Landesheilanstalten Stadtroda (Hielscher 1930). Auch Hielscher forderte die gesetzliche Anerkennung der Zulässigkeit zwangsmäßiger Sterilisationen in ausgewählten Fällen, „[...] bei denen auf Grund der bestehenden Vererbungsgesetze die Unfruchtbarmachung schon heute verantwortet werden kann" (ebd.: 107). In ihrer Dissertation gab Hielscher nähere Auskünfte über 27 zwischen 1924 und 1926 in der Stadtrodaer Einrichtung gesetzeswidrig aus rassenhygienischen Gründen sterilisierte Patienten. Die Arbeit von Hielscher passierte ohne nachweisbare Diskussionen die Jenaer Medizinische Fakultät. Hielscher wurde mit Erfolg promoviert. Zwölf Jahre später konnte Margarete Hielscher, nun Abteilungsleiterin der im Herbst 1942 neugegründeten „Kinderfachabteilung" Stadtroda, dann auch die Tötung behinderter Kinder vor ihrem Gewissen verantworten (Zimmermann & Renner 2003). In ihrer Dissertation sprach sie sich allerdings noch gegen eine Tötung sogenannten „lebensunwerten Lebens" aus und schrieb: „Wenn wir nach Bindings Vorschlag [also durch Tötung, d. Verf.] unser Volk von den ‚leeren Menschenhülsen' befreien wollten, so würden wir wieder auf die Stufe niedrigster Völker herabsinken." (Hielscher 1930: 89). Betreut wurde ihre Dissertationsschrift vom Ärztlichen Direktor der Thüringer Landesheilanstalten Stadtroda, Prof. Walter Jacobi (1889-1937), der seine psychiatrische Ausbildung in Jena durchlaufen hatte.

Zusammenfassend muss festgestellt werden: Die „Rassenhygiene" hat nicht erst mit den Berufungen von Hans F. K. Günther (1930) und Karl Astel (1934) in Jena akademisch Fuß gefasst. Bereits lange vorher sind entsprechende Aktivitäten von medizinischen Hochschullehrern in Wort und Schrift, in Vorlesungen und Publikationen nachweisbar.

In der Zeit der NS-Diktatur wurde letztlich dann nur umgesetzt, also praktiziert, was bereits an deutschen Hochschulkathetern, (wie auch in Jena) sowie in Publikationen, angedacht, diskutiert und gefordert wurde.

LITERATUR

Demmler, A. (2003): Wilhelm Strohmayer (1874-1936). Ein Wegbereiter der Kinder- und Jugendpsychiatrie. Diss. med., Jena.

Friedrich-Schiller-Universität Jena (Hrsg., 2000): Bericht der Kommission zur Untersuchung der Beteiligung Prof. Jussuf Ibrahims an der Vernichtung „lebensunwerten Lebens" während der NS-Zeit. FSU, Jena.

Giese, E. (1918): Zum Prozeß Henkel. Münchner Medizinische Wochenschrift, 38: 1053-1059.

Grieser, T. (2003): Jüdische Ärzte in Thüringen. Diss. med., Jena.

Grober, J. (1912): Die Behandlung der Rassenschäden. Archiv für Rassen- und Gesellschaftsbiologie 1: 49-82.

Grober, J. (1934): Lehrstühle für Rassenhygiene. Deutsches Ärzteblatt 13: 337-338.

Henkel, M.(1918): Künstliche Fehlgeburt und künstliche Unfruchtbarkeit vom Standpunkt der Gynäkologie. In: Placzek, S. (Hrsg.): Künstliche Fehlgeburt und künstliche Unfruchtbarkeit, ihre Indikationen, Technik und Rechtslage. Ein Handbuch für Ärzte und Bevölkerungspolitiker. Thieme, Leipzig.

Hielscher, M. (1930): Die Unfruchtbarmachung Schwachsinniger aus Rassenhygienischen Gründen. Diss. med., Jena (Archiv für Psychiatrie und Nervenkrankheiten, Band 90, 1930, Heft 1. S. 80-109).

Hoßfeld, U. (1999): Die Jenaer Jahre des „Rasse-Günther" von 1930 bis 1935. Medizinhistorisches Journal 34: 47-103.

Klee, E. (Hrsg., 1986): Dokumente zur „Euthanasie". Fischer, Frankfurt/Main.

Klee, E. (1989): „Euthanasie“ im NS-Staat. Die Vernichtung „lebensunwerten Lebens“. Fischer, Frankfurt am Main.

Masuhr, K.-F. & Aly, G (1985): Der diagnostische Blick des Gerhard Kloos. Reform und Gewissen. In: „Euthanasie“ im Dienst des Fortschritts. (Beiträge zur nationalsozialistischen Gesundheits- und Sozialpolitik, Bd. 2). Rotbuch-Verlag, Berlin 1985, S. 81-106.

Miehe, G. (1968): Zur Rolle der Universität Rostock in der Zeit des Faschismus in den Jahren 1933-1945. Diss. phil., Rostock.

Ratz, K. (2003): Der „Fall Max Henkel“ (1870-1941). Das Dienststrafverfahren gegen den Jenaer Ordinarius der Frauenheilkunde und Geburtshilfe (1915-1918). Diss. med., Jena.

Regenspurger, K. (2002): Die Umsetzung des Gesetzes zur Verhütung erbkranken Nachwuchses an der Universitäts-Frauenklinik Jena 1934-1944, Diss. med., Jena.

Rössel, A. (1927): Ein Beitrag zur Frage der Sterilisation geistig Minderwertiger und Schwachsinniger mit Bezug auf einige praktische Fälle. Diss. med., Jena.

Strohmayer, W. (1918): Künstliche Fehlgeburt und künstliche Unfruchtbarkeit vom Standpunkt der Psychiatrie. In: Placzek, S. (Hrsg.): Künstliche Fehlgeburt und künstliche Unfruchtbarkeit ihre Indikationen, Technik und Rechtslage. Ein Handbuch für Ärzte und Bevölkerungspolitiker. Thieme, Leipzig, S.167-244.

Zimmermann, S. (1996): Die Berufung von Hans F. K. Günther zum Professor für Sozialanthropologie an der Universität Jena im Jahre 1930. Würzburger medizinhistorische Mitteilungen 14: 489-497.

Zimmermann, S. (1997): Bemerkungen zur Biographie von Berthold Kihn. In: Arbeitskreis zur Erforschung der Geschichte der „Euthanasie“ und Zwangssterilisation (Hrsg.): Herbsttagung 1997des Arbeitskreis zur Erforschung der Geschichte der „Euthanasie“ und Zwangssterilisation vom 7.11. bis 9.11.1997 in Stadtroda. Stadtroda, S. 83-88.

Zimmermann, S. (2000): Die Medizinische Fakultät der Universität Jena während der Zeit des Nationalsozialismus. VWB, Berlin 2000.

Zimmermann, S (2002): Fakten und Legenden – Zur Geschichte der Universität Jena im Zeitraum 1933-1945. In: Elsner, P. & Zwiener, U. (Hrsg.): Medizin im Nationalsozialismus. (Schriften des Collegium Europaeum Jenense, Heft 25). Jena 2002, S. 12-33.

Zimmermann, S. & Renner, R. (2003): Der Jenaer Kinderarzt Jussuf Ibrahim (1877-1953) und die Tötung behinderter Kinder während des Nationalsozialismus. In: Hoßfeld, U., John, J., Lemuth, O. & Stutz, R. (Hrsg.): „Kämpferische Wissenschaft“. Studien zur Universität im Nationalsozialismus. Böhlau, Köln, Weimar, Wien, S. 437-461.

PERSONENREGISTER

Abel, O. 52
Abel, R. 244
Ahlwardt, H. 225
Albert, B. 200
Altner, G. 56
Ammon, O. G. 191
Andree, C. 47
Ash, M. 102
Astel, K. 8, 128, 142, 231, 242, 244, 247
Auspitzer, E. 221
Ax, P. 153
Baer, K. E. v. 189f
Bahr, H. 221f, 225, 228f
Baldus, H. 109
Barrès, M. 233
Bat'a, T. sen. 199f, 203
Bauer, K. H. 138, 140, 142
Baumann, H. 119
Bay, F. I. P. 187f
Bělehrádek, J. 207
Bergauer, V. 207
Berger, H. 136, 144f
Bernatzik, H. 119
Bertillon 188
Bickert, F. W. 244
Binding 247
Bischoff, T. L. W. v. 20f
Bismarck, O. E. L. 233
Bock, G. 125, 137, 141
Boháč, A. 208
Bolk, L. 32f, 52
Bölsche, W. 92, 222
Bonde, N. 180
Böning, H. 136
Bosinski, G. 57
Boule, P. M. 49, 52
Braß, A. 79
Bräuer, G. 59
Breitenbach, W. 88
Brenner, M. 221
Breuil, H. 55
Brill, E. H. 243
Broca, P. 28, 186ff
Brücher, H. 228
Büchner, L. 7
Buffon, G. L. L. Comte de 7
Burdach, K. F. 13
Bush, G. 14
Camper, P. 7
Ceccatty, M. de 14
Chamberlain, H. S. 228
Churchland, P. 24
Čipera, D. 203
Clarke, R. J. 180
Claussen, D. 220
Combe, G. 18, 20
Comenius, J. A. 203
Comte, A. 222
Conrad, K. 210
Conroy, G. C. 152f
Coolidge, H. jr. 30, 36
Copernicus, N. 203
Crick, F. 15
Cwiertnia, U. 106f
Czarnetzki, A. 59
Dacqué, E. 228

Darwin, C. 7, 9, 41, 43, 47f, 51, 55, 73f, 79, 87f, 91, 196, 203
Dobzhansky, T. 41
Donath 109
Drexel, H. 192
Driesch, H. 232
Driesmans, H. 225f
Dröher 106
Dubois, E. 52, 79
Dühring, E. 225
Eggeling, H. v. 116
Eglis, J. 185
Eibl-Eibelsfeldt, I. 56
Eickstedt, E. Frhr. v. 102-122
Eickstedt, E. Frfr. v. 106, 110-114
Engelmann, W. 89
Engert, J. 227
Enke 120
Erkes, E. 108, 116
Euckens, R. 82
Falkenburger, F. 113
Ferrars, M. H. 110
Filippi, F. de 7
Fischer, E. 34, 49, 55
Fischer, G. 88
Flourens, P. 18
Fludd, R. 12f, 24f
Foley, R. A. 181
Forey, P. L. 153
Franck, G. 57
Franz, G. 231
Franz, V. 8, 231f
Franzen, J. 60
Frizzi, E. 190f
Gadamer, H. G. 104-107, 109
Galandauer, H. 226
Galen 210
Gall, F. J. 17f, 24
Garanger, P. 206
Garibaldi, G. 235
Gasman, D. 220, 228
Gauss, C. F. 20
Gehlen, A. 16
Giese, E. 246
Gieseler, W. 54f
Godron 188
Goethe, J. W. v. 88
Goldschmidt, R. 231
Grimm, H. 49
Grober, J. 243-246
Grundmann, W. 228
Guenther, K. 91
Günther, A. 228
Günther, H. F. K. 8, 107, 113f, 231, 242, 244, 247
Gusinde, M. 116
Gütt, A. 106, 129
Haeckel, E. 7-10, 19, 22f, 47f, 50f, 56, 84-72, 94f, 97-101, 220-230, 232f
Haidle, M. N. 62
Haller 189
Harrington, A. 20
Heberer, G. 8, 48f, 54, 56, 120, 231
Hegel, G. W. F. 18
Heims, A. 185
Heine-Geldern, R. v. 110f, 116
Helmholtz, H. v. 22
Henke, W. 106
Henkel, M. 246
Hentschel, W. 222, 229
Herodot 185

Herold, K.-R. 136
Herrmann, B. 59
Hielscher, Margarete 136, 246f
Hilpert, P. 243f
Hippokrates 210
His, W. 185, 189ff
Hofer, H. 56
Holmes, E. C. 152
Hons, V. 206, 215
Hooton, E. A. 42, 53
Hoßfeld, U. 55
Howell, F. C. 56
Hublin, J.-J. 60
Hueck 109
Huizinga, J. 56
Huschke, E. 19
Huxley, T. H. 7, 40, 43, 47, 50, 72, 78f
Ibrahim, J. 242
Ismer, D. 106, 112, 115, 121
Jacobi, W. 247
Jaensch, E. 210
Jensen, A. E. 111ff, 116
Johanson, D. 57
Jones, S. 152
Jörg, H. 136
Jörg-Assmann, M. 136
Jörns, E. 106
Jung, C. G. 210
Junker, T. 55
Just, G. 105, 116f
Justus, A. 57
Kaempffert, W. 197
Kandler-Pálsson, A. 112
Kant, I. 14, 16
Kattwinkel, W. 57
Keith, A. 30, 32f, 38f
Keller-Tarnuzzer, K. 192
Kelsos 226
Kihn, B. 242
Kirchhoff, P. 109
Klaatsch, H. 52
Klein, J. 152f
Klenke, W. 106, 115f, 121
Klingelhöfer, P. 115
Klipp, O. 245
Kloos, G. 136, 242
Knußmann, R. 56
Koenigswald, G. H. R. v. 55, 57
Kohl-Larsen, L. 57
Kollmann, J. 32, 52, 185ff, 190
Koppers, W. 110, 116
Krajník, B. 201, 206, 208, 211, 214
Kretschmer, E. 211
Kretzschmann 231
Krieger, K. 224
Krogh, C. v. 55
Kröner, A. 89
Kurth, G. 56
Kutschera, U. 152
Lagneau, G. 187
Lamarck, J. 79, 88
Lapouge, G. V. de 189f, 222
Laugier, H. E. A. 206
Le Gros Clark, W. E. 30, 32-35, 39f, 53
Leakey, L. S. B. 57
Leakey, Mary 57
Leakey, Meave 57
Leakey, R. 57
Leers, v. 231

Lehmann, O.	232
Leibniz, G. W.	203
Lemke, Rudolf	136, 244
Lenin, W. I.	12, 24
Lewkowitz, J.	227
Lewy, J.	226
Linck	229
Linke, D.	15
Linné, C. v.	7, 79, 86ff, 189
Lips, J. E.	109
Lorenz, K.	16
Luther, M.	203, 233
Lyell, C.	7
Marquard, O.	64
Martin, Rudolf	28, 184, 191
Masaryks	207
Matiegka, J.	191
Maurer, F.	22
Mayr, E.	41-43, 56
McHenry, H. M.	176ff
Menke-Glückert, E.	105
Mentl, S.	204, 205
Mikulicz-Radecki, F. v.	138, 140, 142
Mittelstraß, J.	64
Mommsen, T.	224f, 235
Mühlmann, W. E.	47, 116f, 120
Müller, A.	227
Müller, F.	222
Müller, Johannes	9, 14
Müller-Hill, B.	198
Murray, J.	223
Nasse, C. F.	46
Nedden, zur	231
Nietzsche, F.	222, 234
Oakley, K. P.	56
Obermaier, H.	51
Obst, E.	119
Oken, L.	13
Orschiedt, J.	63
Osborn, H. F.	32-35, 39f
Page, R. D. M.	152
Pende, N.	209
Penka, K.	190f
Petráček, E.	205
Pilgrim, G. E.	38
Pinker, S.	12
Pittards, E.	191
Placzek, S.	246
Plaňanský, K.	207
Plate, L.	222, 229-232
Porr, M.	63
Preuschoft, H.	56
Provine, W. B.	56
Pulzer, P.	224
Quatrefages de Bréau, J. L. A. de	49, 186ff, 192
Rádl, E.	18, 196
Ranke, J.	49, 190
Reche, O.	55, 103f
Reck, H.	57
Reimer, G.	86
Reinertz	54
Retzius, A. A.	189f
Rieppel, O.	153
Říha, J.	195
Rivet, P.	112
Rochet, C.	187f
Rolle, F.	7
Rosenberg	34
Rössel, A.	246
Roth, G.	12

Rüdin, E.	130
Ruge, G.	28f
Rütimeyer, L.	185, 189ff
Sander, K.	51
Savonarola, G.	203
Schaafhausen, H.	185, 191
Scheffer, T.	231
Scheidt, W.	116f
Scheler, M.	16
Schiller, F.	234
Schinkel, K. F.	234
Schlaginhaufen, O.	28f, 184, 191f
Schleicher, A.	74, 83
Schleiden, M. J.	7, 83
Schlosser	77
Schmidt, H.	232
Schmidt, W.	106
Schmitz, A.	112
Schmoller	235
Schnabel, J. G.	7
Schopenhauer, A.	222
Schrenk, F.	57, 61
Schultz, B. K.	115
Schulze	139f
Schulze, F. G.	233
Schwalbe, G.	33, 49, 52
Schwidetzky, I.	56, 104-108, 111f, 115-118, 121f
Šebek, J.	204
Senut, B.	56
Sergi, S.	55
Sigaud, C.	210f
Simmel, H.	243
Simpson, G. G.	41, 43
Singer, P.	15
Smith, E. G.	30, 38ff
Snell, K.	7, 83
Sonntag, C. F. M.	30ff, 39
Spiegel-Rösing, I.	56
Stapel, W.	228
Stengel von Rutkowski, L.	197
Steub, L.	189
Storch, V.	152
Straus, W. L. jr.	32ff, 40, 42
Strohmayer, W.	242-246
Takahata, N.	152f
Tasso, T.	203
Thierry, A.	188
Titchener,E. B.	21
Tolar, V.	200, 204
Toulouse, É.	206
Treitschke, H. v.	223ff
Trümper, J.	47f
Uexküll, J. v.	228
Ullmann, H.-P.	220
Ullrich, H.	56, 61
Vallois, H. V.	52, 112
Verneau, R. P.	188
Verschuer, O. Frhr. v.	106f, 111
Victoria	18
Viola, G.	210
Virchow, R.	47f , 79, 184, 188f, 224
Vlček, E.	56
Vogel, C.	47, 51, 56, 59
Vogt, Carl	7, 50
Vogt, O.	24
Wagner, R.	19, 21
Wahl	108
Waldeyer-Hartz, W. v.	47

Wallace, A. R.	82
Walter, H.	116
Washburn, S. L.	42f, 55
Weber, H.	192
Weidenreich, F.	54
Weinert, H.	30, 32ff, 39ff, 53ff, 116
Wellmann, v.	110
Werth, E.	52
Wesle	231
Westermann, D.	119
Wetzel	144f
Whitman, W.	222
Wieger, F.	53
Wiesemüller, B.	153
Winnacker, E.-L.	63
Wood Jones, F.	40
Yerkes, A. W.	38
Yerkes, R. M.	38
Zedlitz-Trütschler	234
Ziegler	231
Zimmermann, S.	137
Zollschan, I.	105
Zurfluh, A.	192

AUTOREN

Prof. Dr. Dr. Olaf Breidbach
Friedrich-Schiller-Universität Jena
Institut für Geschichte der Medizin, Naturwissenschaft und Technik
- Ernst-Haeckel-Haus -
Bergstraße 7
07745 Jena

Dr. Natalie Janine Chaoui
Am Wasser 60
CH-8049 Zürich

Prof. Dr. Dr. h.c. Winfried Henke
Johannes Gutenberg-Universität Mainz
Fachbereich 10
Institut für Anthropologie (1050)
55099 Mainz

PD Dr. Uwe Hoßfeld
Friedrich-Schiller-Universität Jena
Institut für Geschichte der Medizin, Naturwissenschaft und Technik
- Ernst-Haeckel-Haus -
Bergstraße 7
07745 Jena

Dirk Preuß
Friedrich-Schiller-Universität Jena
Institut für Geschichte der Medizin, Naturwissenschaft und Technik
- Ernst-Haeckel-Haus -
Bergstraße 7
07745 Jena

Dr. Katja Regenspurger
Friedrich-Schiller-Universität Jena
Institut für Geschichte der Medizin, Naturwissenschaft und Technik
- Ernst-Haeckel-Haus -
Bergstraße 7
07745 Jena

Prof. Dr. Hartmut Rothe
Georg-August-Universität
Institut für Zoologie, Anthropologie und Entwicklungsbiologie
Bürgerstraße 50
37073 Göttingen

PD Dr. Hans-Konrad Schmutz
Naturwissenschaftliche Sammlung
Museumsstraße 52
CH-8400 Winterthur

Dr. Michal Šimůnek
VCDV – Forschungszentrum für Wissenschaftsgeschichte
Legerova 61
CZ-12000 Praha 2

Stefan Wogawa
Friedrich-Schiller-Universität Jena
Institut für Geschichte der Medizin, Naturwissenschaft und Technik
- Ernst-Haeckel-Haus -
Bergstraße 7
07745 Jena

PD Dr. Susanne Zimmermann
Friedrich-Schiller-Universität Jena
Institut für Geschichte der Medizin, Naturwissenschaft und Technik
- Ernst-Haeckel-Haus -
Bergstraße 7
07745 Jena